Technische Mechanik 3

Dietmar Gross · Werner Hauger ·
Jörg Schröder · Wolfgang A. Wall

Technische Mechanik 3

Kinetik

15., überarbeitete Auflage

Springer Vieweg

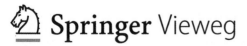

Dietmar Gross
Technische Universität Darmstadt
Darmstadt, Deutschland

Jörg Schröder
Universität Duisburg-Essen
Essen, Deutschland

Werner Hauger
Technische Universität Darmstadt
Darmstadt, Deutschland

Wolfgang A. Wall
Technische Universität München
Garching, Deutschland

Ergänzendes Material zu diesem Buch finden Sie auf www.tm-tools.de

ISBN 978-3-662-63064-8 ISBN 978-3-662-63065-5 (eBook)
https://doi.org/10.1007/978-3-662-63065-5

Die Deutsche Nationalbibliothek verzeichnet diese Publikation in der Deutschen Nationalbibliografie; detaillierte bibliografische Daten sind im Internet über http://dnb.d-nb.de abrufbar.

Springer Vieweg

Springer Vieweg ist ein Imprint der eingetragenen Gesellschaft Springer-Verlag GmbH, DE und ist ein Teil von Springer Nature.
Die Anschrift der Gesellschaft ist: Heidelberger Platz 3, 14197 Berlin, Germany

Die Autoren

Dietmar Gross studierte Angewandte Mechanik und promovierte an der Universität Rostock. Er habilitierte an der Universität Stuttgart und ist seit 1976 Professor für Mechanik an der TU Darmstadt. Seine Arbeitsgebiete sind unter anderem die Festkörper- und Strukturmechanik sowie die Bruchmechanik. Hierbei ist er auch mit der Modellierung mikromechanischer Prozesse befasst. Er ist Mitherausgeber mehrerer internationaler Fachzeitschrift en sowie Autor zahlreicher Lehr- und Fachbücher.

Werner Hauger studierte Angewandte Mathematik und Mechanik an der Universität Karlsruhe und promovierte an der Northwestern University in Evanston/Illinois. Er war mehrere Jahre in der Industrie tätig, hatte eine Professur an der Helmut-Schmidt-Universität in Hamburg und wurde 1978 an die TU Darmstadt berufen. Sein Arbeitsgebiet ist die Festkörpermechanik mit den Schwerpunkten Stabilitätstheorie, Plastodynamik und Biomechanik. Er ist Autor von Lehrbüchern und war Mitherausgeber internationaler Fachzeitschriften.

Jörg Schröder studierte Bauingenieurwesen, promovierte an der Universität Hannover und habilitierte an der Universität Stuttgart. Nach einer Professur für Mechanik an der TU Darmstadt ist er seit 2001 Professor für Mechanik an der Universität Duisburg-Essen. Seine Arbeitsgebiete sind unter anderem die theoretische und die computerorientierte Kontinuumsmechanik sowie die phänomenologische Materialtheorie mit Schwerpunkten auf der Formulierung anisotroper Materialgleichungen und der Weiterentwicklung der Finite-Elemente-Methode.

Wolfgang A. Wall studierte Bauingenieurwesen an der Universität Innsbruck und promovierte an der Universität Stuttgart. Seit 2003 leitet er den Lehrstuhl für Numerische Mechanik an der Fakultät Maschinenwesen der TU München. Seine Arbeitsgebiete sind unter anderem die numerische Strömungs- und Strukturmechanik. Schwerpunkte dabei sind gekoppelte Mehrfeld- und Mehrskalenprobleme mit Anwendungen, die sich von der Aeroelastik bis zur Biomechanik erstrecken.

Vorwort

Die *Kinetik* setzt das mehrbändige Lehrbuch der Technischen Mechanik fort. Während in den ersten beiden Bänden – der *Statik* und der *Elastostatik* – ausschließlich statische Probleme behandelt werden, beschäftigt sich der vorliegende Band mit den *Bewegungen* von Körpern unter dem Einfluss von Kräften.

Das Buch ist aus Lehrveranstaltungen hervorgegangen, die von den Verfassern für Studierende aller Ingenieur-Fachrichtungen gehalten wurden. Sein Ziel ist es, an das Verstehen der wesentlichen Grundgesetze und Methoden der Mechanik heranzuführen. Dabei soll ein tragfähiges Fundament gelegt werden, das in den Ingenieurfächern genutzt werden kann und das ein tieferes Eindringen in weitergehende Gebiete der Mechanik ermöglicht. Der dargestellte Stoff orientiert sich im Umfang an den Mechanik-Kursen deutschsprachiger Hochschulen.

Die Erfahrung zeigt, dass die Kinetik sowohl an das mechanische Verständnis als auch an die mathematischen Kenntnisse höhere Anforderungen stellt als die Statik. Wir haben uns deshalb um eine ausführliche und möglichst einfache Darstellung bemüht und uns auf die notwendigen Grundlagen beschränkt. Zu einem echten Verständnis und zur Fähigkeit, die dargestellten Gesetzmäßigkeiten sachgerecht anzuwenden, kann der Leser allerdings nur dann gelangen, wenn er nicht nur die Theorie nachvollzieht, sondern auch selbständig Aufgaben löst. Die durchgerechneten Beispiele am Ende der Abschnitte sollen ihm hierfür eine Anleitung geben. Da wir mit den Beispielen die prinzipielle Anwendung der Grundgesetze zeigen wollen, haben wir bewusst keinen Wert auf Zahlenrechnungen gelegt.

Die freundliche Aufnahme, welche dieses Buch gefunden hat, macht eine Neuauflage erforderlich. Wir haben sie genutzt, um eine Reihe von Verbesserungen und Ergänzungen vorzunehmen. Dem Springer-Verlag danken wir für das Eingehen auf unsere Wünsche und für die ansprechende Ausstattung des Buches.

Darmstadt, Essen und München
Sommer 2021

D. Gross, W. Hauger, J. Schröder, W.A. Wall

Inhaltsverzeichnis

Einführung

Die Aufgabe der Mechanik ist die Beschreibung und Vorherbestimmung der Bewegungen von Körpern sowie der Kräfte, die mit diesen Bewegungen im Zusammenhang stehen. Man kann die Mechanik in *Kinematik* und *Dynamik* unterteilen. Die Kinematik ist dabei die Lehre vom geometrischen und zeitlichen Bewegungsablauf, ohne dass auf Kräfte als Ursache oder Wirkung der Bewegung eingegangen wird. Die Dynamik befasst sich dagegen mit dem Zusammenspiel von Kräften und Bewegungen: Kräfte sind physikalische Größen, die eine Änderung des Bewegungszustandes von Körpern bewirken. Sie wird wiederum in die *Statik* und die *Kinetik* unterteilt. Die Statik beschäftigt sich mit den Kräften an ruhenden Körpern (Gleichgewicht), während die Kinetik tatsächliche Bewegungen unter der Wirkung von Kräften untersucht.

Der Ursprung der Statik liegt in der Antike. Die Kinetik ist dagegen eine sehr viel jüngere Wissenschaft. Die ersten systematischen Untersuchungen wurden von Galileo Galilei (1564–1642) durchgeführt. Er fand mit Hilfe von genialen Experimenten die Fall- und die Wurfgesetze und formulierte 1638 das Trägheitsgesetz. Zur Würdigung der Leistung von Galilei bedenke man, dass Differential- und Integralrechnung damals noch unbekannt waren und es noch kein Gerät zur präzisen Messung der Zeit gab.

Ihre wissenschaftliche Begründung fand die Kinetik durch Isaac Newton (1643–1727), der 1687 die erste Formulierung der Bewegungsgesetze gab. Die Newtonschen Grundgesetze sind eine Zusammenfassung aller experimentellen Erfahrungen; alle Folgerungen, die aus ihnen gezogen werden, stimmen mit der Erfahrung überein. Wir sehen diese Gesetze – ohne sie beweisen zu können – als richtig an: sie haben axiomatischen Charakter.

Bevor wir uns mit dem Zusammenspiel von Kräften und Bewegungen befassen können, ist es erforderlich, Bewegungen zunächst rein geometrisch (kinematisch) darzustellen. Dabei werden die Begriffe Weg, Geschwindigkeit und Beschleunigung behandelt. Je nach Art der Bewegung (z. B. geradlinig, eben, räumlich) beschreibt man diese Größen in einem geeigneten Koordinatensystem. Ausgangspunkt aller dann folgenden Überlegungen der Kinetik sind die Newtonschen Grundgleichungen. Wir beschränken uns hier auf die Behandlung der Bewegungen von Massenpunkten bzw. von starren Körpern. Mit Hilfe dieser Idealisierungen lassen sich sehr viele technisch wichtige Probleme beschreiben und einer Lösung zuführen.

Die Newtonschen Grundgesetze gelten nur in einem *Inertialsystem*. Oft ist es jedoch vorteilhaft, die Bewegung eines Körpers in Bezug auf ein *bewegtes* System zu beschreiben. Daher werden wir kurz auf Relativbewegungen eingehen.

Den Newtonschen Axiomen gleichwertig sind Grundgesetze, die *Prinzipien der Mechanik* heißen. Bei der Behandlung von Problemen ist es manchmal zweckmäßig, diese Prinzipien anzuwenden. Wir beschränken uns hier auf die Darstellung des Prinzips von d'Alembert und der Lagrangeschen Gleichungen 2. Art.

In der Kinetik werden viele der in der Statik eingeführten Begriffe (z. B. Raum, Masse, Kraft, Moment) und Idealisierungen (z. B. Massenpunkt, starrer Körper, Einzelkraft) weiter verwendet. Dort bereits erläuterte Grundgesetze (z. B. Schnittprinzip, Wechselwirkungsgesetz, Satz vom Parallelogramm der Kräfte) gelten auch hier. Bei der Lösung konkreter Probleme haben Freikörperbilder eine gleich große Bedeutung wie in der Statik. Zur Beschreibung von Bewegungen muss nun als neue Grundgröße die Zeit eingeführt werden, welche in der Statik nicht benötigt wird. Damit lassen sich weitere Begriffe (z. B. Geschwindigkeit, Beschleunigung, Impuls, kinetische Energie) definieren und neue Gesetzmäßigkeiten (z. B. Impulssatz, Energiesatz) angeben, mit denen wir uns im folgenden befassen werden.

Bewegung eines Massenpunktes

1

Inhaltsverzeichnis

► **Lernziele** Wir lernen zunächst, wie die Bewegung eines Punktes durch seinen Ort, die Geschwindigkeit und die Beschleunigung in verschiedenen Koordinatensystemen beschrieben wird und wie diese Größen berechnet werden können. Anschließend befassen wir uns mit dem Bewegungsgesetz, welches den Zusammenhang zwischen den Kräften und der Bewegung herstellt. Eine wichtige Rolle spielt dabei wieder das Freikörperbild, mit dessen Hilfe eine korrekte Aufstellung der Bewegungsgleichungen möglich ist. Im weiteren werden wichtige Gesetzmäßigkeiten wie Impuls-, Drehimpuls- und Arbeitssatz sowie deren Anwendung diskutiert.

D. Gross et al., *Technische Mechanik 3*, https://doi.org/10.1007/978-3-662-63065-5_1

1.1 Kinematik

1.1.1 Geschwindigkeit und Beschleunigung

Die Bewegung eines Punktes im Raum wird durch die Kinematik beschrieben. Die Kinematik kann als Geometrie der Bewegung aufgefasst werden, wobei nach den Ursachen dieser Bewegung nicht gefragt wird.

Der Ort eines Punktes P im Raum wird durch den **Ortsvektor** $\boldsymbol{r}$ eindeutig festgelegt (Abb. 1.1a). Dieser zeigt von einem raumfesten Bezugspunkt 0 zur augenblicklichen Lage von P. Ändert sich die Lage von P mit der Zeit t, so beschreibt $\boldsymbol{r}(t)$ die **Bahn** des Punktes P.

Betrachten wir nun zwei benachbarte Lagen P und P' eines Punktes zu zwei Zeitpunkten t und $t + \Delta t$ (Abb. 1.1b). Dann ist die Änderung des Ortsvektors während der Zeit Δt durch $\Delta \boldsymbol{r} = \boldsymbol{r}(t+\Delta t) - \boldsymbol{r}(t)$ gegeben. Die **Geschwindigkeit** von P ist definiert als Grenzwert der zeitlichen Änderung des Ortsvektors:

$$\boldsymbol{v} = \lim_{\Delta t \to 0} \frac{\boldsymbol{r}(t+\Delta t) - \boldsymbol{r}(t)}{\Delta t} = \lim_{\Delta t \to 0} \frac{\Delta \boldsymbol{r}}{\Delta t} = \frac{\mathrm{d}\boldsymbol{r}}{\mathrm{d}t} = \dot{\boldsymbol{r}} \,. \tag{1.1}$$

Die Geschwindigkeit $\boldsymbol{v}$ ist demnach gleich der zeitlichen Ableitung des Ortsvektors $\boldsymbol{r}$. Ableitungen nach der Zeit wollen wir meist durch einen über die betreffende Größe gesetzten Punkt kennzeichnen. Die Geschwindigkeit ist ein Vektor. Da die

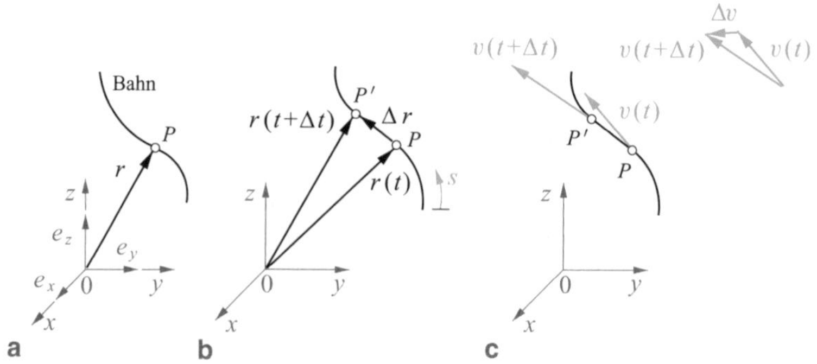

Abb. 1.1 Bahnkurve, Geschwindigkeit, Beschleunigung

Änderung $\Delta \boldsymbol{r}$ des Ortsvektors im Grenzfall $\Delta t \to 0$ in Richtung der Tangente an die Bahn im Punkt P zeigt, ist auch die Geschwindigkeit stets **tangential** zur Bahn gerichtet. Der Richtungssinn der Geschwindigkeit stimmt mit dem Durchlaufsinn der Bahn überein. Um den Betrag des Geschwindigkeitsvektors angeben zu können, führen wir als Maß für den zurückgelegten Weg die von einem beliebigen Punkt auf der Bahn aus gezählte **Bogenlänge** s ein. Der Punkt hat bis zur Lage P einen Weg s und bis P' einen Weg $s + \Delta s$ zurückgelegt. Mit $|\Delta \boldsymbol{r}| = \Delta s$ erhält man aus (1.1) die **Bahngeschwindigkeit**

$$|\boldsymbol{v}| = v = \lim_{\Delta t \to 0} \frac{\Delta s}{\Delta t} = \frac{\mathrm{d}s}{\mathrm{d}t} = \dot{s}\,. \tag{1.2}$$

Die Geschwindigkeit hat die Dimension Länge/Zeit und wird in Vielfachen der Einheit m/s gemessen. Mit der Einheit km/h, die z. B. im Straßenverkehr verwendet wird, besteht der Zusammenhang $1\,\text{km/h} = \frac{1000}{3600}\,\text{m/s} = \frac{1}{3{,}6}\,\text{m/s}$ oder $1\,\text{m/s} = 3{,}6\,\text{km/h}$.

Im allgemeinen hängt auch die Geschwindigkeit von der Zeit ab. In den benachbarten Lagen P und P' (Abb. 1.1c) hat der betrachtete Punkt die Geschwindigkeiten $\boldsymbol{v}(t)$ und $\boldsymbol{v}(t + \Delta t)$. Dann ist die Änderung des Geschwindigkeitsvektors durch $\Delta \boldsymbol{v} = \boldsymbol{v}(t + \Delta t) - \boldsymbol{v}(t)$ gegeben. Die **Beschleunigung** ist definiert als Grenzwert der Geschwindigkeitsänderung:

$$\boldsymbol{a} = \lim_{\Delta t \to 0} \frac{\boldsymbol{v}(t + \Delta t) - \boldsymbol{v}(t)}{\Delta t} = \lim_{\Delta t \to 0} \frac{\Delta \boldsymbol{v}}{\Delta t} = \frac{\mathrm{d}\boldsymbol{v}}{\mathrm{d}t} = \dot{\boldsymbol{v}} = \ddot{\boldsymbol{r}}\,. \tag{1.3}$$

Die Beschleunigung $\boldsymbol{a}$ ist somit gleich der ersten Ableitung von $\boldsymbol{v}$ bzw. der zweiten Ableitung von $\boldsymbol{r}$. Auch die Beschleunigung ist ein Vektor. Da aber $\Delta \boldsymbol{v}$ nach Abb. 1.1c in keinem erkennbaren Zusammenhang mit der Bahn steht, können wir über Richtung und Größe der Beschleunigung zunächst keine weiteren Aussagen machen. Die Beschleunigung hat die Dimension Länge/Zeit^2 und wird in Vielfachen der Einheit m/s^2 gemessen.

Geschwindigkeit und Beschleunigung wurden zunächst ohne Verwendung spezieller Koordinaten eingeführt. Zur Lösung konkreter Aufgaben ist es jedoch zweckmäßig, sich eines geeigneten Koordinatensystems zu bedienen. Im folgenden wollen wir die drei wichtigsten Fälle betrachten.

1.1.2 Geschwindigkeit und Beschleunigung in kartesischen Koordinaten

Wenn wir eine Bewegung speziell in kartesischen Koordinaten beschreiben wollen, so wählen wir 0 als Ursprung eines raumfesten Systems x, y, z. Mit den Einheitsvektoren (= Basisvektoren) $\boldsymbol{e}_x, \boldsymbol{e}_y, \boldsymbol{e}_z$ in den drei Koordinatenrichtungen (Abb. 1.1a) lautet der Ortsvektor

$$\boldsymbol{r}(t) = x(t)\,\boldsymbol{e}_x + y(t)\,\boldsymbol{e}_y + z(t)\,\boldsymbol{e}_z\,. \tag{1.4}$$

Dies ist eine Parameterdarstellung der Bahn mit t als Parameter. Wenn man aus den drei Komponentengleichungen von (1.4) die Zeit t eliminieren kann, erhält man die zeitfreie geometrische Beschreibung der räumlichen Bahnkurve (vgl. z. B. Abschn. 1.2.2).

Nach (1.1) ergibt sich die Geschwindigkeit durch Differenzieren (die Basisvektoren hängen nicht von der Zeit ab) zu

$$\boldsymbol{v} = \dot{\boldsymbol{r}} = \dot{x}\,\boldsymbol{e}_x + \dot{y}\,\boldsymbol{e}_y + \dot{z}\,\boldsymbol{e}_z\,. \tag{1.5}$$

Nochmaliges Differenzieren liefert die Beschleunigung

$$\boldsymbol{a} = \dot{\boldsymbol{v}} = \ddot{\boldsymbol{r}} = \ddot{x}\,\boldsymbol{e}_x + \ddot{y}\,\boldsymbol{e}_y + \ddot{z}\,\boldsymbol{e}_z\,. \tag{1.6}$$

Die Komponenten von Geschwindigkeit und Beschleunigung in kartesischen Koordinaten lauten daher

$$\begin{aligned} v_x &= \dot{x}, & v_y &= \dot{y}, & v_z &= \dot{z}, \\ a_x &= \dot{v}_x = \ddot{x}, & a_y &= \dot{v}_y = \ddot{y}, & a_z &= \dot{v}_z = \ddot{z}. \end{aligned} \tag{1.7}$$

Die Beträge folgen zu

$$v = \sqrt{\dot{x}^2 + \dot{y}^2 + \dot{z}^2} \quad \text{und} \quad a = \sqrt{\ddot{x}^2 + \ddot{y}^2 + \ddot{z}^2}. \tag{1.8}$$

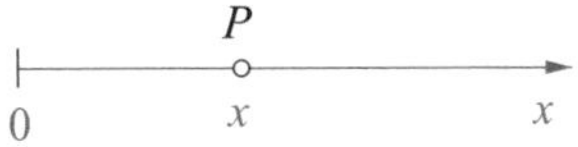

Abb. 1.2 Geradlinige Bewegung

1.1.3 Geradlinige Bewegung

Die geradlinige Bewegung ist die einfachste Form einer Bewegung.

Sie hat zugleich große praktische Bedeutung. So sind z. B. der freie Fall eines Körpers im Erdschwerefeld oder die Fahrt einer Eisenbahn über eine Brücke geradlinige Bewegungen.

Bewegt sich ein Punkt P auf einer Geraden, so können wir die x-Achse mit dieser Geraden zusammenfallen lassen (Abb. 1.2). Dann hat nach (1.4) der Ortsvektor $\boldsymbol{r}$ nur eine x-Komponente, und die Geschwindigkeit $\boldsymbol{v}$ und die Beschleunigung $\boldsymbol{a}$ zeigen nach (1.5) und (1.6) ebenfalls in x-Richtung. Daher können wir auf den Vektorcharakter von Geschwindigkeit und Beschleunigung verzichten und erhalten aus (1.7)

$$v = \dot{x}, \quad a = \dot{v} = \ddot{x}\,. \tag{1.9}$$

Falls v bzw. a negativ sind, bedeutet dies, dass die Geschwindigkeit bzw. die Beschleunigung gegen die positive x-Richtung zeigen. Eine Beschleunigung, die eine Verringerung der Geschwindigkeit zur Folge hat, nennt man im technischen Sprachgebrauch eine „Verzögerung".

Wenn bei einer geradlinigen Bewegung der Ort x in Abhängigkeit von der Zeit t bekannt ist, können Geschwindigkeit und Beschleunigung nach (1.9) durch Differenzieren berechnet werden. Häufig gibt es jedoch Problemstellungen, bei denen die Beschleunigung gegeben ist und Geschwindigkeit und Weg gesucht sind. Dann sind Integrationen auszuführen, die im allgemeinen mathematisch schwieriger sind als Differentiationen. Die Bestimmung kinematischer Größen aus anderen, gegebenen kinematischen Größen nennt man kinematische Grundaufgaben. Wir wollen uns im weiteren mit diesen Aufgaben beschäftigen, wobei wir uns auf den wichtigen Sonderfall beschränken, dass die gegebene Größe jeweils nur von **einer** anderen kinematischen Größe abhängt. Wenn wir die Beschleunigung als die gegebene Größe betrachten, gibt es fünf Grundaufgaben, die wir alle vorstellen wollen.

1. $\boxed{a = 0}$

   Ist die Beschleunigung gleich Null, so gilt nach (1.9) $a = \dot{v} = \mathrm{d}v/\mathrm{d}t = 0$. Integration liefert die konstante Geschwindigkeit

$$v = \text{const} = v_0\,.$$

Man nennt eine Bewegung mit konstanter Geschwindigkeit eine **gleichförmige Bewegung**. Den Ort x erhält man aus $v = v_0 = \mathrm{d}x/\mathrm{d}t$ durch Integration. Dabei muss eine Aussage über den Anfang der Bewegung, eine **Anfangsbedingung**, eingearbeitet werden. Kennzeichnen wir Anfangswerte durch einen Index 0, so ist zur Zeit $t = t_0$ der Ort durch $x = x_0$ festgelegt. Bei der Integration kann man zwei Wege beschreiten:

a) **Unbestimmte Integration.** Nach Trennung der Veränderlichen $\mathrm{d}x = v_0\,\mathrm{d}t$ führt eine unbestimmte Integration auf

$$\int \mathrm{d}x = \int v_0\,\mathrm{d}t \quad \to \quad x = v_0\,t + C_1\,.$$

Die Integrationskonstante C_1 folgt durch Einsetzen der Anfangswerte:

$$x_0 = v_0\,t_0 + C_1 \quad \to \quad C_1 = x_0 - v_0\,t_0\,.$$

Damit erhalten wir den gesuchten Ort

$$x = x_0 + v_0\,(t - t_0)\,.$$

b) **Bestimmte Integration.** Nach Trennung der Veränderlichen $\mathrm{d}x = v_0\,\mathrm{d}t$ führt eine bestimmte Integration (die unteren Grenzen der Integrale entsprechen den Anfangswerten t_0, x_0) auf

$$\int\limits_{x_0}^{x} \mathrm{d}\bar{x} = \int\limits_{t_0}^{t} v_0\,\mathrm{d}\bar{t} \quad \to \quad x - x_0 = v_0\,(t - t_0)$$

oder

$$x = x_0 + v_0\,(t - t_0)\,.$$

Dabei wurden die Variablen unter den Integralen jeweils mit einem Querstrich versehen, damit keine Verwechslung mit den oberen Grenzen der Integrale auftreten kann.

Im folgenden werden wir abwechselnd die eine oder die andere Möglichkeit der Integration verwenden. Die Anfangsbedingungen gehen dabei entweder über die Integrationskonstanten oder über die dem Anfang der Bewegung zugeordneten unteren Integrationsgrenzen in die Rechnung ein.

2. $\boxed{a = a_0}$

Eine Bewegung mit konstanter Beschleunigung heißt **gleichmäßig beschleunigte Bewegung**. Wir beginnen die Zeitzählung mit $t_0 = 0$ und geben je eine Anfangsbedingung für die Geschwindigkeit und für den Weg vor:

$$\dot{x}(0) = v_0\,, \quad x(0) = x_0\,.$$

Dann folgen aus (1.9) durch Integration die Geschwindigkeit

$$\mathrm{d}v = a_0\,\mathrm{d}t \quad \rightarrow \quad \int\limits_{v_0}^{v} \mathrm{d}\bar{v} = \int\limits_{0}^{t} a_0\,\mathrm{d}\bar{t} \quad \rightarrow \quad v = v_0 + a_0\,t$$

und der Weg

$$\mathrm{d}x = v\,\mathrm{d}t \quad \rightarrow \quad \int\limits_{x_0}^{x} \mathrm{d}\bar{x} = \int\limits_{0}^{t} (v_0 + a_0\,\bar{t}\,)\,\mathrm{d}\bar{t}$$

$$\rightarrow \quad x = x_0 + v_0\,t + a_0\,\frac{t^2}{2}\,.$$

In Abb. 1.3 sind Beschleunigung a, Geschwindigkeit v und Weg x in Abhängigkeit von der Zeit aufgetragen. Man erkennt anschaulich aus den einzelnen Anteilen der Funktionsverläufe, dass eine konstante Beschleunigung a_0 auf eine lineare Geschwindigkeit $a_0 t$ und auf eine quadratische Weg-Zeit-Abhängigkeit $a_0 t^2/2$ führt.

Gleichmäßig beschleunigte Bewegungen treten in der Natur z. B. beim **freien Fall** und beim **senkrechten Wurf** im Erdschwerefeld auf. Galilei (1564–1642)

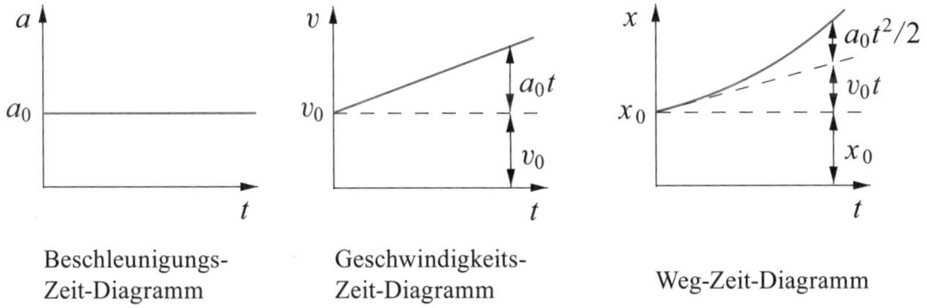

Abb. 1.3 Bewegungsdiagramme

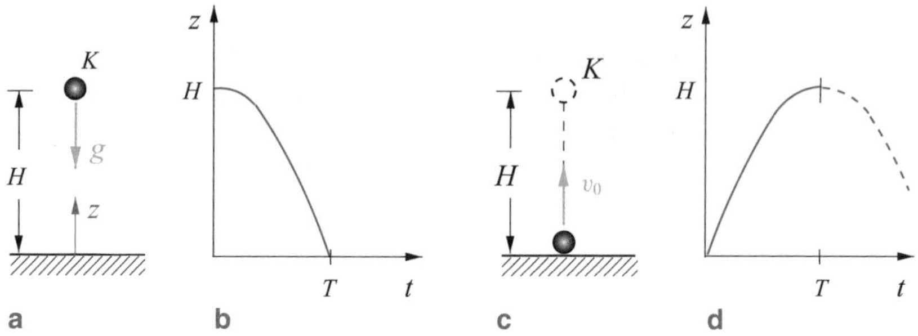

Abb. 1.4 Freier Fall, vertikaler Wurf

hat 1638 erkannt, dass alle Körper (bei Vernachlässigung des Luftwiderstandes) mit der gleichen konstanten Beschleunigung fallen. Diese Beschleunigung nennt man **Erdbeschleunigung** g. Sie beträgt an der Erdoberfläche $g = 9{,}81$ m/s^2. Ihre geringe Abhängigkeit von der geographischen Breite wollen wir vernachlässigen.

Im folgenden sollen der freie Fall und der senkrechte Wurf eines Körpers K untersucht werden. Zählen wir nach Abb. 1.4a eine Koordinate z von der Erdoberfläche senkrecht nach oben, so folgen bei zunächst beliebigen Anfangsbedingungen

$$\dot{z}(0) = v_0, \quad z(0) = z_0$$

unter Beachtung des Vorzeichens der Erdbeschleunigung (**gegen** die positive z-Richtung)

$$\begin{aligned} \ddot{z} &= a = -g, \\ \dot{z} &= v = -g\,t + v_0, \\ z &= -\frac{g\,t^2}{2} + v_0\,t + z_0. \end{aligned} \tag{1.10}$$

Wir betrachten zunächst den freien Fall. Der Körper werde aus einer Höhe $z_0 = H$ ohne Anfangsgeschwindigkeit ($v_0 = 0$) fallen gelassen. Dann folgen aus (1.10)

$$a = -g, \quad v = -g\,t, \quad z = -\frac{g\,t^2}{2} + H\,.$$

Wenn wir die Zeit T berechnen wollen, die der Körper zum Durchfallen der Höhe H benötigt (Fallzeit), müssen wir den Ort $z = 0$ des Auftreffens einsetzen:

$$z = 0 = -\frac{g\,T^2}{2} + H \quad \rightarrow \quad T = \sqrt{\frac{2\,H}{g}}.$$

Setzen wir diese Zeit in die Gleichung für die Geschwindigkeit ein, so finden wir die Auftreffgeschwindigkeit

$$v_A = v(T) = -g\,T = -g\sqrt{\frac{2\,H}{g}} = -\sqrt{2\,gH}\,.$$

Das Minuszeichen deutet an, dass die Geschwindigkeit gegen die Koordinate z gerichtet ist. In Abb. 1.4b ist die Abhängigkeit des Ortes von der Zeit aufgetragen.

Wir untersuchen nun einen senkrechten Wurf, bei dem ein Körper (Abb. 1.4c) zur Zeit $t = 0$ von der Erdoberfläche ($z_0 = 0$) mit der Anfangsgeschwindigkeit v_0 abgeworfen wird. Aus (1.10) folgen dann

$$a = -g, \quad v = -g\,t + v_0, \quad z = -\frac{g\,t^2}{2} + v_0\,t\,.$$

Der Körper erreicht seinen höchsten Punkt (Steighöhe H), wenn die Geschwindigkeit gleich Null wird. Die hierzu erforderliche Zeit (Steigzeit T) folgt daher aus

$$v = 0 = -g\,T + v_0 \quad \rightarrow \quad T = \frac{v_0}{g}\,.$$

Setzt man diese Zeit in die Gleichung für den Weg ein, so erhält man die Steighöhe

$$H = z(T) = -\frac{g\,T^2}{2} + v_0\,T = -\frac{g}{2}\,\frac{v_0^2}{g^2} + v_0\frac{v_0}{g} = \frac{v_0^2}{2\,g}\,.$$

In Abb. 1.4d ist das Weg-Zeit-Diagramm des senkrechten Wurfes dargestellt. Ein Vergleich der Ergebnisse von freiem Fall und senkrechtem Wurf zeigt die enge Verwandtschaft beider Bewegungen: ein Körper, der aus einer Höhe H fällt, trifft mit einer Geschwindigkeit $|v_A| = \sqrt{2\,g\,H}$ auf den Boden auf, während ein Körper, der mit einer Geschwindigkeit v_0 abgeworfen wird, eine Höhe $H = v_0^2/2\,g$ erreicht.

3. $\boxed{a = a(t)}$

In diesem Fall können die Geschwindigkeit v und der Weg x durch zwei aufeinanderfolgende Integrationen von (1.9) über die Zeit unmittelbar ermittelt werden. Mit den Anfangsbedingungen $v(t_0) = v_0$, $x(t_0) = x_0$ erhält man

$$\mathrm{d}v = a(t)\,\mathrm{d}t \quad \rightarrow \quad v = v_0 + \int_{t_0}^{t} a(\bar{t})\,\mathrm{d}\bar{t}, \tag{1.11}$$

$$\mathrm{d}x = v(t)\,\mathrm{d}t \quad \rightarrow \quad x = x_0 + \int_{t_0}^{t} v(\bar{t})\,\mathrm{d}\bar{t}\,. \tag{1.12}$$

4. $\boxed{a = a(v)}$

Ist die Beschleunigung als Funktion der Geschwindigkeit gegeben, so ergibt sich aus (1.9) durch **Trennung der Veränderlichen**

$$a(v) = \frac{\mathrm{d}v}{\mathrm{d}t} \quad \rightarrow \quad \mathrm{d}t = \frac{\mathrm{d}v}{a(v)}\,.$$

Bestimmte Integration (der unteren Zeitgrenze t_0 entspricht die Anfangsgeschwindigkeit v_0) liefert

$$\int_{t_0}^{t} \mathrm{d}\bar{t} = \int_{v_0}^{v} \frac{\mathrm{d}\bar{v}}{a(\bar{v})} \quad \rightarrow \quad t = t_0 + \int_{v_0}^{v} \frac{\mathrm{d}\bar{v}}{a(\bar{v})} = f(v)\,. \tag{1.13}$$

Damit ist zunächst die Zeit t in Abhängigkeit von der Geschwindigkeit v bekannt. Wenn man diese Gleichung nach $v = F(t)$ auflösen kann (Bilden der Umkehrfunktion F), so folgt der Weg nach (1.12) zu

$$x = x_0 + \int_{t_0}^{t} F(\bar{t})\,\mathrm{d}\bar{t}\,. \tag{1.14}$$

Damit ist der Weg x als Funktion der Zeit t bekannt.

Man kann aus $a(v)$ den Weg x in Abhängigkeit von v unmittelbar gewinnen. Unter Anwendung der Kettenregel

$$a = \frac{\mathrm{d}v}{\mathrm{d}t} = \frac{\mathrm{d}v}{\mathrm{d}x}\frac{\mathrm{d}x}{\mathrm{d}t} = \frac{\mathrm{d}v}{\mathrm{d}x}\,v$$

ergibt die Trennung der Veränderlichen

$$\mathrm{d}x = \frac{v}{a}\,\mathrm{d}v\,.$$

Bestimmte Integration unter Einarbeitung der Anfangswerte v_0 und x_0 liefert

$$x = x_0 + \int\limits_{v_0}^{v} \frac{\bar{v}}{a(\bar{v})}\,\mathrm{d}\bar{v}\,. \tag{1.15}$$

Als Anwendungsbeispiel betrachten wir die Bewegung eines Punktes, der eine Beschleunigung $a = -kv$ hat; dabei ist k eine Konstante. Solche Beschleunigungen treten z. B. bei Bewegungen von Körpern in reibungsbehafteten Flüssigkeiten auf (vgl. Abschn. 1.2.4). Als Anfangsbedingungen seien $x(0) = x_0$ und $v(0) = v_0$ gegeben.
Aus (1.13) folgt dann

$$t = \int\limits_{v_0}^{v} \frac{\mathrm{d}\bar{v}}{-k\bar{v}} = -\frac{1}{k}\ln \bar{v}\Big|_{v_0}^{v} = -\frac{1}{k}\ln\frac{v}{v_0} = f(v)\,.$$

Auflösen nach v (Bilden der Umkehrfunktion) ergibt

$$v = v_0\,\mathrm{e}^{-kt} = F(t).$$

Nach (1.14) wird damit

$$\begin{aligned} x = x(t) &= x_0 + \int\limits_0^t v_0\,\mathrm{e}^{-k\bar{t}}\,\mathrm{d}\bar{t} = x_0 + \left(-\frac{v_0}{k}\right)\mathrm{e}^{-k\bar{t}}\Big|_0^t \\ &= x_0 + \frac{v_0}{k}(1-\mathrm{e}^{-kt})\,. \end{aligned}$$

Verwenden wir dagegen (1.15), so folgt

$$x = x(v) = x_0 + \int\limits_{v_0}^{v} \frac{\bar{v}}{-k\bar{v}}\,\mathrm{d}\bar{v} = x_0 - \frac{1}{k}(v - v_0)\,.$$

Setzen wir hierin die Geschwindigkeit $v = v_0\,\mathrm{e}^{-kt}$ ein, so erhalten wir wieder die zuvor ermittelte Weg-Zeit-Abhängigkeit:

$$x = x_0 - \frac{1}{k}(v_0\,\mathrm{e}^{-kt} - v_0) = x_0 + \frac{v_0}{k}(1-\mathrm{e}^{-kt}) = x(t)\,.$$

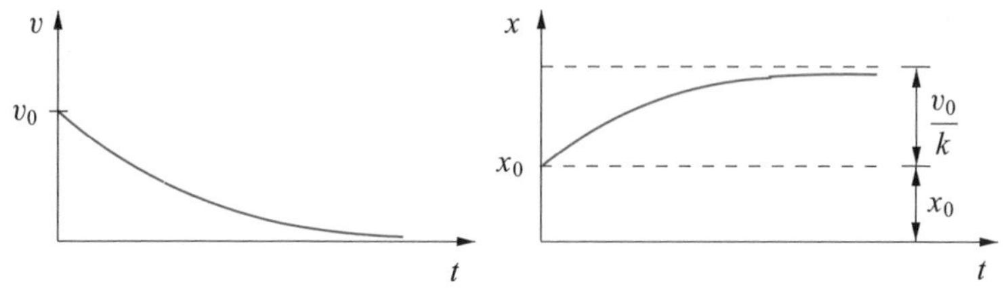

Abb. 1.5 Geschwindigkeit und Weg

Abb. 1.5 veranschaulicht das Ergebnis: da die Beschleunigung a proportional zu $-v$ ist, wird der Punkt ständig verzögert. Die Geschwindigkeit v nimmt daher ständig ab, wobei mit kleiner werdendem v die Verzögerung und damit die Änderung von v immer kleiner werden. Erst im Grenzfall $t \to \infty$ wird die Geschwindigkeit gleich Null. Der Punkt bewegt sich dabei gegen den endlichen Wert $x_0 + v_0/k$. Dieser Grenzwert folgt aus $x(t)$ für $t \to \infty$ oder aus $x(v)$ für $v \to 0$.

5. $\boxed{a = a(x)}$

Wir verwenden wiederum die Kettenregel

$$a = \frac{\mathrm{d}v}{\mathrm{d}t} = \frac{\mathrm{d}v}{\mathrm{d}x}\frac{\mathrm{d}x}{\mathrm{d}t} = \frac{\mathrm{d}v}{\mathrm{d}x}\,v$$

und trennen die Veränderlichen:

$$v\,\mathrm{d}v = a\,\mathrm{d}x. \tag{1.16}$$

Integration mit den Anfangsbedingungen $v(t_0) = v_0$, $x(t_0) = x_0$ ergibt

$$\frac{1}{2}\,v^2 = \frac{1}{2}\,v_0^2 + \int_{x_0}^{x} a(\bar{x})\,\mathrm{d}\bar{x} = f(x) \quad \to \quad v = \sqrt{2\,f(x)}\,. \tag{1.17}$$

Damit ist die Geschwindigkeit v in Abhängigkeit vom Weg x bekannt. Aus $v = \mathrm{d}x/\mathrm{d}t$ findet man nach Trennung der Veränderlichen und Integration

$$\mathrm{d}t = \frac{\mathrm{d}x}{v} = \frac{\mathrm{d}x}{\sqrt{2\,f(x)}} \quad \to \quad t = t_0 + \int_{x_0}^{x} \frac{\mathrm{d}\bar{x}}{\sqrt{2\,f(\bar{x})}} = g(x)\,. \tag{1.18}$$

Die Zeit t ist hiermit als Funktion des Weges x bekannt. Wenn man zu $t = g(x)$ die Umkehrfunktion $x = G(t)$ bilden kann, so erhält man den Weg in Abhängigkeit von der Zeit.

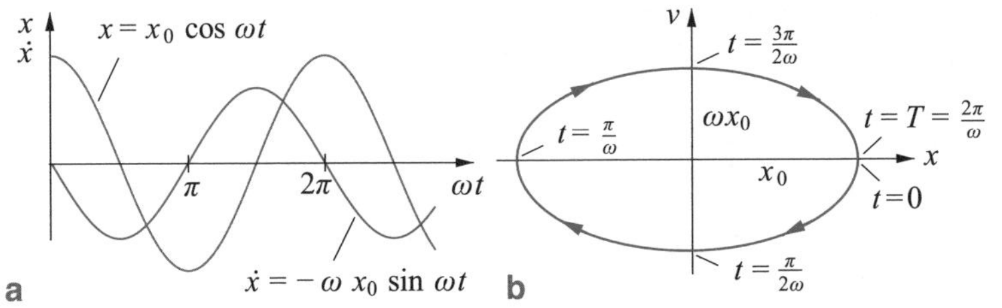

Abb. 1.6 Harmonische Schwingung, Phasendiagramm

Als Anwendungsbeispiel untersuchen wir eine Bewegung mit einem Beschleunigungsgesetz $a = -\omega^2 x$. Hierin ist ω^2 eine Konstante. Zur Zeit $t_0 = 0$ seien $x(0) = x_0$ und $v(0) = v_0 = 0$. Einsetzen in (1.17) ergibt

$$\frac{1}{2}v^2 = \int_{x_0}^{x} (-\omega^2\,\bar{x})\,\mathrm{d}\bar{x} = -\omega^2\left(\frac{x^2}{2} - \frac{x_0^2}{2}\right) = \frac{\omega^2}{2}(x_0^2 - x^2) = f(x)$$

$$\rightarrow \quad v = \pm\omega\sqrt{x_0^2 - x^2}\,.$$

Nach (1.18) erhält man für den Zeitverlauf

$$t = t(x) = \pm\int_{x_0}^{x} \frac{\mathrm{d}\bar{x}}{\omega\sqrt{x_0^2 - \bar{x}^2}} = \pm\frac{1}{\omega}\arcsin\left.\frac{\bar{x}}{x_0}\right|_{x_0}^{x}$$

$$= \pm\frac{1}{\omega}\left(\arcsin\frac{x}{x_0} - \frac{\pi}{2}\right) = \pm\frac{1}{\omega}\arccos\frac{x}{x_0}\,.$$

Bildet man die Umkehrfunktion, so folgt die Weg-Zeit-Abhängigkeit

$$x = x_0 \cos\omega t\,.$$

Diese Bewegung ist eine **harmonische Schwingung** (vgl. Kap. 5). Durch Differenzieren erhält man für die Geschwindigkeit und für die Beschleunigung

$$v(t) = \dot{x} = -\omega x_0 \sin\omega t, \quad a(t) = \ddot{x} = -\omega^2 x_0 \cos\omega t = -\omega^2 x(t)\,.$$

Abb. 1.6a zeigt Weg und Geschwindigkeit als Funktionen der Zeit.

Tab. 1.1 Kinematische Grundaufgaben

Gegeben	Gesucht	
$a(t)$	$v = v_0 + \int_{t_0}^{t} a(\bar{t})\,\mathrm{d}\bar{t}$	$x = x_0 + \int_{t_0}^{t} v(\bar{t})\,\mathrm{d}\bar{t}$
$a(v)$	$t = t_0 + \int_{v_0}^{v} \frac{\mathrm{d}\bar{v}}{a(\bar{v})}$	$x = x_0 + \int_{v_0}^{v} \frac{\bar{v}\,\mathrm{d}\bar{v}}{a(\bar{v})}$
$a(x)$	$v^2 = v_0^2 + 2\int_{x_0}^{x} a(\bar{x})\,\mathrm{d}\bar{x}$	$t = t_0 + \int_{x_0}^{x} \frac{\mathrm{d}\hat{x}}{\sqrt{v_0^2 + 2\int_{x_0}^{\hat{x}} a(\bar{x})\,\mathrm{d}\bar{x}}}$

Häufig interessiert auch die Abhängigkeit der Geschwindigkeit vom Ort. Geometrisch lässt sich dieser Zusammenhang in einem x, v-Diagramm durch eine Kurve, die sogenannte **Phasenkurve**, darstellen.

Im Beispiel der Schwingung gilt $v = \pm\omega\sqrt{x_0^2 - x^2}$. Hieraus folgt

$$v^2 = \omega^2(x_0^2 - x^2) \quad \rightarrow \quad \left(\frac{x}{x_0}\right)^2 + \left(\frac{v}{\omega x_0}\right)^2 = 1\,.$$

Die Phasenkurve ist hier eine Ellipse mit den Halbachsen x_0 und ωx_0 (Abb. 1.6b). Jedem Wertepaar x, v ist ein bestimmter Zeitpunkt t zugeordnet: die Zeit ist Parameter. Da hier die Kurve geschlossen ist, beginnt die Bewegung nach jedem Durchlaufen der Kurve wieder von vorn (Schwingung = periodischer Vorgang). Im Bild sind einige Zeitmarken und der Umlaufsinn eingetragen. Die Zeit $T = 2\pi/\omega$, die für einen Umlauf benötigt wird, heißt Schwingungsdauer (vgl. Kap. 5).

Falls bei anderen Beispielen Geschwindigkeit und Weg als Funktionen der Zeit bekannt sind, muss man zur Ermittlung der Phasenkurve aus $\dot{x}(t)$ und $x(t)$ die Zeit eliminieren.

Zum Abschluss dieses Abschnittes sind in Tab. 1.1 die wichtigsten Formeln der kinematischen Grundaufgaben zusammengestellt.

Beispiel 1.1

Ein Kraftfahrzeug auf gerader Bahn hat zur Zeit $t_0 = 0$ die Geschwindigkeit $v_0 = 40\,\mathrm{m/s}$. Es erfährt zunächst eine linear abnehmende Beschleunigung vom Anfangswert $a_0 = 5\,\mathrm{m/s^2}$ bis zum Wert $a = 0$ für $t = 6\,\mathrm{s}$. Anschließend legt es den Weg $s_2 = 550\,\text{m}$ gleichförmig zurück und wird in einem dritten Bewegungsabschnitt mit $a_3 = 11\,\text{m/s}^2$ abgebremst.

Nach welcher Zeit und an welcher Stelle kommt das Fahrzeug zum Stillstand? Man zeichne das Beschleunigungs-, das Geschwindigkeits- und das Weg-Zeit-Diagramm.

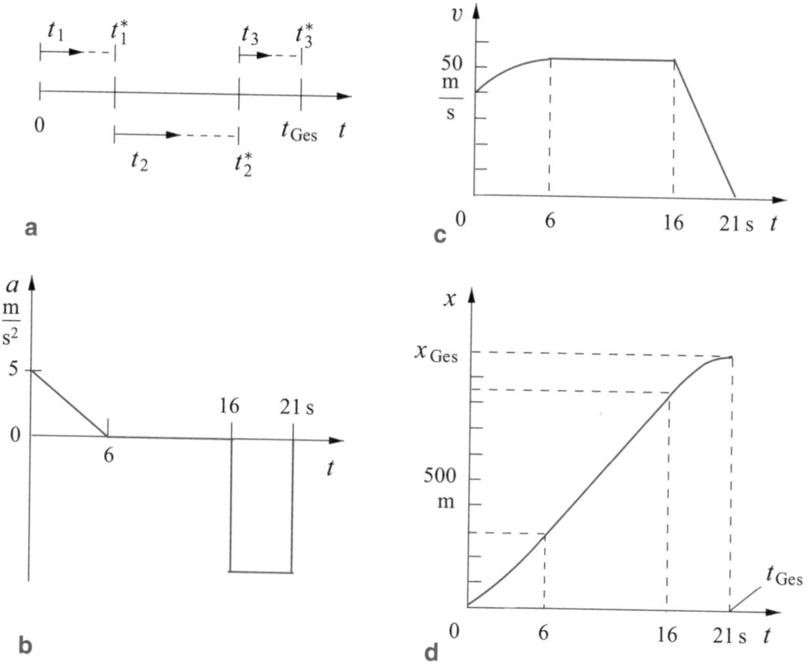

Lösung Wir beginnen in jedem der drei Bewegungsabschnitte jeweils mit einer neuen Zeitzählung (Bild a). Größen am Ende eines Zeitabschnittes kennzeichnen wir mit einem Stern. Der Weg x wird vom Ort zur Zeit $t_0 = 0$ aus gezählt.

1. Linear beschleunigte Bewegung ($0 \leqq t_1 \leqq t_1^*$).
   Der Beschleunigungsverlauf wird durch $a_1 = a_0\left(1 - t_1/t_1^*\right)$ beschrieben. Unter Beachtung der Anfangsbedingungen $x_1(t_1 = 0) = 0$ und $v_1(t_1 = 0) = v_0$ erhält man nach (1.11) und (1.12) die Geschwindigkeit

$$v_1 = v_0 + \int\limits_0^{t_1} a_0\left(1 - \frac{\bar{t}_1}{t_1^*}\right) \mathrm{d}\bar{t}_1 = v_0 + a_0\left(t_1 - \frac{t_1^2}{2t_1^*}\right)$$

und den Weg

$$x_1 = \int_0^{t_1} v_1 \, d\bar{t}_1 = v_0 \, t_1 + a_0 \left(\frac{t_1^2}{2} - \frac{t_1^3}{6 \, t_1^*} \right).$$

Insbesondere werden am Ende des ersten Abschnittes ($t_1 = t_1^* = 6\,\text{s}$)

$$v_1^* = v_0 + a_0 \frac{t_1^*}{2} = 40 + 5 \cdot 3 = 55 \, \frac{\text{m}}{\text{s}},$$
$$x_1^* = v_0 \, t_1^* + a_0 \frac{t_1^{*2}}{3} = 40 \cdot 6 + 5 \cdot \frac{6^2}{3} = 300\,\text{m}.$$

2. Gleichförmige Bewegung ($0 \leqq t_2 \leqq t_2^*$).
   Im zweiten Abschnitt hat die Geschwindigkeit den konstanten Wert $v_2 = v_1^* = 55\,\text{m/s}$. Damit ergibt sich der Weg zu

$$x_2 = x_1^* + v_2 \, t_2 \, .$$

   Zur Zeit t_2^* hat das Fahrzeug den Gesamtweg

$$x_2^* = x_1^* + s_2 = 300 + 550 = 850\,\text{m}$$

   zurückgelegt. Aus $s_2 = v_2 \, t_2^* = 550\,\text{m}$ folgt die Zeit

$$t_2^* = \frac{s_2}{v_2} = \frac{550}{55} = 10\,\text{s}.$$

3. Gleichmäßig verzögerte Bewegung ($0 \leqq t_3 \leqq t_3^*$).
   Die Endwerte des zweiten Abschnitts ($x_2^*, v_2^* = v_2$) sind die Anfangswerte des dritten Abschnitts. Wir finden daher (a_3 ist der Betrag einer Verzögerung)

$$v_3 = v_2^* - a_3 \, t_3,$$
$$x_3 = x_2^* + v_2^* \, t_3 - a_3 \, \frac{t_3^2}{2}.$$

   Die Zeit bis zum Stillstand folgt aus

$$v_3^* = v_2^* - a_3 \, t_3^* = 0 \quad \rightarrow \quad t_3^* = \frac{v_2^*}{a_3} = \frac{55}{11} = 5\,\text{s},$$

und der Gesamtweg wird

$$\underline{\underline{x_{\text{Ges}}}} = x_3^* = x_2^* + v_2^* \, t_3^* - a_3 \, \frac{t_3^{*2}}{2}$$

$$= 850 + 55 \cdot 5 - 11 \cdot \frac{5^2}{2} = \underline{\underline{987{,}5\,\text{m}}} \, .$$

Die Gesamtzeit beträgt

$$\underline{\underline{t_{\text{Ges}}}} = t_1^* + t_2^* + t_3^* = 6 + 10 + 5 = \underline{\underline{21\,\text{s}}} \, .$$

In Bild b–d sind die Beschleunigungs-, Geschwindigkeits- und Weg-Zeit-Diagramme dargestellt. An der Stelle, an der die Beschleunigung einen Sprung hat, tritt bei der Geschwindigkeit ein Knick auf. Im Weg-Zeit-Verlauf gibt es keinen Knick, da das Fahrzeug keinen Geschwindigkeitssprung erfährt (Sprünge in v treten nur bei Stoßvorgängen auf, vgl. Abschn. 2.5). ◀

Beispiel 1.2

Ein Punkt P bewegt sich nach Bild a längs einer Geraden. Das Quadrat seiner Geschwindigkeit nimmt linear mit x ab. Er durchläuft den Ort $x = 0$ zur Zeit $t = 0$ mit einer Geschwindigkeit v_0 und hat am Ort $x = x_1$ die Geschwindigkeit $v_1 = 0$.

Wann erreicht der Punkt die Lage x_1, und wie groß ist seine Beschleunigung a?

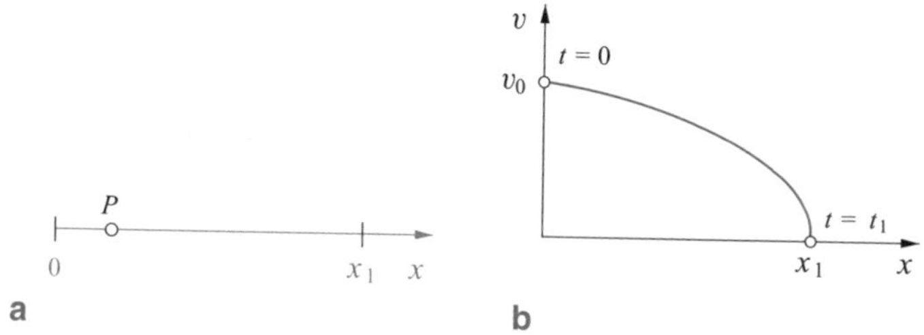

Lösung Wir müssen zunächst den Geschwindigkeitsverlauf beschreiben. Die lineare Beziehung zwischen v^2 und x ist allgemein durch den Ansatz $v^2 = b\,x + c$ gegeben. Die Konstanten b und c folgen durch Anpassen an die gegebenen Werte:

$$v(x=0)=v_0 \;\rightarrow\; c=v_0^2, \quad v(x=x_1)=0 \;\rightarrow\; b=-\frac{c}{x_1}=-\frac{v_0^2}{x_1}\,.$$

Damit wird

$$v=v(x)=v_0\sqrt{1-\frac{x}{x_1}}\,.$$

Bild b zeigt $v(x)$ in der Phasenebene. Aus $v=\mathrm{d}x/\mathrm{d}t$ folgt nach Trennung der Veränderlichen durch unbestimmte Integration

$$t=\int\frac{\mathrm{d}x}{v_0\sqrt{1-\frac{x}{x_1}}}=-2\,\frac{x_1}{v_0}\sqrt{1-\frac{x}{x_1}}+C.$$

Die Integrationskonstante C wird aus der Anfangsbedingung $x(0)=0$ berechnet:

$$0=-2\,\frac{x_1}{v_0}\sqrt{1}+C \quad\rightarrow\quad C=2\,\frac{x_1}{v_0}\,.$$

Damit ergibt sich die Zeit t_1, zu welcher der Punkt die Stelle $x=x_1$ erreicht:

$$\underline{\underline{t_1}}=t(x_1)=C=\underline{\underline{2\,\frac{x_1}{v_0}}}\,.$$

Die Beschleunigung finden wir unter Anwendung der Kettenregel:

$$\underline{\underline{a}}=\frac{\mathrm{d}v}{\mathrm{d}t}=\frac{\mathrm{d}v}{\mathrm{d}x}\,\frac{\mathrm{d}x}{\mathrm{d}t}=\frac{\mathrm{d}v}{\mathrm{d}x}\,v=-\frac{v_0}{2\,x_1}\,\frac{1}{\sqrt{1-\frac{x}{x_1}}}\,v_0\sqrt{1-\frac{x}{x_1}}=\underline{\underline{-\frac{v_0^2}{2\,x_1}}}\,.$$

Wegen $a=\text{const}$ ist die Bewegung gleichmäßig beschleunigt.

Zur Probe berechnen wir durch Integration der nun bekannten Beschleunigung die Geschwindigkeit und den Weg:

$$v=a\,t+v_0=-\frac{v_0^2}{2\,x_1}\,t+v_0,$$

$$x=-\frac{v_0^2}{4\,x_1}\,t^2+v_0\,t.$$

Elimination von t führt wieder auf das gegebene Geschwindigkeits-Weg-Gesetz. ◀

Beispiel 1.3

Ein Punkt P bewegt sich längs der x-Achse mit einer Beschleunigung $a = k\,\sqrt{v}$. Dabei hat die Konstante k den Zahlenwert $k = 2\,(\mathrm{m/s^3})^{1/2}$. Zur Zeit $t = 0$ durchläuft P die Stelle $x_0 = 1/3\,\mathrm{m}$ mit der Geschwindigkeit $v_0 = 1\,\mathrm{m/s}$.

An welcher Stelle x_1 befindet sich der Punkt zur Zeit $t_1 = 2\,\mathrm{s}$? Welche Geschwindigkeit und welche Beschleunigung hat er dann?

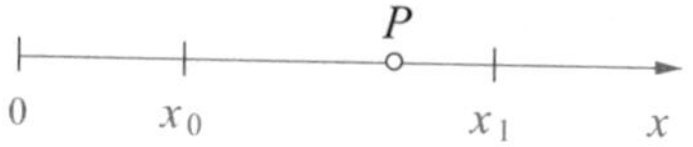

Lösung Die Beschleunigung ist als Funktion der Geschwindigkeit gegeben. Nach (1.13) wird daher

$$t = \int_{v_0}^{v} \frac{\mathrm{d}\bar{v}}{k\sqrt{\bar{v}}} = \frac{2}{k}(\sqrt{v} - \sqrt{v_0}) \quad \rightarrow \quad v = v(t) = \left(\frac{k\,t}{2} + \sqrt{v_0}\right)^2 .$$

Unbestimmte Integration von v liefert

$$x = \int v\,\mathrm{d}t = \frac{1}{3}\frac{2}{k}\left(\frac{k\,t}{2} + \sqrt{v_0}\right)^3 + C .$$

Die Integrationskonstante C folgt aus der Anfangsbedingung $x(0) = x_0$. Einsetzen der Zahlenwerte ergibt

$$\frac{1}{3} = \frac{1}{3}\frac{2}{2}(\sqrt{1})^3 + C \quad \rightarrow \quad C = 0 .$$

Damit erhalten wir endgültig

$$x = \frac{2}{3k}\left(\frac{k\,t}{2} + \sqrt{v_0}\right)^3 ,$$

$$v = \dot{x} = \left(\frac{k\,t}{2} + \sqrt{v_0}\right)^2 ,$$

$$a = \dot{v} = \ddot{x} = k\left(\frac{k\,t}{2} + \sqrt{v_0}\right) .$$

Zur Zeit $t = t_1$ folgen daraus

$$\underline{\underline{x_1}} = x(t_1) = \frac{2}{3 \cdot 2}\left(\frac{2 \cdot 2}{2} + \sqrt{1}\right)^3 = \underline{\underline{9\,\mathrm{m}}},$$

$$\underline{\underline{v_1}} = v(t_1) = \left(\frac{2 \cdot 2}{2} + \sqrt{1}\right)^2 = \underline{\underline{9\,\frac{\mathrm{m}}{\mathrm{s}}}},$$

$$\underline{\underline{a_1}} = a(t_1) = 2\left(\frac{2 \cdot 2}{2} + \sqrt{1}\right) = \underline{\underline{6\,\frac{\mathrm{m}}{\mathrm{s}^2}}}.$$

Zur Probe stellen wir fest, dass die Ergebnisse dem gegebenen Beschleunigungsgesetz genügen: $a = k\,\sqrt{v}$. ◀

1.1.4 Ebene Bewegung, Polarkoordinaten

Bewegt sich ein Punkt P in einer Ebene (z. B. in der x, y-Ebene), so entfällt bei einer Darstellung der Bewegung in kartesischen Koordinaten nach (1.4) bis (1.8) die Komponente senkrecht zur Ebene. Häufig ist es jedoch zweckmäßig, die ebene Bewegung in Polarkoordinaten r, φ nach Abb. 1.7a zu beschreiben. Wir führen dazu orthogonale Basisvektoren $\boldsymbol{e}_r$ und $\boldsymbol{e}_\varphi$ so ein, dass $\boldsymbol{e}_r$ immer vom **festen** Punkt 0 auf P zeigt. Dann lautet der Ortsvektor

$$\boldsymbol{r} = r\,\boldsymbol{e}_r\,. \tag{1.19}$$

Zur Ermittlung von Geschwindigkeit und Beschleunigung muss der Ortsvektor nach der Zeit abgeleitet werden. Da sich die Lage des Punktes P mit der Zeit

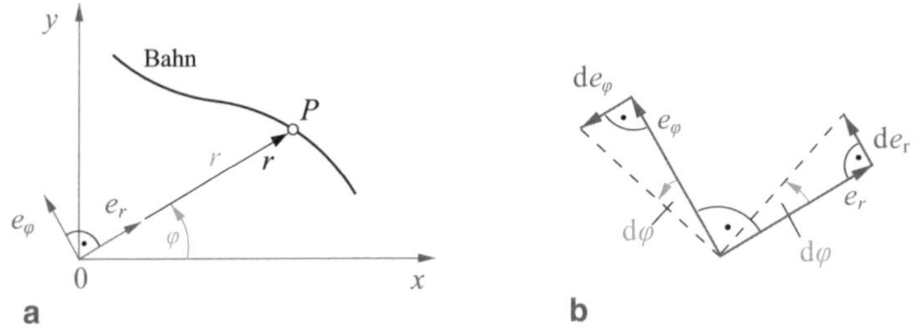

Abb. 1.7 Polarkoordinaten, Änderungen der Basisvektoren

ändert, sind auch die Richtungen von $\boldsymbol{e}_r$ und $\boldsymbol{e}_\varphi$ zeitabhängig. Im Unterschied zu den raumfesten Basisvektoren bei einem kartesischen Koordinatensystem müssen die Basisvektoren bei Polarkoordinaten daher mitdifferenziert werden. Der Basisvektor $\boldsymbol{e}_r$ hat als Einheitsvektor den Betrag Eins. Seine Änderung bei einer infinitesimalen Drehung $\mathrm{d}\varphi$ in der Zeit $\mathrm{d}t$ ergibt nach Abb. 1.7b einen Vektor $\mathrm{d}\boldsymbol{e}_r$, der auf $\boldsymbol{e}_r$ senkrecht steht (d. h. in Richtung von $\boldsymbol{e}_\varphi$ zeigt) und den Betrag $1 \cdot \mathrm{d}\varphi$ hat. Daher ist

$$\mathrm{d}\boldsymbol{e}_r = \mathrm{d}\varphi\, \boldsymbol{e}_\varphi \quad \rightarrow \quad \dot{\boldsymbol{e}}_r = \frac{\mathrm{d}\boldsymbol{e}_r}{\mathrm{d}t} = \frac{\mathrm{d}\varphi}{\mathrm{d}t}\, \boldsymbol{e}_\varphi = \dot{\varphi}\, \boldsymbol{e}_\varphi\,.$$

Entsprechend findet man nach Abb. 1.7b für die Änderung des Basisvektors $\boldsymbol{e}_\varphi$:

$$\mathrm{d}\boldsymbol{e}_\varphi = -\mathrm{d}\varphi\, \boldsymbol{e}_r \quad \rightarrow \quad \dot{\boldsymbol{e}}_\varphi = \frac{\mathrm{d}\boldsymbol{e}_\varphi}{\mathrm{d}t} = -\frac{\mathrm{d}\varphi}{\mathrm{d}t}\, \boldsymbol{e}_r = -\dot{\varphi}\, \boldsymbol{e}_r\,.$$

Aus (1.19) folgt dann die Geschwindigkeit

$$\boldsymbol{v} = \dot{\boldsymbol{r}} = \dot{r}\, \boldsymbol{e}_r + r\, \dot{\boldsymbol{e}}_r = \dot{r}\, \boldsymbol{e}_r + r\dot{\varphi}\, \boldsymbol{e}_\varphi\,. \tag{1.20}$$

Sie hat die **radiale** Komponente $v_r = \dot{r}$ und die **zirkulare** Komponente $v_\varphi = r\,\dot{\varphi}$. Letztere steht senkrecht auf $\boldsymbol{r}$ und ist daher im allgemeinen **nicht** tangential zur Bahn.

Differenzieren von (1.20) führt auf die Beschleunigung

$$\begin{aligned} \boldsymbol{a} = \dot{\boldsymbol{v}} &= \ddot{r}\, \boldsymbol{e}_r + \dot{r}\, \dot{\boldsymbol{e}}_r + \dot{r}\dot{\varphi}\, \boldsymbol{e}_\varphi + r\ddot{\varphi}\, \boldsymbol{e}_\varphi + r\dot{\varphi}\, \dot{\boldsymbol{e}}_\varphi \\ &= (\ddot{r} - r\dot{\varphi}^2)\, \boldsymbol{e}_r + (r\ddot{\varphi} + 2\,\dot{r}\dot{\varphi})\, \boldsymbol{e}_\varphi\,. \end{aligned} \tag{1.21}$$

Sie hat die radiale Komponente $a_r = \ddot{r} - r\dot{\varphi}^2$ und die zirkulare Komponente $a_\varphi = r\ddot{\varphi} + 2\,\dot{r}\dot{\varphi}$. Auch a_φ ist im allgemeinen nicht tangential zur Bahn gerichtet.

Zusammenfassend gilt für die ebene Bewegung in Polarkoordinaten:

$$\begin{aligned} \boldsymbol{r} &= r\, \boldsymbol{e}_r\,, \\ \boldsymbol{v} &= v_r\, \boldsymbol{e}_r + v_\varphi\, \boldsymbol{e}_\varphi = \dot{r}\, \boldsymbol{e}_r + r\dot{\varphi}\, \boldsymbol{e}_\varphi\,, \\ \boldsymbol{a} &= a_r\, \boldsymbol{e}_r + a_\varphi\, \boldsymbol{e}_\varphi = (\ddot{r} - r\dot{\varphi}^2)\, \boldsymbol{e}_r + (r\ddot{\varphi} + 2\,\dot{r}\dot{\varphi})\, \boldsymbol{e}_\varphi\,. \end{aligned} \tag{1.22}$$

In der Zeit $\mathrm{d}t$ überstreicht der Ortsvektor einen Winkel $\mathrm{d}\varphi$. Die auf die Zeit bezogene Winkeländerung $\dot{\varphi} = \mathrm{d}\varphi/\mathrm{d}t$ nennt man **Winkelgeschwindigkeit**. Sie wird häufig mit dem Buchstaben ω gekennzeichnet:

$$\omega = \dot{\varphi}\,. \tag{1.23}$$

Die Winkelgeschwindigkeit hat die Dimension 1/Zeit.

Differenzieren von ω führt auf die **Winkelbeschleunigung**

$$\dot{\omega} = \ddot{\varphi}\,. \tag{1.24}$$

Wir wollen für diese Größe, welche die Dimension 1/Zeit^2 hat, keinen eigenen Buchstaben einführen.

Ein Sonderfall der ebenen Bewegung ist die **Kreisbewegung** (Abb. 1.8a). Hier hat $\boldsymbol{e}_\varphi$ stets die Richtung der Bahntangente in P. Mit $r = \text{const}$ werden

$$\boldsymbol{r} = r\,\boldsymbol{e}_r, \quad \boldsymbol{v} = r\omega\,\boldsymbol{e}_\varphi, \quad \boldsymbol{a} = -r\omega^2\,\boldsymbol{e}_r + r\dot{\omega}\,\boldsymbol{e}_\varphi\,. \tag{1.25}$$

Die Geschwindigkeit hat nur die zirkulare Komponente

$$v = v_\varphi = r\omega, \tag{1.26}$$

die in Richtung der Tangente an die Kreisbahn zeigt (Abb. 1.8b).

Die Beschleunigung hat die Komponente in Tangentialrichtung

$$a_\varphi = r\dot{\omega} \tag{1.27}$$

und die Komponente in radialer Richtung (senkrecht zur Bahn)

$$a_r = -r\omega^2 \tag{1.28}$$

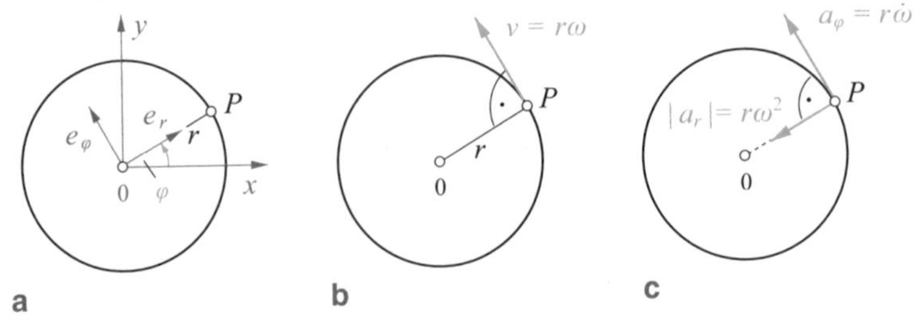

Abb. 1.8 Kreisbewegung

(Abb. 1.8c). Das Minuszeichen zeigt an, dass die radiale Komponente nach innen – zum Zentrum hin – gerichtet ist. Sie heißt daher auch **Zentripetalbeschleunigung**.

Im Sonderfall konstanter Winkelgeschwindigkeit ω hat die Geschwindigkeit längs der Kreisbahn den konstanten Betrag $r\omega$, und die Tangentialbeschleunigung ist Null. Trotzdem tritt eine Beschleunigung, die Radialbeschleunigung $r\omega^2$ auf. Sie bewirkt die Änderung der Richtung der Geschwindigkeit.

Ein weiterer Sonderfall der ebenen Bewegung ist die **Zentralbewegung**. Bei ihr ist der Beschleunigungsvektor stets auf **einen** Punkt, das Zentrum Z, hin gerichtet (Abb. 1.9). Dies trifft zum Beispiel für die Bewegung der Planeten zu, wobei die Sonne das Zentrum ist. Bei einer Zentralbewegung verschwindet die zirkulare Komponente, wenn wir den Koordinatenursprung in das Zentrum legen:

$$a_\varphi = 0 \rightarrow r\dot{\omega} + 2\dot{r}\omega = \frac{1}{r}\frac{\mathrm{d}}{\mathrm{d}t}(r^2\,\omega) = 0 \rightarrow r^2\,\omega = \text{const.} \tag{1.29a}$$

Wir können diesem Ergebnis eine anschauliche Deutung geben. Nach Abb. 1.9 überstreicht der Fahrstrahl r in der Zeit $\mathrm{d}t$ die Fläche $\mathrm{d}A = \frac{1}{2} r r \mathrm{d}\varphi$. Den Differentialquotienten

$$\frac{\mathrm{d}A}{\mathrm{d}t} = \frac{1}{2}r^2\frac{\mathrm{d}\varphi}{\mathrm{d}t} = \frac{1}{2}r^2\omega \tag{1.29b}$$

nennt man die **Flächengeschwindigkeit**. Ein Vergleich mit (1.29b) zeigt, dass die Flächengeschwindigkeit bei Zentralbewegungen konstant ist. Man nennt diese Aussage den **Flächensatz**. Er entspricht dem 2. Keplerschen Gesetz (Friedrich Johannes Kepler, 1571–1630) für die Planetenbewegung: die Verbindungslinie von der Sonne zu einem Planeten überstreicht in gleichen Zeiten gleiche Flächen.

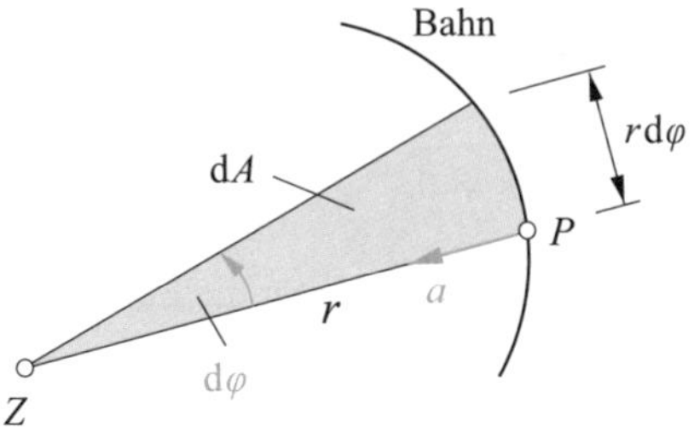

Abb. 1.9 Zentralbewegung

Beispiel 1.4

Ein Schiff S fährt nach Bild a mit einer konstanten Geschwindigkeit v so, dass der Kurswinkel α gegenüber der Verbindungslinie zum Leuchtturm L konstant bleibt.

Wie groß ist die Beschleunigung und auf welcher Bahn fährt das Schiff?

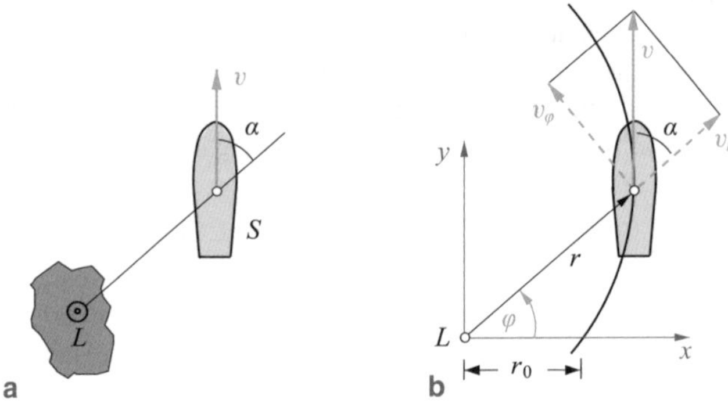

Lösung Wir legen den Koordinatenursprung in L und beschreiben die Bewegung in Polarkoordinaten (Bild b). Die Geschwindigkeit hat dann die beiden konstanten Komponenten

$$v_r = v\,\cos\alpha\,, \qquad v_\varphi = v\,\sin\alpha\,.$$

Mit $v_r = \dot{r}$ und $v_\varphi = r\dot{\varphi}$ (vgl. (1.22)) folgen hieraus

$$\dot{r} = v\,\cos\alpha\,, \qquad \dot{\varphi} = \frac{v\,\sin\alpha}{r}\,.$$

Durch Differenzieren ergeben sich

$$\ddot{r} = 0\,, \qquad \ddot{\varphi} = \frac{\mathrm{d}\dot{\varphi}}{\mathrm{d}r}\,\dot{r} = -\frac{v\,\sin\alpha}{r^2}\,v\,\cos\alpha = -\frac{v^2\,\sin\alpha\,\cos\alpha}{r^2}\,.$$

Damit erhalten wir für die Beschleunigungskomponenten

$$a_r = \ddot{r} - r\dot{\varphi}^2 = -\frac{v^2\,\sin^2\alpha}{r}\,,$$

$$a_\varphi = r\ddot{\varphi} + 2\,\dot{r}\dot{\varphi} = -\frac{v^2\,\sin\alpha\,\cos\alpha}{r} + 2\,v\cos\alpha\,\frac{v\,\sin\alpha}{r} = \frac{v^2\,\sin\alpha\,\cos\alpha}{r}\,.$$

Der Betrag der Beschleunigung wird somit

$$\underline{\underline{a}} = \sqrt{a_r^2 + a_\varphi^2} = \frac{v^2 \sin\alpha}{r}\sqrt{\sin^2\alpha + \cos^2\alpha} = \underline{\underline{\frac{v^2 \sin\alpha}{r}}}\,.$$

Die gesuchte Bahnkurve folgt aus

$$\begin{aligned} \dot{r} &= v\,\cos\alpha & \mathrm{d}r &= v\,\cos\alpha\,\mathrm{d}t\,, \\ r\dot{\varphi} &= v\,\sin\alpha & r\mathrm{d}\varphi &= v\,\sin\alpha\,\mathrm{d}t \end{aligned}$$

durch Eliminieren von $\mathrm{d}t$ und Trennen der Veränderlichen:

$$\frac{\mathrm{d}r}{r} = \frac{\mathrm{d}\varphi}{\tan\alpha}\,.$$

Unbestimmte Integration führt auf

$$\ln r = \frac{\varphi}{\tan\alpha} + C\,.$$

Hat das Schiff für $\varphi = 0$ den Abstand r_0 vom Koordinatenursprung, so wird $C = \ln r_0$. Einsetzen liefert

$$\ln r = \frac{\varphi}{\tan\alpha} + \ln r_0 \quad \rightarrow \quad \ln\frac{r}{r_0} = \frac{\varphi}{\tan\alpha}$$

oder

$$\underline{\underline{r = r_0\,\mathrm{e}^{\frac{\varphi}{\tan\alpha}}}}\,.$$

Dies ist die Gleichung einer logarithmischen Spirale. ◀

Beispiel 1.5

Ein Schwungrad (Durchmesser $d = 60\,\mathrm{cm}$) wird aus der Ruhelage gleichmäßig beschleunigt und hat nach $t_1 = 20\,\mathrm{s}$ eine Drehzahl von $n = 1000\,\mathrm{min}^{-1}$ erreicht.

a) Wie groß ist die Winkelbeschleunigung $\dot{\omega}$ des Rades?
b) Wie viele Umdrehungen N macht das Rad in der Zeit t_1?
c) Wie groß sind Geschwindigkeit und Beschleunigung auf einem Punkt des Umfanges zur Zeit $t_2 = 1\,\mathrm{s}$ nach dem Anlaufen?

Lösung

a) Bei einer gleichmäßig beschleunigten Kreisbewegung ist die Winkelbeschleunigung $\dot{\omega} = \dot{\omega}_0 =$ const. Daher gilt unter Beachtung der Anfangsbedingung $\omega(0) = 0$ für die Winkelgeschwindigkeit $\omega = \dot{\omega}_0\, t$. Mit $\omega(t_1) = \omega_1$ folgt daraus

$$\dot{\omega}_0 = \frac{\omega_1}{t_1}\,.$$

Winkelgeschwindigkeit ω und Drehzahl n (Umdrehungen pro Minute) lassen sich ineinander überführen: bei einer Drehzahl n wird in einer Minute ein Winkel von $n \cdot 2\,\pi$ überstrichen. Soll die Winkelgeschwindigkeit in Vielfachen der Einheit 1/s angegeben werden, so gilt demnach

$$\omega = \frac{n \cdot 2\,\pi}{60}\,.$$

Mit den gegebenen Zahlenwerten folgt

$$\underline{\underline{\dot{\omega}_0}} = \frac{1000 \cdot 2\,\pi}{60 \cdot 20} = \underline{\underline{5{,}24\,\mathrm{s}^{-2}}}\,.$$

b) Die Integration von $\omega = \dot{\omega}_0\, t$ führt mit $\varphi(0) = 0$ auf den Winkel

$$\varphi = \frac{1}{2}\,\dot{\omega}_0\, t^2\,.$$

Mit den Zahlenwerten wird für $t = t_1$ der Winkel (im Bogenmaß)

$$\varphi_1 = \varphi(t_1) = \frac{1}{2} \cdot 5{,}24 \cdot 400 = 1048\,.$$

Damit ergibt sich für die Zahl der Umdrehungen

$$\underline{\underline{N}} = \frac{\varphi_1}{2\,\pi} = \underline{\underline{166}}\,.$$

c) Nach (1.26) ist die Geschwindigkeit

$$v = r\omega = r\dot{\omega}_0\, t\,.$$

Die Beschleunigung hat nach (1.27) und (1.28) die zwei Komponenten

$$a_\varphi = r\dot{\omega}_0, \quad a_r = -r\omega^2 = -r(\dot{\omega}_0\, t)^2\,.$$

Mit den gegebenen Zahlenwerten werden für $t = t_2$

$$\underline{\underline{v}} = r\dot{\omega}_0\, t_2 = 30 \cdot 5{,}24 \cdot 1 = \underline{\underline{157{,}2\,\text{cm/s}}},$$

$$\underline{\underline{a_\varphi}} = 30 \cdot 5{,}24 = \underline{\underline{157{,}2\,\text{cm/s}^2}},$$

$$\underline{\underline{a_r}} = -30 \cdot (5{,}24 \cdot 1)^2 = \underline{\underline{-823{,}7\,\text{cm/s}^2}}$$

und

$$\underline{\underline{a}} = \sqrt{a_\varphi^2 + a_r^2} = \underline{\underline{838{,}6\,\text{cm/s}^2}}\,.$$

Die zum Mittelpunkt gerichtete Zentripetalbeschleunigung a_r wächst quadratisch mit t und ist daher im Beispiel bereits kurz nach dem Anfahren wesentlich größer als die zeitunabhängige Zirkularbeschleunigung a_φ. ◀

1.1.5 Räumliche Bewegung, natürliche Koordinaten

Die Bewegung eines Punktes auf einer räumlichen Kurve können wir mit den bisher bereitgestellten Formeln entweder durch kartesische Koordinaten x, y, z oder durch Zylinderkoordinaten r, φ, z beschreiben. Dabei sind Zylinderkoordinaten eine räumliche Verallgemeinerung der Polarkoordinaten (Abb. 1.10). Da sich der Basisvektor $\boldsymbol{e}_z$ mit der Zeit nicht ändert, gilt mit (1.22) für Zylinderkoordinaten:

$$\begin{aligned}
\boldsymbol{r} &= r\,\boldsymbol{e}_r + z\,\boldsymbol{e}_z,\\
\boldsymbol{v} &= \dot{r}\,\boldsymbol{e}_r + r\dot{\varphi}\,\boldsymbol{e}_\varphi + \dot{z}\,\boldsymbol{e}_z,\\
\boldsymbol{a} &= (\ddot{r} - r\dot{\varphi}^2)\,\boldsymbol{e}_r + (r\ddot{\varphi} + 2\dot{r}\dot{\varphi})\,\boldsymbol{e}_\varphi + \ddot{z}\,\boldsymbol{e}_z\,.
\end{aligned} \tag{1.30}$$

Dabei ist zu beachten, dass r nicht der Betrag des Vektors $\boldsymbol{r}$ ist, sondern dessen Projektion in die x, y-Ebene angibt.

In manchen Fällen ist es zweckmäßig, sich einer dritten Möglichkeit zur Beschreibung einer Bewegung zu bedienen. Dazu führen wir ein Koordinatensystem

Abb. 1.10 Räumliche Bewegung

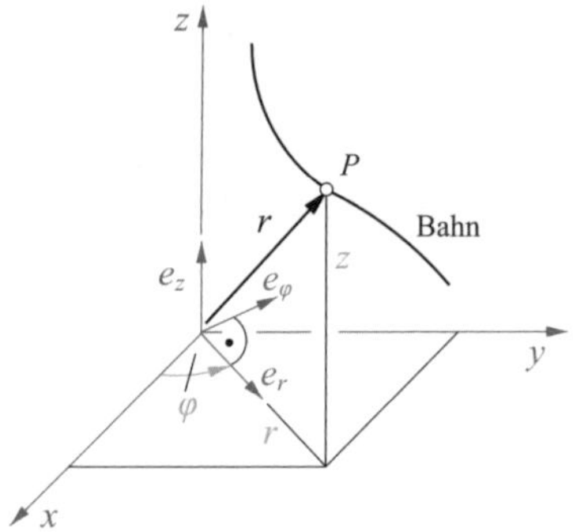

ein, das sich mit dem Punkt P längs seiner Bahn bewegt. Dieses **natürliche Koordinatensystem** wird nach Abb. 1.11a durch die orthogonalen Einheitsvektoren $\boldsymbol{e}_t$ in Tangentenrichtung, $\boldsymbol{e}_n$ in Richtung der Hauptnormalen und $\boldsymbol{e}_b$ in Richtung der Binormalen gebildet (begleitendes Dreibein). Die Vektoren $\boldsymbol{e}_t, \boldsymbol{e}_n$ und $\boldsymbol{e}_b$ bilden in dieser Reihenfolge ein Rechtssystem. Die Tangente und die Hauptnormale liegen in der sogenannten **Schmiegungsebene**, die der Kurve in jedem Punkt zugeordnet ist. Der Vektor $\boldsymbol{e}_n$ zeigt zum lokalen Krümmungsmittelpunkt M. Die Kurve kann in P lokal durch einen Kreis, den Krümmungskreis, angenähert werden. Sein Radius ρ (Strecke $\overline{MP}$) heißt Krümmungsradius.

Mit der Bogenlänge $s(t)$ folgt aus dem Ortsvektor

$$\boldsymbol{r} = \boldsymbol{r}(s(t))$$

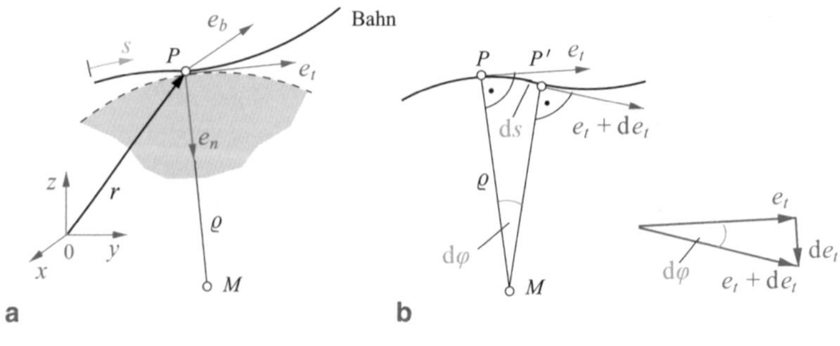

Abb. 1.11 Natürliche Koordinaten

der Geschwindigkeitsvektor

$$\boldsymbol{v} = \dot{\boldsymbol{r}} = \frac{\mathrm{d}\boldsymbol{r}}{\mathrm{d}t} = \frac{\mathrm{d}\boldsymbol{r}}{\mathrm{d}s}\frac{\mathrm{d}s}{\mathrm{d}t} .$$

Da $\mathrm{d}\boldsymbol{r}$ in Richtung der Tangente zeigt und $|\mathrm{d}\boldsymbol{r}| = \mathrm{d}s$ ist, wird $\mathrm{d}\boldsymbol{r} = \mathrm{d}s\,\boldsymbol{e}_t$. Mit der **Bahngeschwindigkeit** (vgl. (1.2))

$$v = |\boldsymbol{v}| = \frac{\mathrm{d}s}{\mathrm{d}t} = \dot{s} \tag{1.31}$$

ergibt sich daher

$$\boldsymbol{v} = v\,\boldsymbol{e}_t . \tag{1.32}$$

Differentiation von (1.32) liefert die Beschleunigung

$$\boldsymbol{a} = \dot{\boldsymbol{v}} = \dot{v}\,\boldsymbol{e}_t + v\,\dot{\boldsymbol{e}}_t .$$

Die zeitliche Änderung $\dot{\boldsymbol{e}}_t$ des Tangentenvektors berechnen wir analog zum Abschn. 1.1.4. Der Einheitsvektor $\boldsymbol{e}_t$ ändert zwischen zwei benachbarten Punkten P und P' der Bahn seine Richtung um einen Winkel $\mathrm{d}\varphi$ (Abb. 1.11b). Die Änderung $\mathrm{d}\boldsymbol{e}_t$ zeigt zum Krümmungsmittelpunkt M hin und hat den Betrag $1 \cdot \mathrm{d}\varphi$. Da der Zuwachs $\mathrm{d}s$ der Bogenlänge zwischen P und P' durch den Winkel $\mathrm{d}\varphi$ und den Krümmungsradius ρ ausgedrückt werden kann ($\mathrm{d}s = \rho\,\mathrm{d}\varphi$), wird

$$\mathrm{d}\boldsymbol{e}_t = 1 \cdot \mathrm{d}\varphi\,\boldsymbol{e}_n = \frac{\mathrm{d}s}{\rho}\boldsymbol{e}_n \quad \rightarrow \quad \dot{\boldsymbol{e}}_t = \frac{\mathrm{d}\boldsymbol{e}_t}{\mathrm{d}t} = \frac{1}{\rho}\frac{\mathrm{d}s}{\mathrm{d}t}\boldsymbol{e}_n = \frac{v}{\rho}\boldsymbol{e}_n .$$

Einsetzen ergibt den Beschleunigungsvektor in natürlichen Koordinaten:

$$\boldsymbol{a} = a_t\,\boldsymbol{e}_t + a_n\,\boldsymbol{e}_n = \dot{v}\,\boldsymbol{e}_t + \frac{v^2}{\rho}\boldsymbol{e}_n . \tag{1.33}$$

Die **Bahnbeschleunigung** $a_t = \dot{v}$ zeigt in Richtung der Tangente, die **Normalbeschleunigung** $a_n = v^2/\rho$ ist in Richtung der Hauptnormalen auf M gerichtet.

Im Sonderfall der **Kreisbewegung** werden mit $\rho = r = \text{const}$, $s = r\varphi$ und $\dot{\varphi} = \omega$ die Geschwindigkeit und die Beschleunigung

$$v = \dot{s} = r\omega, \quad a_t = \dot{v} = r\dot{\omega}, \quad a_n = \frac{v^2}{r} = r\omega^2 . \tag{1.34}$$

Man erkennt, dass dieses Ergebnis mit (1.25) übereinstimmt, wenn man beachtet, dass der Richtungssinn des Normaleneinheitsvektors $\boldsymbol{e}_n$ entgegengesetzt zu dem von $\boldsymbol{e}_r$ ist.

Zwischen den kinematischen Größen bei geradliniger Bewegung und den entsprechenden Größen in natürlichen Koordinaten bei räumlicher Bewegung besteht folgende Analogie:

Geradlinige Bewegung	**Räumliche Bewegung**
x	s
$v = \dot{x}$	$v = \dot{s}$
$a = \dot{v} = \ddot{x}$	$a_t = \dot{v} = \ddot{s}$

Daher lassen sich alle Formeln der geradlinigen Bewegung nach Abschn. 1.1.3 auch auf entsprechende Größen der räumlichen Bewegung anwenden. So folgt zum Beispiel aus Tab. 1.1, dass für gegebenes $a_t(v)$ die Bogenlänge s nach

$$s = s_0 + \int_{v_0}^{v} \frac{\bar{v}\,\mathrm{d}\bar{v}}{a_t(\bar{v})}$$

berechnet werden kann.

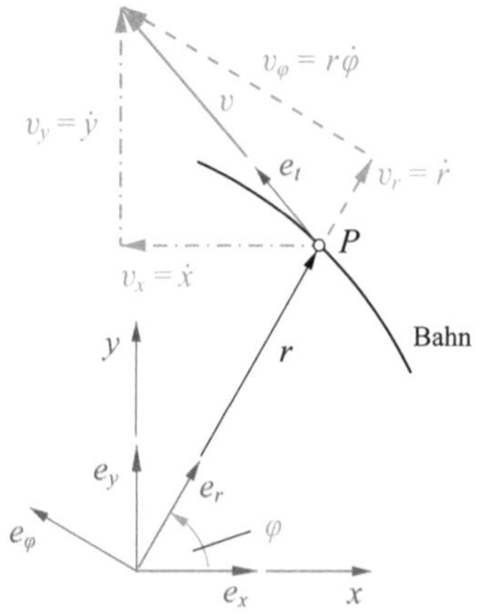

Abb. 1.12 Geschwindigkeitsvektor in kartesischen Koordinaten, Polarkoordinaten und natürlichen Koordinaten

Natürliche Koordinaten sind selbstverständlich auch auf Bewegungen in einer Ebene anwendbar. Abb. 1.12 soll am Beispiel des Geschwindigkeitsvektors $\boldsymbol{v}$ für den Sonderfall der ebenen Bewegung die möglichen Darstellungen veranschaulichen:

a) Kartesische Koordinaten $\boldsymbol{v} = \dot{x}\,\boldsymbol{e}_x + \dot{y}\,\boldsymbol{e}_y$,

b) Polarkoordinaten $\boldsymbol{v} = \dot{r}\,\boldsymbol{e}_r + r\dot{\varphi}\,\boldsymbol{e}_\varphi$,

c) Natürliche Koordinaten $\boldsymbol{v} = v\,\boldsymbol{e}_t$.

Beispiel 1.6

Ein Punkt P bewegt sich in der x, y-Ebene auf der Bahnkurve (Parabel) $y = (\alpha/2)\,x^2$ mit der konstanten Geschwindigkeit v_0.

Man ermittle seine Beschleunigung.

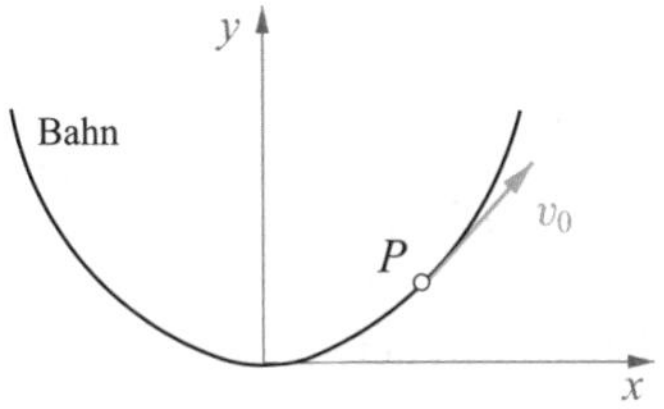

Lösung Nach (1.33) ist bei konstanter Geschwindigkeit die Tangentialbeschleunigung gleich Null: $a_t = 0$. In der Aufgabe stimmen daher Normalbeschleunigung a_n und Beschleunigung a überein. Zur Berechnung der Normalbeschleunigung benötigen wir den Krümmungsradius ρ, der sich wie folgt berechnen lässt:

$$\frac{1}{\rho} = \frac{\dfrac{\mathrm{d}^2 y}{\mathrm{d}x^2}}{\left[1 + \left(\dfrac{\mathrm{d}y}{\mathrm{d}x}\right)^2\right]^{3/2}}\,.$$

Im Beispiel wird

$$\frac{1}{\rho} = \frac{\alpha}{[1 + (\alpha x)^2]^{3/2}}\,,$$

und damit erhalten wir

$$\underline{a} = a_n = \frac{v^2}{\rho} = \underline{\underline{\frac{\alpha v_0^2}{[1 + (\alpha x)^2]^{3/2}}}} .$$

Zur Probe wollen wir die Aufgabe auch in kartesischen Koordinaten lösen. Aus der Bahngleichung folgt durch Differenzieren nach der Zeit

$$\dot{y} = \alpha x \, \dot{x} .$$

Zwischen den Geschwindigkeitskomponenten besteht außerdem der Zusammenhang

$$\dot{x}^2 + \dot{y}^2 = v_0^2 .$$

Aus diesen beiden Gleichungen erhalten wir durch Auflösen

$$\dot{x}^2 = \frac{v_0^2}{1 + (\alpha x)^2}, \qquad \dot{y}^2 = \frac{(\alpha x)^2 \, v_0^2}{1 + (\alpha x)^2} .$$

Nochmaliges Differenzieren liefert

$$2 \dot{x} \ddot{x} = -\frac{v_0^2}{[1 + (\alpha x)^2]^2} 2 \alpha^2 x \dot{x} \quad \rightarrow \quad \ddot{x} = -\frac{\alpha^2 x v_0^2}{[1 + (\alpha x)^2]^2} ,$$

$$2 \dot{y} \ddot{y} = \frac{2 \alpha^2 x v_0^2}{[1 + (\alpha x)^2]^2} \dot{x} \quad \rightarrow \quad \ddot{y} = \frac{\alpha^2 x v_0^2}{[1 + (\alpha x)^2]^2} \frac{\dot{x}}{\dot{y}} = \frac{\alpha v_0^2}{[1 + (\alpha x)^2]^2} .$$

Damit erhalten wir das schon bekannte Ergebnis

$$a = \sqrt{\ddot{x}^2 + \ddot{y}^2} = \sqrt{\frac{[(\alpha x)^2 + 1] \alpha^2 v_0^4}{[1 + (\alpha x)^2]^4}} = \frac{\alpha v_0^2}{[1 + (\alpha x)^2]^{3/2}} .$$

Die Beschleunigung nimmt an der Stelle $x = 0$ ihren Größtwert an. ◄

1.2 Kinetik

1.2.1 Grundgesetze

Bisher haben wir bei einer Bewegung nur kinematische Größen (Weg, Geschwindigkeit und Beschleunigung) betrachtet. Wir wissen aber aus Erfahrung, dass bei Bewegungen von Körpern i. a. auch Kräfte wirken. Den Kraftbegriff haben wir bereits in der Statik ausführlich kennen gelernt (vgl. Band 1). Es gilt nun, die Kraft mit kinematischen Größen zu verknüpfen. Dabei beschränken wir uns im ersten Kapitel auf die Bewegung eines **Massenpunktes**. Hierunter verstehen wir einen Körper, dessen Abmessungen auf den Ablauf der Bewegung keinen Einfluss haben. Wir können den Körper als einen Punkt betrachten, der mit einer konstanten Masse m behaftet ist. Im weiteren werden wir ihn meist kurz als „Masse m" bezeichnen.

Ihre Begründung fand die Kinetik durch die drei Newtonschen Grundgesetze (1687). Sie sind eine Zusammenfassung aller experimentellen Erfahrungen, und alle Folgerungen, die aus ihnen gezogen werden, stimmen mit der Erfahrung überein. Wir sehen diese Gesetze – ohne sie beweisen zu können – als richtig an: sie haben axiomatischen Charakter.

1. Newtonsches Gesetz

Wenn auf einen Massenpunkt keine Kraft wirkt, so ist der Impuls konstant.

Dabei versteht man unter **Impuls** oder **Bewegungsgröße** $\boldsymbol{p}$ das Produkt aus Masse m und Geschwindigkeit $\boldsymbol{v}$:

$$\boldsymbol{p} = m\,\boldsymbol{v}\,. \tag{1.35}$$

Der Impuls ist ein Vektor, der in Richtung der Geschwindigkeit zeigt. Das erste Grundgesetz lautet damit:

$$\boldsymbol{p} = m\,\boldsymbol{v} = \text{const.} \tag{1.36}$$

Es sagt aus, dass ein Massenpunkt eine geradlinige, gleichförmige Bewegung ausführt, solange keine resultierende Kraft wirkt. Galilei hat diesen Sachverhalt bereits 1638 als **Trägheitsgesetz** ($\boldsymbol{v} = \text{const}$) formuliert.

Mit $\boldsymbol{v} = \boldsymbol{0}$ (der Körper bleibt für alle Zeiten in Ruhe) ist der Sonderfall der Statik im 1. Newtonschen Gesetz enthalten.

2. Newtonsches Gesetz

Die zeitliche Änderung des Impulses ist gleich der auf den Massenpunkt wirkenden Kraft.

Dieses Gesetz lautet als Formel:

$$\frac{\mathrm{d}\boldsymbol{p}}{\mathrm{d}t} = \frac{\mathrm{d}(m\,\boldsymbol{v})}{\mathrm{d}t} = \boldsymbol{F}\,. \tag{1.37}$$

Da die Masse während der Bewegung konstant bleibt, kann (1.37) auch geschrieben werden als

$$m\,\frac{\mathrm{d}\boldsymbol{v}}{\mathrm{d}t} = m\,\boldsymbol{a} = \boldsymbol{F}\,. \tag{1.38}$$

Wir werden bei der Kinetik des Massenpunktes meist diese Form des Grundgesetzes, d. h. in Worten

$$\text{Masse} \times \text{Beschleunigung} = \text{Kraft},$$

verwenden. Die Beschleunigung $\boldsymbol{a}$ hat dieselbe Richtung wie die Kraft $\boldsymbol{F}$.

Wenn die resultierende äußere Kraft Null ist, folgt aus (1.37) das erste Grundgesetz (1.36). Dieses ist daher als Sonderfall im zweiten Grundgesetz enthalten. Nur aus historischen Gründen behält man heute noch beide Formulierungen bei.

Das Newtonsche Gesetz unterliegt zwei Einschränkungen:

a) Das Gesetz gilt in der Form (1.38) nur für ein **ruhendes** Bezugssystem (**Inertialsystem**). Für die meisten technischen Anwendungen kann die Erde näherungsweise als ruhendes Bezugssystem angesehen werden. Wie man das Newtonsche Gesetz anwenden muss, wenn kein Inertialsystem vorliegt, d. h. wenn sich das Bezugssystem beschleunigt bewegt, wird in Kap. 6 erläutert.

b) Wenn die Geschwindigkeit so groß wird, dass sie in die Nähe der Lichtgeschwindigkeit ($c \approx 300.000$ km/s) kommt, müssen die Gesetze der Relativitätstheorie beachtet werden. Im Bereich der Technik tritt dieser Fall im allgemeinen nicht ein.

Überlässt man einen Körper in der Nähe der Erdoberfläche sich selbst, so bewegt er sich mit der **Erdbeschleunigung** $\boldsymbol{g}$ in Richtung auf den Erdmittelpunkt ($g = 9{,}81\,\mathrm{m/s^2}$). Setzen wir $\boldsymbol{g}$ in (1.38) ein und beachten, dass beim freien Fall die einzig wirkende Kraft das **Gewicht** $\boldsymbol{G}$ ist, so gilt

$$\boldsymbol{G} = m\,\boldsymbol{g}\,. \tag{1.39}$$

Eine Masse m hat im Erdschwerefeld das Gewicht $G = mg$.

Fasst man Masse, Weg und Zeit als Grundgrößen auf, so ist die Kraft wegen (1.38) eine abgeleitete Größe (vgl. Band 1, Abschnitt 1.6). Ihre Einheit ist das „**Newton**" ($1\,\mathrm{N} = 1\,\mathrm{kg\,m\,s^{-2}}$).

3. Newtonsches Gesetz

Zu jeder Kraft gibt es stets eine entgegengesetzt gerichtete, gleich große Gegenkraft:

actio = reactio.

Das Wechselwirkungsgesetz (vgl. Band 1, Abschnitt 1.5) ermöglicht später auch den Übergang vom einzelnen Massenpunkt auf ein System von Massenpunkten und damit letztlich auf den Körper beliebiger Ausdehnung.

Neben den Grundgesetzen verwenden wir in der Kinetik weiterhin alle Aussagen über Kräfte (z. B. Kräfteparallelogramm, Schnittprinzip, Freikörperbild), die wir bereits aus der Statik kennen.

1.2.2 Freie Bewegung, Wurf

Entsprechend seinen **drei** Bewegungsmöglichkeiten im Raum hat ein Massenpunkt **drei** Freiheitsgrade. Wenn die Bewegung in keiner Richtung behindert wird, spricht man von einer **freien Bewegung**. Sie wird durch die drei Komponenten der

Vektorgleichung (1.38) beschrieben. Dabei kann man zwei Fragestellungen unterscheiden:

a) Wie groß sind die zur Bewegung notwendigen Kräfte, wenn der Ablauf der Bewegung bekannt ist? Die Lösung ergibt sich unmittelbar aus (1.38).
b) Wie verläuft die Bewegung, wenn die Kräfte vorgegeben sind? Bei technischen Problemen tritt meistens dieser Fall auf. Nach (1.38) folgt aus gegebenen Kräften unmittelbar nur die Beschleunigung. Wenn wir Geschwindigkeit und Weg ermitteln wollen, müssen wir die Gleichung zweimal integrieren. Bei komplizierten Kraftgesetzen kann die Integration der Bewegungsgleichung erhebliche mathematische Schwierigkeiten bereiten.

Als einfaches Anwendungsbeispiel betrachten wir den **schiefen Wurf**. Ein Massenpunkt mit der Masse m wird zur Zeit $t = 0$ unter einem Winkel α zur x-Achse mit einer Geschwindigkeit v_0 abgeworfen (Abb. 1.13a). Wenn wir den Luftwiderstand vernachlässigen, wirkt als einzige Kraft das Gewicht G in negativer z-Richtung. Die Bewegungsgleichung (1.38) lautet daher in kartesischen Koordinaten

$$m\ddot{x} = 0, \quad m\ddot{y} = 0, \quad m\ddot{z} = -G = -mg\,.$$

Zweifache Integration führt nach Kürzen von m auf

$$\begin{aligned} \dot{x} &= C_1, & \dot{y} &= C_3, & \dot{z} &= -g\,t + C_5, \\ x &= C_1\,t + C_2, & y &= C_3\,t + C_4, & z &= -g\,\frac{t^2}{2} + C_5\,t + C_6\,. \end{aligned}$$

Entsprechend den drei Differentialgleichungen zweiter Ordnung treten bei der Integration $3 \cdot 2 = 6$ Integrationskonstanten auf. Sie folgen aus den 6 Anfangsbedin-

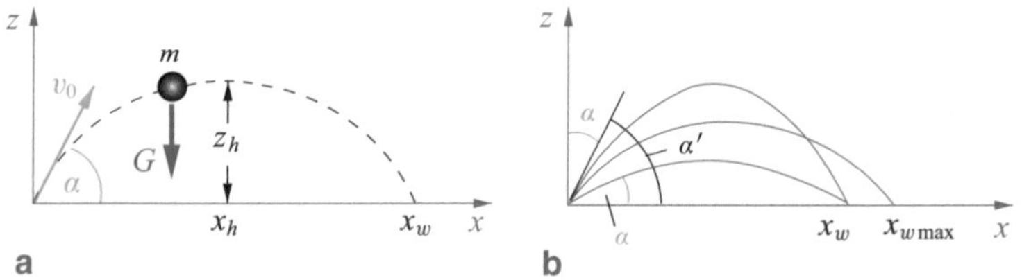

Abb. 1.13 Schiefer Wurf

gungen:

$$\begin{aligned}
\dot{x}(0) &= v_0 \cos\alpha &&\rightarrow\quad C_1 = v_0\cos\alpha, & x(0) &= 0 &&\rightarrow\quad C_2 = 0,\\
\dot{y}(0) &= 0 &&\rightarrow\quad C_3 = 0, & y(0) &= 0 &&\rightarrow\quad C_4 = 0,\\
\dot{z}(0) &= v_0 \sin\alpha &&\rightarrow\quad C_5 = v_0\sin\alpha, & z(0) &= 0 &&\rightarrow\quad C_6 = 0\,.
\end{aligned}$$

Einsetzen liefert die Lösung in Parameterdarstellung (Parameter t):

$$\begin{aligned}
\dot{x} &= v_0\cos\alpha, & \dot{y} &= 0, & \dot{z} &= -g\,t + v_0\sin\alpha,\\
x &= v_0\cos\alpha\cdot t, & y &= 0, & z &= -g\,\frac{t^2}{2} + v_0\sin\alpha\cdot t\,.
\end{aligned} \tag{1.40}$$

Hiernach bleibt der Massenpunkt, der in der x,z-Ebene abgeworfen wurde, für alle Zeiten in dieser Ebene ($y \equiv 0$). Dies hätte man gleich berücksichtigen können: der Punkt kann sich nicht in y-Richtung bewegen, wenn in dieser Richtung keine Kraft wirkt und die Anfangsgeschwindigkeit $\dot{y}(0)$ Null ist. Weiterhin ist erwähnenswert, dass die Bewegung unabhängig von der Größe der Masse m ist.

Durch Elimination der Zeit t erhält man aus (1.40) die Gleichung der Bahnkurve

$$z(x) = -\frac{g}{2\,v_0^2\cos^2\alpha}\,x^2 + \tan\alpha\cdot x\,. \tag{1.41}$$

Dies ist eine quadratische Parabel: der Massenpunkt bewegt sich beim schiefen Wurf entlang der **Wurfparabel**.

Die Wurfweite x_w folgt aus (1.41) mit der Bedingung $z(x_w) = 0$ zu

$$x_w = \tan\alpha\,\frac{2\,v_0^2\cos^2\alpha}{g} = \frac{v_0^2}{g}\,\sin 2\alpha\,. \tag{1.42a}$$

Wegen $\sin 2\alpha = \sin(\pi - 2\alpha) = \sin 2\,(\pi/2 - \alpha)$ wird für die zwei Winkel α und $\alpha' = \pi/2 - \alpha$ bei gleicher Abwurfgeschwindigkeit v_0 dieselbe Wurfweite x_w erreicht (Flach- und Steilwurf nach Abb. 1.13b). Die größte Wurfweite ergibt sich für $\alpha = \pi/4$, und sie beträgt

$$x_{w\,\max} = \frac{v_0^2}{g}\,. \tag{1.42b}$$

Die Wurfzeit t_w folgt durch Einsetzen der Wurfweite x_w in (1.40) zu

$$t_w = \frac{x_w}{v_0 \cos\alpha} = 2\,\frac{v_0}{g}\,\sin\alpha\,. \tag{1.43}$$

Vergleicht man Flach- und Steilwurf, so kann man aus (1.43) ablesen, dass die Wurfzeit beim Steilwurf größer ist.

Die Wurfhöhe z_h erhalten wir aus der Bedingung, dass die Tangente an die Wurfparabel im Scheitel waagerecht verläuft (Abb. 1.13a):

$$\frac{\mathrm{d}z}{\mathrm{d}x} = -\frac{g}{v_0^2\cos^2\alpha}\,x + \tan\alpha = 0 \quad \rightarrow \quad x_h = \frac{1}{2}\frac{v_0^2}{g}\,\sin 2\alpha$$

$$\rightarrow \quad z_h = z(x_h) = \frac{1}{2\,g}(v_0\sin\alpha)^2\,. \tag{1.44}$$

Wegen der Symmetrie der Wurfparabel ist $x_h = \frac{1}{2}x_w$. Die Wurfhöhe hängt nur von der z-Komponente $\dot{z}(0) = v_0\sin\alpha$ der Anfangsgeschwindigkeit ab.

Beispiel 1.7

Von der Spitze eines Turmes (Bild a) wird eine Masse mit einer Anfangsgeschwindigkeit v_0 unter einem Winkel α gegen die Horizontale abgeworfen. Sie trifft im Abstand L vom Fuß des Turmes auf.

a) Welche Höhe H hat der Turm?
b) Wie lange fliegt der Körper?
c) Mit welcher Geschwindigkeit schlägt er auf?

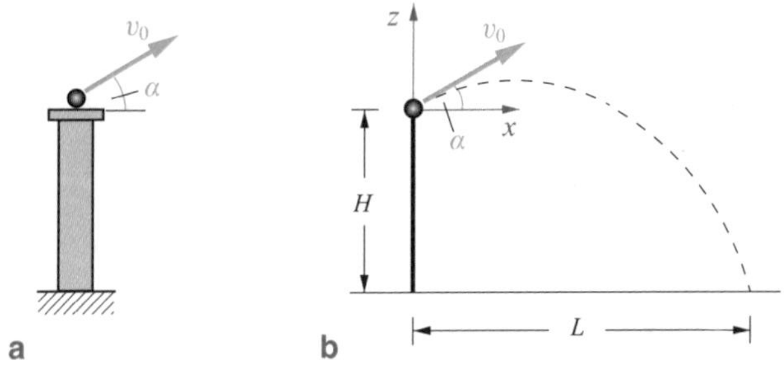

Lösung

a) Wir legen den Koordinatenursprung in die Turmspitze (Bild b). Der Auftreffpunkt hat dann die Koordinaten $x = L$ und $z = -H$. Einsetzen in die Bahngleichung (1.41) liefert

$$\underline{\underline{H = \frac{g}{2\,v_0^2\cos^2\alpha}\,L^2 - L\tan\alpha}}\,.$$

b) Da Auftreff- und Abwurfpunkt nicht auf gleicher Höhe sind, können wir die Wurfzeit nicht nach (1.43) berechnen. Wir erhalten sie aus der Parameterdarstellung (1.40) mit $x = L$ und $t = T$ zu

$$\underline{\underline{T = \frac{L}{v_0\cos\alpha}}}\,.$$

c) Die Geschwindigkeit im Zeitpunkt $t = T$ des Auftreffens hat nach (1.40) die beiden Komponenten

$$\dot{x} = v_0\cos\alpha\,, \qquad \dot{z} = -g\,T + v_0\sin\alpha$$

und daher den Betrag

$$\underline{\underline{v}} = \sqrt{\dot{x}^2 + \dot{z}^2} = \sqrt{v_0^2\cos^2\alpha + \left(v_0\sin\alpha - g\,\frac{L}{v_0\cos\alpha}\right)^2}$$

$$= \sqrt{v_0^2 - 2\,g\,L\tan\alpha + g^2\frac{L^2}{v_0^2\cos^2\alpha}} = \underline{\underline{\sqrt{v_0^2 + 2\,g\,H}}}\,.$$

Die Größe der Auftreffgeschwindigkeit hängt nicht vom Abwurfwinkel α ab. ◄

Viele weitere Beispiele zum schiefen Wurf können Sie auch mit dem TM-Tool „Schiefer Wurf" bearbeiten (siehe Screenshot). Es steht Ihnen http://www.tm-tools.de zusammen mit einer Reihe weiterer TM-Tools frei zur Verfügung.

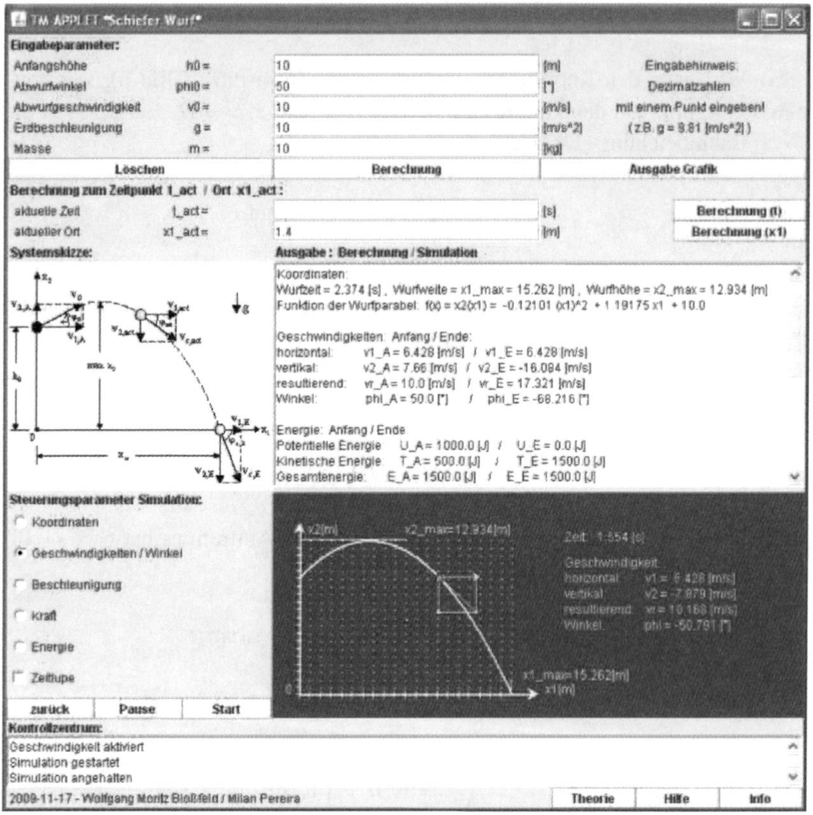

1.2.3 Geführte Bewegung

Wenn ein Massenpunkt gezwungen ist, sich auf einer vorgegebenen Fläche oder Kurve zu bewegen, so spricht man von einer **geführten** oder **gebundenen Bewegung**. Dann verringert sich die Zahl seiner Freiheitsgrade gegenüber den **drei** Freiheitsgraden der freien Bewegung im Raum.

Die Zahl der Freiheitsgrade ist gleich der Zahl der Koordinaten, die notwendig sind, um die jeweilige Lage des Massenpunktes eindeutig zu beschreiben. Bewegt sich daher ein Massenpunkt auf einer vorgegebenen Fläche, so hat er nur **zwei** Freiheitsgrade, da jeder Punkt einer Fläche durch **zwei** Koordinaten (Gaußsche Flächenparameter) festgelegt wird. Eine Bewegung senkrecht zur Fläche wird durch die Bindung verhindert. Wird der Punkt gezwungen, sich auf einer Raumkurve zu bewegen, so hat er nur noch **einen** Freiheitsgrad, da seine Lage durch **eine** Koordinate (Bogenlänge s) gegeben ist.

Neben den eingeprägten Kräften $\boldsymbol{F}^{(e)}$ (wie z. B. dem Gewicht), die unabhängig von der Führung sind, treten nun **Führungskräfte** oder **Zwangskräfte** $\boldsymbol{F}^{(z)}$ auf, welche gerade die geforderte Bindung an eine Fläche oder Kurve bewirken. Diese Zwangskräfte sind Reaktionskräfte, die **senkrecht** zur Bahn stehen. Sie können im Freikörperbild sichtbar und dadurch einer Berechnung zugänglich gemacht werden. Mit den auf die Masse wirkenden Kräften $\boldsymbol{F}^{(e)}$ und $\boldsymbol{F}^{(z)}$ lässt sich das dynamische Grundgesetz (1.38) wie folgt schreiben:

$$m\boldsymbol{a} = \boldsymbol{F}^{(e)} + \boldsymbol{F}^{(z)} . \qquad (1.45)$$

Als Anwendungsbeispiel betrachten wir die Bewegung einer Masse m auf einer **glatten** Halbkreisbahn vom Radius r (Abb. 1.14a). Sie wird ohne Anfangsgeschwindigkeit aus ihrer Lage im höchsten Punkt losgelassen. Da sich die Masse längs einer vorgegebenen Kurve (Kreis) bewegt, hat sie nur einen Freiheitsgrad. Als Koordinate wählen wir den Winkel φ gegen die Horizontale (Abb. 1.14b). In das Freikörperbild werden die eingeprägte Kraft $G = mg$ und die Führungskraft N eingezeichnet. Beschreiben wir die Bewegung in natürlichen Koordinaten, so lautet (1.45) in Komponenten (Zwangskräfte haben keine Tangentialkomponenten)

$$ma_n = F_n^{(e)} + F_n^{(z)}, \quad ma_t = F_t^{(e)} .$$

Wir wollen von nun an die Richtung, für die wir eine Bewegungsgleichung anschreiben, durch einen entsprechend gerichteten Pfeil (↑ :) kennzeichnen. Im Bei-

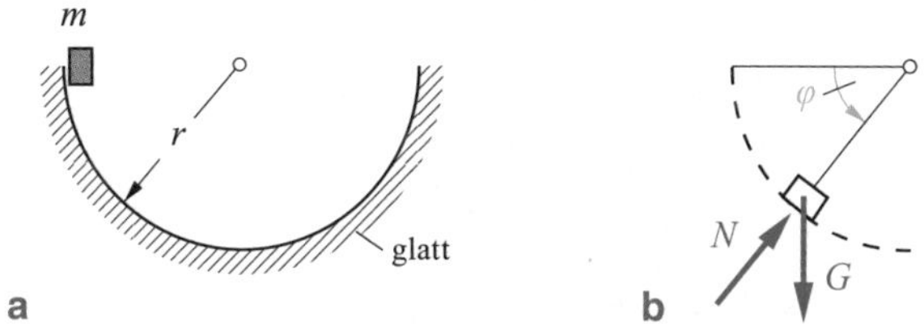

Abb. 1.14 Bewegung auf einer Kreisbahn

spiel gilt mit $a_n = r\dot{\varphi}^2$ und $a_t = r\ddot{\varphi}$ in Normalen- und Tangentenrichtung:

$$\nearrow: \quad m\,r\dot{\varphi}^2 = N - G\sin\varphi\,,$$
$$\searrow: \quad m\,r\ddot{\varphi} = G\cos\varphi\,.$$

Dies sind zwei Gleichungen für die Unbekannten φ und N. Aus der zweiten Gleichung folgt mit $\ddot{\varphi} = \frac{\mathrm{d}\dot{\varphi}}{\mathrm{d}\varphi}\frac{\mathrm{d}\varphi}{\mathrm{d}t} = \dot{\varphi}\,\frac{\mathrm{d}\dot{\varphi}}{\mathrm{d}\varphi}$ nach Trennung der Veränderlichen: $\dot{\varphi}\,\mathrm{d}\dot{\varphi} = \frac{g}{r}\cos\varphi\,\mathrm{d}\varphi$ (vgl. Abschn. 1.1.3). Durch Integration unter Beachtung der Anfangsbedingung $\dot{\varphi}(\varphi = 0) = 0$ erhält man daraus

$$\frac{\dot{\varphi}^2}{2} = \frac{g}{r}\sin\varphi\,.$$

Die Geschwindigkeit wird dann $v = r\dot{\varphi} = \sqrt{2\,g\,r\,\sin\varphi}$; sie nimmt ihren größten Wert $v_{\max} = \sqrt{2\,g\,r}$ im tiefsten Punkt $\varphi = \pi/2$ der Bahn an. Wenn man den Weg $\varphi(t)$ ermitteln will, wird man nach nochmaliger Trennung der Veränderlichen auf das Integral $\int \frac{\mathrm{d}\varphi}{\sqrt{\sin\varphi}}$ geführt, das nicht mehr elementar lösbar ist.

Die Führungskraft lässt sich aus der ersten Bewegungsgleichung durch Einsetzen von $\dot{\varphi}^2$ berechnen:

$$N = m\,r\,2\,\frac{g}{r}\sin\varphi + G\sin\varphi = 3\,G\sin\varphi\,.$$

Im tiefsten Punkt der Bahn ist die Zwangskraft bei der Bewegung dreimal so groß wie im statischen Fall.

Beispiel 1.8

Eine Kreisscheibe dreht sich in einer horizontalen Ebene mit der konstanten Winkelgeschwindigkeit ω_0 um 0 (Bild a). In einer glatten Führungsschiene bewegt sich eine Punktmasse m in radialer Richtung. Die Masse soll dabei relativ zur Scheibe eine konstante Geschwindigkeit v_0 besitzen.

Welche Kräfte wirken auf die Masse?

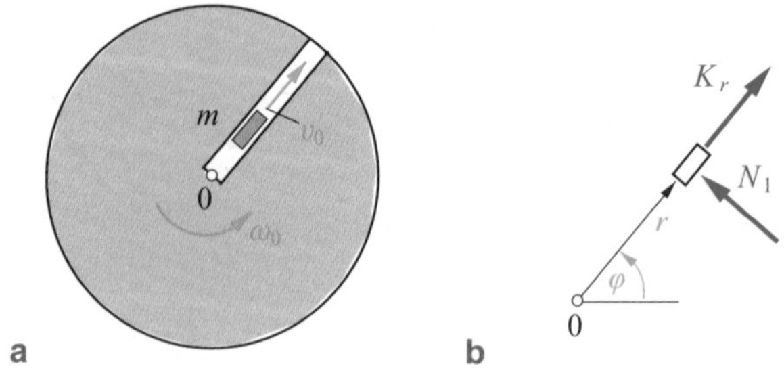

Lösung Wir zeichnen das Freikörperbild (Bild b) und tragen die in der Ebene wirkenden Kräfte ein: die Kraft K_r (sie ist notwendig, um die konstante Geschwindigkeit v_0 zu erzwingen) und die Kraft N_1 (sie hält die Masse in der Führungsschiene). In Polarkoordinaten ergeben sich damit aus (1.45) die Bewegungsgleichungen

$$\nearrow: \quad m a_r = K_r , \qquad \nwarrow: \quad m a_\varphi = N_1 .$$

Aus (1.22) erhalten wir mit

$$\dot{\varphi} = \omega_0 \quad \rightarrow \quad \ddot{\varphi} = 0, \qquad \dot{r} = v_0 \quad \rightarrow \quad \ddot{r} = 0$$

die Beschleunigungskomponenten

$$a_r = -r\omega_0^2, \quad a_\varphi = 2\, v_0\, \omega_0 .$$

Einsetzen in die Bewegungsgleichungen liefert die gesuchten Kräfte

$$\underline{\underline{K_r = -m\, r\, \omega_0^2}}, \quad \underline{\underline{N_1 = 2m\, v_0\, \omega_0}} .$$

Das Minuszeichen bei K_r zeigt an, dass diese Kraft nach innen zeigen muss.

Der Vollständigkeit halber sei noch erwähnt, dass senkrecht zur Scheibe eine weitere Kraft N_2 wirkt, welche dem Gewicht G der Masse das Gleichgewicht hält: $N_2 = G$. ◄

1.2.4 Widerstandskräfte

Besondere technische Bedeutung haben **Widerstandskräfte**. Es sind dies eingeprägte Kräfte, die erst durch die Bewegung entstehen und die auch von der Bewegung abhängen können. Widerstandskräfte sind stets tangential zur Bahn und der Bewegung entgegen gerichtet. Beispiele sind die Reibung zwischen einem Körper und seiner Unterlage oder der Luftwiderstand.

Wir wollen zunächst die trockene Reibung betrachten. Das **Coulombsche Reibungsgesetz**

$$R = \mu N \tag{1.46}$$

haben wir bereits in Band 1 behandelt. Darin sind N die Normalkraft und μ der Reibungskoeffizient. Die Reibungskraft R ist unabhängig von der Größe der Geschwindigkeit.

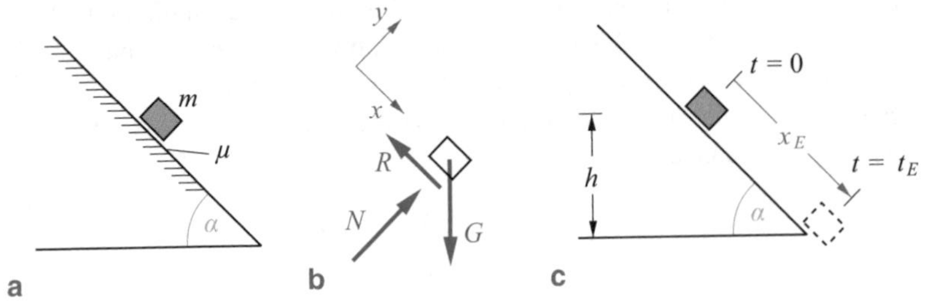

Abb. 1.15 Bewegung auf einer schiefen Ebene

Betrachten wir als Anwendungsbeispiel einen Klotz der Masse m, der nach Abb. 1.15a auf einer rauhen schiefen Ebene (Neigungswinkel α) rutscht. Wir zeichnen im Freikörperbild (Abb. 1.15b) alle wirkenden Kräfte ein: Gewicht G, Normalkraft N und Reibungskraft R. Die Bewegungsgleichungen in tangentialer Richtung x und in normaler Richtung y lauten:

$$\searrow: \quad m\ddot{x} = mg \sin\alpha - R, \quad \nearrow: \quad m\ddot{y} = N - mg\cos\alpha\,.$$

Mit $\ddot{y} = 0$ (der Körper ist an die Ebene gebunden) folgt aus der zweiten Gleichung $N = mg\cos\alpha$. Einsetzen des Reibungsgesetzes (1.46) in die erste Gleichung liefert damit die Beschleunigung

$$\ddot{x} = g\,(\sin\alpha - \mu\cos\alpha) = \text{const}\,.$$

Hieraus lassen sich Geschwindigkeit und Weg unmittelbar durch Integration über die Zeit ermitteln. Geben wir noch die Anfangsbedingungen $\dot{x}(0) = 0$, $x(0) = 0$ vor, so werden

$$\dot{x} = g\,(\sin\alpha - \mu\cos\alpha)\,t\,, \quad x = g\,(\sin\alpha - \mu\cos\alpha)\frac{t^2}{2}\,.$$

Wird der Klotz nach Abb. 1.15c aus einer Höhe h losgelassen, so legt er die Strecke $x_E = h/\sin\alpha$ in der Zeit

$$t_E = t(x_E) = \sqrt{\frac{2\,x_E}{g\,(\sin\alpha - \mu\cos\alpha)}} = \sqrt{\frac{2h}{g\sin\alpha(\sin\alpha - \mu\cos\alpha)}}$$

zurück und hat dann die Geschwindigkeit

$$v_E = \dot{x}(t_E) = g\,(\sin\alpha - \mu\cos\alpha)\,t_E = \sqrt{\frac{2\,gh}{\sin\alpha}}\,(\sin\alpha - \mu\cos\alpha)\,.$$

Für $\alpha = 90°$ (senkrechte Wand, freier Fall) wird $N = 0$. Es kann dann keine Reibung auftreten, und v_E wird gleich der Auftreffgeschwindigkeit nach Abschn. 1.1.3: $v_E = \sqrt{2gh}$.

Bei der Bewegung eines festen Körpers in flüssigen oder gasförmigen Medien treten ebenfalls Widerstandskräfte auf. Wir wollen von den verschiedenen Widerstandsgesetzen, die man aus Experimenten ableiten kann, nur zwei idealisierte Sonderfälle betrachten.

Bei kleinen Geschwindigkeiten ist die Strömung laminar. Die Widerstandskraft F_w ist in diesem Fall proportional zur Geschwindigkeit:

$$F_w = kv. \tag{1.47a}$$

Dabei hängt die Konstante k von der Geometrie des umströmten Körpers und der dynamischen Zähigkeit η der Flüssigkeit ab. George Gabriel Stokes (1819–1903) hat 1854 das Gesetz für die Widerstandskraft auf eine Kugel vom Radius r, die mit einer Geschwindigkeit v angeströmt wird (oder sich mit v durch eine ruhende Flüssigkeit bewegt) mit

$$F_w = 6\pi\,\eta\,r\,v \tag{1.47b}$$

angegeben. Ein linearer Zusammenhang zwischen Geschwindigkeit und Widerstandskraft wird häufig auch bei gedämpften Schwingungen angenommen (Kap. 5).

Bei größeren Geschwindigkeiten wird die Strömung turbulent. Das Widerstandsgesetz kann man in diesem Fall näherungsweise durch

$$F_w = kv^2 \tag{1.48a}$$

beschreiben, wobei die Konstante k von der Geometrie des Körpers und von der Dichte ρ des umströmenden Mediums abhängt. Man schreibt dieses Gesetz häufig in der Form

$$F_w = c_w\,\frac{\rho}{2}\,A_s\,v^2\,. \tag{1.48b}$$

Dabei ist A_s die Projektion des Körpers auf eine Ebene senkrecht zur Anströmrichtung, und der Widerstandsbeiwert c_w erfasst alle weiteren Parameter. Er ist z. B. bei einem modernen Pkw kleiner als 0,3.

Als Anwendungsbeispiel betrachten wir den Geschwindigkeitsverlauf beim freien Fall mit Luftwiderstand. Ein Körper vom Gewicht G soll in einer beliebigen

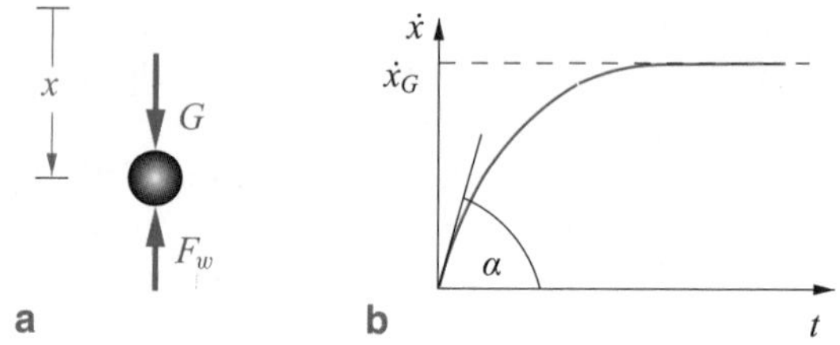

Abb. 1.16 Freier Fall mit Luftwiderstand

Höhe ohne Anfangsgeschwindigkeit losgelassen werden. Das Widerstandsgesetz sei durch (1.48a) gegeben. Mit den Bezeichnungen nach Abb. 1.16a lautet das Bewegungsgesetz

$$\downarrow: \quad m\ddot{x} = G - F_w = mg - k\dot{x}^2 \, .$$

Wenn wir mit $\kappa^2 = mg/k$ eine neue, zweckmäßige Konstante einführen, so wird

$$\ddot{x} = g\left(1 - \frac{\dot{x}^2}{\kappa^2}\right) . \tag{a}$$

Trennung der Veränderlichen und Integration (vgl. (1.13)) liefern

$$\frac{\mathrm{d}\dot{x}}{g\left(1 - \frac{\dot{x}^2}{\kappa^2}\right)} = \mathrm{d}t \quad \rightarrow \quad t = \frac{\kappa}{g}\,\mathrm{artanh}\,\frac{\dot{x}}{\kappa} + C \, .$$

Da zur Zeit $t = 0$ die Geschwindigkeit $\dot{x}(0) = 0$ ist, wird $C = 0$. Auflösen nach $\dot{x}$ ergibt den Geschwindigkeitsverlauf

$$\dot{x} = \kappa \tanh \frac{g\,t}{\kappa} \, .$$

Für wachsende t nähert sich die Geschwindigkeit asymptotisch dem Grenzwert $\dot{x}_G = \kappa$, da der Hyperbeltangens gegen Eins geht. Die Bewegung wird dann gleichförmig. Wir können die Grenzgeschwindigkeit $\dot{x}_G$ daher auch aus (a) mit der Bedingung $\ddot{x} = 0$ unmittelbar zu $\dot{x}_G = \kappa$ ablesen.

In Abb. 1.16b ist der Geschwindigkeitsverlauf aufgetragen. Zu Beginn der Bewegung ist die Geschwindigkeit Null und deshalb nach (a) die Beschleunigung $\ddot{x} = g$: die Anfangssteigung $\mathrm{d}\dot{x}/\mathrm{d}t$ (bzw. der Winkel α) ist durch die Erdbeschleunigung gegeben. Für wachsende t nähert sich die Geschwindigkeit $\dot{x}$ asymptotisch dem Grenzwert $\dot{x}_G$, den sie allerdings erst in unendlicher Zeit erreicht.

Beispiel 1.9

Ein Förderband bewegt sich mit der konstanten Geschwindigkeit $v_F = 3\,\text{m/s}$. Zur Zeit $t = 0$ wird nach Bild a an der Stelle A eine Kiste (Reibungskoeffizient $\mu = 0{,}2$) vom Gewicht $G = mg$ mit der horizontalen Geschwindigkeit $v_0 = 0{,}5\,\text{m/s}$ aufgesetzt.

Wie lange rutscht die Kiste? Welchen Abstand hat die Kiste nach Beendigung des Rutschens von der Aufsetzstelle auf dem Förderband?

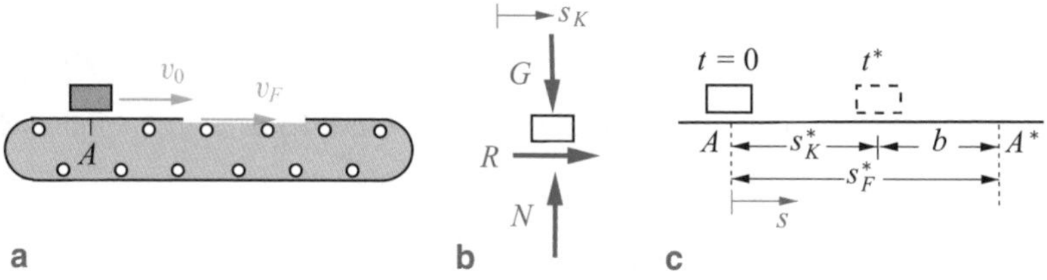

Lösung Wegen $v_F > v_0$ wirkt auf die Kiste zunächst eine Reibungskraft R nach rechts (Bild b). Aus der Bewegungsgleichung für die Kiste

$$\rightarrow: \quad m\ddot{s}_K = R$$

folgt mit $N = mg$ und mit dem Reibungsgesetz

$$R = \mu\, N = \mu\, mg$$

die Beschleunigung

$$\ddot{s}_K = \mu g .$$

Mit den Anfangsbedingungen $\dot{s}_K(0) = v_0$ und $s_K(0) = 0$ finden wir durch Integration

$$\dot{s}_K = v_K = \mu g\, t + v_0, \quad s_K = \mu g \,\frac{t^2}{2} + v_0\, t\,.$$

Das Rutschen endet zu der Zeit t^*, wenn die Kiste die Geschwindigkeit v_F des Förderbandes erreicht hat:

$$v_K = v_F \quad \rightarrow \quad \mu\, g\, t^* + v_0 = v_F .$$

Hieraus folgt mit den gegebenen Zahlenwerten die Zeit für den Rutschvorgang

$$\underline{\underline{t^*}} = \frac{v_F - v_0}{\mu g} = \frac{3 - 0{,}5}{0{,}2 \cdot 9{,}81} = \underline{\underline{1{,}27\,\text{s}}}\,.$$

Die Kiste hat bis zur Zeit t^* den Weg

$$s_K^* = s_K(t^*) = \mu g \frac{t^{*2}}{2} + v_0 t^*$$
$$= 0{,}2 \cdot 9{,}81 \cdot \frac{1{,}27^2}{2} + 0{,}5 \cdot 1{,}27 = 2{,}2\,\text{m}$$

zurückgelegt. In der gleichen Zeit hat sich die Stelle A des Förderbandes um die Strecke

$$s_F^* = s_F(t^*) = v_F\, t^* = 3 \cdot 1{,}27 = 3{,}8\,\text{m}$$

nach A^* verschoben (Bild c). Der Abstand b der Kiste vom ursprünglichen Aufsetzpunkt beträgt demnach

$$\underline{\underline{b}} = s_F^* - s_K^* = 3{,}8 - 2{,}2 = \underline{\underline{1{,}6\,\text{m}}}\,. \quad ◀$$

Beispiel 1.10

Eine Kugel (Masse m, Radius r) fällt in einem mit Flüssigkeit gefüllten Behälter (Bild a).

Man untersuche die Bewegung unter der Annahme, dass das Stokessche Widerstandsgesetz gilt und der Auftrieb vernachlässigbar ist.

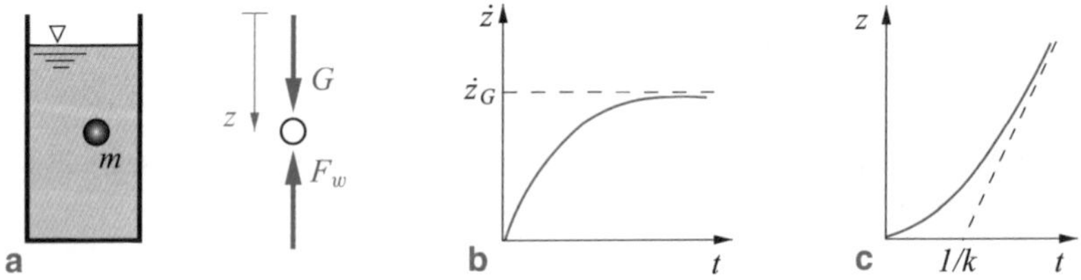

Lösung Wir zählen nach Bild b die Koordinate z von der Flüssigkeitsoberfläche positiv nach unten. Mit (1.47b) wird dann die Bewegung durch die Gleichung

$$\downarrow: m\ddot{z} = G - F_w = mg - 6\pi\,\eta\,r\,\dot{z}$$

beschrieben. Unter Verwendung der Abkürzung $\frac{6\pi\,\eta\,r}{m} = k$ wird

$$\ddot{z} = g - k\,\dot{z}\,.$$

Trennung der Veränderlichen und Integration führen auf

$$\frac{\mathrm{d}\dot{z}}{g - k\dot{z}} = \mathrm{d}t \quad \rightarrow \quad -\frac{1}{k}\ln\left(1 - \frac{k\dot{z}}{g}\right) = t + C_1\,,$$

vgl. Abschn. 1.1.3, 4. Grundaufgabe. Wenn wir als Anfangsbedingung $\dot{z}(0) = 0$ annehmen, so wird $C_1 = 0$. Nach Bilden der Umkehrfunktion erhält man die Geschwindigkeit

$$\dot{z} = \frac{g}{k}(1 - \mathrm{e}^{-kt})\,.$$

Hieraus ergibt sich durch eine weitere Integration der Weg

$$z = \frac{g}{k}\left(t + \frac{1}{k}\,\mathrm{e}^{-kt} + C_2\right).$$

Mit der Anfangsbedingung $z(0) = 0$ wird $C_2 = -1/k$ und daher

$$z = \frac{g}{k}\left[t - \frac{1}{k}\,(1 - \mathrm{e}^{-kt})\right].$$

Für $kt \rightarrow \infty$ (große Zeit) strebt $\dot{z}$ gegen den Grenzwert

$$\dot{z}_G = \frac{g}{k} = \text{const}\,.$$

Der Weg verläuft dann linear mit der Zeit. Für große k, z. B. bei großer Zähigkeit η, wird dieser Grenzzustand praktisch rasch erreicht. Eine Messung der dann konstanten Geschwindigkeit $\dot{z}_G$ kann zur Ermittlung von η dienen. Bild c zeigt die Verläufe von Geschwindigkeit und Weg. ◄

1.2.5 Impulssatz, Stoß

Integriert man das Newtonsche Grundgesetz

$$\frac{\mathrm{d}}{\mathrm{d}t}(m\,\boldsymbol{v}) = \boldsymbol{F}$$

über die Zeit, so erhält man den **Impulssatz**

$$m\,\boldsymbol{v} - m\,\boldsymbol{v}_0 = \int_{t_0}^{t} \boldsymbol{F}\,\mathrm{d}\bar{t}\,. \tag{1.49}$$

Hiernach ist die Änderung des Impulses $\boldsymbol{p} = m\,\boldsymbol{v}$ zwischen dem Zeitpunkt t_0 und einer beliebigen Zeit t gleich dem Zeitintegral über die Kraft. Wenn $\boldsymbol{F}$ während dieser Zeitspanne Null ist, bleibt der Impuls ungeändert (**Impulserhaltung**):

$$\boldsymbol{p} = m\,\boldsymbol{v} = m\,\boldsymbol{v}_0 = \text{const}\,.$$

Häufig wird der Impulssatz bei Stoßvorgängen angewendet. Ein **Stoß** ist dadurch gekennzeichnet, dass eine sehr große Kraft über einen sehr kurzen Zeitraum (die Stoßdauer t_s) wirkt. Dabei erfährt die Masse eine plötzliche Geschwindigkeitsänderung; die Lageänderung ist vernachlässigbar. Der genaue Verlauf von $\boldsymbol{F}$ während des Stoßes ist meist unbekannt. Um dennoch die Geschwindigkeit nach dem Stoß berechnen zu können, führen wir die über die Stoßdauer integrierte Kraft, die **Stoßkraft** (**Kraftstoß**) $\hat{\boldsymbol{F}}$ ein:

$$\hat{\boldsymbol{F}} = \int_0^{t_s} \boldsymbol{F}\,\mathrm{d}t\,. \tag{1.50}$$

Damit folgt aus (1.49) für Stoßvorgänge

$$m\,\boldsymbol{v} - m\,\boldsymbol{v}_0 = \hat{\boldsymbol{F}}\,. \tag{1.51}$$

Wir betrachten nun einen Massenpunkt, der nach Abb. 1.17a schräg auf eine Wand auftrifft. Im weiteren wollen wir die Geschwindigkeit vor dem Stoß mit $\boldsymbol{v}$ und die Geschwindigkeit nach dem Stoß mit $\bar{\boldsymbol{v}}$ bezeichnen. Mit dem verwendeten Koordinatensystem lautet (1.51) in Komponenten

$$\rightarrow: \quad m\,\bar{v}_x - m\,v_x = \hat{F}_x, \qquad \uparrow: \quad m\,\bar{v}_y - m\,v_y = \hat{F}_y\,. \tag{1.52}$$

Dabei sollen die Pfeile (z. B. $\rightarrow$:) kennzeichnen, in welcher Richtung der Impulssatz angeschrieben wird. Aus Abb. 1.17a lesen wir ab:

$$\begin{aligned} v_x &= -v\cos\alpha, \quad & v_y &= v\sin\alpha, \\ \bar{v}_x &= \bar{v}\cos\bar{\alpha}, \quad & \bar{v}_y &= \bar{v}\sin\bar{\alpha}\,. \end{aligned}$$

Im weiteren nehmen wir an, dass die Wand **glatt** ist (**rauhe** Wand: siehe Abschn. 3.3.3). Dann kann sie in y-Richtung keine Kraft auf die Masse ausüben, und mit $\hat{F}_y = 0$ folgt aus (1.52)

$$\bar{v}_y = v_y\,. \tag{1.53}$$

Die Geschwindigkeitskomponente in y-Richtung ändert sich beim Stoß nicht.

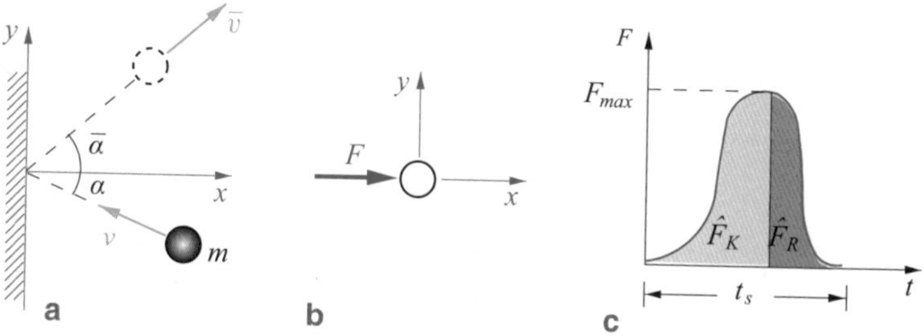

Abb. 1.17 Stoß gegen eine Wand

Um die Änderung der x-Komponente der Geschwindigkeit zu ermitteln, teilen wir zunächst den Stoß in zwei Zeitabschnitte auf: die **Kompressionsperiode**, in welcher der Körper zusammengedrückt wird, und die **Restitutionsperiode**, während der er sich ganz oder teilweise zurückbildet. Die Kraft $F_x = F$, die während des Stoßvorganges auf die Masse wirkt (Abb. 1.17b), wächst in der Kompressionsperiode bis zu ihrem Größtwert $F_{\max}$ und fällt in der Restitutionsperiode wieder auf Null ab (Abb. 1.17c). Wir schreiben den Impulssatz in x-Richtung für beide Abschnitte getrennt an (im Augenblick der größten Zusammendrückung ist die Geschwindigkeit Null):

$$\begin{aligned} &\text{Kompressionsperiode:} \quad m \cdot 0 - m\, v_x = \hat{F}_K, \\ &\text{Restitutionsperiode:} \quad m\, \bar{v}_x - m \cdot 0 = \hat{F}_R . \end{aligned} \tag{1.54}$$

Die zwei Gleichungen (1.54) enthalten drei Unbekannte: die Geschwindigkeit $\bar{v}_x$ und die beiden Stoßkräfte $\hat{F}_K$ und $\hat{F}_R$. Eine weitere Gleichung erhalten wir durch eine Hypothese über das Verformungsverhalten während der Restitution. Dabei wollen wir drei Fälle unterscheiden:

a) **Ideal-elastischer Stoß**

Wir nehmen an, dass Verformungen und Kräfte in der Kompressions- und der Restitutionsperiode spiegelbildlich verlaufen. Dann nimmt die Masse nach dem Stoßende wieder ihre ursprüngliche Form an, und die Stoßkräfte in beiden Abschnitten sind gleich. Aus $\hat{F}_R = \hat{F}_K$ folgt

$$m\, \bar{v}_x = -m\, v_x \quad \rightarrow \quad \bar{v}_x = -v_x ,$$

und mit (1.53) werden daher

$$\bar{v} = v \quad \text{und} \quad \bar{\alpha} = \alpha .$$

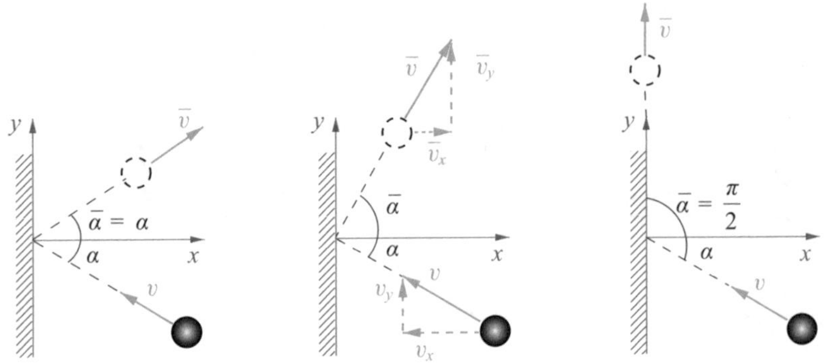

a $e = 1$ **b** $0 < e < 1$ **c** $e = 0$

Abb. 1.18 Ideal-elastischer, teilelastischer, ideal-plastischer Stoß

Beim ideal-elastischen Stoß (Abb. 1.18a) sind die Winkel und die Geschwindigkeiten beim Auftreffen und beim Abprallen jeweils gleich (vgl. Reflexionsgesetz der Optik).

b) **Ideal-plastischer Stoß**
Die gesamte Verformung, welche der Körper während der Kompression erfahren hat, bleibt erhalten. Die Stoßkraft in der Restitutionsperiode verschwindet ($\hat{F}_R = 0$), und mit (1.54) folgt

$$\bar{v}_x = \bar{v} \cos \bar{\alpha} = 0 \quad \rightarrow \quad \bar{\alpha} = \frac{\pi}{2} .$$

Der Körper rutscht mit $\bar{v} = \bar{v}_y = v_y = v \sin \alpha$ an der glatten Wand entlang (Abb. 1.18c).

c) **Teilelastischer Stoß**
Ein realer Körper wird nur teilweise zurückverformt. Man beschreibt dieses Verhalten, indem man die Stoßkräfte in beiden Abschnitten mit Hilfe einer **Stoßzahl** e verknüpft:

$$\hat{F}_R = e \, \hat{F}_K . \tag{1.55}$$

In den Grenzfällen a) bzw. b) ist $e = 1$ (ideal-elastischer Stoß) bzw. $e = 0$ (ideal-plastischer Stoß). Beim teilelastischen Stoß liegt die Stoßzahl zwischen diesen

Grenzwerten. Damit gilt:

$$0 \leqq e \leqq 1\,. \tag{1.56}$$

Einsetzen von (1.54) in (1.55) liefert

$$m\,\bar{v}_x = e\,(-m\,v_x) \quad \rightarrow \quad \bar{v}_x = -e\,v_x\,. \tag{1.57}$$

Nach Abb. 1.18b wird $\tan\bar{\alpha} = \frac{\bar{v}_y}{\bar{v}_x} = \frac{v_y}{-e v_x} = \frac{1}{e}\tan\alpha$. Wegen $e < 1$ ist beim teilelastischen Stoß $\tan\bar{\alpha} > \tan\alpha$ und damit $\bar{\alpha} > \alpha$.

Man kann nach (1.57) die Stoßzahl auch als Verhältnis der Geschwindigkeitskomponenten senkrecht zur Wand nach und vor dem Stoß definieren:

$$e = -\frac{\bar{v}_x}{v_x}\,. \tag{1.58}$$

Das Minuszeichen tritt auf, weil beide Geschwindigkeiten in derselben Richtung positiv gezählt werden. Im Beispiel ist v_x negativ und e damit positiv.

Die Stoßzahl e kann experimentell wie folgt ermittelt werden. Lässt man eine Masse aus einer Höhe h_1 auf eine waagerechte Unterlage fallen, so ist die (nach unten gerichtete) Auftreffgeschwindigkeit nach Abschn. 1.1.3

$$v = \sqrt{2\,g\,h_1}\,.$$

Nach dem Stoß hat der Körper die nach oben gerichtete Abprallgeschwindigkeit $\bar{v}$. Er erreicht damit eine Höhe

$$h_2 = \frac{\bar{v}^2}{2\,g} \quad \rightarrow \quad \bar{v} = \sqrt{2\,g\,h_2}\,.$$

Unter Beachtung der Richtungen folgt hieraus mit (1.58)

$$e = -\frac{\bar{v}}{v} = \frac{\sqrt{2\,g\,h_2}}{\sqrt{2\,g\,h_1}} \quad \rightarrow \quad e = \sqrt{\frac{h_2}{h_1}}\,. \tag{1.59}$$

Damit kann die Stoßzahl unmittelbar aus den Höhen vor und nach dem Stoß ermittelt werden. Beim ideal-elastischen Stoß ist $h_2 = h_1$ und damit $e = 1$; beim ideal-plastischen Stoß ist $h_2 = 0$ und damit $e = 0$.

Beispiel 1.11

Ein Mann (Gewicht $G_1 = m_1 g$) steht auf den Kufen eines Lastschlittens (Gewicht $G_2 = m_2 g$) und stößt sich in gleichen Zeitabständen Δt am Boden (Reibungskoeffizient μ) ab, wodurch der am Anfang ruhende Schlitten in Bewegung kommt (Bild a). Es sei zur Vereinfachung angenommen, dass bei jedem Abstoßen während einer kurzen Zeit t_s eine **konstante** horizontale Kraft P aufgebracht werde ($t_s \ll \Delta t$).

Wie groß ist die Geschwindigkeit v unmittelbar nach dem n-ten Abstoßen?

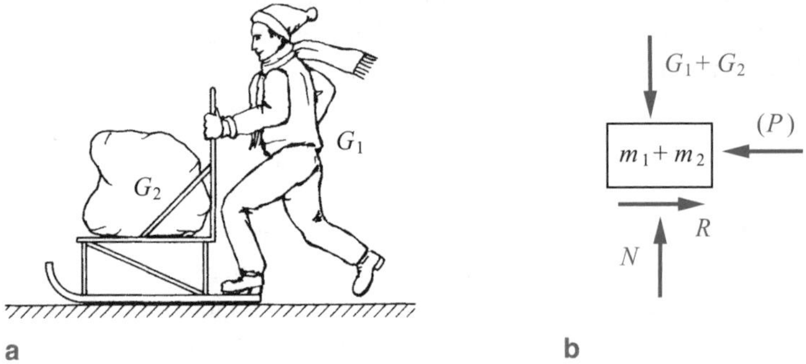

Lösung Wir können uns das System (Schlitten und Mann) durch einen Massenpunkt ersetzt denken (Bild b). Auf ihn wirken in horizontaler Richtung die Kraft P (jeweils während der Stöße in den Zeiten t_s) und die Reibungskraft $R = \mu N$ (während der ganzen Zeit). Bis zum n-ten Abstoßen ist eine Zeit $T = (n-1)\Delta t$ vergangen. Mit der Anfangsgeschwindigkeit $v_0 = 0$ zur Zeit $t_0 = 0$ erhalten wir damit aus dem Impulssatz (1.49) für die Gesamtmasse

$$\leftarrow: \quad (m_1 + m_2)\, v = \int_0^T F \,\mathrm{d}t = n \int_0^{t_s} P \,\mathrm{d}t - \int_0^T \mu (G_1 + G_2)\,\mathrm{d}t$$

die gesuchte Geschwindigkeit nach dem n-ten Abstoßen zu

$$\underline{\underline{v = \frac{n\, P\, t_s}{m_1 + m_2} - \mu\, g\,(n-1)\,\Delta t\,.}} \quad \blacktriangleleft$$

Beispiel 1.12

Ein Eishockeypuck trifft mit einer Geschwindigkeit v unter dem Winkel $\alpha = 45^\circ$ auf eine glatte Bande und wird unter $\beta = 30^\circ$ reflektiert.

Wie groß sind die Geschwindigkeit $\bar{v}$ nach dem Stoß und die Stoßzahl e?

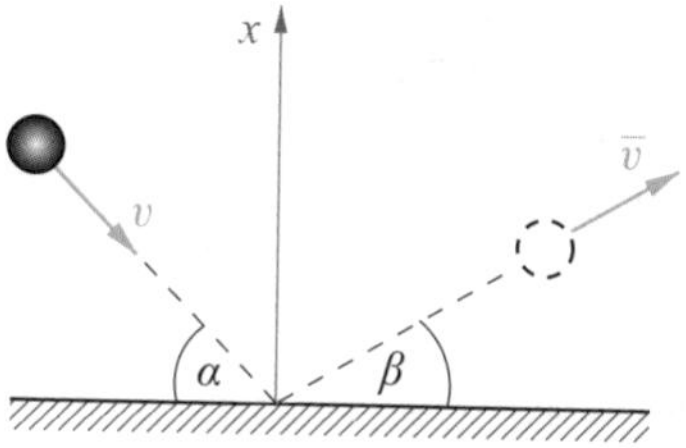

Lösung Bei **glatter** Wand muss der Impuls in Richtung der Wand erhalten bleiben:

$$\rightarrow: \quad m\,\bar{v}\,\cos\beta = m\,v\,\cos\alpha\,.$$

Hieraus folgt die Geschwindigkeit nach dem Stoß zu

$$\underline{\underline{\bar{v}}} = v\,\frac{\cos\alpha}{\cos\beta} = \underline{\underline{\sqrt{\frac{2}{3}}\,v}}\,.$$

In der Richtung senkrecht zur Wand erfolgt der Stoß mit der Stoßzahl e. Aus (1.58) findet man mit

$$v_x = -v\sin\alpha, \quad \bar{v}_x = \bar{v}\sin\beta$$

die Stoßzahl zu

$$\underline{\underline{e}} = -\frac{\bar{v}\sin\beta}{-v\sin\alpha} = \sqrt{\frac{2}{3}}\,\frac{\frac{1}{2}}{\frac{1}{2}\sqrt{2}} = \underline{\underline{\frac{\sqrt{3}}{3}}}\,. \quad \blacktriangleleft$$

1.2.6 Momentensatz

In der Statik (vgl. Band 1) haben wir für das Moment einer Kraft bezüglich eines Punktes 0 den Momentenvektor

$$\boldsymbol{M}^{(0)} = \boldsymbol{r} \times \boldsymbol{F} \tag{1.60}$$

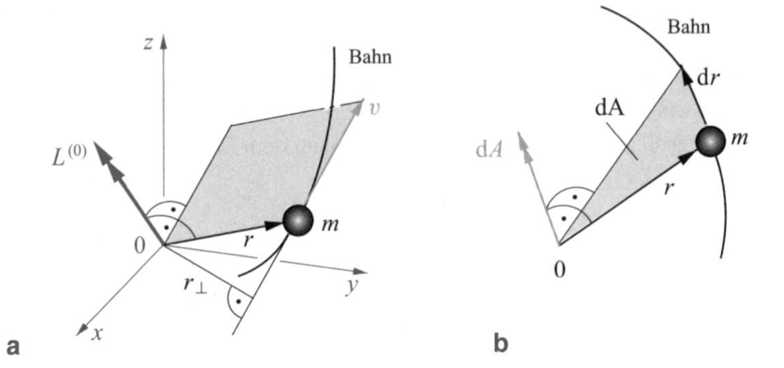

Abb. 1.19 Drehimpulsvektor

eingeführt. Eine analoge kinetische Größe ist das **Impulsmoment** $\boldsymbol{L}^{(0)}$. Es ist definiert als Vektorprodukt aus $\boldsymbol{r}$ und $\boldsymbol{p}$:

$$\boldsymbol{L}^{(0)} = \boldsymbol{r} \times \boldsymbol{p} = \boldsymbol{r} \times m\,\boldsymbol{v}\,. \tag{1.61}$$

Den Vektor $\boldsymbol{L}^{(0)}$ nennt man auch **Drehimpuls-** oder **Drallvektor**. Er steht senkrecht auf der Ebene, die vom Ortsvektor $\boldsymbol{r}$ (vom festen Punkt 0 zum bewegten Massenpunkt) und dem Geschwindigkeitsvektor $\boldsymbol{v}$ aufgespannt wird (Abb. 1.19a). Sein Betrag ergibt sich aus dem senkrechten Abstand $r_\perp$ und dem Impuls mv zu $L^{(0)} = r_\perp mv$.

Wir wollen nun einen Zusammenhang zwischen Drehimpuls und Moment herleiten. Hierzu multiplizieren wir das Newtonsche Grundgesetz (1.38) vektoriell mit dem Ortsvektor:

$$\boldsymbol{r} \times \left(m\,\frac{\mathrm{d}\boldsymbol{v}}{\mathrm{d}t} \right) = \boldsymbol{r} \times \boldsymbol{F}\,. \tag{1.62}$$

Die rechte Seite ist das Moment nach (1.60). Die linke Seite formen wir mit Hilfe von

$$\frac{\mathrm{d}}{\mathrm{d}t}(\boldsymbol{r} \times m\,\boldsymbol{v}) = \dot{\boldsymbol{r}} \times m\,\boldsymbol{v} + \boldsymbol{r} \times m\,\frac{\mathrm{d}\boldsymbol{v}}{\mathrm{d}t}$$

um. Da der erste Summand auf der rechten Seite wegen $\dot{\boldsymbol{r}} = \boldsymbol{v}$ verschwindet, gilt

$$\boldsymbol{r} \times m\,\frac{\mathrm{d}\boldsymbol{v}}{\mathrm{d}t} = \frac{\mathrm{d}}{\mathrm{d}t}(\boldsymbol{r} \times m\,\boldsymbol{v}) = \frac{\mathrm{d}\boldsymbol{L}^{(0)}}{\mathrm{d}t}\,.$$

Damit lässt sich (1.62) schreiben als

$$\frac{\mathrm{d}\boldsymbol{L}^{(0)}}{\mathrm{d}t} = \boldsymbol{M}^{(0)} . \tag{1.63}$$

Dies ist der **Momentensatz (Drehimpulssatz, Drallsatz)**: die zeitliche Ableitung des Drehimpulses in Bezug auf einen beliebigen **raumfesten** Punkt 0 ist gleich dem Moment der am Massenpunkt angreifenden Kraft bezüglich desselben Punktes 0.

Wenn das Moment $\boldsymbol{M}^{(0)}$ verschwindet, bleibt der Drehimpuls unverändert (**Drehimpulserhaltung**):

$$\boldsymbol{L}^{(0)} = \boldsymbol{r} \times m\,\boldsymbol{v} = \text{const} .$$

Eine anschauliche Deutung des Dralls kann man aus Abb. 1.19b gewinnen. Im Zeitabschnitt $\mathrm{d}t$ überstreicht der Ortsvektor $\boldsymbol{r}$ eine Fläche vom Betrag $\mathrm{d}A = \frac{1}{2}|\boldsymbol{r} \times \mathrm{d}\boldsymbol{r}|$. Führt man einen zugeordneten Vektor

$$\mathrm{d}\boldsymbol{A} = \frac{1}{2}(\boldsymbol{r} \times \mathrm{d}\boldsymbol{r}) = \frac{1}{2}(\boldsymbol{r} \times \boldsymbol{v}\,\mathrm{d}t)$$

ein, so wird die **vektorielle Flächengeschwindigkeit**

$$\frac{\mathrm{d}\boldsymbol{A}}{\mathrm{d}t} = \frac{1}{2}(\boldsymbol{r} \times \boldsymbol{v}) .$$

Einsetzen in (1.61) liefert

$$\boldsymbol{L}^{(0)} = 2\,m\,\frac{\mathrm{d}\boldsymbol{A}}{\mathrm{d}t} . \tag{1.64}$$

Der Drall ist somit proportional zur Flächengeschwindigkeit.

Zeigt bei einer Bewegung der Kraftvektor stets zu einem Zentrum 0 hin, so verschwindet das Moment bezüglich 0. Der Drall und damit nach (1.64) auch die Flächengeschwindigkeit sind dann konstant. Bei der Planetenbewegung entspricht dies dem 2. Keplerschen Gesetz: ein Fahrstrahl von der Sonne zu einem Planeten überstreicht in gleichen Zeiten gleiche Flächen (vgl. Abschn. 1.1.4).

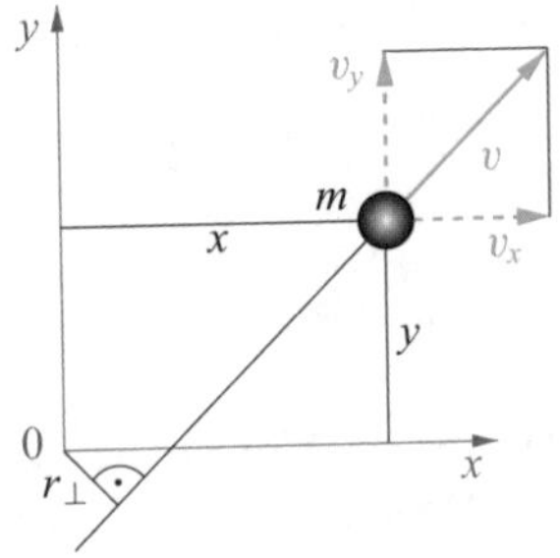

Abb. 1.20 Drehimpulsvektor bei ebener Bewegung

Bewegt sich eine Masse in der x, y-Ebene (Abb. 1.20), so haben der Drehimpulsvektor und der Momentenvektor nur z-Komponenten. Vom Momentensatz (1.63) bleibt dann nur die eine Komponente

$$\frac{\mathrm{d}L_z^{(0)}}{\mathrm{d}t} = M_z^{(0)} . \tag{1.65}$$

Auf den Index z können wir im weiteren verzichten. Das Impulsmoment kann – analog zum Moment – entweder mit Hilfe des senkrechten Abstandes $r_\perp$ der Geschwindigkeit v vom Bezugspunkt oder durch die „Momente" der Komponenten v_x und v_y ausgedrückt werden:

$$L^{(0)} = r_\perp\, m\, v \quad \text{bzw.} \quad L^{(0)} = m(x\, v_y - y\, v_x) . \tag{1.66}$$

Im Sonderfall der Kreisbewegung (Abb. 1.21) erhalten wir mit $v = r\,\omega$ für den Drehimpuls

$$L^{(0)} = m\, r\, v = m\, r^2 \omega .$$

Führt man für die Größe $m\,r^2$ die Bezeichnung **Massenträgheitsmoment** $\Theta^{(0)}$ ein, so wird der Drehimpuls $L^{(0)} = \Theta^{(0)}\omega$, und der Momentensatz (1.65) lässt sich mit

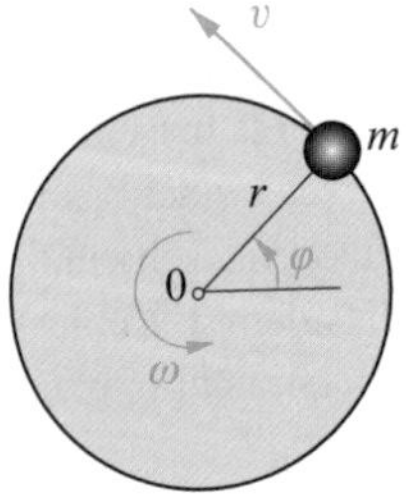

Abb. 1.21 Kreisbewegung

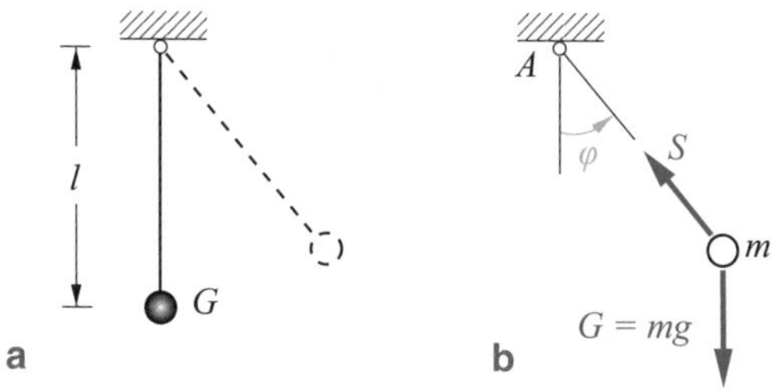

Abb. 1.22 Mathematisches Pendel

$\omega = \dot{\varphi}$ darstellen als

$$\Theta^{(0)}\ddot{\varphi} = M^{(0)} . \quad (1.67)$$

Als Anwendungsbeispiel betrachten wir die Bewegung eines Punktpendels nach Abb. 1.22a. Auf die Masse m wirken in einer beliebigen Lage die Kraft S (zum Punkt A gerichtet) und das Gewicht $G = mg$ (Abb. 1.22b). Führen wir eine positive Drehrichtung durch den Winkel φ ein, so lauten das Impulsmoment und das Moment bezüglich des festen Punktes A:

$$L^{(A)} = l\,m\,v = l\,m\,l\dot{\varphi} = ml^2\,\dot{\varphi}, \quad M^{(A)} = -mg\,l\sin\varphi .$$

Der Momentensatz (1.65) liefert damit die Bewegungsgleichung

$$ml^2\,\ddot{\varphi} = -mg\,l\sin\varphi \quad \to \quad \ddot{\varphi} + \frac{g}{l}\sin\varphi = 0.$$

Für kleine Ausschläge ($\sin\varphi \approx \varphi$) folgt hieraus die Gleichung $\ddot{\varphi} + \frac{g}{l}\,\varphi = 0$ (harmonische Schwingungen des **mathematischen Pendels**, vgl. Kap. 5). Mit $\Theta^{(A)} = ml^2$ kann man die Bewegungsgleichung auch aus (1.67) gewinnen.

Beispiel 1.13

Eine Masse m, die von einem Faden gehalten wird, bewegt sich mit der Winkelgeschwindigkeit ω_0 auf einer glatten, waagerechten Kreisbahn vom Radius r_0 (Bild a, b). Der Faden wird durch ein Loch A in der Mitte der Kreisbahn geführt.

a) Wie groß ist die Winkelgeschwindigkeit ω, wenn der Faden so angezogen wird, dass sich die Masse im Abstand r bewegt?
b) Wie ändert sich hierbei die Fadenkraft?

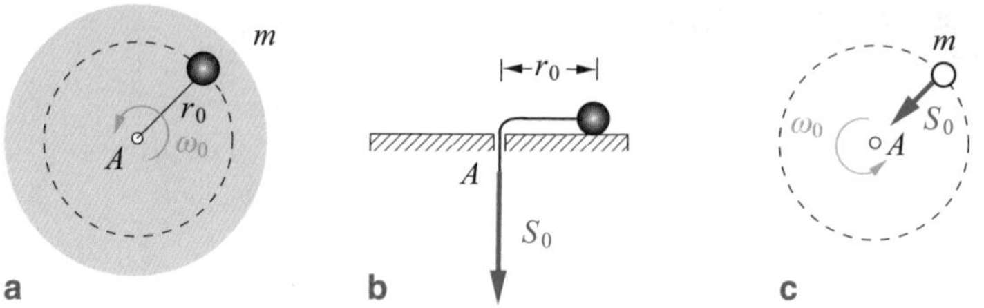

Lösung

a) Im Faden wirkt im Ausgangszustand die Kraft S_0 (Bild c); sie hat kein Moment um A. Daher muss nach (1.65) der Drall erhalten bleiben. Der Drehimpuls um A ist in der Ausgangslage

$$L_0^{(A)} = r_0(m\, r_0\, \omega_0) = m\, r_0^2\, \omega_0$$

und in der Endlage

$$L^{(A)} = r(m\, r\omega) = m\, r^2\, \omega\,.$$

Gleichsetzen liefert

$$\underline{\underline{\omega = \left(\frac{r_0}{r}\right)^2 \omega_0\,.}}$$

Die Winkelgeschwindigkeit wächst demnach mit dem Quadrat des Radienverhältnisses.

b) Mit der Zentripetalbeschleunigung $a_n = v^2/r = r\omega^2$ liefert das Bewegungsgesetz in der Ausgangslage (Bild c)

$$\swarrow: \quad m\, a_n = S_0 \quad \rightarrow \quad S_0 = m\, r_0\, \omega_0^2\,.$$

Analog ergibt sich für die Endlage

$$\underline{S} = m\, r\, \omega^2 = m\, r \left(\frac{r_0}{r}\right)^4 \omega_0^2 = \left(\frac{r_0}{r}\right)^3 m\, r_0\, \omega_0^2 = \underline{\underline{\left(\frac{r_0}{r}\right)^3 S_0\,.}}$$

Die Fadenkraft steigt mit der dritten Potenz des Radienverhältnisses. ◄

1.2.7 Arbeitssatz, potentielle Energie, Energiesatz

Wenn wir das Newtonsche Grundgesetz (1.38) skalar mit $\mathrm{d}\boldsymbol{r}$ multiplizieren, so erhalten wir

$$m\,\frac{\mathrm{d}\boldsymbol{v}}{\mathrm{d}t}\cdot\mathrm{d}\boldsymbol{r}=\boldsymbol{F}\cdot\mathrm{d}\boldsymbol{r}\,.$$

Setzt man $\mathrm{d}\boldsymbol{r}=\boldsymbol{v}\,\mathrm{d}t$ ein und integriert zwischen zwei Bahnpunkten $\boldsymbol{r}_0$ und $\boldsymbol{r}_1$, in denen die Masse die Geschwindigkeiten $\boldsymbol{v}_0$ und $\boldsymbol{v}_1$ hat, so ergibt sich

$$\int\limits_{\boldsymbol{v}_0}^{\boldsymbol{v}_1} m\,\boldsymbol{v}\cdot\mathrm{d}\boldsymbol{v}=\int\limits_{\boldsymbol{r}_0}^{\boldsymbol{r}_1}\boldsymbol{F}\cdot\mathrm{d}\boldsymbol{r}\quad\rightarrow\quad\frac{m\boldsymbol{v}_1^2}{2}-\frac{m\boldsymbol{v}_0^2}{2}=\int\limits_{\boldsymbol{r}_0}^{\boldsymbol{r}_1}\boldsymbol{F}\cdot\mathrm{d}\boldsymbol{r}\,. \tag{1.68}$$

Die rechte Seite stellt dabei die Arbeit W der Kraft $\boldsymbol{F}$ dar (vgl. Band 1, Kapitel 8). Die skalare Größe $\frac{1}{2}\,m\,\boldsymbol{v}^2=\frac{1}{2}\,m\,v^2$ wird **kinetische Energie** E_k genannt:

$$E_k=\frac{mv^2}{2}\,. \tag{1.69}$$

Wir erhalten damit aus (1.68) den **Arbeitssatz**

$$E_{k1}-E_{k0}=W\,. \tag{1.70}$$

Die Arbeit, welche die Kräfte zwischen zwei Bahnpunkten verrichten, ist gleich der Änderung der kinetischen Energie.

Wie die Arbeit W hat die kinetische Energie E_k die Dimension Kraft × Weg. Sie wird in Vielfachen der Einheit **Joule** (James Prescott Joule, 1818–1889) angegeben (1 J = 1 N m).

Die am Massenpunkt angreifenden Kräfte setzen sich aus eingeprägten Kräften $\boldsymbol{F}^{(e)}$ und Zwangskräften (Reaktionskräften) $\boldsymbol{F}^{(z)}$ zusammen. Da die Reaktionskräfte stets senkrecht zur Bahn stehen, verrichten sie keine Arbeit. Damit lautet das Arbeitsintegral:

$$W=\int\limits_{\boldsymbol{r}_0}^{\boldsymbol{r}_1}\boldsymbol{F}^{(e)}\cdot\mathrm{d}\boldsymbol{r}\,. \tag{1.71}$$

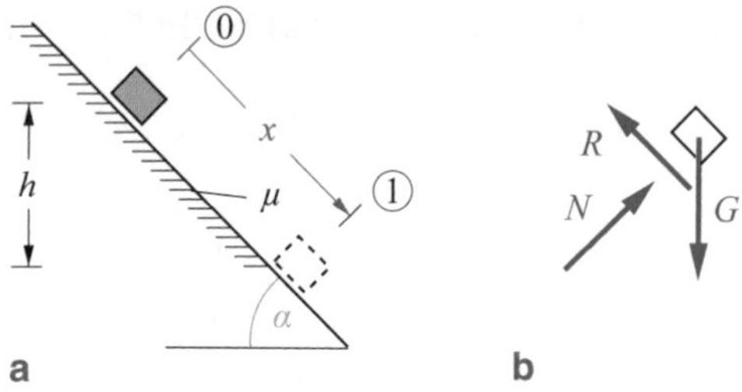

Abb. 1.23 Klotz auf einer schiefen Ebene

Als Anwendungsbeispiel betrachten wir einen Klotz, der eine rauhe schiefe Ebene hinunterrutscht (Abb. 1.23a). Auf den Klotz wirken als eingeprägte Kräfte das Gewicht $G = mg$ und die Reibungskraft $R = \mu N$, als Zwangskraft die Normalkraft N (Abb. 1.23b).

Bei der Bewegung aus der Lage ⓪ in die Lage ① verrichten das Gewicht und die Reibungskraft die Arbeiten

$$W_G = mg \sin\alpha\, x, \quad W_R = -Rx = -\mu N\, x = -\mu mg \cos\alpha\, x$$

(die Reaktionskraft N verrichtet keine Arbeit). Wird der Klotz in der Lage ⓪ ohne Anfangsgeschwindigkeit losgelassen, dann lautet der Arbeitssatz (1.70)

$$m\,\frac{v_1^2}{2} = mg \sin\alpha\, x - mg\,\mu \cos\alpha\, x\,.$$

Führt man die Höhe $h = x \sin\alpha$ ein, so wird die Geschwindigkeit in der Lage ①

$$v_1 = \sqrt{2\,gh(1 - \mu \cot\alpha)}\,.$$

Das Ergebnis zeigt, dass nur für $\mu \cot\alpha < 1$, d. h. $\mu < \tan\alpha$ eine Bewegung möglich ist.

Die pro Zeiteinheit verrichtete Arbeit $\mathrm{d}W/\mathrm{d}t$ heißt **Leistung** P. Mit $\mathrm{d}W = \boldsymbol{F} \cdot \mathrm{d}\boldsymbol{r}$ gilt

$$P = \boldsymbol{F} \cdot \boldsymbol{v}\,. \tag{1.72}$$

Die Einheit der Leistung ist das **Watt** (James Watt, 1736–1819):

$$1\,\mathrm{W} = 1\,\frac{\mathrm{N\,m}}{\mathrm{s}}$$

(man verwechsle die Abkürzung W für Watt nicht mit dem Symbol W für die Arbeit!). Mit der früher verwendeten Leistungseinheit PS besteht der Zusammenhang

$$1\,\text{PS} = 0{,}735\,\text{kW}, \quad 1\,\text{kW} = 1{,}36\,\text{PS}.$$

Da die Zwangskräfte $\boldsymbol{F}^{(z)}$ senkrecht zur Geschwindigkeit $\boldsymbol{v}$ stehen, ist ihre Leistung stets Null.

Bei allen Maschinen treten in Lagern und Führungen Energieverluste infolge Reibung auf. Ein Teil der aufgewendeten Arbeit geht daher verloren. Man bezeichnet das Verhältnis von Nutzarbeit W_N zu aufgewendeter Arbeit W_A als **Wirkungsgrad** η:

$$\eta = \frac{W_N}{W_A}. \tag{1.73}$$

Bezieht man auf die Zeiteinheit, so erhält man den augenblicklichen Wirkungsgrad aus dem Quotienten der entsprechenden Leistungen:

$$\eta = \frac{P_N}{P_A}. \tag{1.74}$$

Wegen der stets auftretenden Verluste ist $\eta < 1$.

Als Anwendungsbeispiel berechnen wir die Antriebskraft F eines Pkw, wenn er sich bei einer Motorleistung von $P_A = 30\,\text{kW}$ mit der Geschwindigkeit $v = 60\,\text{km/h}$ auf ebener Straße bewegt. Der Wirkungsgrad betrage $\eta = 0{,}8$. Mit der Nutzleistung $P_N = F v$ erhalten wir aus (1.74)

$$\eta = \frac{F v}{P_A} \quad \rightarrow \quad F = \frac{P_A\,\eta}{v} = \frac{30 \cdot 0{,}8}{60/3{,}6} = 1{,}44\,\text{kN}.$$

Eine besonders einfache Form nimmt der Arbeitssatz (1.70) an, wenn jede eingeprägte Kraft ein Potential besitzt. Solche Kräfte nennt man **konservativ**. Sie sind dadurch gekennzeichnet, dass ihre Arbeit zwischen zwei festen Punkten ⓪ und ① (Abb. 1.24) unabhängig vom Weg zwischen diesen Punkten ist (vgl. Band 1, Kapitel 8). Mit $\boldsymbol{F} = F_x\,\boldsymbol{e}_x + F_y\,\boldsymbol{e}_y + F_z\,\boldsymbol{e}_z$ und $\mathrm{d}\boldsymbol{r} = \mathrm{d}x\,\boldsymbol{e}_x + \mathrm{d}y\,\boldsymbol{e}_y + \mathrm{d}z\,\boldsymbol{e}_z$ lautet die Arbeit

$$W = \int_{⓪}^{①} \boldsymbol{F} \cdot \mathrm{d}\boldsymbol{r} = \int_{⓪}^{①} \{F_x\,\mathrm{d}x + F_y\,\mathrm{d}y + F_z\,\mathrm{d}z\}. \tag{1.75}$$

Das Integral ist nur dann **wegunabhängig**, wenn der Integrand ein **vollständiges Differential** ist, das wir mit $-\mathrm{d}E_p$ bezeichnen:

$$-\mathrm{d}E_p = F_x\,\mathrm{d}x + F_y\,\mathrm{d}y + F_z\,\mathrm{d}z. \tag{1.76}$$

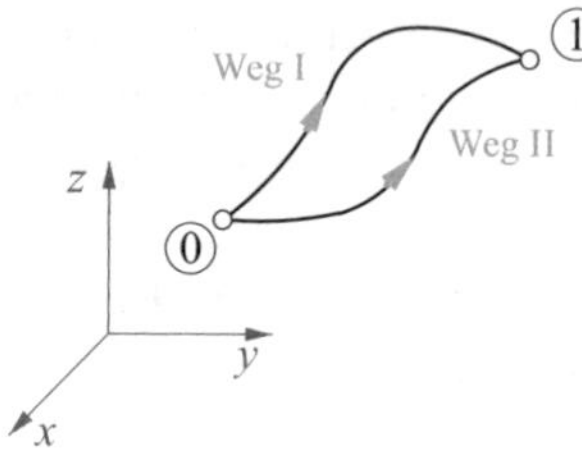

Abb. 1.24 Zur Arbeit einer konservativen Kraft

Die hier eingeführte Funktion $E_p(x, y, z)$ heißt **Potential** der Kraft $\boldsymbol{F}$ oder **potentielle Energie**; das Minuszeichen wird aus Zweckmäßigkeitsgründen hinzugefügt. In Band 1 wurde die potentielle Energie mit Π bezeichnet.

Ein Vergleich des totalen Differentials

$$\mathrm{d}E_p = \frac{\partial E_p}{\partial x}\,\mathrm{d}x + \frac{\partial E_p}{\partial y}\,\mathrm{d}y + \frac{\partial E_p}{\partial z}\,\mathrm{d}z$$

mit (1.76) liefert

$$F_x = -\frac{\partial E_p}{\partial x}, \quad F_y = -\frac{\partial E_p}{\partial y}, \quad F_z = -\frac{\partial E_p}{\partial z}\,. \tag{1.77}$$

Wenn wir den **Gradienten**

$$\operatorname{grad} E_p = \frac{\partial E_p}{\partial x}\,\boldsymbol{e}_x + \frac{\partial E_p}{\partial y}\,\boldsymbol{e}_y + \frac{\partial E_p}{\partial z}\,\boldsymbol{e}_z$$

einführen, dann lautet (1.77) in vektorieller Form

$$\boldsymbol{F} = -\operatorname{grad} E_p\,. \tag{1.78}$$

Leiten wir in (1.77) die erste Gleichung nach y und die zweite Gleichung nach x ab, so sind die rechten Seiten gleich, und daher gilt $\partial F_x/\partial y = \partial F_y/\partial x$. Zyklisches Vertauschen der Koordinaten liefert insgesamt

$$\frac{\partial F_x}{\partial y} = \frac{\partial F_y}{\partial x}, \quad \frac{\partial F_y}{\partial z} = \frac{\partial F_z}{\partial y}, \quad \frac{\partial F_z}{\partial x} = \frac{\partial F_x}{\partial z}\,. \tag{1.79}$$

Mit diesen Gleichungen kann man überprüfen, ob eine Kraft $\boldsymbol{F}(x, y, z)$ aus einem Potential abgeleitet werden kann. Wenn wir die **Rotation** der Kraft $\boldsymbol{F}$ mit

$$\operatorname{rot}, \boldsymbol{F} = \begin{vmatrix} \boldsymbol{e}_x & \boldsymbol{e}_y & \boldsymbol{e}_z \\ \frac{\partial}{\partial x} & \frac{\partial}{\partial y} & \frac{\partial}{\partial z} \\ F_x & F_y & F_z \end{vmatrix} = \left(\frac{\partial F_z}{\partial y} - \frac{\partial F_y}{\partial z} \right) \boldsymbol{e}_x + \left(\frac{\partial F_x}{\partial z} - \frac{\partial F_z}{\partial x} \right) \boldsymbol{e}_y + \left(\frac{\partial F_y}{\partial x} - \frac{\partial F_x}{\partial y} \right) \boldsymbol{e}_z$$

einführen, so lassen sich die Bedingungen (1.79) in der Vektorform

$$\operatorname{rot} \boldsymbol{F} = \boldsymbol{0} \tag{1.80}$$

zusammenfassen (**wirbelfreies Kraftfeld**).

Besitzen die Kräfte ein Potential, so gilt nach (1.75) und (1.76)

$$\mathrm{d}W = -\mathrm{d}E_p, \tag{1.81}$$

und es folgt für die Arbeit

$$W = \int_{⓪}^{①} \mathrm{d}W = -\int_{⓪}^{①} \mathrm{d}E_p = -(E_{p1} - E_{p0}) .$$

Die potentielle Energie hängt zwar vom Bezugssystem ab, ihre Differenz zwischen zwei Lagen ⓪ und ① ist aber hiervon unabhängig.

Einsetzen von W in (1.70) führt auf den **Energiesatz**

$$E_{k1} - E_{k0} = E_{p0} - E_{p1}$$

oder

$$E_{k1} + E_{p1} = E_{k0} + E_{p0} = \text{const.} \tag{1.82}$$

Wenn die eingeprägten Kräfte ein Potential besitzen, so bleibt bei der Bewegung die Summe aus kinetischer und potentieller Energie konstant.

Wir wollen hier noch drei Potentiale angeben, die wir bereits in Band 1 betrachtet haben.

a) Potential der Gewichtskraft G im Abstand z von der Erdoberfläche (**Gravitationspotential** in der Nähe der Erdoberfläche):

$$E_p = G z \,. \tag{1.83}$$

b) Potential einer Federkraft (Federkonstante c) bei einer Auslenkung x bzw. eines Drehfedermoments (Federkonstante c_T) bei einer Auslenkung φ:

$$E_p = \frac{1}{2}\, c\, x^2 \,, \quad E_p = \frac{1}{2}\, c_T\, \varphi^2 \,. \tag{1.84}$$

Im Unterschied zum Gewicht und zur Federkraft hat die Reibungskraft kein Potential. Sie ist nicht-konservativ; die von ihr verrichtete Arbeit hängt vom Weg ab. Bei der Bewegung wird mechanische Energie in Wärme umgesetzt. Man nennt solche Kräfte daher auch **dissipativ** (Energie-zerstreuend). Der Energiesatz gilt dann nicht. Man muss in diesem Fall den Arbeitssatz (1.70) anwenden und dort die Arbeit der Reibungskräfte in W berücksichtigen.

Die Anwendung des Energie- bzw. des Arbeitssatzes empfiehlt sich, wenn die Geschwindigkeit in Abhängigkeit vom Weg (oder umgekehrt) gesucht ist.

Beispiel 1.14

Ein Massenpunkt rutscht aus seiner Ruhelage in A eine **rauhe** schiefe Ebene herab (Reibungskoeffizient μ), die nach Bild a tangential in eine **glatte** Kreisbahn einmündet.

In welcher Höhe h über dem Scheitel B der Kreisbahn muss die Bewegung beginnen, damit der Massenpunkt in B die Bahn nicht verlässt?

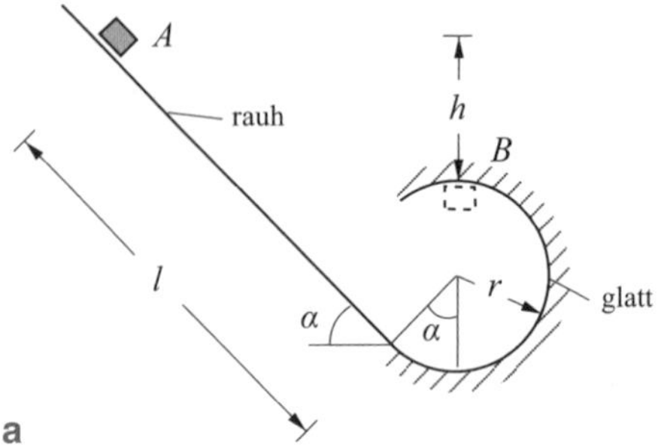

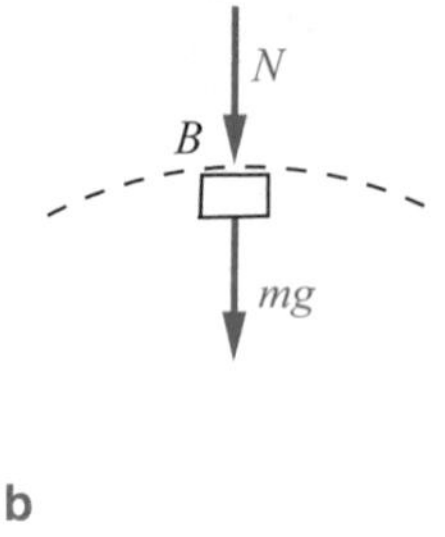

Lösung Der Massenpunkt bleibt in B gerade noch auf der Bahn, wenn die Normalkraft N dort Null wird. Aus der Bewegungsgleichung in radialer Richtung (vgl. Bild b)

$$\downarrow: \quad m\,a_n = m\,\frac{v_B^2}{r} = mg + N$$

folgt mit $N = 0$ die erforderliche Geschwindigkeit:

$$v_B^2 = rg\,. \qquad \text{(a)}$$

Den Zusammenhang zwischen v_B und der erforderlichen Höhe h liefert der Arbeitssatz. Das Gewicht verrichtet zwischen A und B die Arbeit $W_1 = Gh$. Die Reibungskraft, die gegen den Weg gerichtet ist, verrichtet die Arbeit $W_2 = -Rl$. Mit $R = \mu N = \mu\, mg\cos\alpha$ und $l = (h + r + r\,\cos\alpha)/\sin\alpha$ wird $W_2 = -mg\mu\cot\alpha(h{+}r{+}r\,\cos\alpha)$. Die kinetische Energie in der Ausgangslage A ist Null, an der Stelle B gilt $E_{kB} = \frac{1}{2}mv_B^2$. Einsetzen in (1.70) ergibt

$$\frac{1}{2}\,mv_B^2 = mgh - mg\mu\cot\alpha\,(h + r + r\cos\alpha)\,.$$

Mit (a) erhalten wir die gesuchte Höhe:

$$\frac{1}{2}\,mrg = mgh\,(1 - \mu\cot\alpha) - mg\mu r\cot\alpha\,(1 + \cos\alpha)$$

$$\rightarrow \quad \underline{\underline{h = r\,\frac{\frac{1}{2} + \mu\,(1 + \cos\alpha)\cot\alpha}{1 - \mu\cot\alpha}}}\,. \qquad \text{(b)}$$

Wenn auch die schiefe Ebene **glatt** ist ($\mu = 0$), können wir den Energiesatz (1.82) anwenden. Mit

$$E_{kA} = 0, \quad E_{kB} = \frac{1}{2}\,mv_B^2, \quad E_{pA} = mgh, \quad E_{pB} = 0$$

folgt $\frac{1}{2}mv_B^2 = mgh$ und hieraus mit der Bedingung (a)

$$\frac{1}{2}\,mrg = mgh \quad \rightarrow \quad \underline{\underline{h = \frac{1}{2}\,r}}\,.$$

Dasselbe Ergebnis erhält man aus (b), wenn man dort den Reibungskoeffizienten Null setzt. ◄

Beispiel 1.15

Im Abstand h über dem Ende einer ungespannten Feder befindet sich eine Masse m. Sie wird mit einer vertikalen Anfangsgeschwindigkeit v_0 in einer glatten Führung auf die Feder (Federkonstante c) geworfen.

Wie groß ist die maximale Zusammendrückung der Feder?

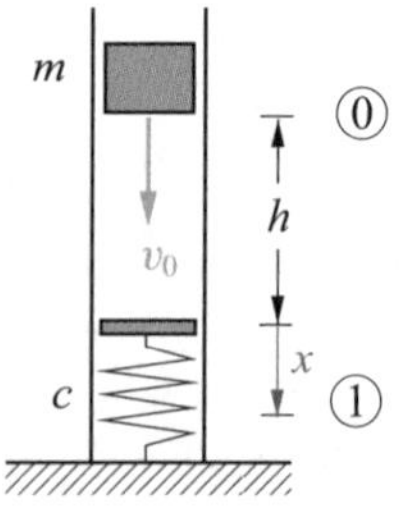

Lösung Da für Gewicht und Federkraft Potentiale existieren, können wir den Energiesatz (1.82) anwenden. In der Ausgangslage ⓪ hat die Masse die kinetische Energie $E_{k0} = mv_0^2/2$ und die potentielle Energie $E_{p0} = mgh$ (Nullniveau am Ende der entspannten Feder). Bei der größten Zusammendrückung $x_{\max}$ der Feder in der Lage ① ist die kinetische Energie $E_{k1} = 0$. Die potentielle Energie setzt sich dann aus der Federenergie $\frac{1}{2}c\,x_{\max}^2$ und dem Potential der Gewichtskraft $-mg\,x_{\max}$ zusammen:

$$E_{p1} = \frac{1}{2}c\,x_{\max}^2 - mg\,x_{\max}\,.$$

Daher lautet der Energiesatz

$$\frac{1}{2}mv_0^2 + mgh = 0 + \frac{1}{2}c\,x_{\max}^2 - mg\,x_{\max}\,.$$

Auflösen der quadratischen Gleichung liefert

$$\underline{\underline{x_{\max} = \frac{mg}{c}\left[1\,_{(}\pm_{)}\sqrt{1 + \frac{cv_0^2}{mg^2} + \frac{2hc}{mg}}\right]}}\,.$$

Im Sonderfall $h = 0$ und $v_0 = 0$ folgt hieraus $x_{\max} = 2\,G/c$. Lässt man also eine Masse, die unmittelbar über einer entspannten Feder gehalten wird, plötzlich fallen, so ist die maximale Federzusammendrückung doppelt so groß wie die statische Absenkung $x_{\text{stat}} = G/c$ bei langsamem Aufbringen des Gewichts. ◄

1.2.8 Gravitationsgesetz, Planeten- und Satellitenbewegung

Neben den drei Grundgesetzen (vgl. Abschn. 1.2.1) hat Newton auch das **Gravitationsgesetz** formuliert. Danach ist die Kraft, die zwei beliebige Massen m und M aufeinander ausüben (Abb. 1.25a), gegeben durch

$$F = f\,\frac{Mm}{r^2}\,. \tag{1.85}$$

Hierin sind f die universelle Gravitationskonstante

$$f = 6{,}673 \cdot 10^{-11}\,\frac{\mathrm{m}^3}{\mathrm{kg\,s}^2}$$

und r der Abstand zwischen den Massen.

Man kann zeigen, dass die Gravitationskraft aus einem Potential abgeleitet werden kann. Es ergibt sich mit (1.81) zu (F ist **gegen** dr gerichtet)

$$E_p = -\int (-F)\,\mathrm{d}r = -f\,\frac{Mm}{r} + C\,. \tag{1.86}$$

Setzt man das Potential im Unendlichen ($r \to \infty$) gleich Null, so wird $C = 0$ und damit

$$E_p = -f\,\frac{Mm}{r}\,. \tag{1.87}$$

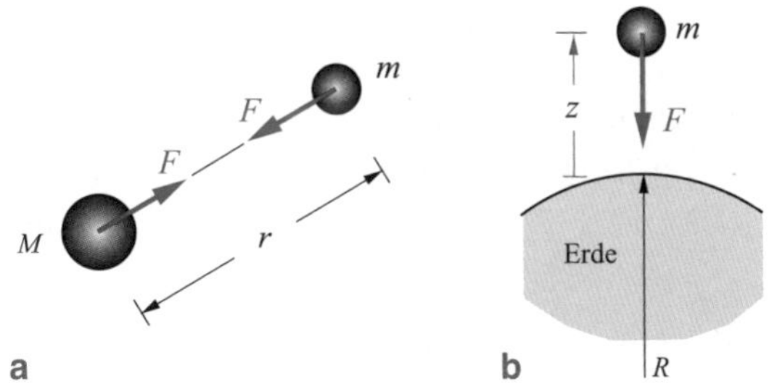

Abb. 1.25 Zum Gravitationsgesetz, Potential des Erdschwerefelds

Im Spezialfall der Erde betrachten wir M als die Erdmasse. An der Erdoberfläche erfährt dann eine Masse m die Anziehungskraft (Gewicht) $F = mg$. Mit dem Erdradius R folgt damit aus (1.85)

$$mg = f\frac{Mm}{R^2} \quad \to \quad g = \frac{fM}{R^2}\,.$$

Eliminieren wir hiermit f im Gravitationsgesetz, so erhalten wir die Gewichtskraft als Funktion des Abstandes vom Erdmittelpunkt:

$$F = mg\left(\frac{R}{r}\right)^2\,. \tag{1.88}$$

Für das Potential gilt dann nach (1.86)

$$E_p = -mg\,\frac{R^2}{r} + C\,.$$

Setzt man diesmal das Potential an der Erdoberfläche $r = R$ gleich Null, so wird $C = mg\,R$, und mit $r = R + z$ (Abb. 1.25b) folgt

$$E_p = -mg\,\frac{R^2}{R+z} + mg\,R = \frac{mg}{R+z}Rz\,. \tag{1.89}$$

In der Nähe der Erdoberfläche ($z \ll R$) ergibt sich damit das Potential des Erdschwerefeldes (vgl. (1.83)):

$$E_p = mgz = Gz\,.$$

Mit dem Gravitationsgesetz können wir die Bewegungen von Planeten und Satelliten beschreiben. Diese Körper dürfen dabei als Massenpunkte betrachtet werden, da ihre Abmessungen im Vergleich zu den zurückgelegten Wegen klein sind. Wir bezeichnen die Masse eines Planeten (bzw. Satelliten) mit m und die Masse der Sonne (bzw. Erde) mit M und sehen M als ruhend an. Da die Bewegung von m auf einer ebenen Bahn erfolgt, verwenden wir zweckmäßigerweise Polarkoordinaten. Dann liefert das dynamische Grundgesetz (1.38) mit (1.22) und (1.85) in radialer Richtung

$$m\,(\ddot{r} - r\dot{\varphi}^2) = -f\,\frac{mM}{r^2} \tag{1.90}$$

und in zirkularer Richtung

$$m\,(r\ddot{\varphi} + 2\,\dot{r}\dot{\varphi}) = 0 \quad \to \quad m\frac{1}{r}\frac{\mathrm{d}}{\mathrm{d}t}(r^2\dot{\varphi}) = 0\,.$$

Die zweite Gleichung drückt das **2. Keplersche Gesetz** aus (vgl. (1.29a)), wonach die **Flächengeschwindigkeit** konstant ist:

$$r^2\dot{\varphi} = C\,. \tag{1.91}$$

Zur Lösung der ersten Gleichung führen wir die neue Variable $u = 1/r$ ein. Mit (1.91) und $\dot{r} = (\mathrm{d}r/\mathrm{d}\varphi)\dot{\varphi}$ werden dann

$$\dot{\varphi} = \frac{C}{r^2} = Cu^2, \quad \dot{r} = \frac{\mathrm{d}r}{\mathrm{d}\varphi}\frac{C}{r^2} = -C\,\frac{\mathrm{d}}{\mathrm{d}\varphi}\left(\frac{1}{r}\right) = -C\,\frac{\mathrm{d}u}{\mathrm{d}\varphi}\,.$$

Nochmaliges Differenzieren ergibt

$$\ddot{r} = -C\,\frac{\mathrm{d}^2u}{\mathrm{d}\varphi^2}\,\dot{\varphi} = -C^2\,u^2\frac{\mathrm{d}^2u}{\mathrm{d}\varphi^2}\,.$$

Einsetzen in (1.90) liefert

$$-C^2\,u^2\frac{\mathrm{d}^2u}{\mathrm{d}\varphi^2} - \frac{1}{u}\,C^2\,u^4 = -f\,Mu^2$$

bzw. nach Umformung

$$\frac{\mathrm{d}^2u}{\mathrm{d}\varphi^2} + u = \frac{f\,M}{C^2}\,.$$

Diese inhomogene Differentialgleichung zweiter Ordnung hat die allgemeine Lösung (vgl. Kap. 5)

$$u = B\cos(\varphi - \alpha) + \frac{f\,M}{C^2}\,.$$

Der Abstand r muss daher der folgenden Gleichung genügen:

$$r = \frac{1}{u} = \frac{1}{B\cos(\varphi - \alpha) + \frac{f\,M}{C^2}}\,.$$

Hierbei sind B und α Integrationskonstanten. Zählt man φ von der Stelle der Bahn, an der $\dot{r}$ verschwindet, so ist $\alpha = 0$, und man erhält die Bahngleichung

$$r = \frac{p}{1 + \varepsilon\cos\varphi} \tag{1.92a}$$

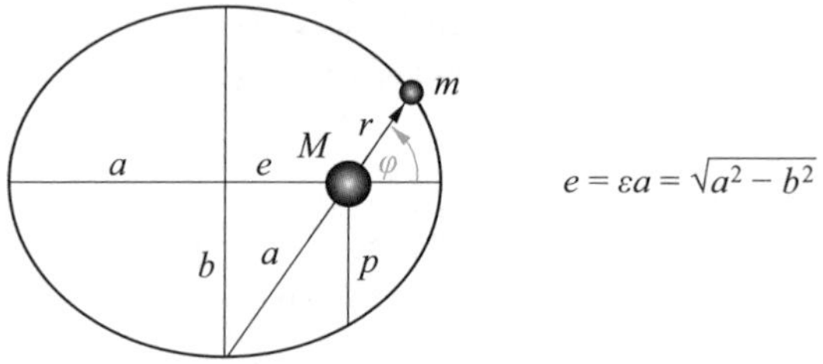

Abb. 1.26 Zum 1. Kepler'schen Gesetz

mit

$$p = \frac{C^2}{fM}, \quad \varepsilon = \frac{BC^2}{fM}. \tag{1.92b}$$

Gleichung (1.92a) ist die Brennpunktgleichung von Kegelschnitten, deren Art von der Exzentrizität ε abhängt. Für $\varepsilon < 1$ ist die Bahn eine Ellipse. Dies entspricht dem 1. Keplerschen Gesetz: Planetenbahnen sind Ellipsen, in deren einem Brennpunkt (Abstand e vom Mittelpunkt) die Sonne steht (Abb. 1.26).

Aus der Konstanz der Flächengeschwindigkeit (1.91) kann man mit der Fläche einer Ellipse $A = \pi\, ab$ (a, b = Halbachsen) die Umlaufzeit T berechnen:

$$\frac{\mathrm{d}A}{\mathrm{d}t} = \frac{1}{2} r^2 \dot{\varphi} = \frac{C}{2} \quad \rightarrow \quad A = \frac{C}{2} T \quad \rightarrow \quad T = \frac{2\,A}{C} = \frac{2\,\pi\, ab}{C}.$$

Mit dem Bewegungsgesetz (1.90) und dem Ellipsenparameter $p = b^2/a$ wird unter Beachtung von (1.92b)

$$|a_r| = |\ddot{r} - r\dot{\varphi}^2| = \frac{fM}{r^2} = \frac{C^2}{pr^2} = \frac{4\,\pi^2\, a^2\, b^2}{T^2 \frac{b^2}{a} r^2} = \frac{4\,\pi^2\, a^3}{r^2\, T^2}$$

und hieraus

$$T^2 = \frac{(2\,\pi)^2\, a^3}{fM}. \tag{1.93}$$

Dies ist das **3. Keplersche Gesetz**: die Quadrate der Umlaufzeiten T der Planeten verhalten sich wie die dritten Potenzen der großen Halbachsen ihrer Umlaufbahnen.

Für $\varepsilon = 1$ bewegt sich ein Körper in einem Gravitationsfeld nach (1.92a) auf einer Parabel, für $\varepsilon > 1$ auf einer Hyperbel. Bei der Berechnung von Satellitenbahnen müssen unter Umständen die Gravitationsfelder von mehreren Himmelskörpern berücksichtigt werden (Mehrkörperproblem).

Beispiel 1.16

Welche Energie ist mindestens erforderlich, um einen Satelliten der Masse m in eine Kreisbahn im Abstand h von der Erdoberfläche zu bringen?

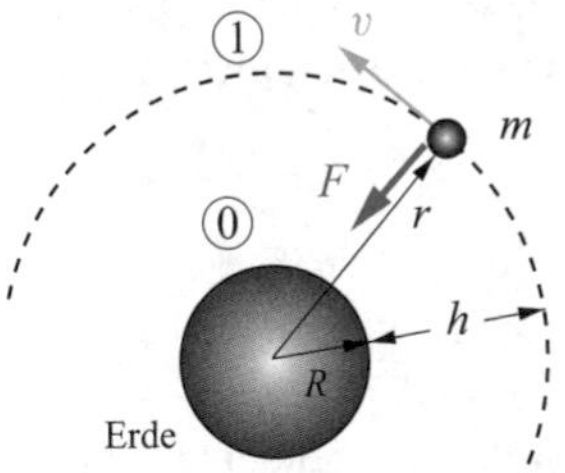

Lösung Nach dem Gravitationsgesetz (1.88) wirkt auf den Satelliten eine Kraft $F = mg\,(R^2/r^2)$. Wenn sich der Satellit auf einer Kreisbahn im Abstand $r = R + h$ vom Erdmittelpunkt bewegt, hat er eine Geschwindigkeit v, die sich aus dem Bewegungsgesetz in radialer Richtung ergibt:

$$m\,a_n = F \quad \to \quad m\,\frac{v^2}{r} = mg\,\frac{R^2}{r^2} \quad \to \quad v^2 = g\,\frac{R^2}{R+h}\,.$$

Mit dem Potential des Gravitationsfeldes nach (1.89) ist die potentielle Energie an der Erdoberfläche bzw. auf der Umlaufbahn

$$E_{p0} = 0 \quad \text{bzw.} \quad E_{p1} = mg\,\frac{R}{R+h}\,h\,.$$

Die entsprechenden kinetischen Energien sind

$$E_{k0} = 0 \quad \text{bzw.} \quad E_{k1} = \frac{mv^2}{2} = mg\,\frac{R^2}{2\,(R+h)}\,.$$

Damit folgt die beim Abschuss mindestens notwendige Energie ΔE zu

$$\underline{\underline{\Delta E}} = E_1 - E_0 = (E_{k1} + E_{p1}) - (E_{k0} + E_{p0})$$
$$= mg\,R\left(\frac{R}{2\,(R+h)} + \frac{h}{R+h}\right) = \underline{\underline{\frac{mg\,R}{2}\left(\frac{R+2\,h}{R+h}\right)}}\,. \quad ◀$$

Zusammenfassung

- Die Geschwindigkeit ist die zeitliche Ableitung des Ortsvektors: $\boldsymbol{v} = \dot{\boldsymbol{r}}$. Sie ist tangential zur Bahn gerichtet.
- Die Beschleunigung ist die zeitliche Ableitung des Geschwindigkeitsvektors: $\boldsymbol{a} = \dot{\boldsymbol{v}}$.
- Bei einer Kreisbewegung sind Geschwindigkeit, Tangential- und Normalbeschleunigung gegeben durch

$$v = r\,\dot{\varphi}\,, \quad a_t = r\,\ddot{\varphi}\,, \quad a_n = r\,\dot{\varphi}^2 = v^2/r\,.$$

- 2. Newtonsches Gesetz: $m\,\boldsymbol{a} = \boldsymbol{F}$.
- Zur Ermittlung der Bewegung eines Massenpunktes sind in der Regel folgende Schritte erforderlich:
  - Freischneiden des Massenpunktes und Skizzieren des Freikörperbildes.
  - Wahl eines geeigneten Koordinatensystems.
  - Aufstellen der Bewegungsgleichungen.
  - Integration der Bewegungsgleichungen und Einarbeiten der Anfangsbedingungen.
- Impulssatz: $m\,\boldsymbol{v} - m\,\boldsymbol{v}_0 = \int\limits_{t_0}^{t} \boldsymbol{F}(\bar{t})\mathrm{d}\bar{t} = \hat{\boldsymbol{F}}$,

$$\boldsymbol{p} = m\,\boldsymbol{v} \quad \text{Impuls.}$$

- Drehimpulssatz: $\dot{\boldsymbol{L}}^{(0)} = \boldsymbol{M}^{(0)}$,

$$\boldsymbol{L}^{(0)} = \boldsymbol{r} \times \boldsymbol{p} = \boldsymbol{r} \times m\,\boldsymbol{v} \quad \text{Drehimpuls bezüglich 0.}$$

$\boldsymbol{r}$ Ortsvektor von 0 zum Massenpunkt.

- Arbeitssatz: $E_{k_1} - E_{k_0} = W$,

W Arbeit der Kräfte zwischen den Bahnpunkten ⓪ und ①,

$E_k = m\,v^2/2$ kinetische Energie.

- Energiesatz: $E_k + E_p = \text{const}$,

E_p potentielle Energie (z. B. mgz, $cx^2/2$, $c_T\varphi^2/2$).

Beachte: alle Kräfte besitzen ein Potential (konservatives System).

Kinetik eines Systems von Massenpunkten 2

Inhaltsverzeichnis

► **Lernziele** Bisher haben wir uns nur mit der Bewegung eines einzelnen Massenpunktes befasst. Wir wollen nun die im 1. Kapitel hergeleiteten Begriffe und Gesetzmäßigkeiten wie zum Beispiel **Impuls**, **Drehimpuls**, **Momentensatz**, **Energiesatz** auf die Bewegung eines Systems von Massenpunkten erweitern. Die Studierenden sollen lernen, wie man die Bewegung solcher Systeme untersucht und wie man die Gesetzmäßigkeiten bei konkreten Aufgaben formuliert.

D. Gross et al., *Technische Mechanik 3*, https://doi.org/10.1007/978-3-662-63065-5_2

2.1 Grundlagen

Haben wir uns bisher nur mit dem einzelnen Massenpunkt befasst, so wollen wir in diesem Kapitel die Bewegung von Massenpunktsystemen untersuchen. Man versteht unter einem **Massenpunktsystem** eine endliche Zahl von Punktmassen, die untereinander in Verbindung stehen.

Die Untersuchung von Massenpunktsystemen ist wichtig, weil es viele Bewegungsvorgänge in Natur und Technik gibt, an denen **mehrere** Körper beteiligt sind, wobei die Körper jeweils als Massenpunkte idealisiert werden können. Bei anderen Problemen kann man sich einen **einzelnen** Körper selbst wiederum aus einer Anzahl von Massenpunkten zusammengesetzt vorstellen. In dieser Hinsicht stellt das Massenpunktsystem dann die Vorstufe für den kontinuierlich mit Masse behafteten Körper dar.

Je nachdem wie die Massen eines Systems untereinander in Verbindung stehen, unterscheidet man zwischen kinematischen Bindungen und physikalischen Bindungen. Bei **kinematischen Bindungen** bestehen zwischen den Koordinaten der Massenpunkte geometrische Beziehungen, die durch sogenannte **Bindungsgleichungen** ausgedrückt werden. Ein einfaches Beispiel hierfür ist das System in Abb. 2.1a, bei dem zwei Massen durch ein dehnstarres, masseloses Seil verbunden sind. Bezeichnet man die vertikalen Auslenkungen aus einer beliebigen Ausgangslage mit x_1 bzw. x_2 (horizontale Bewegungen seien ausgeschlossen), so gilt die kinematische Beziehung $x_1 = x_2$.

Wenn sich die Abstände zwischen den einzelnen Punkten nicht ändern, so spricht man von einer **starren Bindung**. Als einfaches Beispiel betrachten wir die „Hantel" in Abb. 2.1b, bei der die Punktmassen m_1 und m_2 durch eine starre, masselose Stange verbunden sind. Der konstante Abstand l zwischen den Massen lässt sich durch die geometrische Beziehung (Bindungsgleichung)

$$(x_2 - x_1)^2 + (y_2 - y_1)^2 + (z_2 - z_1)^2 = l^2 \tag{2.1}$$

ausdrücken.

Durch die Zahl der Massen und die Zahl der kinematischen Bindungen ist die Zahl f der Freiheitsgrade eines Systems bestimmt. Letztere geben an, wie viele unabhängige Koordinaten nötig sind, um die Lage eines Systems (d. h. jedes einzelnen Massenpunktes) eindeutig festzulegen. Im Beispiel nach Abb. 2.1a ist von den zwei Koordinaten x_1 und x_2, welche die Lagen der beiden Massen beschreiben, nur eine frei wählbar, während die zweite durch die Bindungsgleichung $x_1 = x_2$ festgelegt ist. Das System hat dementsprechend nur einen Freiheitsgrad. Im Beispiel aus Abb. 2.1b sind von den $2 \cdot 3 = 6$ Koordinaten (je drei für einen Massenpunkt im

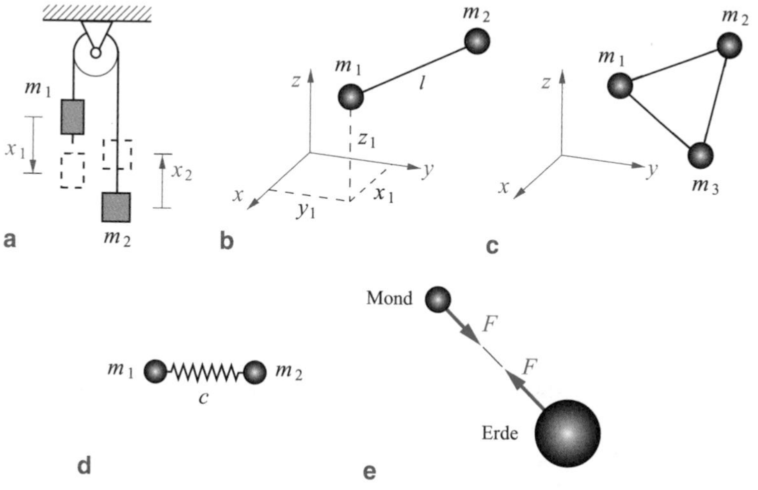

Abb. 2.1 Bindungen

Raum) nur fünf voneinander unabhängig, während die sechste durch die Bindungsgleichung (2.1) festgelegt ist. Das System hat also $f = 2 \cdot 3 - 1 = 5$ Freiheitsgrade. Ihnen entsprechen als unabhängige Bewegungsmöglichkeiten drei Translationen (in x-, in y- und in z-Richtung) und je eine Rotation um zwei verschiedene Achsen, deren Richtungen nicht mit der Richtung der Verbindungsstange zusammenfallen. Eine Rotation um die Verbindungsstange selbst führt zu keiner Lageänderung der Punktmassen und ist daher kein weiterer Freiheitsgrad.

Allgemein ist die Zahl f der Freiheitsgrade eines Systems aus n Massenpunkten im Raum gegeben durch die $3n$ Koordinaten der Massenpunkte abzüglich der Zahl r der kinematischen Bindungen:

$$f = 3n - r . \tag{2.2}$$

Danach besitzt zum Beispiel das 3-Massensystem in Abb. 2.1c mit drei starren Bindungen $f = 3 \cdot 3 - 3 = 6$ Freiheitsgrade. Jeder zusätzliche Massenpunkt, der an dieses System starr angeschlossen wird, erhöht die Zahl der Freiheitsgrade nicht mehr, da keine zusätzliche Bewegungsmöglichkeit geschaffen wird. Demnach hat auch der **starre Körper**, den man als System von unendlich vielen Massenpunkten auffassen kann, im Raum sechs Freiheitsgrade.

Für Massenpunktsysteme in der Ebene gilt

$$f = 2n - r\,. \tag{2.3}$$

Hier hat zum Beispiel ein 3-Massensystem mit drei starren Bindungen $f = 2 \cdot 3 - 3 = 3$ Freiheitsgrade. Entsprechend hat auch ein starrer Körper bei einer ebenen Bewegung drei Freiheitsgrade.

Im Gegensatz zur kinematischen Bindung besteht bei der **physikalischen Bindung** zwischen dem Abstand der Massen und den Kräften ein physikalischer Zusammenhang. Beispiele sind das Feder-Masse-System (Abb. 2.1d) und das System Erde-Mond (Abb. 2.1e). Die Kräfte hängen hier über das Federgesetz bzw. über das Gravitationsgesetz vom Abstand ab.

Im weiteren betrachten wir ein System aus n Massen m_i $(i = 1, \ldots, n)$ im Raum mit beliebigen Bindungen (Abb. 2.2). Die zum System gehörigen Massenpunkte seien durch eine gedachte **Systemgrenze** von Körpern außerhalb des Systems abgegrenzt. Man kann sich diese Grenze als eine Fläche denken, welche alle n Massenpunkte einschließt.

Auf die Massen m_i wirken sowohl äußere als auch innere Kräfte. Die **äußeren Kräfte** $\boldsymbol{F}_i$ haben ihre Ursache außerhalb des Systems und können entweder eingeprägte Kräfte (z. B. Gewichte) oder Reaktionskräfte (z. B. Lager- oder Zwangskräfte) sein. Der Index i deutet an, dass $\boldsymbol{F}_i$ an der Masse m_i angreift. Die **inneren Kräfte** $\boldsymbol{F}_{ij}$ wirken zwischen den Massenpunkten; man kann sie durch Lösen der Bindungen sichtbar machen. Die Indizes bei $\boldsymbol{F}_{ij}$ sollen anzeigen, dass diese Kraft von der Masse m_j auf die Masse m_i ausgeübt wird. Umgekehrt ist $\boldsymbol{F}_{ji}$ die Kraft,

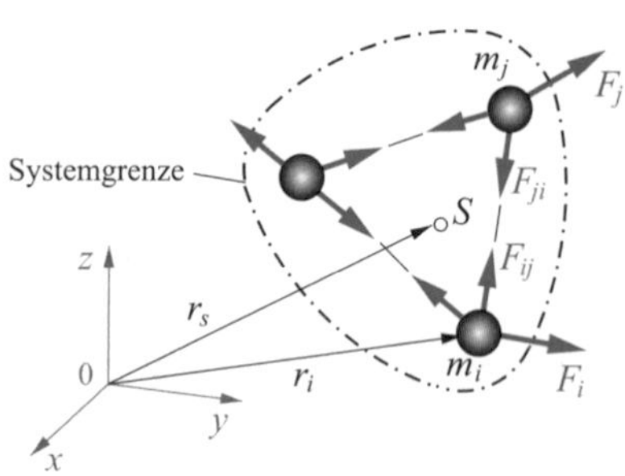

Abb. 2.2 System von Massenpunkten

die von m_i auf m_j wirkt. Die Wirkungslinien der inneren Kräfte fallen mit den Verbindungsgeraden zwischen den Massen zusammen. Wegen „actio = reactio" sind $\boldsymbol{F}_{ij}$ und $\boldsymbol{F}_{ji}$ entgegengesetzt gleich groß:

$$\boldsymbol{F}_{ji} = -\boldsymbol{F}_{ij} \,. \tag{2.4}$$

Der Bewegungszustand der Massen des Systems lässt sich bestimmen, indem auf jede Masse m_i das dynamische Grundgesetz (1.38) angewendet wird. Mit den Ortsvektoren $\boldsymbol{r}_i$ gilt dann

$$m_i\,\ddot{\boldsymbol{r}}_i = \boldsymbol{F}_i + \sum_j \boldsymbol{F}_{ij}\,, \quad (i = 1,\ldots,n)\,. \tag{2.5}$$

Die Summation über j erfasst dabei alle inneren Kräfte, die auf m_i wirken. Hinzu kommen noch die kinematischen oder/und die physikalischen Gleichungen, durch welche die Bindungen zwischen den Massenpunkten ausgedrückt werden.

Beispiel 2.1

Beim System nach Bild a sind zwei Gewichte $G_1 = m_1 g$ und $G_2 = m_2 g$ durch ein masseloses Seil verbunden, das über masselose Rollen läuft.

Wie groß sind die Beschleunigungen der Massen und die Seilkräfte, wenn das System sich selbst überlassen wird?

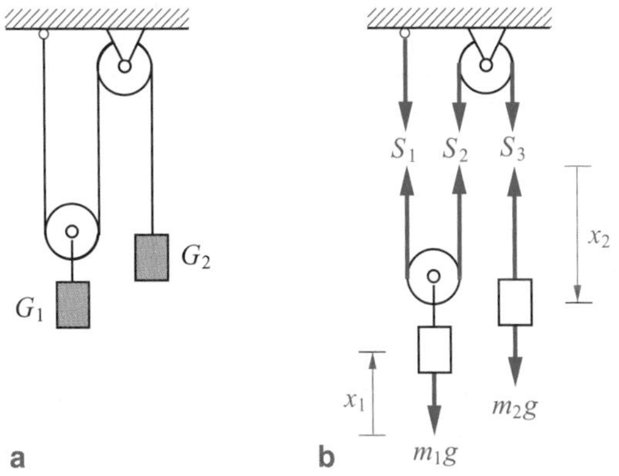

Lösung Wir schneiden die einzelnen Massen frei und tragen in das Freikörperbild die äußeren Kräfte G_i und die Schnittkräfte S_i ein (Bild b). Nehmen wir an, dass sich G_2 nach unten bewegt, so bewegt sich G_1 nach oben. Wir zählen daher die Lagekoordinaten x_1 und x_2 der Massen von den Ausgangslagen aus in unterschiedliche Richtungen. Dann lauten die Bewegungsgleichungen (2.5) für m_1 und m_2 (die Seilkräfte entsprechen den Bindungskräften):

$$m_1 \ddot{x}_1 = -m_1 g + S_1 + S_2, \quad m_2 \ddot{x}_2 = m_2 g - S_3 .$$

Wegen der masselosen Rollen gilt $S_1 = S_2 = S_3 = S$. Dann folgen

$$m_1 \ddot{x}_1 = -m_1 g + 2S, \quad m_2 \ddot{x}_2 = m_2 g - S . \tag{a}$$

Die Koordinaten x_1 und x_2 sind nicht voneinander unabhängig: das System hat **einen** Freiheitsgrad. Verschiebt sich m_2 um die Strecke x_2 nach unten, so verschiebt sich m_1 um die halbe Strecke nach oben (Flaschenzug). Demnach gilt der kinematische Zusammenhang (Bindungsgleichung)

$$x_1 = \frac{1}{2} x_2 \quad \rightarrow \quad \dot{x}_1 = \frac{1}{2} \dot{x}_2 \quad \rightarrow \quad \ddot{x}_1 = \frac{1}{2} \ddot{x}_2 . \tag{b}$$

Mit (a) und (b) stehen drei Gleichungen zur Bestimmung der drei Unbekannten $\ddot{x}_1, \ddot{x}_2$ und S zur Verfügung. Auflösen liefert

$$\underline{\underline{\ddot{x}_1 = \frac{1}{2} \ddot{x}_2 = g \, \frac{2 m_2 - m_1}{m_1 + 4 m_2}}}, \quad \underline{\underline{S = \frac{3 m_1 m_2 g}{m_1 + 4 m_2}}} .$$

Für $G_1 = 2\, G_2$ sind $\ddot{x}_1 = \ddot{x}_2 = 0$ und $S = G_2$ (Gleichgewicht). ◄

2.2 Schwerpunktsatz

Aus dem Bewegungsgesetz (2.5)

$$m_i \, \ddot{\boldsymbol{r}}_i = \boldsymbol{F}_i + \sum_j \boldsymbol{F}_{ij}$$

für die **einzelnen** Massenpunkte eines Systems (vgl. Abb. 2.2) lassen sich Gesetzmäßigkeiten herleiten, die für das System als **Ganzes** gelten. Mit ihnen wollen wir uns in den folgenden Abschnitten befassen.

Summiert man das Bewegungsgesetz über alle n Massen, so folgt

$$\sum_i m_i \, \ddot{\boldsymbol{r}}_i = \sum_i \boldsymbol{F}_i + \sum_i \sum_j \boldsymbol{F}_{ij} . \tag{2.6}$$

Darin bedeutet die Doppelsumme auf der rechten Seite, dass über **alle inneren** Kräfte zu summieren ist, die auf die Massenpunkte wirken. Da diese Kräfte jedoch paarweise entgegengesetzt gleich groß sind ($\boldsymbol{F}_{ij} = -\boldsymbol{F}_{ji}$), ist die Doppelsumme Null. Danach gilt

$$\sum_i m_i \ddot{\boldsymbol{r}}_i = \boldsymbol{F}, \tag{2.7}$$

wobei $\boldsymbol{F} = \sum_i \boldsymbol{F}_i$ die Resultierende aller auf das System wirkenden **äußeren** Kräfte ist.

Um die linke Seite von (2.7) umzuformen, führen wir durch

$$\boldsymbol{r}_s = \frac{1}{m} \sum_i m_i \boldsymbol{r}_i \quad \rightarrow \quad m\boldsymbol{r}_s = \sum_i m_i \boldsymbol{r}_i \tag{2.8}$$

den Ortsvektor $\boldsymbol{r}_s$ des **Massenmittelpunktes** oder Schwerpunktes S des Systems ein (vgl. Band 1, Kapitel 4). Darin ist $m = \sum_i m_i$ die Gesamtmasse. Leiten wir (2.8) zweimal nach der Zeit ab, so folgen mit $\boldsymbol{v} = \dot{\boldsymbol{r}}$ und $\boldsymbol{a} = \dot{\boldsymbol{v}} = \ddot{\boldsymbol{r}}$ die Beziehungen

$$m\,\boldsymbol{v}_s = \sum_i m_i \boldsymbol{v}_i \quad \text{und} \quad m\,\boldsymbol{a}_s = \sum_i m_i \ddot{\boldsymbol{r}}_i\,. \tag{2.9}$$

Einsetzen in (2.7) liefert dann das Bewegungsgesetz für den Schwerpunkt:

$$m\,\boldsymbol{a}_s = \boldsymbol{F}\,. \tag{2.10}$$

Es hat die gleiche Form wie das Bewegungsgesetz (1.38) für den einzelnen Massenpunkt. Man kann (2.10) in Worten daher folgendermaßen ausdrücken:

Der Schwerpunkt eines Systems bewegt sich so, als ob die Gesamtmasse in ihm vereinigt wäre und alle äußeren Kräfte an ihm angriffen.

Das Bewegungsgesetz (2.10) bezeichnet man als **Schwerpunktsatz**. Die inneren Kräfte haben auf die Bewegung des Schwerpunktes keinen Einfluss.

Der Vektorgleichung (2.10) entsprechen drei skalare Gleichungen für die Komponenten. Zum Beispiel gilt in kartesischen Koordinaten

$$m\,\ddot{x}_s = F_x\,, \quad m\,\ddot{y}_s = F_y\,, \quad m\,\ddot{z}_s = F_z\,.$$

Der Gesamtimpuls $\boldsymbol{p} = \sum_i \boldsymbol{p}_i = \sum_i m_i\,\boldsymbol{v}_i$ des Massenpunktsystems lässt sich unter Verwendung von (2.9) in der Form

$$\boldsymbol{p} = m\,\boldsymbol{v}_s \tag{2.11}$$

schreiben. Er ist demnach gegeben durch das Produkt aus der Gesamtmasse m und der Schwerpunktsgeschwindigkeit $\boldsymbol{v}_s$.

Leiten wir (2.11) nach der Zeit ab und setzen in (2.10) ein, so ergibt sich

$$\dot{\boldsymbol{p}} = \boldsymbol{F}\,. \tag{2.12}$$

In Worten: die zeitliche Änderung des Gesamtimpulses ist gleich der Resultierenden der äußeren Kräfte. Integriert man (2.12) über die Zeit, so folgt mit $\boldsymbol{p}_0 = \boldsymbol{p}\,(t_0)$ der **Impulssatz**

$$\boldsymbol{p} - \boldsymbol{p}_0 = \int_{t_0}^{t} \boldsymbol{F}\,\mathrm{d}\bar{t} = \hat{\boldsymbol{F}}\,. \tag{2.13}$$

Die Differenz der Impulse zwischen zwei Zeitpunkten ist demnach gleich dem Zeitintegral $\hat{\boldsymbol{F}}$ der äußeren Kräfte.

Im Sonderfall, dass die Resultierende der äußeren Kräfte Null ist ($\boldsymbol{F} = \boldsymbol{0}$), liefert (2.13)

$$\boldsymbol{p} = m\,\boldsymbol{v}_s = \boldsymbol{p}_0 = \text{const.} \tag{2.14}$$

Der Impuls des Systems bleibt dann konstant (Impulserhaltung). Der Schwerpunkt bewegt sich somit geradlinig und gleichförmig. Die Gesetzmäßigkeit (2.14) nennt man **Impulserhaltungssatz**.

Beispiel 2.2

Eine Masse m, die sich im schwerelosen Raum mit der Geschwindigkeit v unter dem Winkel $\alpha = 30°$ zur Horizontalen bewegt, zerspringt plötzlich in drei gleiche Teile $m_1 = m_2 = m_3 = m/3$. Nach dem Zerspringen bewegen sich die Massen m_1 bzw. m_2 unter den Winkeln $\beta_1 = 60°$ bzw. $\beta_2 = 90°$ weiter, während die Masse m_3 liegen bleibt.

Wie groß sind die Geschwindigkeiten v_1 und v_2?

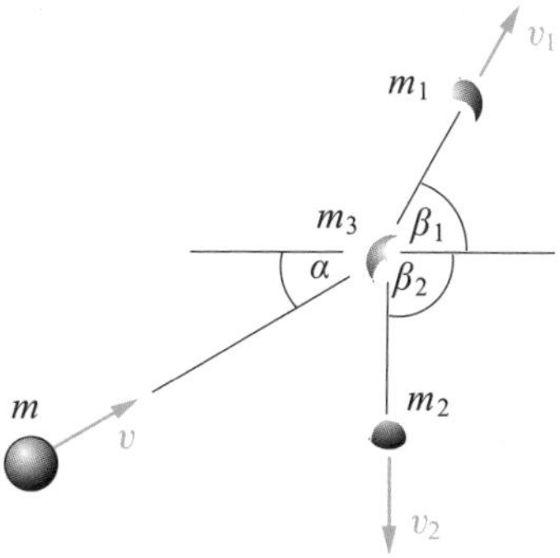

Lösung Wir betrachten die Masse m bzw. die Teilmassen m_1, m_2 und m_3 nach dem Zerspringen als das System. Während des Zerspringens wirken nur innere Kräfte, die nach (2.14) den Impuls des Systems nicht ändern (Impuls vor dem Zerspringen = Impuls nach dem Zerspringen). In horizontaler bzw. vertikaler Richtung liefert daher der Impulserhaltungssatz

$$\begin{aligned} \rightarrow: &\quad m\,v\cos\alpha = m_1\,v_1\cos\beta_1\,, \\ \uparrow: &\quad m\,v\sin\alpha = m_1\,v_1\sin\beta_1 - m_2\,v_2\sin\beta_2\,. \end{aligned}$$

Damit stehen zwei Gleichungen für die zwei Unbekannten v_1 und v_2 zur Verfügung. Auflösen ergibt

$$\begin{aligned} \underline{\underline{v_1}} &= v\,\frac{m\cos\alpha}{m_1\cos\beta_1} = \underline{\underline{3\sqrt{3}\,v}}\,, \\ \underline{\underline{v_2}} &= \frac{m_1\,v_1\sin\beta_1 - m\,v\sin\alpha}{m_2\sin\beta_2} = \underline{\underline{3\,v}}\,. \end{aligned}$$ ◀

2.3 Momentensatz

Nach (1.63) gilt für eine Masse m_i des Systems der Momentensatz $\dot{\boldsymbol{L}}_i^{(0)} = \boldsymbol{M}_i^{(0)}$. Unter Beachtung, dass auf m_i äußere Kräfte $\boldsymbol{F}_i$ und innere Kräfte $\boldsymbol{F}_{ij}$ wirken (vgl. Abb. 2.2), erhalten wir

$$(\boldsymbol{r}_i \times m_i\, \boldsymbol{v}_i)^{\cdot} = \boldsymbol{r}_i \times \boldsymbol{F}_i + \sum_j \boldsymbol{r}_i \times \boldsymbol{F}_{ij}\,.$$

Summation über alle n Massen liefert

$$\sum_i (\boldsymbol{r}_i \times m_i\, \boldsymbol{v}_i)^{\cdot} = \sum_i \boldsymbol{r}_i \times \boldsymbol{F}_i + \sum_i \sum_j \boldsymbol{r}_i \times \boldsymbol{F}_{ij}\,. \tag{2.15}$$

Die linke Seite stellt die zeitliche Ableitung des Gesamtdrehimpulses

$$\boldsymbol{L}^{(0)} = \sum_i \boldsymbol{L}_i^{(0)} = \sum_i (\boldsymbol{r}_i \times m_i\, \boldsymbol{v}_i) \tag{2.16}$$

bezüglich des festen Punktes 0 dar. Auf der rechten Seite von (2.15) heben sich wegen $\boldsymbol{F}_{ij} = -\boldsymbol{F}_{ji}$ die Momente der inneren Kräfte paarweise auf. Die Doppelsumme ist demnach Null, und es bleibt nur die Summe der Momente der äußeren Kräfte:

$$\boldsymbol{M}^{(0)} = \sum_i \boldsymbol{M}_i^{(0)} = \sum_i \boldsymbol{r}_i \times \boldsymbol{F}_i\,. \tag{2.17}$$

Damit folgt aus (2.15) der **Momentensatz** (**Drallsatz** oder **Drehimpulssatz**) für das System:

$$\dot{\boldsymbol{L}}^{(0)} = \boldsymbol{M}^{(0)}\,. \tag{2.18}$$

Die zeitliche Änderung des gesamten Drehimpulses bezüglich eines **festen** Punktes 0 ist hiernach gleich dem resultierenden Moment der äußeren Kräfte bezüglich desselben Punktes.

Ist das resultierende Moment Null ($\boldsymbol{M}^{(0)} = \boldsymbol{0}$), so wird auch $\dot{\boldsymbol{L}}^{(0)} = \boldsymbol{0}$. Der Drehimpuls ist in diesem Fall konstant (Drehimpulserhaltung).

Als Sonderfall wollen wir noch die Drehung eines Massenpunktsystems um eine feste Achse behandeln, wenn alle Massen mit der Achse starr verbunden sind. Ohne Beschränkung der Allgemeinheit legen wir den Koordinatenursprung 0 auf

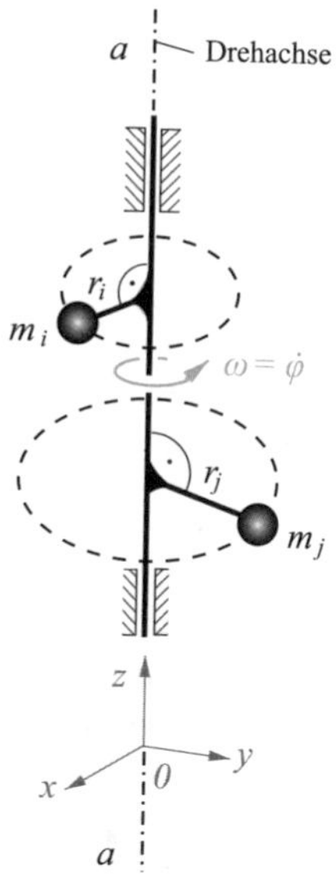

Abb. 2.3 Drehung eines Massenpunktsystems um eine feste Achse

die Drehachse und lassen die z-Achse mit der Drehachse a–a zusammenfallen (Abb. 2.3). Dann gilt nach Abschn. 1.2.6 für die z-Komponente des Drehimpulses für eine Masse m_i

$$L_{iz} = L_{ia} = m_i\, r_i^2\, \dot{\varphi}\,. \tag{2.19}$$

Darin ist r_i der senkrechte Abstand der Masse m_i von der Drehachse. Bei der Komponente L_{iz} bzw. L_{ia} wurde die Angabe des Bezugspunktes mit einem oberen Index durch die Angabe der Bezugsachse (hier z bzw. a-a) mit einem unteren Index ersetzt. Wir werden diese Schreibweise, die sinngemäß auch für Komponenten von Momenten zutrifft, im weiteren häufig verwenden.

Da sich alle Massen mit der gleichen Winkelgeschwindigkeit $\dot{\varphi}$ bewegen, ergibt die Summation von (2.19) über alle Massen

$$L_z = L_a = \sum_i L_{ia} = \sum_i m_i\, r_i^2\, \dot{\varphi} = \Theta_a\, \dot{\varphi}\,. \tag{2.20}$$

Die Größe

$$\Theta_a = \sum_i m_i\, r_i^2 \tag{2.21}$$

bezeichnet man als **Massenträgheitsmoment** des Systems bezüglich der Drehachse a–a.

Leitet man (2.20) unter Beachtung von $\Theta_a = \text{const}$ (starre Bindungen) nach der Zeit ab, so folgt mit (2.18)

$$\Theta_a \ddot{\varphi} = M_a . \tag{2.22}$$

Dieses Bewegungsgesetz für die Drehung eines starren Systems um eine feste Achse ist analog zum Bewegungsgesetz für die Translation einer Masse m (z. B. $m\ddot{x} = F_x$). An die Stelle der Masse tritt bei einer Drehung das Massenträgheitsmoment, an die Stelle der Beschleunigung die Winkelbeschleunigung und an die Stelle der Kraft das Moment (vgl. auch Tab. 3.1).

Bei der Anwendung von (2.22) ist darauf zu achten, dass durch die Festlegung einer positiven Drehrichtung φ auch der positive Drehsinn des Moments festgelegt ist: wird zum Beispiel der Winkel φ rechts herum positiv gezählt, so ist ein Moment positiv (negativ), wenn es rechts (links) herum dreht.

Beispiel 2.3

Das in A aufgehängte Pendel besteht aus einer starren, masselosen Stange, an der die Massen m_1 und m_2 angebracht sind (Bild a). Wird es aus der Gleichgewichtslage ausgelenkt und dann losgelassen, so bewegt es sich unter der Wirkung der Erdschwere in der Zeichenebene.

Es ist die Bewegungsgleichung aufzustellen.

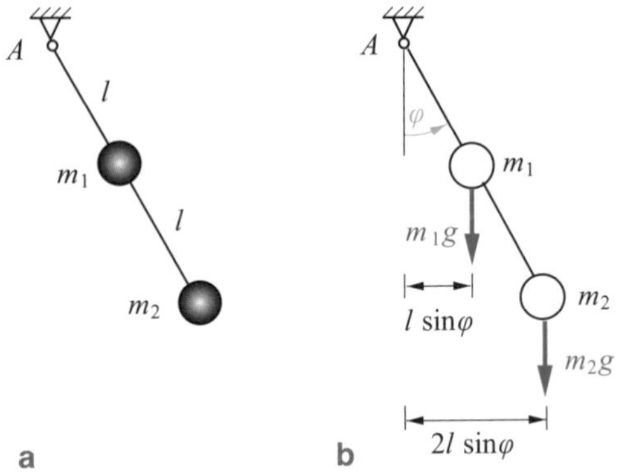

Lösung Da das System nur eine reine Drehbewegung um eine Achse a durch den **festen** Punkt A ausführen kann, ist es zweckmäßig, den Drehimpulssatz zur Aufstellung der Bewegungsgleichung anzuwenden. Den Winkel φ zählen wir dabei von der Gleichgewichtslage (vertikale Lage) aus entgegen dem Uhrzeigersinn positiv (Bild b).

Mit dem Massenträgheitsmoment

$$\Theta_a = m_1\, l^2 + m_2 (2\,l)^2 = (m_1 + 4\,m_2)\, l^2$$

und dem Moment der äußeren Kräfte (hier Gewichte) um die Achse a (positiven Drehsinn beachten!)

$$M_a = -m_1\, gl\, \sin\varphi - m_2\, g(2\,l\, \sin\varphi) = -l g(m_1 + 2\,m_2) \sin\varphi$$

erhält man durch Einsetzen in (2.22)

$$(m_1 + 4\,m_2) l^2 \ddot{\varphi} = -l g(m_1 + 2\,m_2) \sin\varphi$$

$$\rightarrow \quad \underline{\underline{\ddot{\varphi} + \frac{g}{l} \frac{m_1 + 2\,m_2}{m_1 + 4\,m_2} \sin\varphi = 0}}\,.$$

Für kleine Winkel ($\sin\varphi \approx \varphi$) wird durch diese Gleichung eine harmonische Schwingung (vgl. Kap. 5) beschrieben. ◄

2.4 Arbeitssatz und Energiesatz

Nach Abschn. 1.2.7 lautet der Arbeitssatz für einen Massenpunkt m_i des Massenpunktsystems

$$E_{k_i} - E_{k0_i} = W_i\,. \tag{2.23}$$

Darin sind $E_{k_i} = m_i v_i^2/2$ die kinetische Energie von m_i zur Zeit t und E_{k0_i} die kinetische Energie im Ausgangszustand zur Zeit t_0; W_i ist die Arbeit der auf m_i wirkenden Kräfte zwischen den beiden Lagen, die t und t_0 zugeordnet sind. Mit der äußeren Kraft $\boldsymbol{F}_i$ und den inneren Kräften $\boldsymbol{F}_{ij}$ lässt sich letztere schreiben als

$$W_i = \int\limits_{\boldsymbol{r}_{0_i}}^{\boldsymbol{r}_i} \Big(\boldsymbol{F}_i + \sum_j \boldsymbol{F}_{ij}\Big) \cdot \mathrm{d}\boldsymbol{r}_i = W_i^{(a)} + W_i^{(i)}, \tag{2.24}$$

wobei $W_i^{(a)} = \int \boldsymbol{F}_i \cdot \mathrm{d}\boldsymbol{r}_i$ die Arbeit der äußeren Kraft und $W_i^{(i)} = \int \sum \boldsymbol{F}_{ij} \cdot \mathrm{d}\boldsymbol{r}_i$ die Arbeit der inneren Kräfte sind.

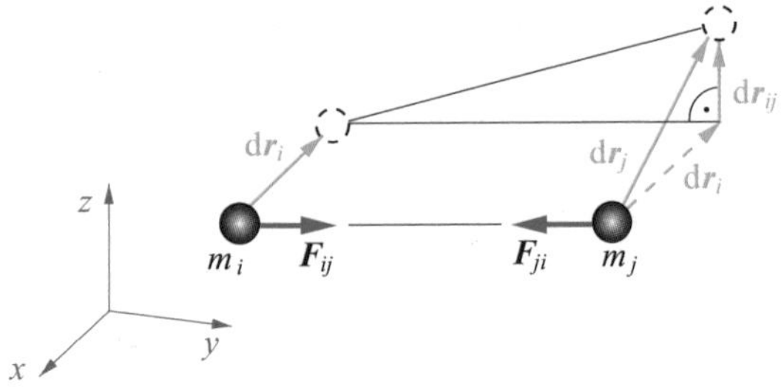

Abb. 2.4 Zur Arbeit der inneren Kräfte bei starren Bindungen

Summiert man (2.23) über alle n Massen, so erhält man mit $W = \sum W_i$ und $E_k = \sum E_{k_i}$ den Arbeitssatz für ein Massenpunktsystem:

$$E_k - E_{k0} = W^{(a)} + W^{(i)} = W \,. \tag{2.25}$$

Die Summe der Arbeiten aller äußeren und aller inneren Kräfte ist demnach gleich der Änderung der gesamten kinetischen Energie des Systems.

Für **starre** Bindungen ist die Arbeit $W^{(i)}$ der inneren Kräfte Null. Um dies zu zeigen, betrachten wir die auf m_i und m_j wirkenden Gegenkräfte $\boldsymbol{F}_{ij}$ und $\boldsymbol{F}_{ji} = -\boldsymbol{F}_{ij}$ (Abb. 2.4). Für die **infinitesimalen** Verschiebungen $\mathrm{d}\boldsymbol{r}_i$ und $\mathrm{d}\boldsymbol{r}_j$ gilt

$$\mathrm{d}\boldsymbol{r}_j = \mathrm{d}\boldsymbol{r}_i + \mathrm{d}\boldsymbol{r}_{ij} \,,$$

wobei $\mathrm{d}\boldsymbol{r}_{ij}$ bei konstantem Abstand der Massen senkrecht auf der Verbindungsgeraden zwischen m_i und m_j und damit senkrecht auf $\boldsymbol{F}_{ji}$ steht. Die Arbeit $\mathrm{d}W_{ij}^{(i)}$ beider Kräfte ergibt sich also zu

$$\mathrm{d}W_{ij}^{(i)} = \boldsymbol{F}_{ij} \cdot \mathrm{d}\boldsymbol{r}_i + \boldsymbol{F}_{ji} \cdot \mathrm{d}\boldsymbol{r}_j = \boldsymbol{F}_{ji} \cdot \mathrm{d}\boldsymbol{r}_{ij} = 0 \,.$$

Die Arbeit $W_{ij}^{(i)} = \int \mathrm{d}W_{ij}^{(i)}$ bei einer endlichen Verschiebung ist dann ebenfalls Null; dies trifft auch für die Arbeit aller weiteren inneren Kräfte des Systems zu. Für starre Bindungen lautet demnach der Arbeitssatz

$$E_k - E_{k0} = W^{(a)} = W \,. \tag{2.26}$$

Sind die äußeren und die inneren Kräfte **konservative Kräfte**, d. h. sind sie aus je einem Potential $E_p^{(a)}$ und einem Potential $E_p^{(i)}$ ableitbar (z. B. Gewichtskraft, Federkraft), so ist die Arbeit gleich der negativen Potentialdifferenz:

$$W^{(a)} = -(E_p^{(a)} - E_{p0}^{(a)}), \quad W^{(i)} = -(E_p^{(i)} - E_{p0}^{(i)}) .$$

Einsetzen in (2.25) liefert den Energiesatz

$$E_k + E_p^{(a)} + E_p^{(i)} = E_{k0} + E_{p0}^{(a)} + E_{p0}^{(i)} = \text{const.} \tag{2.27}$$

Die Summe aus kinetischer Energie und potentieller Energie ist demnach bei der Bewegung des Systems konstant. Man spricht in diesem Fall von einem **konservativen System**. Leisten die inneren Kräfte keine Arbeit (starre Bindungen), so gilt $W^{(i)} = -(E_p^{(i)} - E_{p0}^{(i)}) = 0$, und aus (2.27) wird

$$E_k + E_p^{(a)} = E_{k0} + E_{p0}^{(a)} = \text{const} . \tag{2.28}$$

Beispiel 2.4

Das System in Bild a (vgl. Beispiel 2.1) wird aus der Ruhe losgelassen. Die Rollen und das undehnbare Seil seien masselos.

Es ist der Geschwindigkeitsverlauf der Masse m_1 in Abhängigkeit vom Weg zu bestimmen.

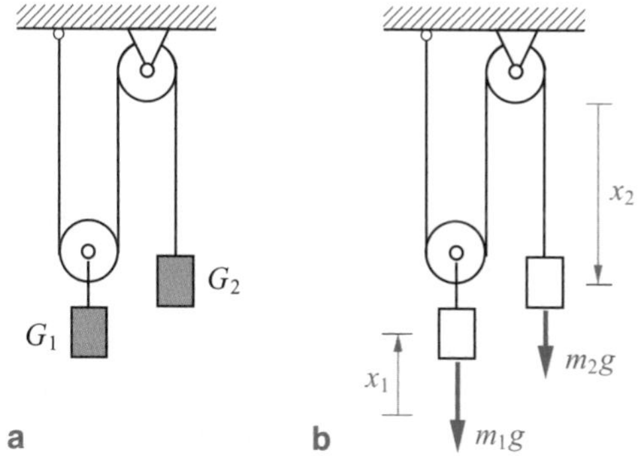

Lösung Da nur konservative äußere Kräfte (Gewichte) wirken und die inneren Kräfte keine Arbeit leisten (undehnbares Seil), gehen wir vom Energiesatz (2.28) aus. Wir zählen die Koordinaten x_1 und x_2 (Bild b) von der Ausgangslage aus und betrachten diese Lage als den Zustand mit dem Potential Null. Unter Berücksichtigung des kinematischen Zusammenhangs

$$x_2 = 2\,x_1 \quad \rightarrow \quad \dot{x}_2 = 2\,\dot{x}_1$$

werden dann

$$\begin{aligned} E_{p0}^{(a)} &= 0, \quad & E_p^{(a)} &= m_1\,g\,x_1 - m_2\,g\,x_2 = (m_1 - 2\,m_2)\,g\,x_1\,, \\ E_{k0} &= 0, \quad & E_k &= \frac{1}{2}m_1\,\dot{x}_1^2 + \frac{1}{2}m_2\,\dot{x}_2^2 = \frac{1}{2}(m_1 + 4\,m_2)\,\dot{x}_1^2\,. \end{aligned}$$

Einsetzen in (2.28) liefert die Geschwindigkeit $\dot{x}_1$ in Abhängigkeit vom Weg x_1:

$$\frac{1}{2}(m_1 + 4\,m_2)\,\dot{x}_1^2 + (m_1 - 2\,m_2)\,g\,x_1 = 0$$

$$\rightarrow \quad \underline{\underline{\dot{x}_1 = \pm\sqrt{2\,\frac{2\,m_2 - m_1}{m_1 + 4\,m_2}\,g\,x_1}\,.}}$$

Da der Radikand positiv sein muss, ist für $2\,m_2 > m_1$ auch x_1 positiv (m_1 bewegt sich nach oben). Hierzu gehört das positive Vorzeichen der Wurzel. Für $2\,m_2 < m_1$ ist x_1 negativ, und es gilt dann das negative Vorzeichen ($\dot{x}_1 < 0$). ◄

2.5 Zentrischer Stoß

Als **Stoß** bezeichnet man das plötzliche Aufeinandertreffen zweier Körper und die dadurch hervorgerufene Bewegungsänderung. Dabei üben die Körper während eines kurzen Zeitraumes große Kräfte aufeinander aus. Dies führt in der Umgebung der Berührungsstelle zu zeitabhängigen Deformationen, wodurch eine genaue Behandlung des Stoßproblems kompliziert ist. Trotzdem kann mit Hilfe von Idealisierungen die Änderung des Bewegungszustandes beim Stoß beschrieben werden. Wir treffen dazu folgende Annahmen:

a) Die Stoßdauer t_s des Stoßvorganges ist so klein, dass die Lageänderungen der beteiligten Körper während t_s vernachlässigt werden können.

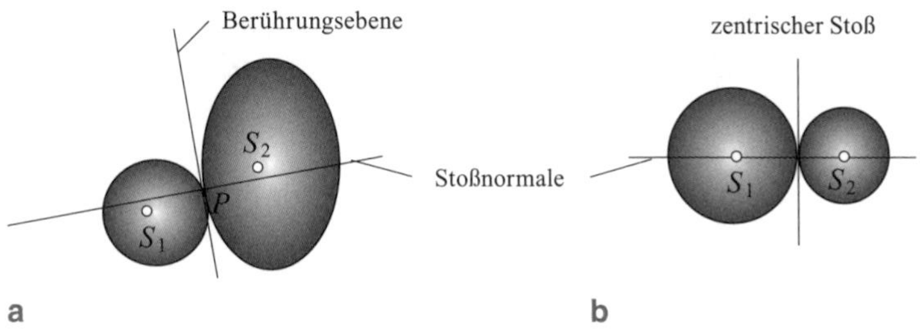

Abb. 2.5 Stoß von zwei Körpern

b) Die an der Berührstelle der Körper auftretenden Kräfte sind so groß, dass während t_s alle anderen Kräfte im Vergleich zu ihnen vernachlässigt werden können.
c) Die Deformationen der Körper sind so klein, dass sie hinsichtlich der Bewegung der Körper als Ganzes vernachlässigt werden können (d. h. die Körper werden in den Bewegungsgesetzen als starr angesehen).

In Abb. 2.5a sind zwei Körper während eines Stoßes dargestellt. Der Stoßpunkt P liegt in der Berührungsebene. Die Gerade senkrecht zu ihr durch P bezeichnet man als **Stoßnormale**. Haben die Geschwindigkeiten der Berührpunkte beider Körper unmittelbar vor dem Stoß die Richtung der Stoßnormalen, so spricht man von einem **geraden** Stoß. Im anderen Fall heißt der Stoß **schief**. Geht die Stoßnormale durch beide Körperschwerpunkte, so nennt man den Stoß **zentrisch**, andernfalls **exzentrisch**. Wir wollen uns in diesem Abschnitt nur mit dem zentrischen Stoß beschäftigen, wie er zum Beispiel beim Zusammenprall zweier Kugeln auftritt (Abb. 2.5b). Hier nehmen wir an, dass die Massen jeweils in den Schwerpunkten der einzelnen Körper vereinigt werden können und dass die Wirkungslinien der Kräfte durch die Schwerpunkte verlaufen. Somit kann die Bewegung der Körper wie diejenige von Massenpunkten behandelt werden.

Wir beschränken uns zunächst auf den geraden Stoß und betrachten zwei Massen m_1 und m_2, die sich mit den Geschwindigkeiten v_1 und v_2 ($v_1 > v_2$) entlang einer Geraden bewegen (Abb. 2.6a). Zum Zeitpunkt $t = 0$ erfahren sie die erste Berührung. Die Kraft $F(t)$, die von den Massen aufeinander ausgeübt wird, steigt dann zunächst mit t an (Abb. 2.6b) und erreicht bei $t = t^*$ ihr Maximum. Diesen Zeitraum, bei dem die Massen in der Umgebung der Berührstelle zunehmend zusammengedrückt werden, nennt man erste Stoßperiode oder **Kompressionspe-**

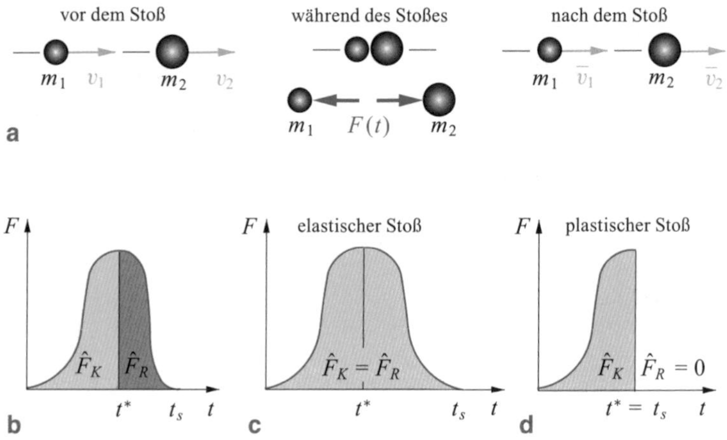

Abb. 2.6 Gerader Stoß: Kompressions- und Restitutionsperiode

riode. An ihrem Ende (größte Zusammendrückung) besitzen beide Massen die gleiche Geschwindigkeit v^*.

In der zweiten Stoßperiode oder **Restitutionsperiode** gehen die Deformationen wieder teilweise oder vollkommen zurück, was mit einer Abnahme der Kontaktkraft F einhergeht. Nach der Zeit t_s ist der Stoßvorgang abgeschlossen; die Kontaktkraft F ist dann Null, und die beiden Massen bewegen sich unabhängig voneinander mit den Geschwindigkeiten $\bar{v}_1$ und $\bar{v}_2$ (Abb. 2.6a).

Durch die jeweiligen Flächen unterhalb des Kraftverlaufes $F(t)$ in Abb. 2.6b werden die Stoßkräfte in der Kompressions- und in der Restitutionsperiode beschrieben (vgl. Abschn. 1.2.5):

$$\hat{F}_K = \int_0^{t^*} F(t)\,\mathrm{d}t\,, \quad \hat{F}_R = \int_{t^*}^{t_s} F(t)\,\mathrm{d}t\,. \tag{2.29}$$

Die gesamte Stoßkraft ist demnach

$$\hat{F} = \int_0^{t_s} F(t)\,\mathrm{d}t = \hat{F}_K + \hat{F}_R\,. \tag{2.30}$$

Tab. 2.1 Stoßzahlen

Material	Stoßzahl e
Holz/Holz	$\approx 0{,}5$
Stahl/Stahl	$0{,}6 \ldots 0{,}8$
Glas/Glas	$0{,}94$
Kork/Kork	$0{,}5 \ldots 0{,}6$

Sind die stoßenden Körper **vollkommen elastisch** so werden die Stoßkräfte der Kompressionsperiode und der Restitutionsperiode gleich sein: $\hat{F}_K = \hat{F}_R$ (Abb. 2.6c). Sind die Körper dagegen **vollkommen plastisch**, so bleiben die Deformationen am Ende der Kompressionsperiode erhalten. Die Kraft F verschwindet dann schlagartig (Abb. 2.6d), und es gilt $\hat{F}_R = 0$. Beide Massen bewegen sich in diesem Fall nach dem Stoß mit der gemeinsamen Geschwindigkeit v^*. Der allgemeine Fall, bei dem die Körper **teilelastisch** sind, kann durch

$$\hat{F}_R = e\,\hat{F}_K \quad \text{mit} \quad 0 \leqq e \leqq 1 \tag{2.31}$$

beschrieben werden. Den Faktor e bezeichnet man als die **Stoßzahl**. Sie hängt von der Materialbeschaffenheit, der Form und in gewissem Maße auch von der Geschwindigkeit der stoßenden Körper ab und kann durch Messungen bestimmt werden. Ein Stoß mit der Stoßzahl $e = 1$ ist **ideal-elastisch**, einer mit $e = 0$ **ideal plastisch** und einer mit $0 < e < 1$ **teilelastisch**. In Tab. 2.1 sind einige Stoßzahlen für Kugeln aus jeweils gleichem Material zusammengestellt.

Infolge des Stoßes erfahren die Massen m_1 und m_2 Geschwindigkeitsänderungen. Diese kann man bestimmen, indem man auf die beiden Massen jeweils den Impulssatz anwendet. Dabei berücksichtigen wir, dass wegen actio = reactio nicht nur die auf m_1 und m_2 wirkenden Kräfte, sondern auch die jeweiligen Stoßkräfte entgegengesetzt gleich groß sind. Damit gilt nach (1.51) für die Kompressionsperiode

$$\begin{aligned} m_1(v^* - v_1) &= -\hat{F}_K, \\ m_2(v^* - v_2) &= +\hat{F}_K \end{aligned} \tag{2.32}$$

und für die Restitutionsperiode

$$\begin{aligned} m_1(\bar{v}_1 - v^*) &= -\hat{F}_R, \\ m_2(\bar{v}_2 - v^*) &= +\hat{F}_R\,. \end{aligned} \tag{2.33}$$

Mit (2.31) bis (2.33) stehen fünf Gleichungen für die fünf Unbekannten $\bar{v}_1$, $\bar{v}_2$, v^*, $\hat{F}_K$ und $\hat{F}_R$ zur Verfügung. Auflösen liefert die Geschwindigkeiten **nach** dem Stoß:

$$\bar{v}_1 = \frac{m_1\,v_1 + m_2\,v_2 - e\,m_2(v_1 - v_2)}{m_1 + m_2}\,,$$
$$\bar{v}_2 = \frac{m_1\,v_1 + m_2\,v_2 + e\,m_1(v_1 - v_2)}{m_1 + m_2}\,. \tag{2.34}$$

Ist der Stoß ideal-plastisch ($e = 0$), so erhält man aus (2.34)

$$\bar{v}_1 = \bar{v}_2 = \frac{m_1\,v_1 + m_2\,v_2}{m_1 + m_2}\,.$$

Diese Geschwindigkeit ist gleich der gemeinsamen Geschwindigkeit v^* am Ende der Kompressionsperiode.

Für einen ideal-elastischen Stoß ($e = 1$) folgen

$$\bar{v}_1 = \frac{2\,m_2\,v_2 + (m_1 - m_2)v_1}{m_1 + m_2}\,, \qquad \bar{v}_2 = \frac{2\,m_1\,v_1 + (m_2 - m_1)v_2}{m_1 + m_2}\,.$$

Sind dabei die Massen gleich ($m_1 = m_2 = m$), so werden

$$\bar{v}_1 = v_2\,, \qquad \bar{v}_2 = v_1\,.$$

In diesem Fall findet ein Geschwindigkeitsaustausch (Impulsaustausch) statt. Ist zum Beispiel die Masse m_2 vor dem Stoß in Ruhe, so hat sie nach dem Stoß die ursprüngliche Geschwindigkeit von m_1, während m_1 nun in Ruhe ist.

Unabhängig von der Art des Stoßes bleibt der Impuls des Gesamtsystems (Massen m_1 und m_2) erhalten:

$$\begin{aligned} m_1\,\bar{v}_1 + m_2\,\bar{v}_2 &= \frac{1}{m_1 + m_2}[m_1^2\,v_1 + m_1\,m_2\,v_2 - e\,m_1\,m_2(v_1 - v_2) \\ &\qquad + m_1\,m_2\,v_1 + m_2^2\,v_2 + e\,m_1\,m_2(v_1 - v_2)] \\ &= m_1\,v_1 + m_2\,v_2\,. \end{aligned}$$

Bildet man die Geschwindigkeitsdifferenz $\bar{v}_2 - \bar{v}_1$ der Massen nach dem Stoß, so erhält man

$$\bar{v}_2 - \bar{v}_1 = \frac{e\,(v_1 - v_2)(m_1 + m_2)}{m_1 + m_2} = e\,(v_1 - v_2)\,.$$

Darin stellen $(v_1 - v_2)$ die relative Annäherungsgeschwindigkeit der Massen vor dem Stoß und $(\bar{v}_2 - \bar{v}_1)$ die relative Trennungsgeschwindigkeit der Massen nach dem Stoß dar. Demnach gilt der Zusammenhang

$$e = -\frac{\bar{v}_1 - \bar{v}_2}{v_1 - v_2} . \tag{2.35}$$

Die Stoßzahl e ist hiernach gleich dem Verhältnis von relativer Trennungsgeschwindigkeit zu relativer Annäherungsgeschwindigkeit. Man bezeichnet diese Beziehung auch als **Stoßbedingung**. Wir werden meist diese Bedingung an Stelle von (2.31) anwenden.

Der Verlust des Systems an mechanischer Energie beim Stoß (plastische Deformation, Erwärmung) errechnet sich aus der Differenz ΔE_k der kinetischen Energie vor und nach dem Stoß. Mit (2.34) erhält man

$$\begin{aligned} \Delta E_k &= \left(\frac{m_1\, v_1^2}{2} + \frac{m_2\, v_2^2}{2}\right) - \left(\frac{m_1\, \bar{v}_1^2}{2} + \frac{m_2\, \bar{v}_2^2}{2}\right) \\ &= \frac{1 - e^2}{2} \frac{m_1\, m_2}{m_1 + m_2} (v_1 - v_2)^2 . \end{aligned} \tag{2.36}$$

Beim elastischen Stoß ($e = 1$) tritt kein Energieverlust auf, während ΔE_k beim plastischen Stoß ($e = 0$) am größten ist.

Wie bereits erwähnt, stellen (2.31) bis (2.33) fünf Gleichungen für die fünf Unbekannten $\bar{v}_1$, $\bar{v}_2$, v^*, $\hat{F}_K$ und $\hat{F}_R$ dar. Diese Gleichungen haben wir durch die Aufteilung des Stoßes in Kompressions- und Restitutionsperiode erhalten. Bei konkreten Problemen ist es allerdings zweckmäßiger, den Impulssatz für den gesamten Stoß anzuschreiben:

$$m_1(\bar{v}_1 - v_1) = -\hat{F} , \quad m_2(\bar{v}_2 - v_2) = \hat{F} .$$

Diese Gleichungen erhalten wir auch, indem wir jeweils die ersten/zweiten Gleichungen von (2.32) und (2.33) addieren (Elimination von v^*). Sie sind anzuwenden, wenn $\hat{F}$ gesucht ist. Wenn dagegen nur die Geschwindigkeiten $\bar{v}_1$ und $\bar{v}_2$ zu ermitteln sind, ist es einfacher, Impulserhaltung

$$m_1\bar{v}_1 + m_2\bar{v}_2 = m_1 v_1 + m_2 v_2$$

und Stoßbedingung (2.35) zu verwenden. (Die Impulserhaltung folgt auch sofort durch Addition der oben angegebenen Gleichungen des Impulssatzes für den gesamten Stoß: Elimination von $\hat{F}$.)

In den Sonderfällen elastischer Stoß bzw. plastischer Stoß liefern Energieerhaltung und Impulserhaltung bzw. die Bedingung $\bar{v}_1 = \bar{v}_2 = \bar{v}$ und Impulserhaltung die gesuchten Geschwindigkeiten (die Stoßbedingung ist dabei schon berücksichtigt und muss nicht explizit angeschrieben werden).

Bei manchen Stoßvorgängen in der Technik, wie zum Beispiel beim Schmieden oder beim Einrammen eines Pfahles, ist die Masse m_2 vor dem Stoß in Ruhe ($v_2 = 0$). Definiert man den **Umformwirkungsgrad** η als das Verhältnis von Verlustenergie ΔE_k (= für die Deformation aufgewendete Arbeit) zu eingesetzter Energie $E_k = \frac{1}{2} m_1 \, v_1^2$, so wird mit (2.36)

$$\eta = \frac{\Delta E_k}{E_k} = (1 - e^2)\frac{m_2}{m_1 + m_2} = (1 - e^2)\frac{1}{1 + \frac{m_1}{m_2}} \,. \tag{2.37}$$

Beim Schmieden, bei dem man Körper plastisch deformieren will, soll η möglichst groß sein. Dies erreicht man mit einem möglichst kleinen Massenverhältnis m_1/m_2 (große Ambossmasse m_2 einschließlich Werkstück). Das Eintreiben eines Pfahles oder Nagels soll dagegen mit möglichst geringer Verformung des Pfahles oder Nagels verbunden sein (kleines η). Hier muss m_1/m_2 möglichst groß sein (große Hammermasse m_1).

Wir gehen nun vom geraden zum schiefen zentrischen Stoß über. Dabei betrachten wir der Einfachheit halber den Stoß zweier Massen in einer Ebene (Abb. 2.7a). Setzen wir voraus, dass die Oberflächen der Massen glatt sind (rauhe Oberflächen:

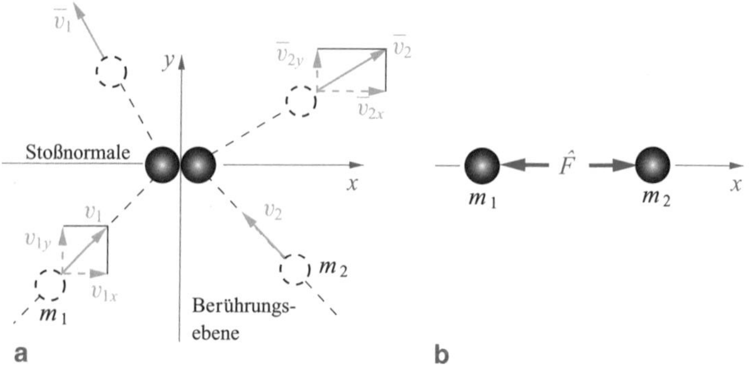

Abb. 2.7 Schiefer Stoß

siehe Abschn. 3.3.3), so wirken die Kontaktkraft $F(t)$ und damit auch die Stoßkraft $\hat{F}$ immer in Richtung der Stoßnormalen (Abb. 2.7b). Mit dem Koordinatensystem nach Abb. 2.7a liefert dann der Impulssatz in y-Richtung

$$\begin{aligned} m_1\,\bar{v}_{1y} - m_1\,v_{1y} &= 0 \quad\rightarrow\quad \bar{v}_{1y} = v_{1y}\,,\\ m_2\,\bar{v}_{2y} - m_2\,v_{2y} &= 0 \quad\rightarrow\quad \bar{v}_{2y} = v_{2y}\,. \end{aligned} \tag{2.38}$$

Die Geschwindigkeitskomponenten senkrecht zur Stoßnormalen bleiben demnach bei glatten Oberflächen ungeändert.

In Richtung der Stoßnormalen (x-Richtung) lauten die Gleichungen genau wie beim geraden Stoß. Zu beachten ist nur, dass den Geschwindigkeiten beim geraden Stoß nun die Geschwindigkeitskomponenten in Richtung der Stoßnormalen entsprechen. Hierauf ist insbesondere bei der Stoßbedingung (2.35) zu achten. Wir wollen die Gleichungen hier nochmals angeben, wobei wir jetzt jedoch die Impulssätze über die gesamte Stoßzeit t_s anschreiben:

$$\begin{aligned} m_1\bar{v}_{1x} - m_1\,v_{1x} &= -\hat{F}\,,\\ m_2\bar{v}_{2x} - m_2\,v_{2x} &= +\,\hat{F}\,. \end{aligned} \tag{2.39}$$

Mit der Stoßbedingung entsprechend (2.35)

$$e = -\frac{\bar{v}_{1x} - \bar{v}_{2x}}{v_{1x} - v_{2x}} \tag{2.40}$$

stehen damit drei Gleichungen für die drei Unbekannten $\bar{v}_{1x}$, $\bar{v}_{2x}$ und $\hat{F}$ zur Verfügung. Auflösen liefert für $\bar{v}_{1x}$ und $\bar{v}_{2x}$ die schon bekannten Ergebnisse (2.34).

Beispiel 2.5

Die skizzierten Massen ($m_1 = m$, $m_2 = 2\,m$) stoßen auf einer geraden Bahn gegeneinander. Die Geschwindigkeit v_1 der Masse m_1 sei gegeben.

Wie groß muss v_2 sein, damit m_1 nach dem Stoß (Stoßzahl e) ruht, und wie groß ist dann die Geschwindigkeit von m_2 nach dem Stoß?

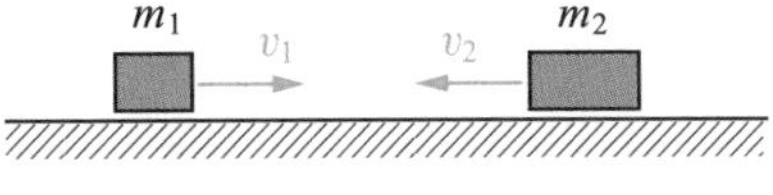

Lösung Beim geraden zentrischen Stoß sind die Geschwindigkeiten nach dem Stoß durch (2.34) gegeben. Zählen wir Geschwindigkeiten positiv nach rechts, so gilt (Richtung von v_2 beachten!)

$$\bar{v}_1 = \frac{m_1\, v_1 - m_2\, v_2 - e\, m_2\,(v_1 + v_2)}{m_1 + m_2},$$
$$\bar{v}_2 = \frac{m_1\, v_1 - m_2\, v_2 + e\, m_1\,(v_1 + v_2)}{m_1 + m_2}.$$

Aus der Bedingung $\bar{v}_1 = 0$ folgt

$$m_1\, v_1 - m_2\, v_2 - e\, m_2(v_1 + v_2) = 0$$
$$\rightarrow \quad \underline{\underline{v_2}} = v_1\, \frac{m_1 - e\, m_2}{m_2(1+e)} = \underline{\underline{v_1\, \frac{1-2e}{2\,(1+e)}}}.$$

Einsetzen von v_2 in $\bar{v}_2$ liefert

$$\underline{\underline{\bar{v}_2}} = \frac{1}{3m}\left[m v_1 - 2 m v_1\, \frac{1-2e}{2\,(1+e)} + e\, m \left(v_1 + v_1 \frac{1-2e}{2\,(1+e)}\right)\right]$$
$$= \underline{\underline{v_1\, \frac{3\,e}{2\,(1+e)}}}.$$

Für $e = 1/2$ muss die Masse m_2 vor dem Stoß ruhen. Für $e > 1/2$ dreht sich die Richtung von v_2 um; die Masse m_2 muss sich in diesem Fall vor dem Stoß nach rechts bewegen. ◀

Beispiel 2.6

Eine Masse m_1 rutscht aus der Ausgangslage A ohne Anfangsgeschwindigkeit eine glatte Bahn hinab und stößt in B horizontal gegen eine ruhende Masse $m_2 = 3\,m_1$.

Für welche Stoßzahlen e bewegt sich die Masse m_1 nach dem Stoß wieder aufwärts? Welche Höhe h^* erreicht m_1 für $e = 1/2$, und wie groß ist dann die Flugweite w von m_2?

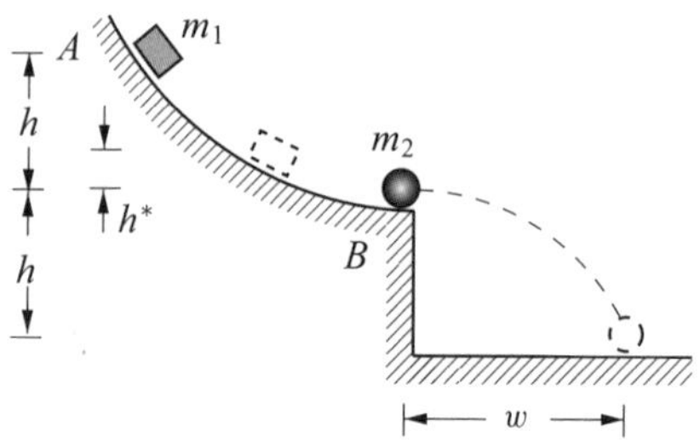

Lösung Die Geschwindigkeiten von m_1 und m_2 unmittelbar vor dem Stoß sind $v_1 = \sqrt{2\,gh}$ (Energiesatz) und $v_2 = 0$.

Damit werden nach (2.34) die Geschwindigkeiten nach dem Stoß

$$\bar{v}_1 = \frac{m_1 - e\,m_2}{m_1 + m_2}\,v_1 = \frac{1-3\,e}{4}\,\sqrt{2\,gh},$$
$$\bar{v}_2 = \frac{m_1(1+e)}{m_1 + m_2}\,v_1 = \frac{1+e}{4}\,\sqrt{2\,gh}\,.$$

Wenn sich m_1 zurückbewegen soll, muss $\bar{v}_1$ negativ sein. Die Stoßzahl muss somit folgender Bedingung genügen:

$$1 - 3\,e < 0 \quad \rightarrow \quad \underline{\underline{e > \frac{1}{3}}}\,.$$

Für $e = 1/2$ werden die Geschwindigkeiten nach dem Stoß

$$\bar{v}_1 = -\frac{1}{8}\sqrt{2\,gh}, \quad \bar{v}_2 = \frac{3}{8}\sqrt{2\,gh}\,.$$

Die Höhe h^* ermitteln wir aus dem Energiesatz:

$$\frac{1}{2}\,m_1\,\bar{v}_1^2 = m_1\,gh^* \quad \rightarrow \quad \underline{\underline{h^*}} = \frac{\bar{v}_1^2}{2\,g} = \underline{\underline{\frac{h}{64}}}\,.$$

Die Flugweite w von m_2 ergibt sich aus (1.41) mit $\alpha = 0$ und $z(x = w) = -h$ zu

$$\underline{\underline{w}} = \bar{v}_2\sqrt{\frac{2\,h}{g}} = \underline{\underline{\frac{3}{4}\,h}}\,. \quad ◀$$

Beispiel 2.7

Eine Masse m_1 trifft mit einer Geschwindigkeit v_1 so auf eine ruhende Masse m_2, dass die Berührungsebene unter 45° zu v_1 geneigt ist (Bild a). Die Oberflächen der Körper seien glatt.

Es sind die Geschwindigkeiten beider Massen nach dem Stoß (Stoßzahl e) zu bestimmen.

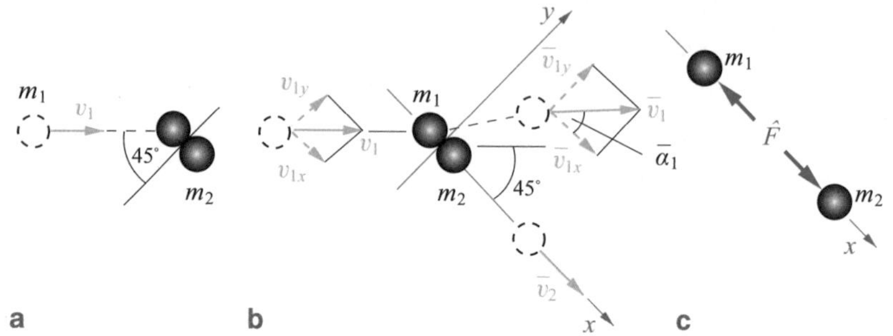

Lösung Wir wählen ein Koordinatensystem nach Bild b, bei dem die x-Achse mit der Stoßnormalen zusammenfällt. Da die Oberflächen glatt sind, wirkt die Stoßkraft $\hat{F}$ in Richtung der Stoßnormalen (Bild c). Dann lauten die Impulssätze für m_1 und m_2 sowie die Stoßbedingung:

$$m_1(\bar{v}_{1x} - v_{1x}) = -\hat{F}, \quad m_1(\bar{v}_{1y} - v_{1y}) = 0,$$
$$m_2(\bar{v}_{2x} - v_{2x}) = +\hat{F}, \quad m_2(\bar{v}_{2y} - v_{2y}) = 0,$$
$$e = -\frac{\bar{v}_{1x} - \bar{v}_{2x}}{v_{1x} - v_{2x}}.$$

Daraus erhält man mit

$$v_{1x} = v_{1y} = \frac{\sqrt{2}}{2} v_1, \quad v_{2x} = v_{2y} = 0$$

die Geschwindigkeitskomponenten nach dem Stoß:

$$\underline{\underline{\bar{v}_{1x} = \frac{\sqrt{2}}{2} v_1 \frac{m_1 - e\,m_2}{m_1 + m_2}}}, \quad \underline{\underline{\bar{v}_{1y} = \frac{\sqrt{2}}{2} v_1}},$$

$$\underline{\underline{\bar{v}_{2x} = \frac{\sqrt{2}}{2} v_1 \frac{m_1(1+e)}{m_1 + m_2}}}, \quad \underline{\underline{\bar{v}_{2y} = 0}}.$$

Die Masse m_2 bewegt sich demnach mit der Geschwindigkeit $\bar{v}_2 = \bar{v}_{2x}$ in Richtung der Stoßnormalen (Bild b). Für die Geschwindigkeit $\bar{v}_1$ und den Richtungswinkel $\bar{\alpha}_1$ erhalten wir

$$\underline{\underline{\bar{v}_1}} = \sqrt{\bar{v}_{1x}^2 + \bar{v}_{1y}^2} = \underline{\underline{\frac{v_1}{m_1 + m_2}\sqrt{m_1^2 + (1-e)m_1 m_2 + \frac{1}{2}(1+e^2)\, m_2^2}}}\,,$$

$$\underline{\underline{\tan\bar{\alpha}_1}} = \frac{\bar{v}_{1y}}{\bar{v}_{1x}} = \underline{\underline{\frac{m_1 + m_2}{m_1 - e\, m_2}}}\,. \blacktriangleleft$$

Das vorangegangene Beispiel sowie weitere Problemstellungen zum zentrischen Stoß können Sie auch mit dem TM-Tool „Stoß“ bearbeiten (siehe Screenshot). Hier ist neben den Massen der beiden Körper, den Auftreffgeschwindigkeiten und der Stoßzahl die Richtung der Stoßnormalen durch einen Winkel vorzugeben.

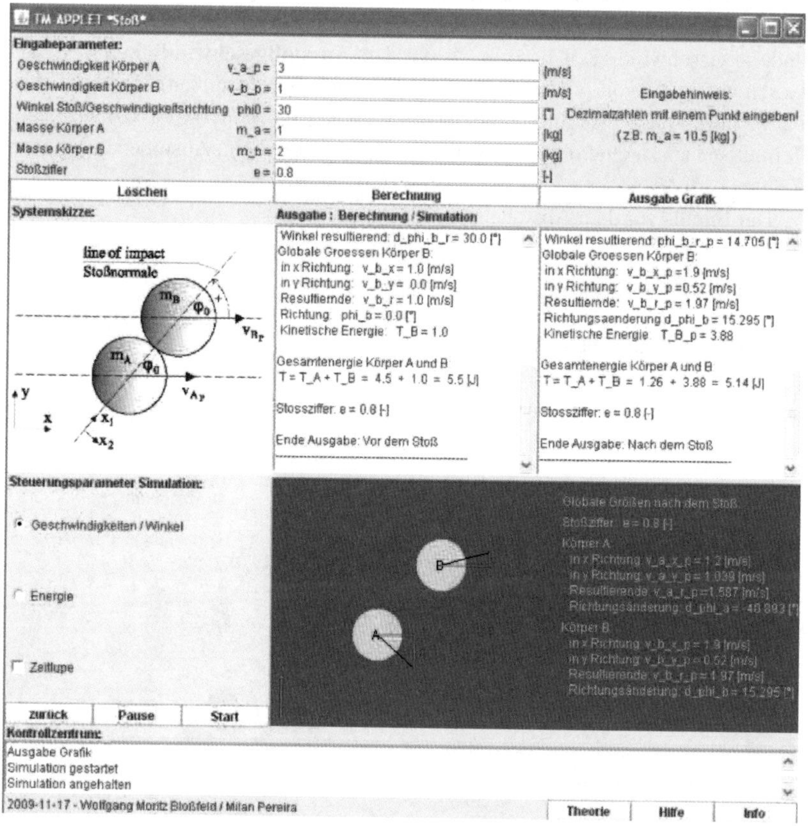

Neben diesem Tool stehen Ihnen unter http://www.tm-tools.de eine Reihe weiterer TM-Tools frei zur Verfügung.

2.6 Körper mit veränderlicher Masse

Bisher haben wir immer angenommen, dass die Masse eines Systems unveränderlich ist. Wir wollen nun von dieser Annahme abgehen und die Bewegung eines Körpers mit veränderlicher Masse untersuchen. Ein technisches Beispiel hierfür ist die Rakete, deren Masse beim Flug abnimmt.

Als einfachen Fall betrachten wir zunächst einen Körper K, der anfangs die Masse m_0 hat und der sich mit der Geschwindigkeit $\boldsymbol{v}_0$ bewegt (Abb. 2.8). Nun werde von K eine Masse Δm mit der Ausstoßgeschwindigkeit $\boldsymbol{w}$ abgestoßen. Nach dem Abstoßen hat dann der Körper die geänderte Masse $m_0 - \Delta m$ und die geänderte Geschwindigkeit $\boldsymbol{v}_1 = \boldsymbol{v}_0 + \Delta\boldsymbol{v}$. Die **Ausstoßgeschwindigkeit** $\boldsymbol{w}$ ist die Geschwindigkeit von Δm relativ zum Körper **nach** dem Abstoßen. Die Masse Δm hat demnach die Absolutgeschwindigkeit $\boldsymbol{v}_1 + \boldsymbol{w}$ (vgl. Kap. 6). Fassen wir beide Teilmassen als zu **einem** System gehörig auf, so wirken beim Abstoßen nur **innere** Kräfte.

Der Impuls vor dem Abstoßen

$$\boldsymbol{p}_0 = m_0\,\boldsymbol{v}_0$$

und der Impuls nach dem Abstoßen

$$\boldsymbol{p}_1 = (m_0 - \Delta m)\boldsymbol{v}_1 + \Delta m(\boldsymbol{v}_1 + \boldsymbol{w})$$

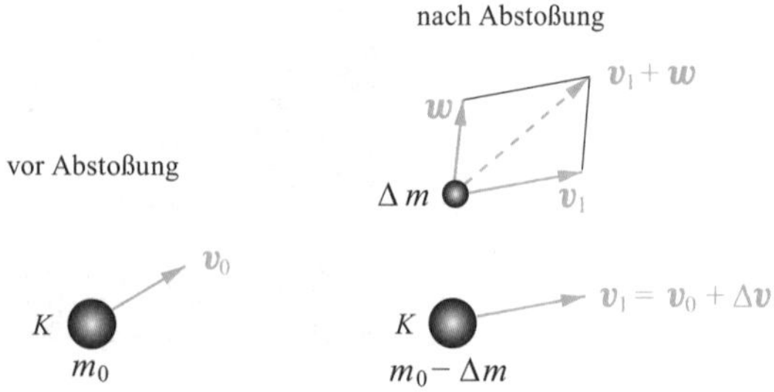

Abb. 2.8 Körper mit veränderlicher Masse

müssen dann wegen (2.14) gleich sein: $\boldsymbol{p}_0 = \boldsymbol{p}_1$. Einsetzen liefert die Geschwindigkeitsänderung des Körpers K infolge des Abstoßens:

$$\Delta \boldsymbol{v} = \boldsymbol{v}_1 - \boldsymbol{v}_0 = -\frac{\Delta m}{m_0}\,\boldsymbol{w}\,. \tag{2.41}$$

Sie ist um so größer, je größer die ausgestoßene Masse Δm und je größer die Ausstoßgeschwindigkeit $\boldsymbol{w}$ sind. Das negative Vorzeichen in (2.41) zeigt an, dass $\Delta \boldsymbol{v}$ und $\boldsymbol{w}$ entgegengesetzt gerichtet sind. Wird vom Körper keine Masse ausgestoßen, sondern **trifft** Δm mit der Relativgeschwindigkeit $\boldsymbol{w}$ auf den Körper und **vereinigt** sich mit ihm, so kehrt sich das Vorzeichen in (2.41) um.

Wir untersuchen nun einen Körper K, der kontinuierlich Masse ausstößt und auf den eine äußere Kraft $\boldsymbol{F}$ wirkt (Abb. 2.9). Der Körper habe zum Zeitpunkt t die Masse m und die Geschwindigkeit $\boldsymbol{v}$. Während des Zeitintervalls $\mathrm{d}t$ stößt er eine Masse $\mathrm{d}m^*$ mit der Ausstoßgeschwindigkeit $\boldsymbol{w}$ aus. Zum Zeitpunkt $t + \mathrm{d}t$ beträgt demnach seine Masse $m - \mathrm{d}m^*$; seine Geschwindigkeit hat sich um $\mathrm{d}\boldsymbol{v}$ geändert. Der Impuls des Gesamtsystems beträgt somit zum Zeitpunkt t

$$\boldsymbol{p}(t) = m\,\boldsymbol{v}$$

und zum Zeitpunkt $t + \mathrm{d}t$

$$\begin{aligned}\boldsymbol{p}(t + \mathrm{d}t) &= (m - \mathrm{d}m^*)(\boldsymbol{v} + \mathrm{d}\boldsymbol{v}) + \mathrm{d}m^*(\boldsymbol{v} + \mathrm{d}\boldsymbol{v} + \boldsymbol{w})\\ &= m\,\boldsymbol{v} + m\,\mathrm{d}\boldsymbol{v} + \mathrm{d}m^*\,\boldsymbol{w} = \boldsymbol{p}(t) + \mathrm{d}\boldsymbol{p}\,.\end{aligned}$$

Dann liefert (2.12)

$$\frac{\mathrm{d}\boldsymbol{p}}{\mathrm{d}t} = m\,\frac{\mathrm{d}\boldsymbol{v}}{\mathrm{d}t} + \frac{\mathrm{d}m^*}{\mathrm{d}t}\,\boldsymbol{w} = \boldsymbol{F}\,. \tag{2.42}$$

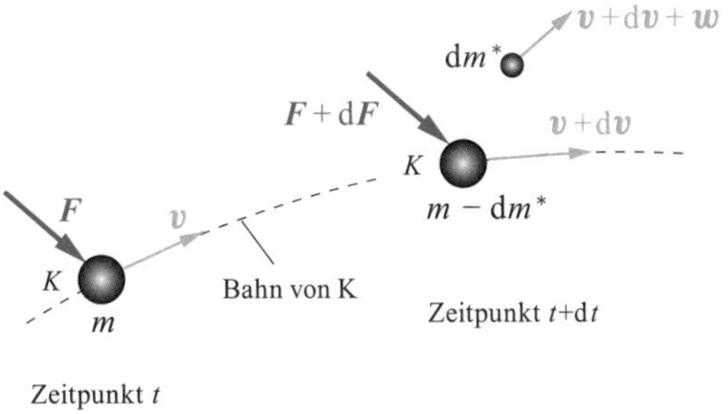

Abb. 2.9 Kontinuierlicher Ausstoß von Masse

Darin ist $\mathrm{d}m^*/\mathrm{d}t = \mu$ die pro Zeiteinheit **ausgestoßene** Masse (Massenausstoß). Die **Massenänderung** $\mathrm{d}m/\mathrm{d}t$ des Körpers ist durch $-\mathrm{d}m^*/\mathrm{d}t$ gegeben (Massenabnahme):

$$\frac{\mathrm{d}m}{\mathrm{d}t} = -\frac{\mathrm{d}m^*}{\mathrm{d}t} = -\mu\,. \tag{2.43}$$

Führen wir mit

$$\boldsymbol{S} = -\mu \boldsymbol{w} \tag{2.44}$$

eine **Schubkraft** $\boldsymbol{S}$ ein, so lässt sich (2.42) in der Form

$$m\,\frac{\mathrm{d}\boldsymbol{v}}{\mathrm{d}t} = \boldsymbol{F} + \boldsymbol{S} \tag{2.45}$$

schreiben. Diese Gleichung hat formal die gleiche Gestalt wie das Newtonsche Bewegungsgesetz. Es ist jedoch zu beachten, dass nun die Masse des Körpers zeitlich veränderlich ist: $m = m(t)$. Außerdem tritt hier zu der äußeren Kraft $\boldsymbol{F}$ noch der Schub $\boldsymbol{S}$, der die kinetische Wirkung des Massenausstoßes auf den Körper beschreibt. Der Schub ist dabei direkt proportional zum Massenausstoß μ und zur Ausstoßgeschwindigkeit $\boldsymbol{w}$; er wirkt entgegengesetzt zu $\boldsymbol{w}$ auf den Körper. Stößt zum Beispiel eine Rakete Masse nach hinten aus, so wirkt der Schub auf die Rakete nach vorne. Er ist bei gleichem Massenausstoß um so größer, je größer die Ausstoßgeschwindigkeit ist.

Als Anwendungsbeispiel betrachten wir eine Rakete der Anfangsmasse m_A (einschließlich Treibstoff), die mit konstantem Schub bei konstantem Massendurchsatz von der Erdoberfläche vertikal nach oben gestartet wird (Abb. 2.10a). Auf die Rakete wirken dann der Schub S entgegen der Richtung des Massenausstoßes und das zeitabhängige Gewicht $m(t)\,g$ (Abb. 2.10b). Vernachlässigen wir den Luftwiderstand und nehmen wir die Erdbeschleunigung g als konstant an, so wird nach (2.45) die Bewegung der Rakete durch

$$m(t)\,\dot{v} = -m(t)\,g + S$$

mit

$$S = \mu w = -\dot{m} w$$

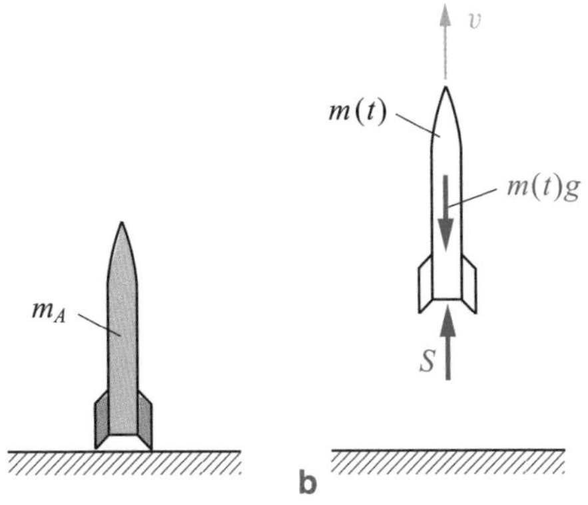

Abb. 2.10 Raketenbewegung

beschrieben. (Damit die Rakete abhebt ($\dot{v}(0) > 0$), muss für den Schub $S > m_A\, g$ gelten.) Einsetzen liefert

$$\frac{\mathrm{d}v}{\mathrm{d}t} = -g - \frac{1}{m}\frac{\mathrm{d}m}{\mathrm{d}t}\, w,$$

woraus man durch Integration (wegen $S = \text{const}$ und $\mu = \text{const}$ gilt auch $w = \text{const}$) unter Berücksichtigung der Anfangsbedingung $v(0) = 0$ den Geschwindigkeitsverlauf erhält:

$$v(t) = -gt - w \int\limits_{m_A}^{m(t)} \frac{\mathrm{d}\bar{m}}{\bar{m}} = -gt - w \ln \frac{m(t)}{m_A} = w \ln \frac{m_A}{m(t)} - gt\,.$$

Aus $\dot{m} = -\mu$ folgt $m(t) = m_A - \mu t$, und damit wird

$$v(t) = w \ln \frac{m_A}{m_A - \mu t} - gt.$$

Die größte Geschwindigkeit ergibt sich bei Brennschluß $t = T$ mit $m(T) = m_E$ zu

$$v_{\max} = w \ln \frac{m_A}{m_E} - gT.$$

Sie ist um so größer, je größer w und je größer das Massenverhältnis m_A/m_E sind.

Beispiel 2.8

Aus einem ruhenden Boot (Gesamtmasse m_0), von dem angenommen wird, dass es reibungsfrei im Wasser gleiten kann, werden zwei Massen m_1 und m_2 mit der Abwurfgeschwindigkeit w horizontal nach hinten geworfen.

Wie groß ist die Geschwindigkeit des Bootes nach dem Abwerfen, wenn a) die beiden Massen gleichzeitig und b) zuerst die Masse m_1 und dann die Masse m_2 geworfen werden?

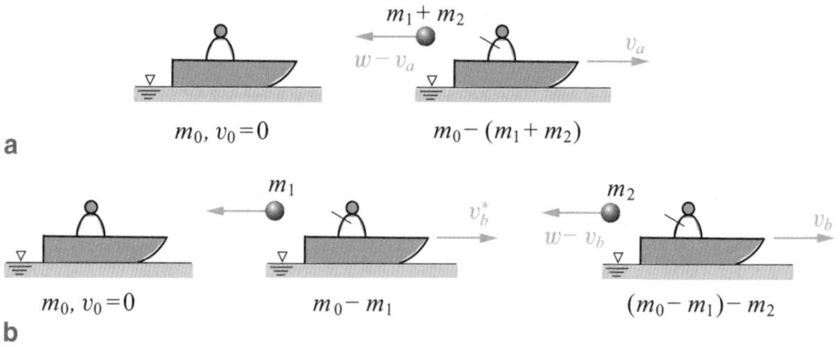

Lösung In Bild a sind für den Fall a) die Bewegungszustände vor und nach dem Ausstoßen der Massen dargestellt. Nach dem Werfen bewegt sich die ausgestoßene Masse $m_1 + m_2$ in Bezug auf das Boot mit der Geschwindigkeit w nach hinten. Bewegt sich dann das Boot mit der Geschwindigkeit v_a nach vorne, so hat $m_1 + m_2$ die Absolutgeschwindigkeit $w - v_a$ nach hinten. Da der Anfangsimpuls Null ist ($v_0 = 0$), lautet somit der Impulssatz für das Gesamtsystem

$$(m_0 - m_1 - m_2)\, v_a - (m_1 + m_2)(w - v_a) = 0\,.$$

Auflösen liefert die Geschwindigkeit v_a des Bootes nach dem Abwerfen:

$$\underline{\underline{v_a = \frac{m_1 + m_2}{m_0}\, w\,.}}$$

Analog erhält man im Fall b) die Geschwindigkeit v_b^* des Bootes nach dem Ausstoß der ersten Masse (Bild b):

$$(m_0 - m_1)\, v_b^* - m_1(w - v_b^*) = 0 \quad \rightarrow \quad v_b^* = \frac{m_1}{m_0}\, w\,.$$

Nochmaliges Anwenden des Impulssatzes auf das Teilsystem $(m_0 - m_1)$ vor und nach dem Abstoßen der zweiten Masse liefert schließlich

$$(m_0 - m_1)\, v_b^* = (m_0 - m_1 - m_2)\, v_b - m_2(w - v_b)$$

$$\rightarrow \quad \underline{\underline{v_b = \left(\frac{m_1}{m_0} + \frac{m_2}{m_0 - m_1}\right) w\,.}}$$

Nach Umformung lässt sich v_b auch folgendermaßen schreiben:

$$v_b = \left(\frac{m_1 + m_2}{m_0} + \frac{m_1\, m_2}{m_0(m_0 - m_1)}\right) w = v_a + \frac{m_1\, m_2}{m_0(m_0 - m_1)}\, w\,.$$

Wegen $m_0 > m_1$ ist die Geschwindigkeit des Bootes demnach im Fall b) größer als im Fall a).

Die Ergebnisse für v_a und v_b hätte man auch durch wiederholte Anwendung der Gleichung (2.41) gewinnen können. ◄

Beispiel 2.9

Das Ende einer Kette der Masse m_0 und der Länge l wird mit der konstanten Beschleunigung a_0 vertikal nach oben gezogen (Bild a).

Wie groß ist die dazu erforderliche Kraft H?

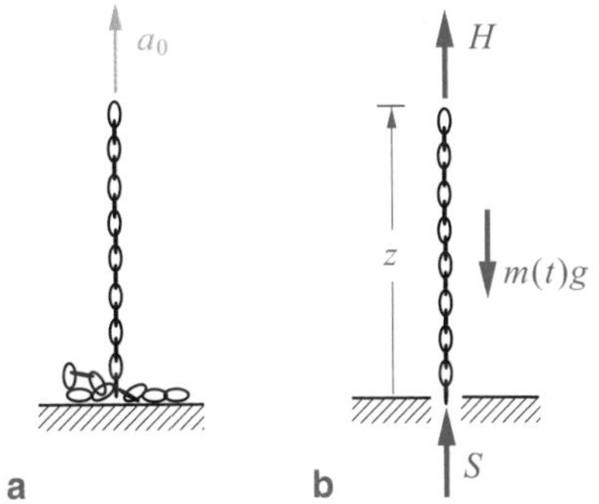

Lösung Wir fassen den bereits hochgezogenen Teil der Kette als Körper auf, dessen Masse laufend zunimmt. Auf den Körper wirken dann die Kraft H, das veränderliche Gewicht $m(t)\, g$ und der „Schub“ S, den wir nach oben gerichtet annehmen (Bild b). Zählen wir die Koordinate z des Kraftangriffspunktes positiv nach oben, dann gilt nach (2.45)

$$m(t)\ddot{z} = H - m(t)\,g + S, \tag{a}$$

wobei der Schub nach (2.43) und (2.44) durch

$$S = \dot{m}\,w \tag{b}$$

gegeben ist. Bezüglich des mit der Geschwindigkeit $\dot{z}$ nach oben bewegten Kettenteils „bewegen" sich die noch ruhenden Kettenteile in negative z-Richtung. Demnach gilt

$$w = -\dot{z}\,. \tag{c}$$

Aus der vorgegebenen Beschleunigung a_0 erhalten wir mit den Anfangsbedingungen $\dot{z}(0) = 0$ und $z(0) = 0$ die Geschwindigkeit und den Weg (= Länge des nach oben gezogenen Kettenteiles):

$$\ddot{z} = a_0, \quad \dot{z} = a_0\,t, \quad z = \frac{1}{2}\,a_0\,t^2\,. \tag{d}$$

Damit folgen für die Masse und für die Massenänderung des Körpers

$$m = m_0\frac{z}{l} = \frac{m_0\,a_0}{2\,l}\,t^2, \tag{e}$$

$$\dot{m} = \frac{m_0\,a_0}{l}\,t\,. \tag{f}$$

Einsetzen von (b) bis (f) in (a) und Auflösen nach H liefert schließlich

$$\underline{\underline{H = \frac{m_0\,a_0(3\,a_0 + g)}{2\,l}\,t^2 = m_0(3\,a_0 + g)\frac{z}{l}}}\,.$$

Dieses Ergebnis ist nur gültig, solange sich die Masse des Körpers ändert ($z < l$). ◄

Zusammenfassung

- Die Bewegungen der einzelnen Massenpunkte kann man wie folgt ermitteln:
  - Aufstellen der Bewegungsgleichungen für jeden (freigeschnittenen) Massenpunkt m_i.
  - Formulierung der kinematischen Beziehungen (Bindungsgleichungen).
- Schwerpunktsatz: $m\,\boldsymbol{a}_s = \boldsymbol{F}$,

  $\boldsymbol{a}_s$ Beschleunigung des Schwerpunkts des Systems,

  $\boldsymbol{F}$ Summe der am System angreifenden äußeren Kräfte.

- Impulserhaltungssatz: $\boldsymbol{p} = m\,\boldsymbol{v}_s = \sum_i m_i\,\boldsymbol{v}_i = \text{const}$,

  $\boldsymbol{v}_s$ Geschwindigkeit des Schwerpunkts des Systems.

  Beachte: es wirken keine äußeren Kräfte auf das System.
- Drehimpulssatz: $\dot{\boldsymbol{L}}^{(0)} = \boldsymbol{M}^{(0)}$,

  $$\boldsymbol{L}^{(0)} = \sum_i (\boldsymbol{r}_i \times m_i\,\boldsymbol{v}_i) \quad \text{Drehimpuls bezüglich 0.}$$

- Arbeitssatz: $E_k - E_{k0} = W^{(a)} + W^{(i)}$,

  bei starren Bindungen gilt $W^{(i)} = 0$.

- Energiesatz: $E_k + E_p^{(a)} + E_p^{(i)} = \text{const}$,

  bei starren Bindungen gilt $E_k + E_p^{(a)} = \text{const}$.

- Stoßvorgänge können wie folgt behandelt werden:
  - Festlegung des Koordinatensytems durch Stoßnormale (x) und Tangente (y).
  - Aufstellen der Impulssätze für jeden Massenpunkt.
  - Anwendung der Stoßbedingung $e = -\frac{\bar{v}_{1x} - \bar{v}_{2x}}{v_{1x} - v_{2x}}$.
- Bewegungsgesetz bei veränderlicher Masse: $m\,\boldsymbol{a} = \boldsymbol{F} + \boldsymbol{S}$,

  $\boldsymbol{S} = -\mu\,\boldsymbol{w} = \dot{m}\,\boldsymbol{w}$ Schubkraft,

  $\boldsymbol{w}$ Ausstoßgeschwindigkeit.

Bewegung eines starren Körpers 3

Inhaltsverzeichnis

► **Lernziele** Ein starrer Körper kann als ein System von unendlich vielen Massenpunkten aufgefasst werden, deren gegenseitige Abstände sich bei Belastung nicht ändern. Wie in Abschn. 2.1 erläutert wurde, besitzt der starre Körper dementsprechend sechs Freiheitsgrade, denen als Bewegungsmöglichkeiten drei Translationen (je eine in x-, in y- und in z-Richtung) und drei Rotationen (je eine um die x-, um die y- und um die z-Achse) entsprechen. Wir werden in den folgenden Abschnitten zeigen, durch welche Gesetze die Bewegung eines solchen Körpers beschrieben wird und wie diese sachgerecht angewendet werden. Dabei konzentrieren wir uns insbesondere auf die ebene Bewegung.

D. Gross et al., *Technische Mechanik 3*, https://doi.org/10.1007/978-3-662-63065-5_3

3.1 Kinematik

Ein **starrer Körper** kann als ein System von unendlich vielen infinitesimalen Massenelementen aufgefasst werden, deren Abstände sich bei Belastung nicht ändern und die durch Zentralkräfte aufeinander einwirken. Wie in Abschn. 2.1 erläutert wurde, besitzt der starre Körper dementsprechend sechs Freiheitsgrade, denen als Bewegungsmöglichkeiten drei Translationen (je eine in x-, y- und z-Richtung) und drei Rotationen (je eine um die x-, um die y- und um die z-Achse) entsprechen. In den folgenden Abschnitten wird gezeigt, wie sich die allgemeine Bewegung des starren Körpers aus Translation und Rotation zusammensetzen lässt.

3.1.1 Translation

Translation nennt man eine Bewegung, bei der die Verbindungsstrecke zwischen zwei beliebigen Punkten A und P eines Körpers ihre Richtung nicht ändert (Abb. 3.1). Alle Punkte erfahren dann in der Zeit $\mathrm{d}t$ die gleiche Verschiebung $\mathrm{d}\boldsymbol{r}$. Damit sind auch die Geschwindigkeiten und die Beschleunigungen für alle Punkte des Körpers gleich:

$$\boldsymbol{v} = \frac{\mathrm{d}\boldsymbol{r}}{\mathrm{d}t}, \quad \boldsymbol{a} = \frac{\mathrm{d}\boldsymbol{v}}{\mathrm{d}t} = \frac{\mathrm{d}^2\boldsymbol{r}}{\mathrm{d}t^2}. \tag{3.1}$$

Die Bahnkurven, die von verschiedenen Körperpunkten durchlaufen werden, haben alle die gleiche Form. Bei der Translation ist demnach die Bewegung **eines** beliebigen Körperpunktes repräsentativ für die Bewegung des ganzen Körpers.

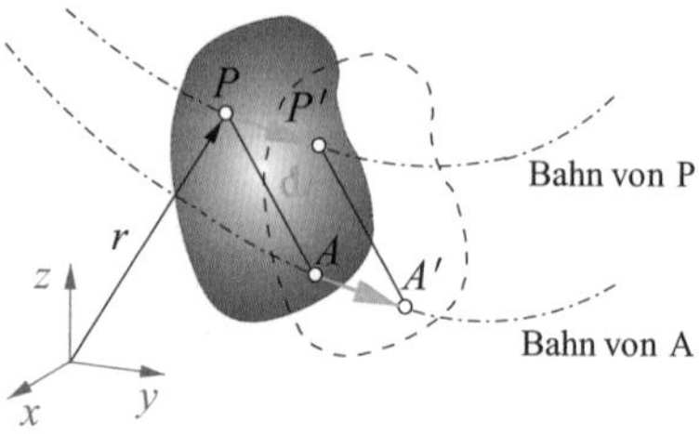

Abb. 3.1 Translation

3.1.2 Rotation

Bei einer **Rotation** bewegen sich alle Punkte des Körpers um eine gemeinsame Drehachse. Ist die Lage dieser Achse im Raum unveränderlich, so spricht man von einer Rotation um eine **feste Achse**. Geht die Drehachse dagegen nur durch einen **raumfesten Punkt** und verändert ihre Richtung mit der Zeit, so bezeichnet man dies als eine Rotation um einen Fixpunkt (Kreiselbewegung).

Wir betrachten zunächst die Rotation eines Körpers um eine feste Achse (Abb. 3.2). In diesem Fall bewegen sich die Punkte auf Kreisbahnen, deren Ebenen jeweils senkrecht zur Drehachse stehen. Die Fahrstrahlen zu allen Körperpunkten überstreichen in gleichen Zeiten den gleichen Drehwinkel φ. Demnach sind auch die Winkelgeschwindigkeit $\omega = \dot{\varphi}$ und die Winkelbeschleunigung $\dot{\omega} = \ddot{\varphi}$ für alle Punkte gleich. Für die Geschwindigkeit und die Beschleunigung eines beliebigen Punktes P mit dem senkrechten Abstand r von der Drehachse gilt dann nach den Gleichungen (1.25) bis (1.28) für die Kreisbewegung

$$\boldsymbol{v}_P = v_\varphi \, \boldsymbol{e}_\varphi , \quad \boldsymbol{a}_P = a_r \, \boldsymbol{e}_r + a_\varphi \, \boldsymbol{e}_\varphi \tag{3.2a}$$

mit

$$v_\varphi = r\omega , \quad a_r = -r\omega^2 , \quad a_\varphi = r\dot{\omega} \, . \tag{3.2b}$$

Wir wenden uns nun der Rotation um einen raumfesten Punkt A zu (Abb. 3.3). Die momentane Lage der Drehachse sei durch den Einheitsvektor $\boldsymbol{e}_\omega$ gekennzeich-

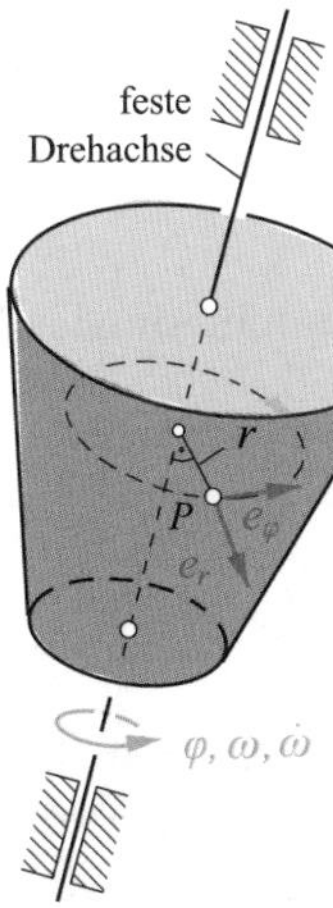

Abb. 3.2 Rotation um eine feste Achse

Abb. 3.3 Rotation um einen festen Punkt

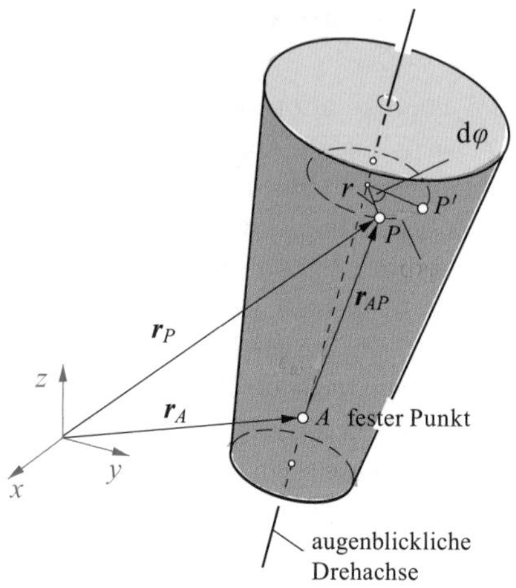

net. Führt der Körper in der Zeit $\mathrm{d}t$ eine Drehung mit dem Drehwinkel $\mathrm{d}\varphi$ um die augenblickliche Drehachse aus, so bewegen sich alle Körperpunkte **momentan** auf Kreisbahnen. Für die Verschiebung $\mathrm{d}\boldsymbol{r}_P$ eines beliebigen Punktes P gilt dann mit den Bezeichnungen nach Abb. 3.3

$$\mathrm{d}\boldsymbol{r}_P = (\boldsymbol{e}_\omega \times \boldsymbol{r}_{AP})\,\mathrm{d}\varphi\,. \tag{3.3}$$

Darin ist $\boldsymbol{e}_\omega \times \boldsymbol{r}_{AP}$ ein Vektor, der senkrecht auf $\boldsymbol{e}_\omega$ und $\boldsymbol{r}_{AP}$ steht und dessen Betrag gleich dem senkrechten Abstand r des Punktes P von der augenblicklichen Drehachse ist. Führt man mit

$$\mathrm{d}\boldsymbol{\varphi} = \mathrm{d}\varphi\,\boldsymbol{e}_\omega \quad \text{und} \quad \boldsymbol{\omega} = \frac{\mathrm{d}\boldsymbol{\varphi}}{\mathrm{d}t} = \dot{\varphi}\,\boldsymbol{e}_\omega = \omega\,\boldsymbol{e}_\omega \tag{3.4}$$

den **infinitesimalen Drehvektor** $\mathrm{d}\boldsymbol{\varphi}$ sowie den **Winkelgeschwindigkeitsvektor** $\boldsymbol{\omega}$ ein, so erhält man aus (3.3) für die Geschwindigkeit $\boldsymbol{v}_P = \mathrm{d}\boldsymbol{r}_P/\mathrm{d}t$ von P

$$\boldsymbol{v}_P = \boldsymbol{\omega} \times \boldsymbol{r}_{AP}\,. \tag{3.5}$$

An dieser Stelle sei darauf hingewiesen, dass zwar die infinitesimale Drehung $\mathrm{d}\boldsymbol{\varphi}$ und damit auch die Winkelgeschwindigkeit $\boldsymbol{\omega} = \mathrm{d}\boldsymbol{\varphi}/\mathrm{d}t$, aber **nicht** eine endliche Drehung Vektorcharakter haben. Letzteres erkennt man, wenn man einen

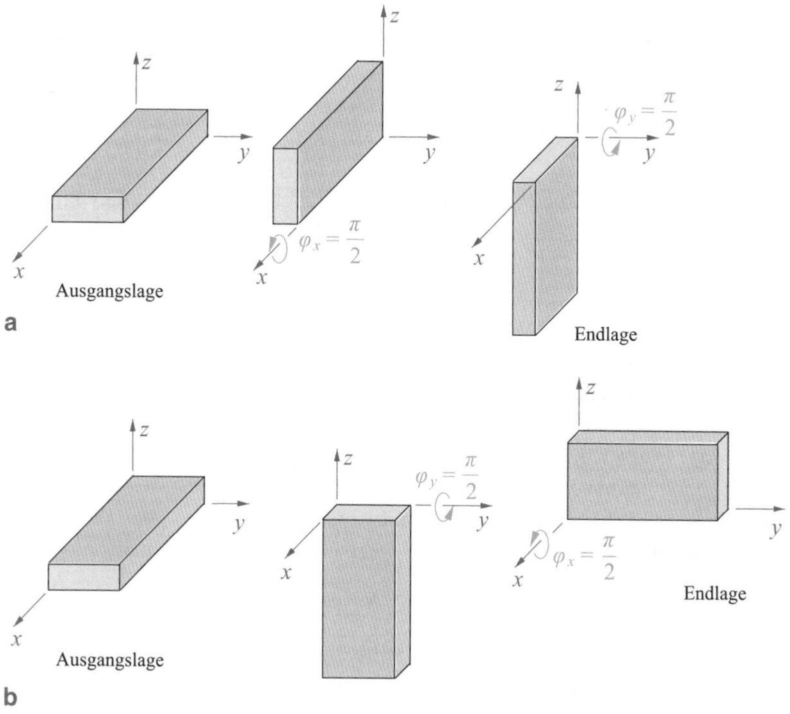

Abb. 3.4 Zur endlichen Drehung eines Körpers

Körper aus einer Ausgangslage endliche Drehungen um verschiedene Achsen ausführen lässt. Drehen wir z. B. den Quader in Abb. 3.4 **zuerst** mit dem Winkel $\varphi_x = \pi/2$ um die x-Achse und **dann** mit dem Winkel $\varphi_y = \pi/2$ um die y-Achse, so erhalten wir die Endlage nach Abb. 3.4a. Dreht man dagegen **zuerst** mit $\varphi_y = \pi/2$ um die y-Achse und **dann** mit $\varphi_x = \pi/2$ um die x-Achse, so ergibt sich eine andere Endlage (Abb. 3.4b). Da aber nach den Gesetzen der Vektoralgebra die Reihenfolge der Addition von Vektoren keinen Einfluss auf das Ergebnis haben darf, können endliche Drehwinkel keinen Vektorcharakter haben.

Die Beschleunigung von P erhalten wir durch zeitliche Ableitung von (3.5):

$$\boldsymbol{a}_P = \frac{\mathrm{d}\boldsymbol{v}_P}{\mathrm{d}t} = \dot{\boldsymbol{\omega}} \times \boldsymbol{r}_{AP} + \boldsymbol{\omega} \times \dot{\boldsymbol{r}}_{AP} .$$

Da A ein fester Punkt ist ($\dot{\boldsymbol{r}}_A = \boldsymbol{0}$), gilt $\dot{\boldsymbol{r}}_{AP} = \dot{\boldsymbol{r}}_P = \boldsymbol{v}_P = \boldsymbol{\omega} \times \boldsymbol{r}_{AP}$.

Hiermit folgt

$$\boldsymbol{a}_P = \dot{\boldsymbol{\omega}} \times \boldsymbol{r}_{AP} + \boldsymbol{\omega} \times (\boldsymbol{\omega} \times \boldsymbol{r}_{AP}) . \tag{3.6}$$

Die Beziehungen (3.5) und (3.6) für Geschwindigkeit und Beschleunigung gehen im Sonderfall der Rotation um eine feste Achse über in (3.2a, b).

3.1.3 Allgemeine Bewegung

Die allgemeine Bewegung eines starren Körpers lässt sich aus Translation und Rotation zusammensetzen. Um dies zu erkennen, betrachten wir zunächst die **ebene Bewegung** eines Körpers (Abb. 3.5a). Für die Ortsvektoren zu den beliebigen körperfesten Punkten P und A gilt dann $\boldsymbol{r}_P = \boldsymbol{r}_A + \boldsymbol{r}_{AP}$. Führen wir die Einheitsvektoren $\boldsymbol{e}_r$ (von A nach P gerichtet) und $\boldsymbol{e}_\varphi$ (senkrecht zu $\boldsymbol{r}_{AP}$) ein, die sich mit dem Körper mitbewegen, so können wir wegen $\boldsymbol{r}_{AP} = r\,\boldsymbol{e}_r$ schreiben:

$$\boldsymbol{r}_P = \boldsymbol{r}_A + r\,\boldsymbol{e}_r .$$

Unter Beachtung von $r = \text{const}$ liefert Differenzieren $\dot{\boldsymbol{r}}_P = \dot{\boldsymbol{r}}_A + r\dot{\boldsymbol{e}}_r$. Die Zeitableitung $\dot{\boldsymbol{e}}_r$ ergibt sich aus folgender Überlegung: ändert $\boldsymbol{r}_{AP}$ in der Zeit dt seine Richtung um den Winkel dφ, so erfahren auch $\boldsymbol{e}_r$ und $\boldsymbol{e}_\varphi$ Richtungsänderungen um dφ. Nach Abb. 3.5b folgt dann $\mathrm{d}\boldsymbol{e}_r = \mathrm{d}\varphi\,\boldsymbol{e}_\varphi$, und es wird $\dot{\boldsymbol{e}}_r = \mathrm{d}\boldsymbol{e}_r/\mathrm{d}t = \dot{\varphi}\,\boldsymbol{e}_\varphi$. Analog erhält man $\dot{\boldsymbol{e}}_\varphi = -\dot{\varphi}\,\boldsymbol{e}_r$ (vgl. auch Abschn. 1.1.4). Mit $\omega = \dot{\varphi}$ lautet daher die Geschwindigkeit von P

$$\dot{\boldsymbol{r}}_P = \dot{\boldsymbol{r}}_A + r\,\omega\,\boldsymbol{e}_\varphi .$$

Für die Beschleunigung ergibt sich daraus

$$\ddot{\boldsymbol{r}}_P = \ddot{\boldsymbol{r}}_A + r\,\dot{\omega}\,\boldsymbol{e}_\varphi + r\,\omega\,\dot{\boldsymbol{e}}_\varphi = \ddot{\boldsymbol{r}}_A + r\,\dot{\omega}\,\boldsymbol{e}_\varphi - r\omega^2\boldsymbol{e}_r .$$

Zusammenfassend gilt

$$\begin{aligned} \boldsymbol{r}_P &= \boldsymbol{r}_A + \boldsymbol{r}_{AP} , \\ \boldsymbol{v}_P &= \boldsymbol{v}_A + \boldsymbol{v}_{AP} , \\ \boldsymbol{a}_P &= \boldsymbol{a}_A + \boldsymbol{a}_{AP}^r + \boldsymbol{a}_{AP}^\varphi \end{aligned} \tag{3.7a}$$

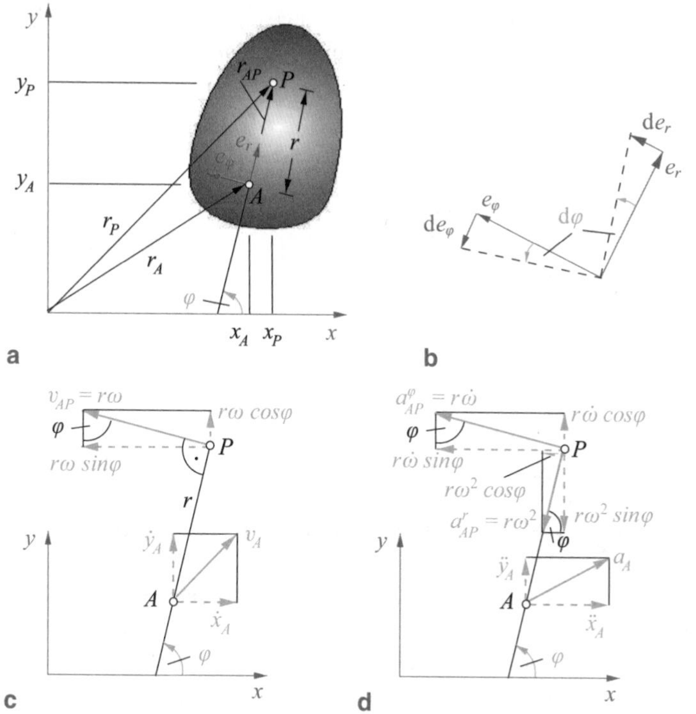

Abb. 3.5 Allgemeine ebene Bewegung

mit

$$\boldsymbol{r}_{AP} = r\,\boldsymbol{e}_r, \qquad \boldsymbol{v}_{AP} = r\,\omega\,\boldsymbol{e}_\varphi,$$
$$\boldsymbol{a}^r_{AP} = -r\omega^2\boldsymbol{e}_r, \quad \boldsymbol{a}^\varphi_{AP} = r\,\dot{\omega}\,\boldsymbol{e}_\varphi\,. \tag{3.7b}$$

Die Beziehungen (3.7a) bestehen aus zwei Anteilen. Während $\boldsymbol{r}_A$, $\boldsymbol{v}_A$ und $\boldsymbol{a}_A$ die Translation des Körpers ausdrücken, wird durch die weiteren Glieder (3.7b) nach (3.2a, b) eine Rotation des Körpers um den Punkt A beschrieben (Kreisbewegung von P). Die Vektoren $\boldsymbol{v}_{AP}$ und $\boldsymbol{a}^\varphi_{AP}$ stehen senkrecht auf $\boldsymbol{r}_{AP}$; dagegen ist $\boldsymbol{a}^r_{AP}$ von P nach A gerichtet (Zentripetalbeschleunigung). Die Geschwindigkeit (Beschleunigung) eines beliebigen Punktes P ist demnach gleich der Geschwindigkeit (Beschleunigung) des Punktes A plus der Geschwindigkeit (Beschleunigung) des Punktes P infolge der Rotation um A.

In vielen Fällen ist es erforderlich, Geschwindigkeit und Beschleunigung von P in kartesischen Koordinaten anzugeben. Wir gehen direkt von den Koordinaten des Punktes P aus (Abb. 3.5a):

$$x_P = x_A + r\cos\varphi, \quad y_P = y_A + r\sin\varphi.$$

Wenn wir einmal differenzieren ($\varphi = \varphi(t)$; Kettenregel!) erhalten wir die Komponenten des Geschwindigkeitsvektors; zweimaliges Differenzieren liefert die Komponenten des Beschleunigungsvektors ($\dot\varphi = \omega$):

$$\begin{aligned}
v_{Px} &= \dot x_P = \dot x_A - r\omega\sin\varphi,\\
v_{Py} &= \dot y_P = \dot y_A + r\omega\cos\varphi,\\
a_{Px} &= \ddot x_P = \ddot x_A - r\dot\omega\sin\varphi - r\omega^2\cos\varphi,\\
a_{Py} &= \ddot y_P = \ddot y_A + r\dot\omega\cos\varphi - r\omega^2\sin\varphi.
\end{aligned}$$

Die Bedeutung der einzelnen Glieder kann aus den Abb. 3.5c, d entnommen werden.

Die Vektorgleichungen (3.7a, b) können dazu benutzt werden, um die Geschwindigkeit (Beschleunigung) eines Körperpunktes P zu einem beliebigen Zeitpunkt mittels eines **Geschwindigkeitsplanes (Beschleunigungsplanes)** grafisch zu ermitteln. Die Richtungen der einzelnen Geschwindigkeits- bzw. Beschleunigungsvektoren sind dabei dem **Lageplan** zu entnehmen, der die kinematischen (geometrischen) Gegebenheiten beschreibt. Sind zum Beispiel beim Körper nach Abb. 3.6a die Größen $\boldsymbol{v}_A, \boldsymbol{a}_A, \omega$ und $\dot\omega$ für die augenblickliche Lage bekannt, so

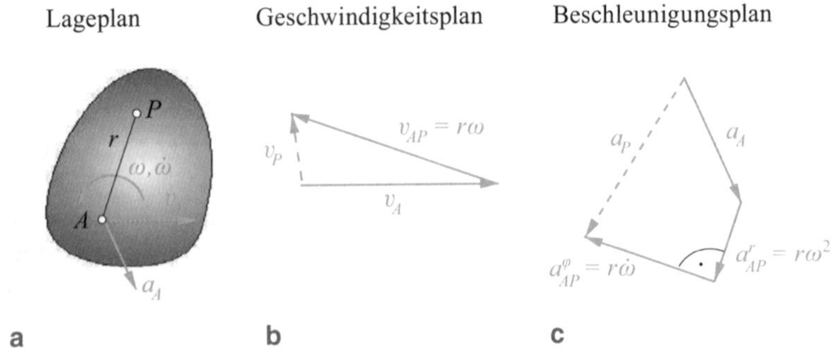

Abb. 3.6 **a** Lage-, **b** Geschwindigkeits- und **c** Beschleunigungsplan

lässt sich die Geschwindigkeit $\boldsymbol{v}_P$ nach (3.7a, b) aus der Vektorsumme von $\boldsymbol{v}_A$ und $\boldsymbol{v}_{AP}$ konstruieren (Abb. 3.6b). Dabei hat $\boldsymbol{v}_{AP}$ den Betrag $v_{AP} = r\omega$ (Maßstab festlegen!) und steht senkrecht zu $\overline{AP}$.

Analog ergibt sich die Beschleunigung $\boldsymbol{a}_P$ nach Abb. 3.6c als Summe aus $\boldsymbol{a}_A$, aus $\boldsymbol{a}^r_{AP}$ ($a^r_{AP} = r\omega^2$, von P nach A gerichtet) und aus $\boldsymbol{a}^\varphi_{AP}$ ($a^\varphi_{AP} = r\dot{\omega}$, senkrecht zu $\overline{AP}$). Arbeitet man grafoanalytisch, so genügt es, die entsprechenden Pläne zu skizzieren und daraus mit Hilfe geometrischer Beziehungen die gesuchten Größen zu bestimmen.

Als illustratives Beispiel untersuchen wir die Bewegung des oberen Endpunktes B einer Stange, deren unterer Endpunkt A horizontal mit der Geschwindigkeit v_A und der Beschleunigung a_A geführt wird (Abb. 3.7a). Gesucht sind die Geschwindigkeit v_B und die Beschleunigung a_B des Punktes B in der dargestellten Lage. Wir lösen die Aufgabe zunächst analytisch. Dazu wählen wir ein Koordinatensystem und zählen den Drehwinkel φ von der vertikalen Lage aus (Abb. 3.7b). Unter Beachtung, dass B keine Horizontalverschiebung erfährt, folgen dann aus

$$x_B = x_A - l\sin\varphi = 0, \quad y_B = l\cos\varphi$$

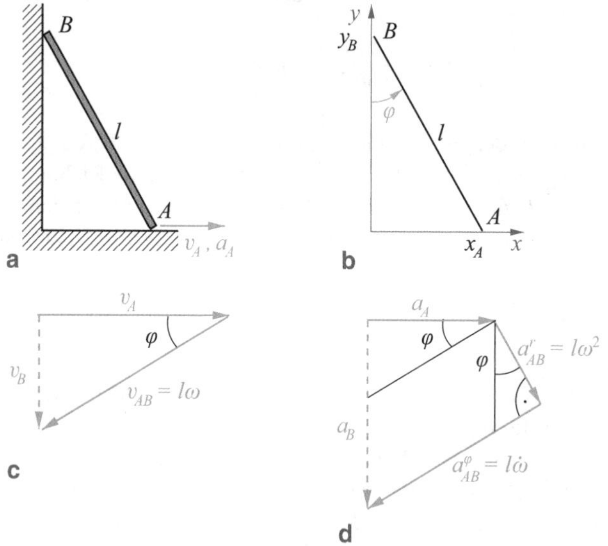

Abb. 3.7 Bewegung einer Stange

durch Differenzieren mit $\dot{x}_A = v_A$:

$$\dot{x}_B = v_A - l\dot{\varphi}\cos\varphi = 0 \quad \rightarrow \quad \dot{\varphi} = \omega = \frac{v_A}{l\cos\varphi},$$
$$v_B = \dot{y}_B = -l\omega\sin\varphi = -v_A\tan\varphi\,.$$

Nochmalige Ableitung nach der Zeit führt mit $\dot{v}_A = a_A$ auf

$$\ddot{x}_B = a_A - l\dot{\omega}\cos\varphi + l\omega^2\sin\varphi = 0$$
$$\rightarrow \quad \dot{\omega} = \frac{a_A}{l\cos\varphi} + \frac{v_A^2\sin\varphi}{l^2\cos^3\varphi},$$
$$a_B = \ddot{y}_B = -l\dot{\omega}\sin\varphi - l\omega^2\cos\varphi = -a_A\tan\varphi - \frac{v_A^2}{l\cos^3\varphi}\,.$$

Die gleichen Ergebnisse kann man unter Verwendung von (3.7a, b) auch grafoanalytisch erhalten. Für den Geschwindigkeitsplan (Abb. 3.7c) sind bekannt: v_A nach Größe und Richtung (horizontal), $v_{AB} = l\omega$ nach der Richtung (senkrecht zu $\overline{AB}$) und v_B ebenfalls nach der Richtung (vertikal). Damit lässt sich das Dreieck skizzieren, und wir lesen für die Beträge der Geschwindigkeiten ab:

$$l\omega = \frac{v_A}{\cos\varphi}, \qquad v_B = v_A\tan\varphi\,.$$

Analog erhält man den Beschleunigungsplan (Abb. 3.7d). Bekannt sind hier a_A (horizontal), $a^r_{AB} = l\omega^2$ (von B nach A gerichtet) sowie die Richtungen von a^φ_{AB} (senkrecht zu $\overline{AB}$) und a_B (vertikal). Mit diesen Angaben lässt sich das Viereck zeichnen, aus dem man dann zum Beispiel für den Betrag von a_B abliest:

$$a_B = a_A\tan\varphi + \frac{l\omega^2}{\cos\varphi}\,.$$

Einsetzen von ω (aus dem Geschwindigkeitsplan bestimmt) liefert das schon ermittelte Ergebnis für a_B.

Auch die allgemeine **räumliche Bewegung** eines starren Körpers setzt sich aus Translation und Rotation zusammen. Um dies zu zeigen, führen wir nach Abb. 3.8 ein Koordinatensystem $\bar{x}, \bar{y}, \bar{z}$ ein, das sich mit dem Körperpunkt A **translatorisch** mitbewegt (Achsrichtungen unveränderlich). Bezüglich eines Beobachters im Ursprung A dieses Systems führt der Körper eine Rotation aus; ihr sind für den Punkt P eine Geschwindigkeit und eine Beschleunigung nach (3.5) und (3.6) zugeordnet.

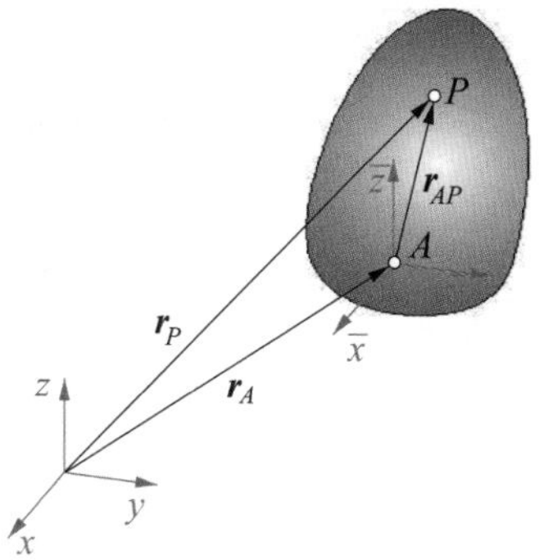

Abb. 3.8 Allgemeine räumliche Bewegung

Hinzu kommen nun noch die Geschwindigkeit $\boldsymbol{v}_A$ und die Beschleunigung $\boldsymbol{a}_A$ des Punktes A (d. h. des translatorisch bewegten Systems $\bar{x}, \bar{y}, \bar{z}$) bezüglich des **festen** Systems, x, y, z. Damit gilt für die allgemeine räumliche Bewegung

$$\begin{aligned}
\boldsymbol{r}_P &= \boldsymbol{r}_A + \boldsymbol{r}_{AP}, \\
\boldsymbol{v}_P &= \boldsymbol{v}_A + \boldsymbol{\omega} \times \boldsymbol{r}_{AP}, \\
\boldsymbol{a}_P &= \boldsymbol{a}_A + \dot{\boldsymbol{\omega}} \times \boldsymbol{r}_{AP} + \boldsymbol{\omega} \times (\boldsymbol{\omega} \times \boldsymbol{r}_{AP}).
\end{aligned} \tag{3.8}$$

Die Beziehungen (3.8) sind natürlich auch im Fall der **ebenen** Bewegung eines starren Körpers gültig. Nehmen wir die x, y-Ebene als Bewegungsebene an (vgl. auch Abb. 3.5a), so erhalten wir durch Einsetzen von

$$\boldsymbol{\omega} = \omega\, \boldsymbol{e}_z, \quad \dot{\boldsymbol{\omega}} = \dot{\omega}\, \boldsymbol{e}_z, \quad \boldsymbol{r}_{AP} = r\, \boldsymbol{e}_r$$

in (3.8) die Gleichungen (3.7a, b) für Ort, Geschwindigkeit und Beschleunigung von P:

$$\begin{aligned}
\boldsymbol{r}_P &= \boldsymbol{r}_A + r\, \boldsymbol{e}_r, \\
\boldsymbol{v}_P &= \boldsymbol{v}_A + \omega\, \boldsymbol{e}_z \times r\, \boldsymbol{e}_r = \boldsymbol{v}_A + r\omega\, \boldsymbol{e}_\varphi, \\
\boldsymbol{a}_P &= \boldsymbol{a}_A + \dot{\omega}\, \boldsymbol{e}_z \times r\, \boldsymbol{e}_r + \omega\, \boldsymbol{e}_z \times (\omega\, \boldsymbol{e}_z \times r\, \boldsymbol{e}_r) \\
&= \boldsymbol{a}_A + r\dot{\omega}\, \boldsymbol{e}_\varphi + \omega\, \boldsymbol{e}_z \times r\omega\, \boldsymbol{e}_\varphi = \boldsymbol{a}_A + r\dot{\omega}\, \boldsymbol{e}_\varphi - r\omega^2 \boldsymbol{e}_r\,.
\end{aligned}$$

Beispiel 3.1

Bei dem Kurbeltrieb nach Bild a dreht sich die Kurbel $\overline{0A}$ mit der konstanten Winkelgeschwindigkeit ω_0.

Wie groß sind Winkelgeschwindigkeit und -beschleunigung des Pleuels $\overline{AK}$ sowie Geschwindigkeit und Beschleunigung des Kolbens K in einer beliebigen Lage?

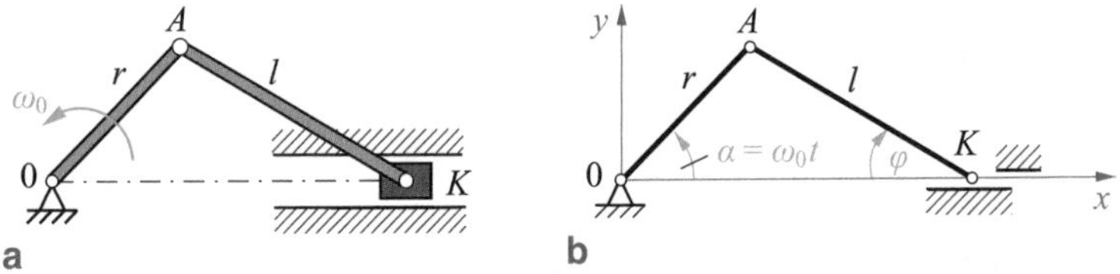

Lösung Wir wählen ein Koordinatensystem und zählen die Drehwinkel α und φ von Kurbel und Pleuel von der Horizontalen aus (Bild b). Da der Kolben horizontal geführt wird, ist seine Vertikalverschiebung Null:

$$y_K = r\sin\alpha - l\sin\varphi = 0\,. \tag{a}$$

Hieraus folgt der Zusammenhang zwischen den Winkeln φ und α:

$$\sin\varphi = \frac{r}{l}\sin\alpha \quad \rightarrow \quad \cos\varphi = \sqrt{1-\frac{r^2}{l^2}\sin^2\alpha}\,. \tag{b}$$

Aus (a) erhalten wir durch Differenzieren ($\dot\alpha = \omega_0 = \text{const}$) für die Winkelgeschwindigkeit $\dot\varphi$ und die Winkelbeschleunigung $\ddot\varphi$ des Pleuels

$$\begin{aligned}
\dot y_K &= r\omega_0\cos\alpha - l\dot\varphi\cos\varphi = 0\\
&\rightarrow \quad \underline{\underline{\dot\varphi}} = \omega_0\,\frac{r}{l}\frac{\cos\alpha}{\cos\varphi},\\
\ddot y_K &= -r\omega_0^2\sin\alpha + l\dot\varphi^2\sin\varphi - l\ddot\varphi\cos\varphi = 0\\
&\rightarrow \quad \underline{\underline{\ddot\varphi}} = -\omega_0^2\,\frac{r}{l}\frac{\sin\alpha}{\cos\varphi} + \dot\varphi^2\,\frac{\sin\varphi}{\cos\varphi}\\
&\qquad\quad = \omega_0^2\,\frac{r}{l}\left[-\frac{\sin\alpha}{\cos\varphi} + \frac{r}{l}\frac{\cos^2\alpha\sin\varphi}{\cos^3\varphi}\right].
\end{aligned}$$

Die Geschwindigkeit $\dot{x}_K$ und die Beschleunigung $\ddot{x}_K$ des Kolbens folgen aus der Lage x_K und (b):

$$
\begin{aligned}
x_K &= r\cos\alpha + l\cos\varphi ,\\
\underline{\underline{\dot{x}_K}} &= -r\omega_0\sin\alpha - l\dot{\varphi}\sin\varphi = -r\omega_0\sin\alpha\left[1 + \frac{r}{l}\frac{\cos\alpha}{\cos\varphi}\right],\\
\underline{\underline{\ddot{x}_K}} &= -r\omega_0^2\cos\alpha - l\dot{\varphi}^2\cos\varphi - l\ddot{\varphi}\sin\varphi\\
&= -r\omega_0^2\left[\cos\alpha - \frac{r}{l}\left(\frac{\sin^2\alpha}{\cos\varphi} - \frac{\cos^2\alpha}{\cos^3\varphi}\right)\right].
\end{aligned}
$$

Die Winkelfunktionen $\sin\varphi$ und $\cos\varphi$ können dabei noch nach (b) durch den Winkel α ausgedrückt werden. Sollen die Geschwindigkeit und die Beschleunigung nicht in Abhängigkeit von α, sondern von der Zeit angegeben werden, so hat man α durch $\alpha = \omega_0 t$ zu ersetzen, wenn die Zeitzählung bei $\alpha = 0$ beginnt. ◄

Beispiel 3.2

Beim System nach Bild a drehen sich eine Kurbel und eine Scheibe mit den konstanten Winkelgeschwindigkeiten ω_1 und ω_2.

Zu bestimmen sind Geschwindigkeit und Beschleunigung des Punktes P in Abhängigkeit vom Winkel ψ.

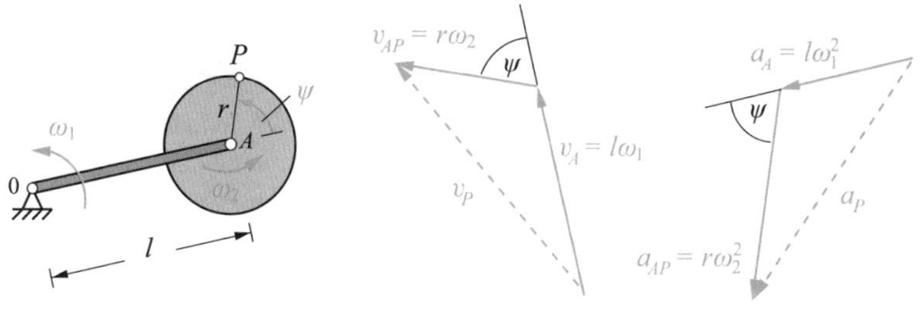

a b c

Lösung Wir lösen die Aufgabe grafoanalytisch. Der Scheibenmittelpunkt A führt eine Kreisbewegung um 0 aus. Hierfür gilt:

$$
\begin{aligned}
v_A &= l\omega_1 \quad \text{(senkrecht zu } \overline{0A}\text{)},\\
a_A &= l\omega_1^2 \quad \text{(von } A \text{ nach 0 gerichtet, da } \dot{\omega}_1 = 0\text{)}.
\end{aligned}
$$

Die Bewegung des Punktes P um A ist ebenfalls eine Kreisbewegung:

$$v_{AP} = r\omega_2 \quad \text{(senkrecht zu } \overline{AP}\text{)},$$
$$a_{AP} = r\omega_2^2 \quad \text{(von } P \text{ nach } A \text{ gerichtet, da } \dot{\omega}_2 = 0\text{)}.$$

Damit lassen sich der Geschwindigkeits- und der Beschleunigungsplan skizzieren (Bild b, c). Hieraus lesen wir mit dem Kosinussatz ab

$$v_P^2 = (l\omega_1)^2 + (r\omega_2)^2 - 2\,lr\omega_1\,\omega_2\cos(\pi - \psi)$$
$$\rightarrow \quad \underline{\underline{v_P = \sqrt{(l\omega_1)^2 + (r\omega_2)^2 + 2\,lr\omega_1\,\omega_2\cos\psi}}}$$

und analog

$$\underline{\underline{a_P = \sqrt{(l\omega_1^2)^2 + (r\omega_2^2)^2 + 2\,lr\omega_1^2\,\omega_2^2\cos\psi}}}\,.$$

Maximale (minimale) Werte ergeben sich für $\psi = 0$ ($\psi = \pi$). So folgt zum Beispiel für die maximale Beschleunigung

$$a_{P_{\max}} = l\omega_1^2 + r\omega_2^2\,. \quad ◄$$

3.1.4 Momentanpol

Nach Abschn. 3.1.3 setzt sich die ebene Bewegung eines starren Körpers aus Translation und Rotation zusammen. Sie lässt sich jedoch zu jedem Zeitpunkt auch als reine Drehbewegung um einen augenblicklichen (momentanen) Drehpunkt Π auffassen. Man bezeichnet diesen Drehpunkt als **Momentanpol** oder **Momentanzentrum**.

Den Nachweis für diese Aussage führen wir, indem wir zeigen, dass es immer einen Punkt A (= Momentanzentrum Π) gibt, für den die augenblickliche Geschwindigkeit Null ist. Mit $\boldsymbol{v}_A = \boldsymbol{0}$ führt (3.8) dann für einen beliebigen Punkt P auf die Geschwindigkeit (3.5) infolge reiner Rotation um A:

$$\boldsymbol{v}_P = \boldsymbol{\omega} \times \boldsymbol{r}_{AP}\,.$$

Wir können diese Gleichung nach $\boldsymbol{r}_{AP}$ auflösen, indem wir sie mit $\boldsymbol{\omega}$ vektoriell multiplizieren sowie die Größen $\boldsymbol{v}_P = v_P\,\boldsymbol{e}_\varphi, \boldsymbol{r}_{AP} = r_P\,\boldsymbol{e}_r$ und $\boldsymbol{\omega} = \omega\,\boldsymbol{e}_z$ ($\boldsymbol{e}_z$

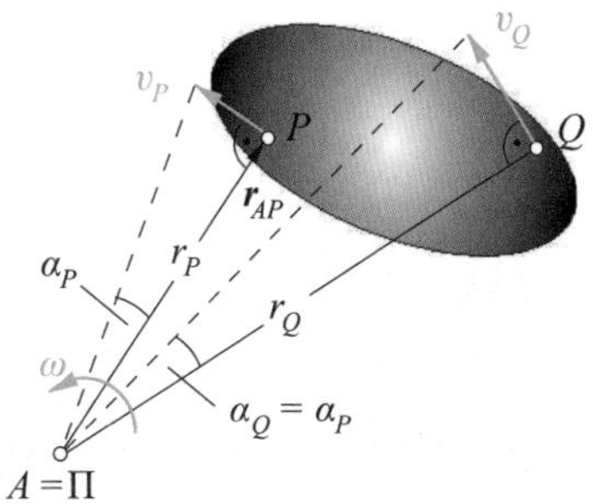

Abb. 3.9 Momentanpol

steht senkrecht auf $\boldsymbol{e}_r$ und $\boldsymbol{e}_\varphi$) einsetzen:

$$\begin{aligned}\mathbf{0} &= \boldsymbol{\omega} \times (\boldsymbol{\omega} \times \boldsymbol{r}_{AP}) - \boldsymbol{\omega} \times \boldsymbol{v}_P \\ &= \omega^2 r_P\, \boldsymbol{e}_z \times (\boldsymbol{e}_z \times \boldsymbol{e}_r) - \omega\, v_P (\boldsymbol{e}_z \times \boldsymbol{e}_\varphi) \\ &= -\omega^2 r_P\, \boldsymbol{e}_r - \omega\, v_P (\boldsymbol{e}_z \times \boldsymbol{e}_\varphi) \\ \rightarrow \quad \boldsymbol{r}_{AP} &= r_P\, \boldsymbol{e}_r = -\frac{v_P}{\omega} (\boldsymbol{e}_z \times \boldsymbol{e}_\varphi)\,.\end{aligned}$$

Danach steht $\boldsymbol{r}_{AP}$ senkrecht auf der Geschwindigkeit $\boldsymbol{v}_P$ (Abb. 3.9) und hat den Betrag $r_P = v_P/\omega$.

Der Momentanpol Π ist damit eindeutig festgelegt. Die augenblickliche Bewegung des Körpers ist also tatsächlich als reine Drehung um den Pol Π darstellbar.

Mit dem Betrag ω der Winkelgeschwindigkeit und den Abständen r_P und r_Q gilt demnach für die Geschwindigkeiten von zwei Punkten P und Q (Kreisbewegung)

$$v_P = r_P\, \omega, \quad v_Q = r_Q\, \omega\,. \tag{3.9}$$

Sie stehen senkrecht auf den jeweiligen Verbindungsgeraden zum Pol Π (Abb. 3.9).

Damit lässt sich die Lage von Π auch bestimmen, wenn die Geschwindigkeitsrichtungen zweier Körperpunkte bekannt sind: man errichtet in beiden Punkten die Senkrechten zu den jeweiligen Geschwindigkeiten und bringt sie zum Schnitt. Der Schnittpunkt ist dann der Momentanpol Π; er kann außerhalb des Körpers liegen. Ist insbesondere die momentane Geschwindigkeit eines Körperpunktes Null, so ist dieser Punkt der Momentanpol. Eliminiert man in (3.9) die Winkelgeschwindigkeit ω, so folgt $v_P/r_P = v_Q/r_Q$, d. h. die Winkel α_P und α_Q sind gleich (Abb. 3.9).

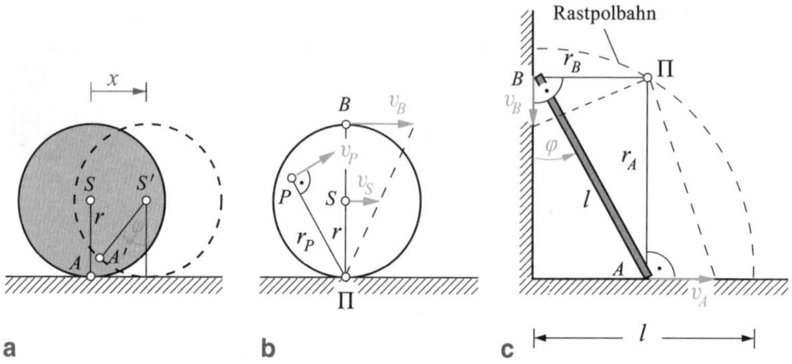

Abb. 3.10 Beispiele zum Momentanpol

Dies macht man sich bei der Lösung von kinematischen Problemen mit Hilfe des Momentanzentrums zunutze (bei grafischer Lösung Maßstab beachten). Ausdrücklich sei noch darauf hingewiesen, dass das Momentanzentrum **kein** fester Punkt ist, sondern sich selbst bewegt.

Als einfaches Anwendungsbeispiel betrachten wir eine Kreisscheibe, die sich auf einer horizontalen Unterlage bewegt und deren Mittelpunkt S die Geschwindigkeit v_S hat (Abb. 3.10a). Wenn die Scheibe **rollt** (kein Rutschen im Auflagepunkt A) und S dabei die Strecke x zurücklegt, so bewegt sich A nach A'. Die Scheibe erfährt dabei eine Drehung um den Winkel φ. Da die abgerollte Bogenlänge $r\varphi$ und der zurückgelegte Weg x gleich sein müssen, gilt $x = r\varphi$. Daraus folgt durch Ableitung mit $\dot{x} = v_S$ und $\dot{\varphi} = \omega$ der Zusammenhang

$$v_S = r\,\omega\,. \qquad (3.10)$$

Der Körperpunkt der Scheibe, welcher die Unterlage berührt, ist im Moment der Berührung in Ruhe (kein Schlupf!). Er stellt demnach das Momentanzentrum Π dar (Abb. 3.10b). Die Geschwindigkeit eines beliebigen Punktes P hat dann nach (3.9) mit (3.10) den Betrag

$$v_P = r_P\,\omega = v_S\,\frac{r_P}{r}\,.$$

Sie steht senkrecht auf der Geraden $\overline{\Pi P}$. Die größte Geschwindigkeit hat somit der Punkt B $(r_B = 2\,r)$ mit $v_B = 2\,v_S$.

Wir wenden uns nun noch einmal dem Anwendungsbeispiel aus Abschn. 3.1.3 (vgl. Abb. 3.7a) zu. Die Geschwindigkeit v_A ist hier horizontal, die Geschwindigkeit v_B vertikal (Abb. 3.10c). Das Momentanzentrum ergibt sich dann als Schnittpunkt der jeweiligen Senkrechten zu v_A und v_B. Mit gegebenem v_A folgt nach (3.9) die Winkelgeschwindigkeit der Stange:

$$v_A = r_A\,\omega = l\omega\cos\varphi \quad\rightarrow\quad \omega = \frac{v_A}{l\cos\varphi}\,.$$

Für die Geschwindigkeit von B ergibt sich damit

$$v_B = r_B\,\omega = l\omega\sin\varphi = v_A\tan\varphi\,.$$

Je nach Lage der Stange befindet sich der Momentanpol Π an einer anderen Stelle. Den geometrischen Ort aller Punkte, die ein Momentanpol durchläuft, bezeichnet man als **Rastpolbahn**. Sie ist im Beispiel ein Kreisbogen mit dem Radius l.

Beispiel 3.3

Das System nach Bild a besteht aus zwei gelagerten Rollen ① und ② sowie einer Rolle ③, die von einem Seil geführt wird. Die Rollen ① und ② drehen sich mit den Winkelgeschwindigkeiten ω_1 bzw. ω_2.

Wie groß sind die Geschwindigkeit von C und die Winkelgeschwindigkeit der Rolle ③, wenn das Seil an keiner Stelle rutscht?

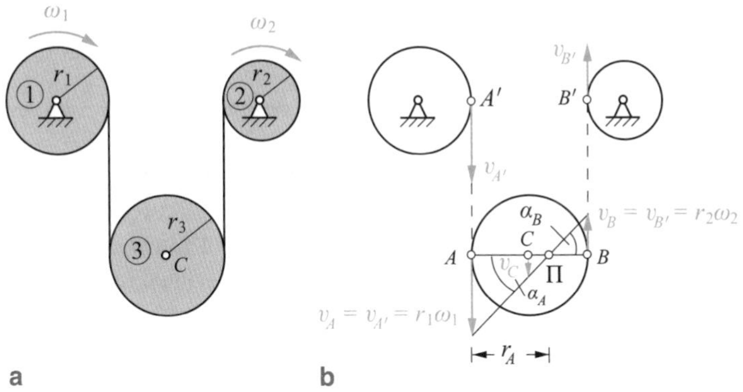

Lösung Die Geschwindigkeiten der Punkte A' und B' der Rollen (Bild b) sind

$$v_{A'} = r_1\,\omega_1\,, \qquad v_{B'} = r_2\,\omega_2\,.$$

Da das Seil nicht rutscht, stimmt die Geschwindigkeit von A mit der von A' und die von B mit der von B' überein:

$$v_A = v_{A'}\,, \qquad v_B = v_{B'}\,.$$

Das Momentanzentrum Π der Rolle ③ finden wir dann durch Schnitt der Senkrechten zu v_A und v_B mit der Verbindungsgeraden der Pfeilspitzen von v_A und v_B (es muss $\alpha_A = \alpha_B$ sein). Für die Strecke r_A folgt mit dem Strahlensatz

$$\frac{r_A}{r_1\,\omega_1} = \frac{2\,r_3 - r_A}{r_2\,\omega_2} \quad \rightarrow \quad r_A = 2\,r_3\,\frac{r_1\,\omega_1}{r_1\,\omega_1 + r_2\,\omega_2}\,.$$

Die Winkelgeschwindigkeit ω_3 der Rolle ③ erhalten wir nach (3.9):

$$v_A = r_A\,\omega_3 \quad \rightarrow \quad \underline{\underline{\omega_3}} = \frac{v_A}{r_A} = \underline{\underline{\frac{r_1\,\omega_1 + r_2\,\omega_2}{2\,r_3}}}\,.$$

Die Geschwindigkeit von C ergibt sich zu

$$\underline{\underline{v_C}} = (r_A - r_3)\omega_3 = \underline{\underline{\frac{1}{2}(r_1\,\omega_1 - r_2\,\omega_2)}}\,.$$

Für $r_1\,\omega_1 = r_2\,\omega_2$ führt die Rolle ③ eine reine Rotation aus ($v_C = 0$). ◄

Beispiel 3.4

Beim Mechanismus nach Bild a dreht sich der Hebel ① mit der Winkelgeschwindigkeit ω_1.

Wie groß sind die Geschwindigkeiten von A und von B sowie die Winkelgeschwindigkeiten der Hebel ② und ③ in der dargestellten Lage?

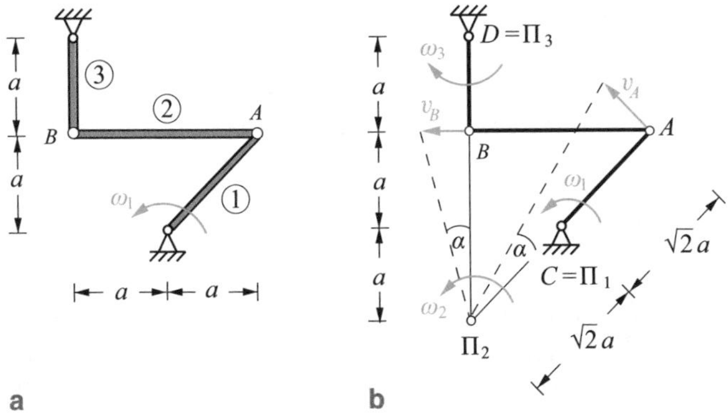

Lösung Die Hebel ① bzw. ③ drehen sich um die Punkte C bzw. D (Bild b). Diese Punkte sind daher die Momentanpole Π_1 bzw. Π_3 der entsprechenden Hebel. Somit sind die Richtungen der Geschwindigkeiten von A und B bekannt. Die Punkte A und B gehören auch dem Hebel ② an. Seinen Momentanpol Π_2 finden wir durch Schnitt der Senkrechten zu v_A und v_B. Aus den Drehungen der einzelnen Hebel um ihre Momentanpole folgen dann mit den Abständen nach Bild b:

$$\Pi_1: \qquad \underline{\underline{v_A = \sqrt{2}\,a\omega_1}},$$

$$\Pi_2: \quad v_A = 2\sqrt{2}\,a\omega_2 \quad \rightarrow \quad \underline{\underline{\omega_2 = \frac{\omega_1}{2}}},$$

$$v_B = 2\,a\omega_2 \quad \rightarrow \quad \underline{\underline{v_B = a\omega_1}},$$

$$\Pi_3: \quad v_B = a\omega_3 \quad \rightarrow \quad \underline{\underline{\omega_3 = \omega_1}}. \quad \blacktriangleleft$$

3.2 Kinetik der Rotation um eine feste Achse

Wir betrachten in den folgenden Abschnitten den Zusammenhang zwischen Kräften und Bewegungen von starren Körpern. Dabei beschränken wir uns zunächst auf die Drehung eines Körpers um eine feste Achse.

3.2.1 Momentensatz

Der Körper nach Abb. 3.11 dreht sich um die feste Achse a–a. Dabei führt jeder Punkt des Körpers eine Kreisbewegung aus. Mit $\ddot{\varphi} = \dot{\omega}$ lautet dann nach (1.67) der Momentensatz (Drallsatz) für ein Massenelement dm des Körpers

$$\mathrm{d}\Theta_a\,\dot{\omega} = \mathrm{d}M_a\,. \tag{3.11}$$

Darin sind $\mathrm{d}\Theta_a = r^2\mathrm{d}m$ das **Massenträgheitsmoment** von dm und dM_a das Moment der äußeren und der inneren Kräfte ($\mathrm{d}\boldsymbol{F}^{(a)}$ und $\mathrm{d}\boldsymbol{F}^{(i)}$) bezüglich der Drehachse. Den oberen Index (Bezugspunkt) bei Moment und Massenträgheitsmoment in (1.67) haben wir dabei durch einen unteren Index ersetzt, der die Bezugsachse a–a kennzeichnet. Integriert man über den gesamten Körper, so heben sich die Momente der inneren Kräfte gegenseitig auf (vgl. Abschn. 2.3), und wir erhalten den **Momentensatz**

$$\Theta_a\,\dot{\omega} = M_a\,. \tag{3.12}$$

Dabei sind

$$\Theta_a = \int r^2\mathrm{d}m \tag{3.13}$$

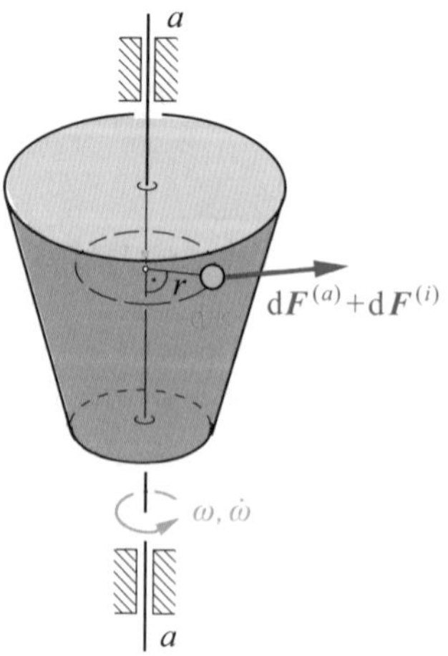

Abb. 3.11 Rotation um eine feste Achse

das Massenträgheitsmoment des Körpers und M_a das Moment der äußeren Kräfte bezüglich der Achse a–a.

Aus dem Drehimpuls $\mathrm{d}L_a = rv\,\mathrm{d}m = r^2\omega\,\mathrm{d}m$ für ein Massenelement $\mathrm{d}m$ (vgl. Abschn. 1.2.6) ergibt sich der Drehimpuls des rotierenden Körpers bezüglich der Drehachse a–a zu

$$L_a = \int \mathrm{d}L_a = \omega \int r^2 \mathrm{d}m \quad \rightarrow \quad L_a = \Theta_a\,\omega\,. \tag{3.14}$$

Damit lässt sich (3.12) auch in der Form

$$\dot{L}_a = M_a \tag{3.15}$$

schreiben. Integration über das Zeitintervall t_0 bis t liefert dann

$$L_a(t) - L_a(t_0) = \int_{t_0}^{t} M_a\,\mathrm{d}\bar{t} \quad \rightarrow \quad \Theta_a(\omega - \omega_0) = \int_{t_0}^{t} M_a\,\mathrm{d}\bar{t}\,. \tag{3.16}$$

Die Änderung des Drehimpulses ist somit gleich dem Zeitintegral des Moments. Wenn das Moment M_a Null ist, bleibt der Drehimpuls $L_a = \Theta_a\,\omega$ unverändert (Drehimpulserhaltung).

Die Bewegungsgesetze (3.12), (3.15) und (3.16) sind analog zu den Bewegungsgesetzen (1.38), (1.37) und (1.49) für den Massenpunkt bzw. für die Translation eines Körpers. Um die entsprechenden Gesetze für die Rotation um eine feste Achse zu erhalten, müssen nur die Masse durch das Massenträgheitsmoment, die Geschwindigkeit durch die Winkelgeschwindigkeit, die Kraft durch das Moment und der Impuls durch den Drehimpuls ersetzt werden. Man spricht daher von einer **Analogie** zwischen Translation und Rotation (vgl. Abschn. 3.2.3).

3.2.2 Massenträgheitsmoment

Das Massenträgheitsmoment Θ_a ist nach (3.13) definiert durch

$$\Theta_a = \int r^2 \mathrm{d}m\,, \tag{3.17}$$

wobei r der senkrechte Abstand von $\mathrm{d}m$ zur Achse a–a ist. Da es auf eine Achse bezogen ist, bezeichnet man es auch als **axiales Massenträgheitsmoment**.

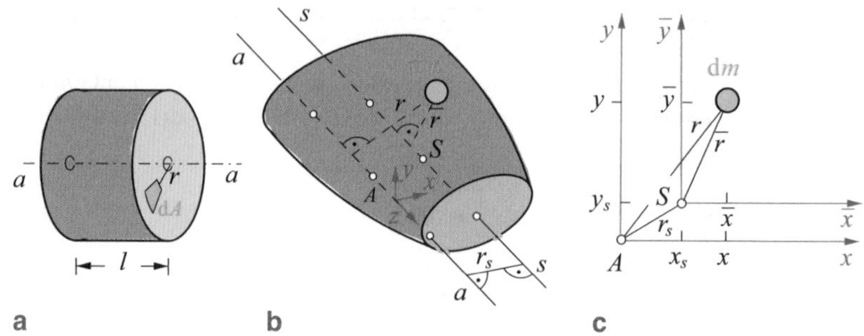

Abb. 3.12 Zum Massenträgheitsmoment

Für manche Fälle ist es zweckmäßig, mit

$$\Theta_a = i_a^2 m \tag{3.18}$$

einen **Trägheitsradius** i_a einzuführen. Er gibt an, in welchem Abstand i_a von der Drehachse man sich die Gesamtmasse m konzentriert denken muss, damit sie das gleiche Trägheitsmoment hat wie der Körper selbst.

Wenn die Dichte ρ des Körpers konstant ist, so folgt mit $\mathrm{d}m = \rho\,\mathrm{d}V$ aus (3.17)

$$\Theta_a = \rho \int r^2 \,\mathrm{d}V\,. \tag{3.19a}$$

Ist zudem noch die Querschnittsform über die Länge unveränderlich, wie es zum Beispiel bei einer zylindrischen Welle der Fall ist (Abb. 3.12a), so erhalten wir mit $\mathrm{d}V = l\,\mathrm{d}A$

$$\Theta_a = \rho l \int r^2 \,\mathrm{d}A = \rho l\, I_p\,. \tag{3.19b}$$

Dabei ist I_p das **polare Flächenträgheitsmoment** (vgl. Band 2, Abschnitt 4.2).

Analog zu den Flächenträgheitsmomenten gilt auch beim Massenträgheitsmoment der **Satz von Steiner**. Um dies zu zeigen, legen wir in den Körper eine Achse s–s durch den Schwerpunkt S (Schwerachse) und eine Achse a–a parallel dazu (Abb. 3.12b). Dann erhält man mit $x = x_s + \bar{x}$ und $y = y_s + \bar{y}$ (Abb. 3.12c)

$$\begin{aligned}\Theta_a &= \int r^2 \mathrm{d}m = \int (x^2 + y^2)\,\mathrm{d}m \\ &= (x_s^2 + y_s^2) \int \mathrm{d}m + 2\,x_s \int \bar{x}\,\mathrm{d}m + 2\,y_s \int \bar{y}\,\mathrm{d}m + \int (\bar{x}^2 + \bar{y}^2)\,\mathrm{d}m\,.\end{aligned}$$

Da die statischen Momente $\int \bar{x}\,\mathrm{d}m$ und $\int \bar{y}\,\mathrm{d}m$ bezüglich der Schwerachsen Null sind, folgt mit

$$\Theta_s = \int \bar{r}^2 \mathrm{d}m = \int (\bar{x}^2 + \bar{y}^2)\,\mathrm{d}m, \quad x_s^2 + y_s^2 = r_s^2, \quad m = \int \mathrm{d}m$$

der Satz von Steiner

$$\Theta_a = \Theta_s + r_s^2 m\,. \tag{3.20}$$

Mit (3.18) gilt danach für die Trägheitsradien $i_a^2 = i_s^2 + r_s^2$.

Als Anwendungsbeispiel berechnen wir das Trägheitsmoment eines schlanken, homogenen Stabes der Masse m (Abb. 3.13a). Bezüglich einer zum Stab senkrechten Achse durch den Punkt A erhalten wir dann mit $\mathrm{d}m/m = \mathrm{d}r/l$

$$\Theta_A = \int r^2\,\mathrm{d}m = \frac{m}{l}\int_0^l r^2\,\mathrm{d}r = \frac{ml^2}{3}\,. \tag{3.21a}$$

Dabei haben wir den Index a (Bezugsachse) durch den Index A (Bezugspunkt) ersetzt. Wir werden im folgenden beide Schreibweisen verwenden. Wählt man eine Bezugsachse durch den Schwerpunkt S, so folgt nach (3.20)

$$\Theta_S = \Theta_A - \left(\frac{l}{2}\right)^2 m = \frac{ml^2}{12}\,. \tag{3.21b}$$

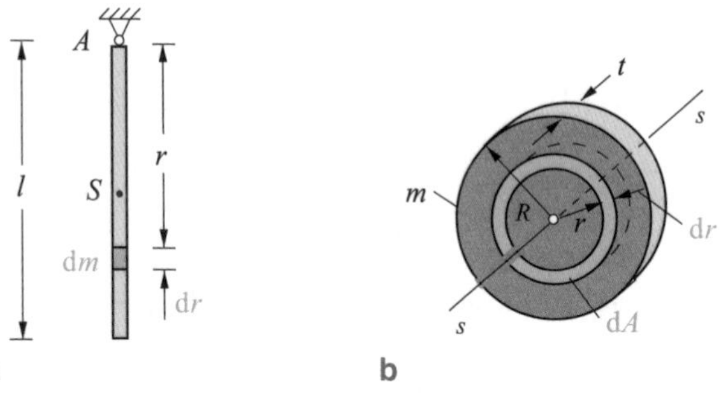

Abb. 3.13 Massenträgheitsmomente eines Stabes und einer Kreisscheibe

Wir bestimmen noch das Massenträgheitsmoment einer homogenen Kreisscheibe der Masse m vom Radius R bezüglich einer zur Scheibe senkrechten Achse s–s durch den Mittelpunkt (Abb. 3.13b). Mit $\mathrm{d}A = 2\pi r\,\mathrm{d}r$ und der Scheibendicke t ergibt sich

$$\Theta_s = \int r^2\,\mathrm{d}m = \rho t \int r^2\,\mathrm{d}A = 2\pi\rho t \int_0^R r^3\,\mathrm{d}r = \frac{\pi}{2}\rho t R^4 = \frac{mR^2}{2}\,. \qquad (3.22)$$

Da Θ_s nur von der Masse und vom Radius, aber nicht von der Dicke t abhängt, gilt (3.22) auch für eine homogene Kreiszylinderwelle beliebiger Länge.

Beispiel 3.5

Es ist das Massenträgheitsmoment einer homogenen Kugel (Masse m, Radius R) bezüglich einer Achse durch den Schwerpunkt zu bestimmen.

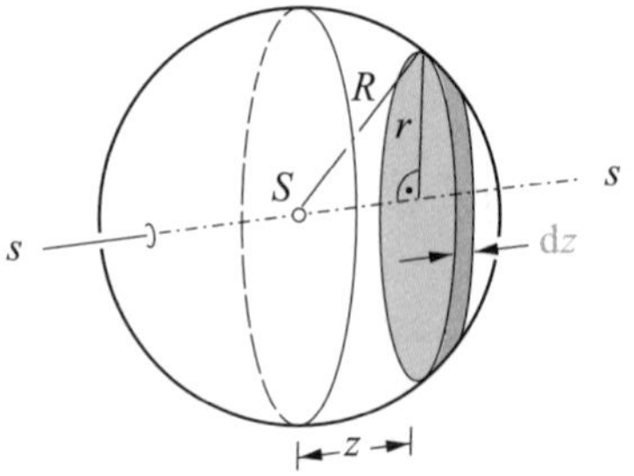

Lösung Wir setzen die Kugel, wie dargestellt, aus Kreisscheiben infinitesimaler Dicke dz zusammen. Dann gilt nach (3.22) für das Trägheitsmoment einer Scheibe mit dem Radius $r = \sqrt{R^2 - z^2}$ in Bezug auf die Achse s–s:

$$\mathrm{d}\Theta_s = \frac{1}{2}\mathrm{d}m\,r^2 = \frac{1}{2}(\rho r^2 \pi\,\mathrm{d}z)\,r^2 = \frac{\pi}{2}\,\rho(R^2 - z^2)^2\,\mathrm{d}z\,.$$

Damit folgt für den Gesamtkörper

$$\Theta_s = \int \mathrm{d}\Theta_s = \frac{\pi}{2}\,\rho \int_{-R}^{+R} (R^2 - z^2)^2\,\mathrm{d}z = \frac{8}{15}\,\pi\rho\,R^5\,.$$

Mit $m = \rho V$ und dem Kugelvolumen $V = \frac{4}{3}\,\pi\,R^3$ ergibt sich

$$\underline{\underline{\Theta_s = \frac{2}{5}\,m\,R^2\,.}} \quad ◄$$

Beispiel 3.6

Eine homogene Quadratscheibe vom Gewicht $G = mg$ ist in A mittels einer Achse drehbar gelagert, die senkrecht zur Scheibe steht (Bild a). Das System wird aus der Gleichgewichtslage ausgelenkt und dann sich selbst überlassen.

Es ist die Bewegungsgleichung aufzustellen.

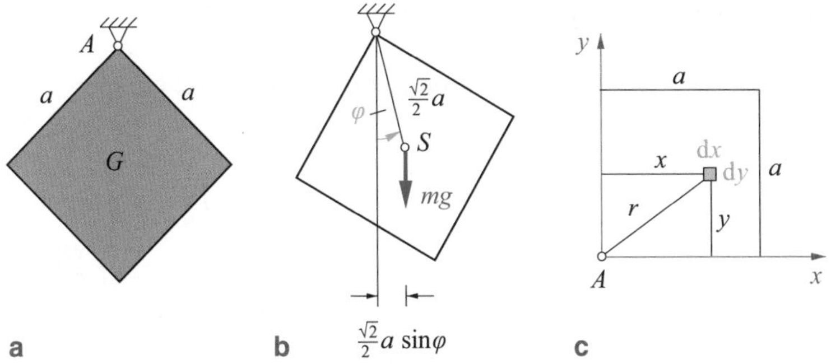

Lösung Da die Scheibe nur eine Drehung um die Achse durch A ausführen kann, wenden wir den Momentensatz bezüglich A an. Zählen wir den Drehwinkel φ von der Gleichgewichtslage aus (Bild b), so gilt

$$\curvearrowleft A: \quad \Theta_A \ddot{\varphi} = M_A \tag{a}$$

mit

$$M_A = -mg\frac{\sqrt{2}}{2}\,a \sin\varphi\,. \tag{b}$$

Das Symbol $\curvearrowleft A$: kennzeichnet dabei den Bezugspunkt beim Drehimpulssatz sowie den gewählten positiven Drehsinn.

Das Massenträgheitsmoment berechnen wir nach (3.17) und den Bezeichnungen aus Bild c. Mit der Scheibendicke t und

$$dm = \rho\, dV = \rho t\, dx\, dy, \quad m = \rho a^2 t, \quad r^2 = x^2 + y^2$$

erhalten wir

$$\Theta_A = \int r^2\, dm = \rho t \int_0^a \int_0^a (x^2 + y^2)\, dx\, dy = \frac{2}{3}\rho t a^4 = \frac{2}{3} m a^2\,.$$

Damit folgt aus (a) und (b) die Bewegungsgleichung

$$\frac{2}{3}ma^2\,\ddot{\varphi} = -mg\,\frac{\sqrt{2}}{2}\,a\sin\varphi \quad\rightarrow\quad \underline{\underline{\ddot{\varphi} + \frac{3\sqrt{2}}{4}\frac{g}{a}\sin\varphi = 0}}\,. \quad ◀$$

3.2.3 Arbeit, Energie, Leistung

Die kinetische Energie E_k eines um die Achse a–a rotierenden Körpers ergibt sich mit (1.69) und $v = r\omega$ zu

$$E_k = \frac{1}{2}\int v^2\,\mathrm{d}m = \frac{1}{2}\omega^2\int r^2\,\mathrm{d}m$$

oder

$$E_k = \frac{1}{2}\,\Theta_a\,\omega^2\,. \qquad (3.23)$$

Bei einer infinitesimalen Drehung des Körpers um den Winkel $\mathrm{d}\varphi$ verrichtet das Moment M_a der äußeren Kräfte die Arbeit $\mathrm{d}W = M_a\mathrm{d}\varphi$. Damit folgen für die Arbeit bei einer endlichen Drehung von φ_0 nach φ

$$W = \int_{\varphi_0}^{\varphi} M_a\mathrm{d}\bar{\varphi} \qquad (3.24)$$

und für die Leistung

$$P = \frac{\mathrm{d}W}{\mathrm{d}t} = M_a\,\omega\,. \qquad (3.25)$$

Integriert man den Momentensatz (3.12) über den Winkel φ, so ergibt sich mit $\mathrm{d}\varphi = \omega \mathrm{d}t$ und $\dot{\omega}\omega = (\frac{1}{2}\omega^2)^{\cdot}$ der Arbeitssatz

$$\Theta_a \int\limits_{\varphi_0}^{\varphi} \dot{\omega} \mathrm{d}\bar{\varphi} = \int\limits_{\varphi_0}^{\varphi} M_a \mathrm{d}\bar{\varphi} \quad \to \quad \Theta_a \int\limits_{t_0}^{t} \dot{\omega}\omega \mathrm{d}\bar{t} = \frac{1}{2}\Theta_a \omega^2 - \frac{1}{2}\Theta_a \omega_0^2 = \int\limits_{\varphi_0}^{\varphi} M_a \mathrm{d}\bar{\varphi}$$

oder

$$E_k - E_{k0} = W\,. \tag{3.26}$$

Ist das Moment M_a aus einem Potential E_p herleitbar, so erhalten wir mit $W = -(E_p - E_{p0})$ den Energiesatz

$$E_k + E_p = E_{k0} + E_{p0} = \text{const}\,. \tag{3.27}$$

In Abschn. 3.2.1 wurde schon auf die Analogie zwischen der Rotation eines Körpers um eine feste Achse und der Translation eines Massenpunktes (Körpers)

Tab. 3.1 Translation und Rotation

Translation		Rotation um feste Achse a–a	
s	Weg	Winkel	φ
$v = \dot{s}$	Geschwindigkeit	Winkelgeschwindigkeit	$\omega = \dot{\varphi}$
$a = \dot{v} = \ddot{s}$	Beschleunigung	Winkelbeschleunigung	$\dot{\omega} = \ddot{\varphi}$
m	Masse	Massenträgheitsmoment	Θ_a
F	Kraft (in Wegrichtung)	Moment (um a–a)	M_a
$p = mv$	Impuls	Drehimpuls	$L_a = \Theta_a\,\omega$
$ma = F$	Kräftesatz	Momentensatz	$\Theta_a\,\dot{\omega} = M_a$
$E_k = \frac{1}{2}mv^2$	kinetische Energie		$E_k = \frac{1}{2}\Theta_a\,\omega^2$
$W = \int F\,\mathrm{d}s$	Arbeit		$W = \int M_a\,\mathrm{d}\varphi$
$P = Fv$	Leistung		$P = M_a\,\omega$

hingewiesen. Danach folgen die Gleichungen der Rotation aus denen der Translation, indem die Masse durch das Massenträgheitsmoment, die Geschwindigkeit durch die Winkelgeschwindigkeit, die Kraft durch das Moment usw. ersetzt werden. Dies trifft auch für die in diesem Abschnitt hergeleiteten Größen (Arbeit, Energie, Leistung) und Gesetzmäßigkeiten (z. B. Energiesatz) zu. Tab. 3.1 zeigt die einander zugeordneten Größen.

Beispiel 3.7

Eine Trommel (Massenträgheitsmoment Θ_A), die sich anfangs mit der Winkelgeschwindigkeit ω_0 dreht, soll durch einen Bremshebel (Reibungszahl μ) zum Stillstand gebracht werden (Bild a).

Wie viele Umdrehungen macht die Trommel während des Bremsvorgangs, wenn die Bremskraft F konstant ist?

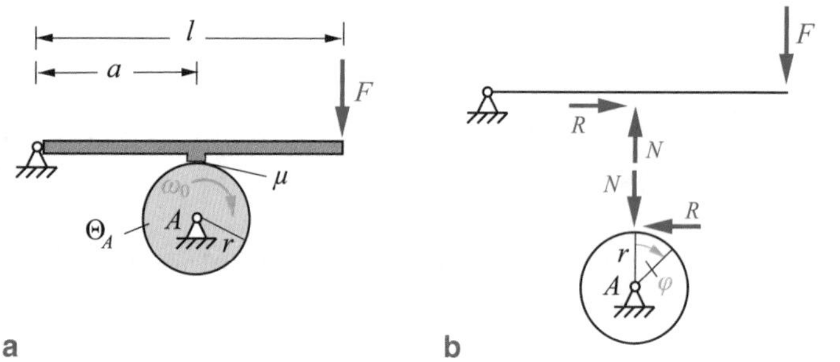

Lösung Wir trennen das System (Bild b) und erhalten aus der Gleichgewichtsbedingung für den Hebel die Normalkraft

$$N = \frac{l}{a}\,F.$$

Wenden wir auf die Trommel den Momentensatz (3.12) an, so gilt

$$\curvearrowright A: \quad \Theta_A\,\ddot{\varphi} = -rR.$$

Einsetzen des Reibungsgesetzes $R = \mu N = \mu \frac{l}{a} F$ führt auf

$$\ddot{\varphi} = -\kappa,$$

wobei wir die Abkürzung $\kappa = \frac{r\mu l F}{a\Theta_A}$ eingeführt haben. Mit den Anfangsbedingungen $\dot{\varphi}(0) = \omega_0$, $\varphi(0) = 0$ erhalten wir durch zweimalige Integration

$$\dot{\varphi} = -\kappa t + \omega_0, \quad \varphi = -\frac{1}{2}\kappa t^2 + \omega_0 t\,.$$

Aus der Bedingung $\dot{\varphi} = 0$ für den Stillstand folgen dann die Zeit t_s, der Drehwinkel φ_s und die Anzahl der Umdrehungen n_s bis zum Stillstand:

$$t_s = \frac{\omega_0}{\kappa}, \quad \varphi_s = \varphi(t_s) = \frac{\omega_0^2}{2\kappa}, \quad \underline{\underline{n_s}} = \frac{\varphi_s}{2\pi} = \underline{\underline{\frac{\omega_0^2}{4\pi\kappa}}}\,.$$

Die Lösung der Aufgabe kann auch mit dem Arbeitssatz erfolgen. Die kinetische Energie der Trommel beträgt im Anfangszustand ⓪ ($\varphi = 0$)

$$E_{k0} = \frac{1}{2}\Theta_A\,\omega_0^2$$

und im Endzustand ① (Stillstand, $\varphi = \varphi_s$)

$$E_{k1} = 0.$$

Für die Arbeit der äußeren Kräfte zwischen beiden Zuständen erhalten wir

$$W = \int_0^{\varphi_s} M_A\,\mathrm{d}\varphi = -\int_0^{\varphi_s} r\,R\,\mathrm{d}\varphi = -r\,R\,\varphi_s.$$

Einsetzen in (3.26) liefert

$$-\frac{1}{2}\Theta_A\,\omega_0^2 = -r\,R\,\varphi_s \quad \rightarrow \quad \underline{\underline{n_s}} = \frac{\varphi_s}{2\pi} = \frac{\Theta_A\,\omega_0^2}{4\pi\,r\,R} = \underline{\underline{\frac{\omega_0^2}{4\pi\,\kappa}}}\,. \quad ◄$$

Beispiel 3.8

Auf eine homogene, zylindrische Walze (Masse m_2, Radius r) ist nach Bild a das linke Ende eines Seiles aufgewickelt. An dem Seil hängt über eine masselose Rolle R ein Gewicht $G = m_1\,g$.

Wie groß ist die Geschwindigkeit von m_1 in Abhängigkeit vom Weg, wenn das reibungsfreie System ohne Anfangsgeschwindigkeit losgelassen wird?

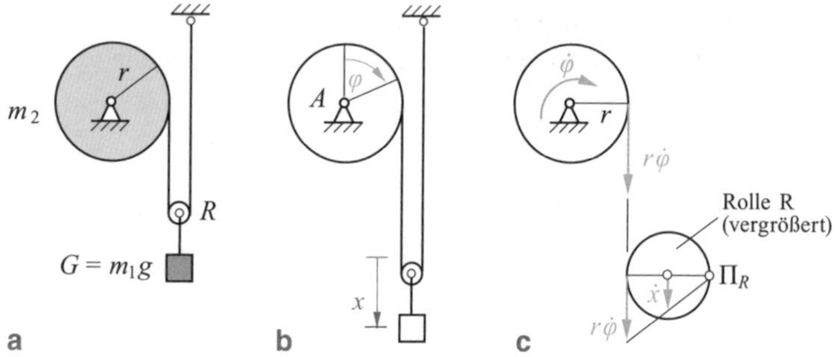

Lösung Da nur eine konservative äußere Kraft wirkt (Gewicht) und die Geschwindigkeit in Abhängigkeit vom Weg bestimmt werden soll, bietet sich der Energiesatz

$$E_k + E_p = E_{k0} + E_{p0}$$

zur Lösung an. Bezeichnen wir mit x den Weg von m_1 und mit φ die Drehung der Walze aus dem Ausgangszustand (Bild b), so gelten für die Anfangslage

$$E_{k0} = 0, \quad E_{p0} = 0$$

und für die ausgelenkte Lage

$$E_k = \frac{1}{2} m_1 \dot{x}^2 + \frac{1}{2} \Theta_A \dot{\varphi}^2, \quad E_p = -m_1 g x .$$

Dabei setzt sich die kinetische Energie E_k aus der Translationsenergie der Masse m_1 und der Rotationsenergie der Walze zusammen. Mit dem kinematischen Zusammenhang (die Rolle R rollt am ruhenden rechten Seilstück ab, Bild c)

$$\dot{x} = \frac{1}{2} r \dot{\varphi} \quad \rightarrow \quad \dot{\varphi} = 2 \frac{\dot{x}}{r}$$

und mit dem Trägheitsmoment $\Theta_A = \frac{1}{2} m_2 r^2$ der Walze nach (3.22) erhalten wir

$$\left[\frac{1}{2} m_1 \dot{x}^2 + \frac{1}{2} \left(\frac{1}{2} m_2 r^2 \right) \left(4 \frac{\dot{x}^2}{r^2} \right) \right] - m_1 g x = 0$$

$$\rightarrow \quad \underline{\underline{v = \dot{x} = _{(}\pm_{)} \sqrt{\frac{2 m_1}{m_1 + 2 m_2} g x}}} \, .$$

Für eine sehr kleine Trommelmasse ($m_2 \ll m_1$) folgt daraus die Geschwindigkeit $v = \sqrt{2gx}$ für den freien Fall. ◂

3.3 Kinetik der ebenen Bewegung

3.3.1 Kräftesatz und Momentensatz

Wir betrachten einen starren Körper, dessen Punkte sich in der x, y-Ebene oder in einer dazu parallelen Ebene bewegen (Abb. 3.14). Die an einem Massenelement $\mathrm{d}m$ angreifende äußere Kraft $\mathrm{d}\boldsymbol{F}$ hat die Komponenten $\mathrm{d}F_x$ und $\mathrm{d}F_y$. Innere Kräfte brauchen nicht berücksichtigt zu werden, da der Körper starr ist (vgl. Kap. 2). Ist A ein beliebiger körperfester Punkt, so lassen sich mit

$$\xi = r\cos\varphi, \quad \eta = r\sin\varphi \tag{3.28}$$

die Ortskoordinaten von $\mathrm{d}m$ darstellen als

$$x = x_A + \xi = x_A + r\cos\varphi, \quad y = y_A + \eta = y_A + r\sin\varphi\,.$$

Zeitableitung liefert mit $\dot{\varphi} = \omega$ und (3.28) für die Geschwindigkeits- und die Beschleunigungskomponenten

$$\dot{x} = \dot{x}_A - r\omega\sin\varphi = \dot{x}_A - \omega\eta, \quad \dot{y} = \dot{y}_A + r\omega\cos\varphi = \dot{y}_A + \omega\xi, \tag{3.29a}$$

$$\begin{aligned} \ddot{x} &= \ddot{x}_A - r\dot{\omega}\sin\varphi - r\omega^2\cos\varphi & \ddot{y} &= \ddot{y}_A + r\dot{\omega}\cos\varphi - r\omega^2\sin\varphi \\ &= \ddot{x}_A - \dot{\omega}\eta - \omega^2\xi, & &= \ddot{y}_A + \dot{\omega}\xi - \omega^2\eta\,. \end{aligned} \tag{3.29b}$$

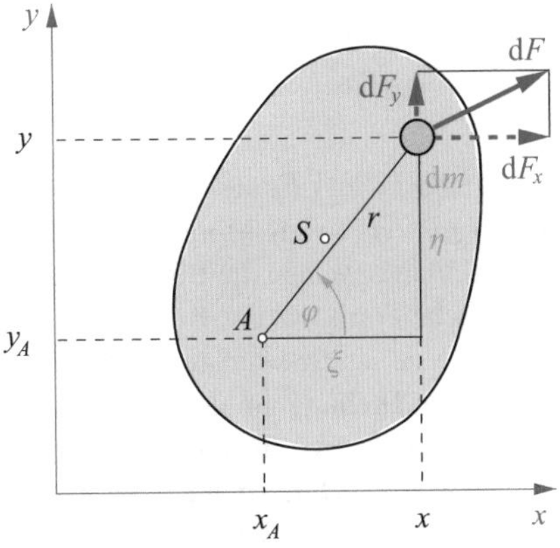

Abb. 3.14 Zum Kräftesatz und Momentensatz

Damit lautet das Bewegungsgesetz für dm in Komponenten

$$\ddot{x}\,\mathrm{d}m = \ddot{x}_A\,\mathrm{d}m - \dot{\omega}\,\eta\,\mathrm{d}m - \omega^2\,\xi\,\mathrm{d}m = \mathrm{d}F_x,$$
$$\ddot{y}\,\mathrm{d}m = \ddot{y}_A\,\mathrm{d}m + \dot{\omega}\,\xi\,\mathrm{d}m - \omega^2\,\eta\,\mathrm{d}m = \mathrm{d}F_y\,.$$

Durch Integration gewinnen wir die Kraftkomponenten F_x und F_y sowie das Moment M_A bezüglich des Punktes A (positive Drehrichtung beachten!):

$$\begin{aligned} F_x &= \int \mathrm{d}\,F_x = \ddot{x}_A \int \mathrm{d}m - \dot{\omega}\int \eta\,\mathrm{d}m - \omega^2 \int \xi\,\mathrm{d}m,\\ F_y &= \int \mathrm{d}\,F_y = \ddot{y}_A \int \mathrm{d}m + \dot{\omega}\int \xi\,\mathrm{d}m - \omega^2 \int \eta\,\mathrm{d}m, \end{aligned} \qquad (3.30a)$$

$$\begin{aligned} M_A &= \int \xi\,\mathrm{d}F_y - \int \eta\,\mathrm{d}F_x\\ &= \ddot{y}_A \int \xi\,\mathrm{d}m + \dot{\omega}\int \xi^2\,\mathrm{d}m - \omega^2 \int \xi\eta\,\mathrm{d}m - \ddot{x}_A \int \eta\,\mathrm{d}m \qquad (3.30b)\\ &\quad + \dot{\omega}\int \eta^2\,\mathrm{d}m + \omega^2 \int \xi\eta\,\mathrm{d}m\,. \end{aligned}$$

Wählt man nun den Punkt A so, dass er mit dem Massenmittelpunkt S (= Schwerpunkt) des Körpers zusammenfällt, so sind die statischen Momente $\int \xi\,\mathrm{d}m$ und $\int \eta\,\mathrm{d}m$ gleich Null. Mit $m = \int \mathrm{d}m$ und $\Theta_S = \int r^2\,\mathrm{d}m = \int(\xi^2 + \eta^2)\mathrm{d}m$ vereinfachen sich dann die Gleichungen (3.30a, b) zu

$$m\ddot{x}_s = F_x, \quad m\ddot{y}_s = F_y, \qquad (3.31a)$$
$$\Theta_S\,\ddot{\varphi} = M_S. \qquad (3.31b)$$

Darin sind F_x und F_y die resultierenden äußeren Kräfte in x- bzw. in y-Richtung, und M_S ist das äußere Moment bezüglich des Schwerpunktes S. Die Gleichungen (3.31a), durch welche die Bewegung des Schwerpunktes beschrieben wird, haben die gleiche Form wie das Bewegungsgesetz (1.38) für den Massenpunkt. Wir bezeichnen sie als **Schwerpunktsatz** oder als **Kräftesatz**. Die Gleichung (3.31b), welche die Drehung um den Schwerpunkt beschreibt, nennen wir **Drallsatz** oder **Momentensatz**. Als Bezugspunkt darf dabei zunächst nur der Schwerpunkt S verwendet werden. Durch den Kräftesatz **und** den Momentensatz wird die allgemeine ebene Bewegung eines Körpers beschrieben. Für den Fall, dass der Körper in Ruhe ist ($\ddot{x}_s = 0, \ddot{y}_s = 0, \ddot{\varphi} = 0$), folgen aus (3.31a, b) die Gleichgewichtsbedingungen der Statik.

Im Sonderfall der Translation ($\dot{\varphi} = 0, \ddot{\varphi} = 0$) ergibt sich aus (3.31b) die Bedingung

$$M_S = 0\,. \tag{3.32a}$$

Danach dürfen bei reiner Translation die äußeren Kräfte kein Moment bezüglich des Schwerpunktes haben. Die Bewegung von S und damit von jedem anderen Körperpunkt (vgl. Abschn. 3.1.1) wird dann **allein** durch

$$m\ddot{x}_s = F_x\,, \quad m\ddot{y}_s = F_y \tag{3.32b}$$

beschrieben.

Wenn der Körper eine reine ebene Drehbewegung um einen **ruhenden** Körperpunkt A ausführt, so erhält man mit $\ddot{x}_A = \ddot{y}_A = 0$ und $\int(\xi^2 + \eta^2)\mathrm{d}m = \Theta_A$ aus (3.30b)

$$\Theta_A\,\ddot{\varphi} = M_A\,. \tag{3.33}$$

Dies ist genau das Ergebnis, das wir bereits bei der Rotation um eine feste Achse (vgl. Abschn. 3.2.1) gewonnen hatten. Diese Achse steht hier senkrecht auf der x, y-Ebene und geht durch den Punkt A. In diesem Sonderfall darf der Bezugspunkt im Momentensatz (3.31b) entweder der Schwerpunkt S oder der feste Punkt A sein.

Als Anwendungsbeispiel betrachten wir eine homogene Kugel, die sich auf einer rauhen schiefen Ebene abwärts bewegt (Abb. 3.15a). Dabei wollen wir zunächst annehmen, dass die Kugel **rollt**. Das Freikörperbild Abb. 3.15b zeigt die

Abb. 3.15 Kugel auf schiefer Ebene

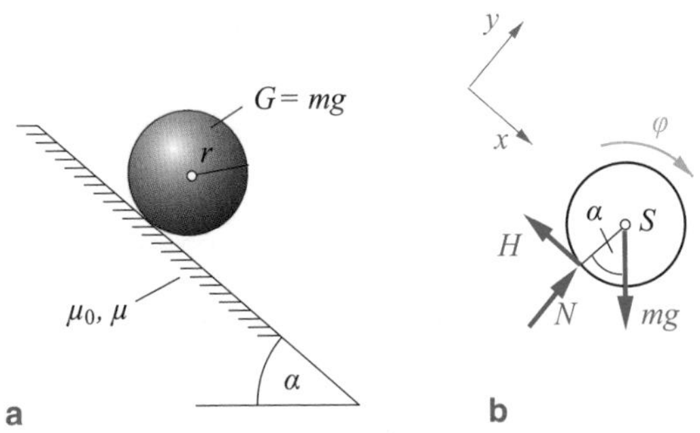

auf die Kugel wirkenden Kräfte und die gewählten Koordinaten (Schwerpunktlage x_s, Drehwinkel φ). Mit $\ddot{y}_s = 0$ liefern Kräfte- und Momentensatz (3.31a, b)

$$\searrow: \qquad m\ddot{x}_s = mg\sin\alpha - H, \qquad \text{(a)}$$

$$\nearrow: \qquad 0 = N - mg\cos\alpha \quad \rightarrow \quad N = mg\cos\alpha, \qquad \text{(b)}$$

$$\overset{\curvearrowright}{S}: \qquad \Theta_S\,\ddot{\varphi} = r\,H, \qquad \text{(c)}$$

wobei das Massenträgheitsmoment der Kugel durch $\Theta_S = \frac{2}{5}mr^2$ gegeben ist (vgl. Beispiel 3.5).

Wenn die Kugel **rollt**, gilt nach (3.10) der kinematische Zusammenhang

$$\dot{x}_s = r\dot{\varphi} \quad \rightarrow \quad \ddot{\varphi} = \frac{\ddot{x}_s}{r}. \qquad \text{(d)}$$

Damit folgt aus (a) und (c) die Schwerpunktsbeschleunigung:

$$m\ddot{x}_s = mg\sin\alpha - \frac{\Theta_S}{r^2}\ddot{x}_s \quad \rightarrow \quad \ddot{x}_s = \frac{g\sin\alpha}{1 + \frac{\Theta_S}{mr^2}} = \frac{5}{7}g\sin\alpha\,.$$

Für die Haftungskraft H erhalten wir aus (a)

$$H = m(g\sin\alpha - \ddot{x}_s) = \frac{2}{7}mg\sin\alpha\,.$$

Daraus lässt sich bestimmen, für welche Haftungskoeffizienten μ_0 Rollen möglich ist:

$$H \leqq \mu_0 N \quad \rightarrow \quad \mu_0 \geqq \frac{H}{N} = \frac{\frac{2}{7}mg\sin\alpha}{mg\cos\alpha} = \frac{2}{7}\tan\alpha\,.$$

Wenn μ_0 diese Bedingung nicht erfüllt, so wird die Kugel an der Berührungsstelle **rutschen**. In diesem Fall muss in Abb. 3.15b und in (a) und (c) die Haftungskraft H durch die Reibungskraft R (entgegen der Relativgeschwindigkeit) ersetzt werden:

$$m\ddot{x}_s = mg\sin\alpha - R, \quad N = mg\cos\alpha, \quad \Theta_S\,\ddot{\varphi} = r\,R\,. \qquad \text{(e)}$$

Zu diesen drei Gleichungen kommt außerdem noch das Reibungsgesetz

$$R = \mu N\,. \qquad \text{(f)}$$

Einen kinematischen Zusammenhang zwischen $\dot{x}_s$ und $\dot{\varphi}$ gibt es beim Rutschen **nicht**; beide Größen sind unabhängig voneinander. Aus (e) und (f) erhalten wir

$$\ddot{x}_s = g(\sin\alpha - \mu\cos\alpha), \quad \ddot{\varphi} = \frac{5\,\mu g}{2\,r}\cos\alpha\,.$$

Beispiel 3.9

Ein Fahrzeug vom Gewicht $G = mg$ sei vereinfacht als starrer Körper mit masselosen Rädern angesehen (Bild a). Der Schwerpunkt S liege in der Mitte zwischen der Vorder- und der Hinterachse.

Wie groß ist die maximale Beschleunigung auf horizontaler, rauher Fahrbahn (Haftungskoeffizient μ_0), wenn der Antrieb a) über die Hinterräder oder b) über die Vorderräder erfolgt?

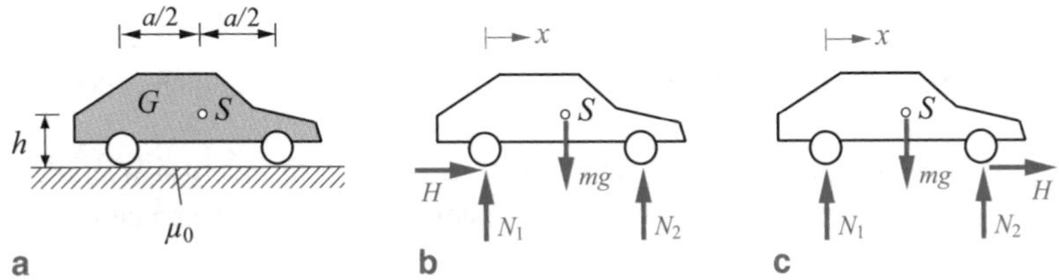

Lösung

a) Bild b zeigt das Freikörperbild für den Fall, dass der Antrieb über die Hinterräder erfolgt. Da eine reine Translation in **horizontaler** Richtung vorliegt, müssen die Kräfte in **vertikaler** Richtung und die Momente bezüglich des Schwerpunktes im Gleichgewicht sein. Kräfte- und Momentensatz liefern dann:

$$\begin{aligned} \rightarrow: &\quad m\ddot{x} = H,\\ \uparrow: &\quad 0 = N_1 + N_2 - mg,\\ \overset{\curvearrowright}{S}: &\quad 0 = \frac{a}{2}N_1 - \frac{a}{2}N_2 - hH\,. \end{aligned}$$

Hieraus folgen

$$N_1 = \frac{mg}{2} + \frac{h}{a}H, \quad N_2 = \frac{mg}{2} - \frac{h}{a}H\,.$$

Damit das Antriebsrad gerade noch nicht rutscht (durchdreht), muss die Haftgrenzbedingung

$$H_{max} = \mu_0 \, N_1$$

erfüllt sein. Einsetzen von N_1 liefert

$$H_{max} = \mu_0 \left[\frac{mg}{2} + \frac{h}{a} H_{max} \right] \quad \to \quad H_{max} = \frac{mg}{2} \frac{\mu_0}{1 - \mu_0 \frac{h}{a}} \, .$$

Wegen $m\ddot{x}_{max} = H_{max}$ ergibt sich für die maximale Beschleunigung

$$\underline{\underline{\ddot{x}_{max} = \frac{g}{2} \frac{\mu_0}{1 - \mu_0 \frac{h}{a}}}} \, .$$

Dieses Ergebnis ist richtig, solange $N_2 > 0$ ist (sonst Abheben der Vorderräder).

b) Erfolgt der Antrieb über die Vorderräder (Bild c), so ändern sich Kräfte- und Momentensatz nicht. Die Haftgrenzbedingung lautet dagegen nun

$$H_{max} = \mu_0 \, N_2 \, .$$

Daraus erhalten wir eine maximale Beschleunigung von

$$\underline{\underline{\ddot{x}_{max} = \frac{g}{2} \frac{\mu_0}{1 + \mu_0 \frac{h}{a}}}} \, .$$

Sie ist für dieses Beispiel geringer als diejenige beim Antrieb über die Hinterräder. ◄

Beispiel 3.10

Eine Stufenrolle (Gewicht $G = mg$, Massenträgheitsmoment Θ_S) rollt auf einer horizontalen Schiene (Bild a). Auf der Trommel ist ein masseloses Seil aufgewickelt, an dem mit der konstanten Kraft F gezogen wird.

Wie groß sind die Beschleunigung des Schwerpunktes und die Kontaktkräfte mit der Schiene?

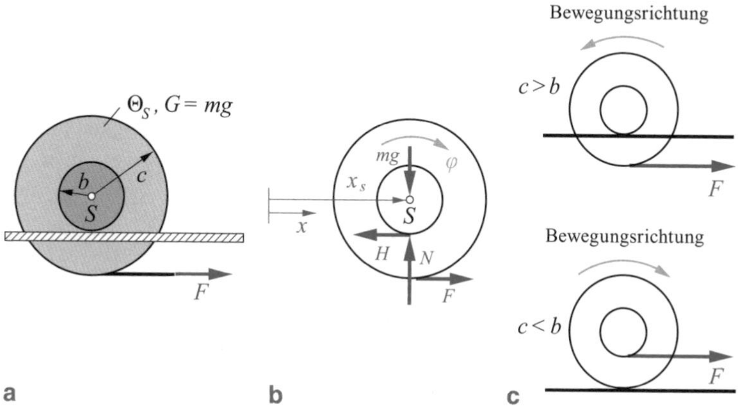

Lösung Das Freikörperbild (Bild b) zeigt die auf den Körper wirkenden Kräfte, wobei N und H die Kontaktkräfte mit der Schiene sind. Mit den gewählten Koordinaten x und φ lauten Kräfte- und Momentensatz

$$\begin{aligned} \rightarrow: &\quad m\ddot{x}_s = F - H, \\ \uparrow: &\quad 0 = N - mg, \\ \overset{\curvearrowright}{S}: &\quad \Theta_S\,\ddot{\varphi} = bH - cF\,. \end{aligned}$$

Hinzu kommt die kinematische Beziehung zwischen $\dot{x}_s$ und $\dot{\varphi}$ (reines Rollen):

$$\dot{x}_s = b\,\dot{\varphi} \quad \rightarrow \quad \ddot{\varphi} = \frac{\ddot{x}_s}{b}\,.$$

Damit stehen vier Gleichungen für die vier Unbekannten $N, H, \ddot{x}_s$ und $\ddot{\varphi}$ zur Verfügung. Auflösen liefert für die Beschleunigung des Schwerpunktes

$$\underline{\underline{\ddot{x}_s = -\frac{F\left(\frac{c}{b} - 1\right)}{m\left(1 + \frac{\Theta_S}{mb^2}\right)}}}\,.$$

Sie ist für $c > b$ negativ (Bewegung nach links) und für $c < b$ positiv (Bewegung nach rechts). Die Bewegungsrichtungen sind in Bild c veranschaulicht.

Die Kontaktkräfte ergeben sich zu

$$\underline{\underline{N = mg}}, \qquad \underline{\underline{H = F\,\frac{1 + \frac{mb^2}{\Theta_S}\frac{c}{b}}{1 + \frac{mb^2}{\Theta_S}}}}\,. \quad ◀$$

Beispiel 3.11

Ein homogener Stab vom Gewicht $G = mg$, der in A drehbar gelagert ist, wird aus der horizontalen Lage ohne Anfangsgeschwindigkeit losgelassen (Bild a).

Es sind die Winkelbeschleunigung, die Winkelgeschwindigkeit und die Lagerreaktionen in Abhängigkeit von der Lage des Stabes zu bestimmen.

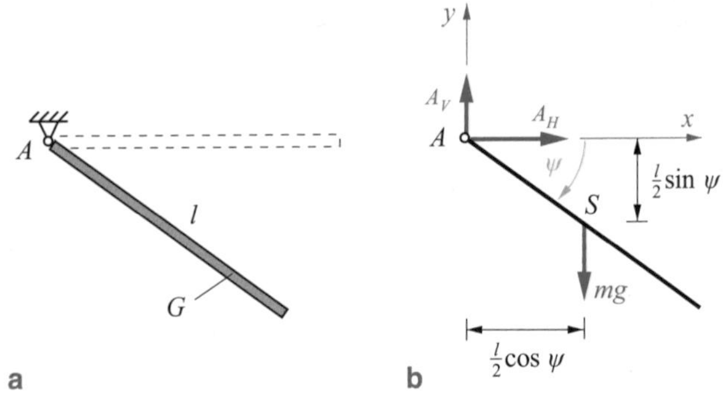

Lösung Da sich der Stab um den festen Punkt A dreht, wenden wir zur Bestimmung der Winkelbeschleunigung den Momentensatz (3.12) bezüglich A an. Zählen wir den Winkel ψ von der Horizontalen aus (Bild b), so gilt

$$\overset{\curvearrowright}{A}: \quad \Theta_A \ddot{\psi} = mg\frac{l}{2}\cos\psi .$$

Hieraus folgt für die Winkelbeschleunigung mit $\Theta_A = \frac{ml^2}{3}$:

$$\underline{\underline{\ddot{\psi} = \frac{3\,g}{2\,l}\cos\psi}} .$$

Die Winkelgeschwindigkeit erhalten wir unter Verwendung der Umformung $\ddot{\psi} = \frac{\mathrm{d}\dot{\psi}}{\mathrm{d}\psi}\dot{\psi}$ durch Integration (vgl. (1.17)):

$$\frac{\dot{\psi}^2}{2} = \int \ddot{\psi}\,\mathrm{d}\psi = \frac{3\,g}{2\,l}\sin\psi + C .$$

Die Integrationskonstante C ergibt sich wegen der Anfangsbedingung $\dot{\psi}(\psi = 0) = 0$ zu Null, und damit wird

$$\underline{\underline{\dot{\psi} = \pm\sqrt{3\,\frac{g}{l}\sin\psi}}} .$$

Die Lagerreaktionen können wir mit dem Kräftesatz

$$\rightarrow: \quad m\ddot{x}_s = A_H, \qquad \uparrow: \quad m\ddot{y}_s = A_V - mg$$

bestimmen. Aus den Koordinaten des Schwerpunktes (vgl. Bild b) erhält man durch Differenzieren unter Verwendung von $\dot{\psi}$ und $\ddot{\psi}$ die Schwerpunktsbeschleunigung:

$$\begin{aligned} x_s &= \frac{l}{2}\cos\psi, & y_s &= -\frac{l}{2}\sin\psi, \\ \dot{x}_s &= -\frac{l}{2}\,\dot{\psi}\sin\psi, & \dot{y}_s &= -\frac{l}{2}\,\dot{\psi}\cos\psi, \\ \ddot{x}_s &= -\frac{l}{2}\,\ddot{\psi}\sin\psi - \frac{l}{2}\,\dot{\psi}^2\cos\psi & \ddot{y}_s &= -\frac{l}{2}\,\ddot{\psi}\cos\psi + \frac{l}{2}\,\dot{\psi}^2\sin\psi \\ &= -\frac{9}{8}\,g\sin 2\psi, & &= \frac{3}{8}\,g(1 - 3\cos 2\psi)\,. \end{aligned}$$

Einsetzen liefert

$$\underline{\underline{A_H}} = m\ddot{x}_s = \underline{\underline{-\frac{9}{8}\,G\sin 2\psi}},$$

$$\underline{\underline{A_V}} = mg + m\ddot{y}_s = \underline{\underline{G\left(\frac{11}{8} - \frac{9}{8}\cos 2\psi\right)}}.$$

In der horizontalen Lage ($\psi = 0$) werden danach $A_H = 0$ und $A_V = G/4$, während sich in der vertikalen Lage ($\psi = \pi/2$) die Kräfte $A_H = 0$ und $A_V = 5G/2$ ergeben. ◄

Beispiel 3.12

An einem Klotz (Masse m_1), der nach Bild a reibungsfrei horizontal gleiten kann, ist ein Stab vom Gewicht $G = m_2\,g$ gelenkig angeschlossen. Der Stab werde aus der Ruhelage ausgelenkt und das System dann sich selbst überlassen.

Gesucht sind die Bewegungsgleichungen für den Fall $m_1 = m_2$.

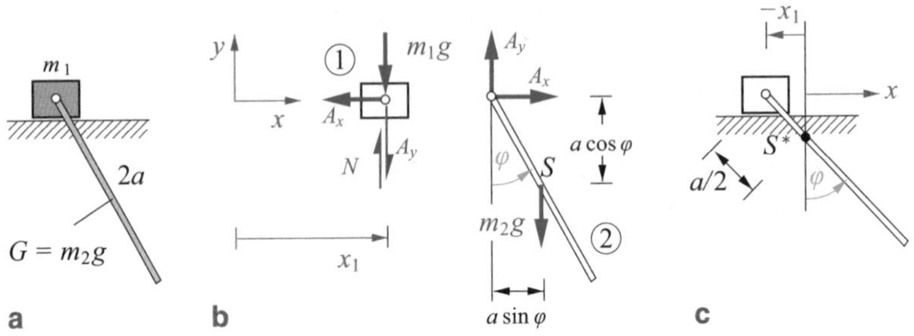

Lösung Wir trennen die Körper und wählen ein Koordinatensystem x, y sowie einen Drehwinkel φ (Bild b). Dann gelten für den Klotz ①

$$\begin{aligned} \rightarrow: \quad & m_1\ddot{x}_1 = -A_x, \\ \uparrow: \quad & 0 = N - m_1 g - A_y \end{aligned} \tag{a}$$

und für die Stange ②

$$\rightarrow: \qquad m_2\ddot{x}_s = A_x, \tag{b}$$

$$\uparrow: \qquad m_2\ddot{y}_s = A_y - m_2\, g, \tag{c}$$

$$\overset{\curvearrowleft}{S}: \qquad \Theta_S\ddot{\varphi} = -a\cos\varphi\, A_x - a\sin\varphi\, A_y \tag{d}$$

mit

$$\Theta_S = \frac{m_2(2\,a)^2}{12} = \frac{m_2\,a^2}{3}\,.$$

Zwischen den Bewegungen von Klotz und Stange besteht der kinematische Zusammenhang

$$\begin{aligned} x_s &= x_1 + a\sin\varphi, & y_s &= -a\cos\varphi, \\ \dot{x}_s &= \dot{x}_1 + a\,\dot{\varphi}\cos\varphi, & \dot{y}_s &= a\dot{\varphi}\sin\varphi, \\ \ddot{x}_s &= \ddot{x}_1 + a\,\ddot{\varphi}\cos\varphi - a\dot{\varphi}^2\sin\varphi, & \ddot{y}_s &= a\,\ddot{\varphi}\sin\varphi + a\dot{\varphi}^2\cos\varphi\,. \end{aligned} \tag{e}$$

Hiermit stehen die Gleichungen zur Bestimmung der Unbekannten zur Verfügung. Durch geeignetes Eliminieren können wir hieraus eine Bewegungsgleichung für den Drehwinkel $\varphi(t)$ gewinnen. Aus (b) und (c) erhalten wir zunächst unter Verwendung von (e) und (a) mit $m_1 = m_2 = m$

$$\begin{aligned} A_x &= \frac{ma}{2}(\ddot{\varphi}\cos\varphi - \dot{\varphi}^2\sin\varphi), \\ A_y &= mg + ma(\ddot{\varphi}\sin\varphi + \dot{\varphi}^2\cos\varphi)\,. \end{aligned} \tag{f}$$

Einsetzen in (d) führt schließlich auf

$$\underline{\underline{\ddot{\varphi}(8 - 3\cos^2\varphi) + 3\dot{\varphi}^2 \sin\varphi\cos\varphi + 6\,\frac{g}{a}\,\sin\varphi = 0\,.}}$$

Wenn man eine Lösung dieser nichtlinearen Differentialgleichung hat, kann man mit (f) und (a) auch x_1 ermitteln.

Der Zusammenhang zwischen x_1 und φ kann in diesem Beispiel auch auf anderem Weg gewonnen werden: da auf das Gesamtsystem keine äußeren Kräfte in horizontaler Richtung wirken, erfährt der Gesamtschwerpunkt S^* (Bild c) keine Horizontalverschiebung, sofern er anfangs in Ruhe war. Zählen wir jetzt x vom Schwerpunkt S^* (Abstand $a/2$) aus, so besteht zwischen x_1 und φ der Zusammenhang $x_1 = -a/2\sin\varphi$. Die Bewegung des Systems mit zwei Freiheitsgraden kann daher in diesem Sonderfall letztlich allein durch φ oder allein durch x_1 beschrieben werden. ◀

3.3.2 Impulssatz, Arbeitssatz und Energiesatz

Integrieren wir den Schwerpunktsatz und den Momentensatz (3.31a, b) über das Zeitintervall $\Delta t = t - t_0$, so erhalten wir mit den Bezeichnungen $x_{s0} = x_s(t_0)$ usw. den **Impulssatz** und den **Drehimpulssatz**

$$m\dot{x}_s - m\dot{x}_{s0} = \hat{F}_x, \quad m\dot{y}_s - m\dot{y}_{s0} = \hat{F}_y, \tag{3.34a}$$

$$\Theta_S\,\dot{\varphi} - \Theta_S\,\dot{\varphi}_0 = \hat{M}_S\,. \tag{3.34b}$$

Darin stellen die Größen mit dem „Dach" die Zeitintegrale von Kraft bzw. Moment dar, also zum Beispiel

$$\hat{F}_x = \int_{t_0}^{t} F_x\,\mathrm{d}\bar{t}\,.$$

Bei der Rotation eines Körpers um einen festen Punkt kann der Drehimpulssatz (3.34b) auch bezüglich des festen Punktes angeschrieben werden. Die Impulssätze werden unter anderem bei der Beschreibung von Stoßvorgängen angewendet (vgl. Abschn. 3.3.3).

Wir wollen nun die kinetische Energie E_k eines Körpers berechnen. Mit dem Schwerpunkt S als Bezugspunkt können die Geschwindigkeitskomponenten eines

Körperpunktes nach (3.29a) durch $\dot{x} = \dot{x}_s - \omega\eta$ und $\dot{y} = \dot{y}_s + \omega\xi$ ausgedrückt werden. Damit wird

$$\begin{aligned}E_k &= \frac{1}{2}\int v^2\,\mathrm{d}m = \frac{1}{2}\int(\dot{x}^2+\dot{y}^2)\,\mathrm{d}m\\ &= \frac{1}{2}\Big\{(\dot{x}_s^2+\dot{y}_s^2)\int\mathrm{d}m - 2\,\dot{x}_s\,\omega\int\eta\,\mathrm{d}m\\ &\qquad + 2\,\dot{y}_s\,\omega\int\xi\,\mathrm{d}m + \omega^2\int(\xi^2+\eta^2)\,\mathrm{d}m\Big\}\,.\end{aligned}$$

Da die statischen Momente $\int\xi\,\mathrm{d}m$ und $\int\eta\,\mathrm{d}m$ bezüglich des Schwerpunktes S verschwinden, ergibt sich mit $\dot{x}_s^2+\dot{y}_s^2 = v_s^2$ und $\int(\xi^2+\eta^2)\,\mathrm{d}m = \Theta_S$ die kinetische Energie zu

$$E_k = \frac{1}{2}m\,v_s^2 + \frac{1}{2}\Theta_S\,\omega^2\,. \tag{3.35}$$

Sie setzt sich hiernach bei der ebenen Bewegung eines starren Körpers aus zwei Anteilen zusammen: der **Translationsenergie** $m\,v_s^2/2$ und der **Rotationsenergie** $\Theta_S\,\omega^2/2$.

In Analogie zum Arbeitssatz bei Punktmasse und Massenpunktsystem kann man auch für die ebene Bewegung eines starren Körpers den Arbeitssatz

$$E_k - E_{k0} = W \tag{3.36}$$

herleiten. Darin ist W die Arbeit der äußeren Kräfte (Momente) bei der Bewegung des Körpers aus einer Lage ⓪ in eine beliebige Lage. Sind die äußeren Kräfte (Momente) aus einem Potential E_p herleitbar, so folgt aus (3.36) wegen $W = -(E_p - E_{p0})$ der Energiesatz

$$E_k + E_p = E_{k0} + E_{p0} = \text{const}\,. \tag{3.37}$$

Beispiel 3.13

Ein homogener Stab trifft mit der Geschwindigkeit v ohne Drehung auf ein gelenkiges Lager A und wird dort im Moment des Auftreffens eingeklinkt (Bild a).

Wie groß ist die Winkelgeschwindigkeit des Stabes unmittelbar nach dem Einklinken, und wie groß ist der Energieverlust?

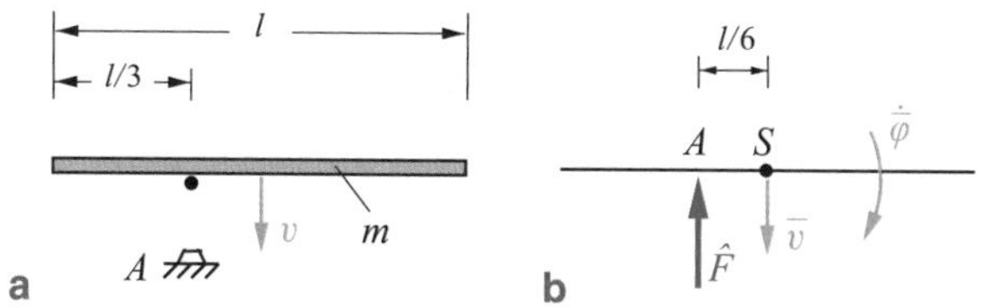

Lösung Die Änderung des Geschwindigkeitszustandes beim Einklinken wird durch die Impulssätze beschrieben. Vor dem Einklinken hat der Schwerpunkt die Geschwindigkeit v in vertikaler Richtung; die Winkelgeschwindigkeit ist Null. Unmittelbar nach dem Einklinken treten die vertikale Schwerpunktsgeschwindigkeit $\bar{v}$ und die Winkelgeschwindigkeit $\dot{\bar{\varphi}}$ auf. Horizontalkomponenten von Geschwindigkeit und Kraft existieren nicht. Dann gilt mit den Bezeichnungen nach Bild b

$$\downarrow: \quad m\,\bar{v} - m\,v = -\hat{F}\,,$$

$$\overset{\curvearrowright}{S}: \quad \Theta_S\,\dot{\bar{\varphi}} = \frac{l}{6}\,\hat{F}\,.$$

Unmittelbar nach dem Einklinken ist der Stab noch horizontal. Der kinematische Zusammenhang zwischen $\dot{\bar{\varphi}}$ und $\bar{v}$ lautet daher (Rotation um A)

$$\bar{v} = \frac{l}{6}\,\dot{\bar{\varphi}}\,.$$

Auflösen der drei Gleichungen liefert mit $\Theta_S = \frac{ml^2}{12}$ die Winkelgeschwindigkeit

$$\underline{\underline{\dot{\bar{\varphi}} = \frac{3}{2}\frac{v}{l}}}\,.$$

Man kann $\dot{\bar{\varphi}}$ auch durch Anwendung des Drehimpulssatzes bezüglich des festen Punktes A aus einer einzigen Gleichung gewinnen. Da um A kein Moment wirkt (Gewicht beim Stoß vernachlässigbar), muss der Drehimpuls (Impulsmoment) erhalten bleiben:

$$\overset{\curvearrowright}{A}: \quad \frac{l}{6}mv = \Theta_A\,\dot{\bar{\varphi}} \quad \to \quad \dot{\bar{\varphi}} = \frac{lmv}{6\,\Theta_A} = \frac{lmv}{6\left[\frac{ml^2}{12} + m\left(\frac{l}{6}\right)^2\right]} = \frac{3}{2}\frac{v}{l}\,.$$

Der Energieverlust ergibt sich aus der Differenz der kinetischen Energie vor dem Einklinken (reine Translation) und derjenigen nach dem Einklinken (reine Rotation um A) zu

$$\underline{\underline{\Delta E_k}} = E_{k0} - E_k = \frac{1}{2}mv^2 - \frac{1}{2}\Theta_A\,\dot{\varphi}^2$$

$$= \frac{1}{2}mv^2 - \frac{1}{2}\left[\frac{ml^2}{12} + m\left(\frac{l}{6}\right)^2\right]\frac{9}{4}\frac{v^2}{l^2} = \frac{3}{8}mv^2 = \underline{\underline{\frac{3}{4}E_{k0}}}\,. \blacktriangleleft$$

Beispiel 3.14

Die dargestellte homogene, zylindrische Walze (Masse m, Radius r) rollt eine geneigte Bahn abwärts. Ihr Schwerpunkt S hat in der Ausgangslage die Geschwindigkeit v_0.

Wie groß ist die Geschwindigkeit v, wenn der Schwerpunkt die Höhendifferenz h zurückgelegt hat?

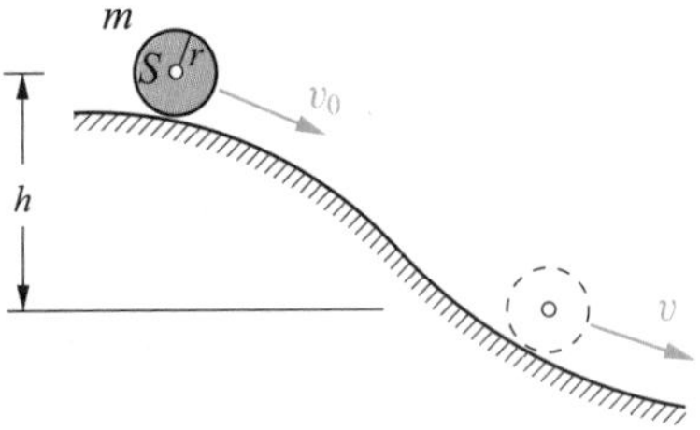

Lösung Da nur eine konservative äußere Kraft wirkt (Gewicht), führt der Energiesatz unmittelbar auf die Lösung. Im Ausgangszustand gilt mit $v_0 = r\omega_0$ (Walze rollt) und $\Theta_S = \frac{1}{2}mr^2$:

$$E_{p0} = 0, \quad E_{k0} = \frac{1}{2}\,mv_0^2 + \frac{1}{2}\,\Theta_S\,\omega_0^2 = \frac{3}{4}\,mv_0^2\,.$$

Nach Durchlaufen der Höhe h erhalten wir die Energien

$$E_p = -mgh, \quad E_k = \frac{3}{4}\,mv^2\,.$$

Einsetzen in den Energiesatz (3.37) liefert

$$\underline{\underline{v = \sqrt{\frac{4}{3}\,gh + v_0^2}}}\,. \blacktriangleleft$$

Beispiel 3.15

Beim System in Bild a ist ein Klotz (Gewicht $G = m_1 g$) durch ein Seil mit einer Walze (Masse m_2, Massenträgheitsmoment Θ_S) verbunden, die auf einer horizontalen Ebene rollt. Seil und Umlenkrolle seien masselos.

Wie groß ist die Geschwindigkeit des Klotzes in Abhängigkeit vom Weg, wenn das System bei entspannter Feder aus der Ruhe losgelassen wird?

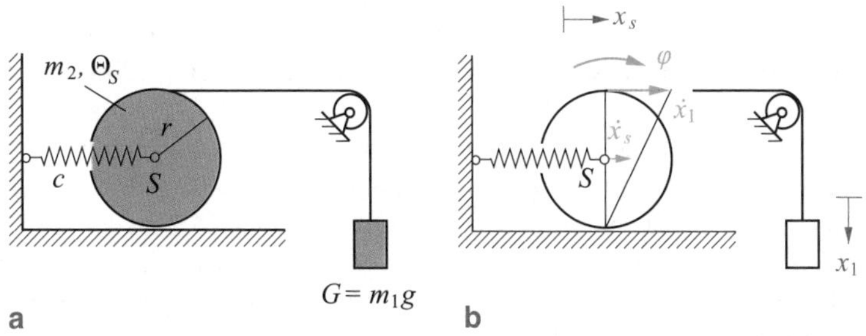

Lösung Zählen wir nach Bild b die Koordinaten x_1, x_s und φ von der Ausgangslage (entspannte Feder) aus, so gelten die kinematischen Beziehungen

$$x_s = r\varphi, \quad x_1 = 2x_s \quad \rightarrow \quad \dot{x}_s = r\dot{\varphi}, \quad \dot{x}_1 = 2\dot{x}_s\,.$$

Damit werden die potentielle und die kinetische Energie in der Ausgangslage

$$E_{p0} = 0, \quad E_{k0} = 0$$

und in einer ausgelenkten Lage

$$\begin{aligned} E_p &= -m_1 g x_1 + \frac{c}{2} x_s^2 = -m_1 g x_1 + \frac{c}{8} x_1^2, \\ E_k &= \frac{1}{2} m_1 \dot{x}_1^2 + \left(\frac{1}{2} m_2 \dot{x}_s^2 + \frac{1}{2}\Theta_S \dot{\varphi}^2\right) \\ &= \frac{1}{2}\dot{x}_1^2 \left(m_1 + \frac{m_2}{4} + \frac{\Theta_S}{4r^2}\right). \end{aligned}$$

Einsetzen in den Energiesatz $E_k + E_p = E_{k0} + E_{p0}$ und Auflösen nach $\dot{x}_1$ führt auf das Ergebnis

$$\underline{\underline{\dot{x}_1 = \pm\sqrt{\frac{2m_1 g x_1 - \frac{c}{4}x_1^2}{m_1 + \frac{m_2}{4} + \frac{\Theta_S}{4r^2}}}}}\,.$$

Verschwindet der Zähler unter der Wurzel ($x_1 = 0$ oder $x_1 = 8\,m_1\,g/c$), so wird $\dot{x}_1$ Null. Die Geschwindigkeit kehrt in den entsprechenden Punkten ihre Richtung um. ◀

3.3.3 Exzentrischer Stoß

Mußten wir uns in Abschn. 2.5 auf den zentrischen Stoß beschränken, so können wir nun mit (3.34a, b) auch den exzentrischen Stoß behandeln (Abb. 3.16a). Bei ihm liegt zumindest ein Schwerpunkt der aufeinanderprallenden Körper **nicht** auf der Stoßnormalen (hier die x-Achse).

Wir bezeichnen einen Stoß als **gerade**, wenn die Geschwindigkeiten v_1^P und v_2^P der Berührungspunkte P beider Körper unmittelbar vor dem Stoß die Richtung der Stoßnormalen haben. Im anderen Fall ist der Stoß **schief**. Sind die Körper ideal **glatt**, so hat die Kontaktkraft während des Stoßes und damit auch die Stoßkraft die Richtung der Stoßnormalen (Abb. 3.16b). Sind die Körper dagegen hinreichend **rauh**, so dass beim Stoß Haftung angenommen werden kann, dann hat die Stoßkraft beim schiefen Stoß auch Komponenten senkrecht zur Stoßnormalen (Abb. 3.16c).

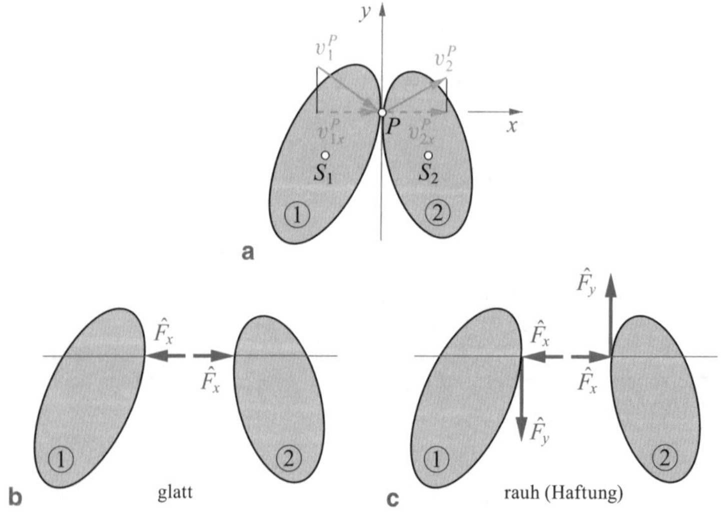

Abb. 3.16 Exzentrischer Stoß

Die Vorgehensweise bei der Lösung ist analog zu derjenigen beim zentrischen Stoß. Auf die Körper werden jeweils die Impulssätze (3.34a, b) angewendet. Hinzu kommt die Stoßhypothese (2.40), die wir formal auf den exzentrischen Stoß übertragen:

$$e = -\frac{\bar{v}_{1x}^P - \bar{v}_{2x}^P}{v_{1x}^P - v_{2x}^P}\,. \tag{3.38}$$

Die Querstriche kennzeichnen dabei wieder die Geschwindigkeitskomponenten unmittelbar nach dem Stoß. Nach (3.38) entspricht die Stoßzahl e dem Verhältnis von relativer Trennungsgeschwindigkeit zu relativer Annäherungsgeschwindigkeit der Stoßpunkte P.

Wenn rauhe Körper beim Stoß haften, so gilt eine zusätzliche Bedingung. In diesem Fall sind die Geschwindigkeitskomponenten senkrecht zur Stoßnormalen am Berührungspunkt P während des Stoßes und damit auch unmittelbar nach dem Stoß gleich:

$$\bar{v}_{1y}^P = \bar{v}_{2y}^P\,. \tag{3.39}$$

Wir betrachten nun einen exzentrischen, schiefen Stoß zweier **glatter** Körper ① und ② mit den Massen m_1, m_2 und den Massenträgheitsmomenten $\Theta_{S_1}, \Theta_{S_2}$ (Abb. 3.17a). Ihre Schwerpunkts- und Winkelgeschwindigkeiten unmittelbar vor dem Stoß seien v_{1x}, v_{1y}, ω_1 und v_{2x}, v_{2y}, ω_2 (positive Drehrichtung entgegen Uhrzeigersinn). Bei glatten Oberflächen haben die Stoßkräfte immer die Richtung der Stoßnormalen. Mit den Bezeichnungen nach Abb. 3.17b lauten daher die Impulssätze für den Körper ①

$$\begin{aligned}
\rightarrow \quad & m_1\,(\bar{v}_{1x} - v_{1x}) = -\hat{F}_x\,,\\
\uparrow \quad & m_1\,(\bar{v}_{1y} - v_{1y}) = 0\,,\\
\overset{\curvearrowleft}{S}_1 \quad & \Theta_{S_1}\,(\bar{\omega}_1 - \omega_1) = a_1\,\hat{F}_x
\end{aligned} \tag{3.40a}$$

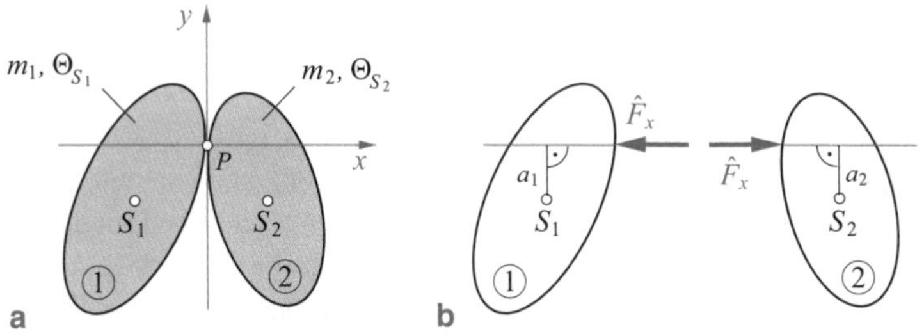

Abb. 3.17 Exzentrischer schiefer Stoß glatter Körper

und für den Körper ②

$$\begin{aligned} &\rightarrow & m_2(\bar{v}_{2x} - v_{2x}) &= \hat{F}_x, \\ &\uparrow & m_2(\bar{v}_{2y} - v_{2y}) &= 0, \\ &\stackrel{\curvearrowleft}{S}_2 & \Theta_{S_2}(\bar{\omega}_2 - \omega_2) &= -a_2\,\hat{F}_x\,. \end{aligned} \tag{3.40b}$$

Um die Stoßbedingung

$$e = -\frac{\bar{v}_{1x}^P - \bar{v}_{2x}^P}{v_{1x}^P - v_{2x}^P}$$

anwenden zu können, benötigen wir noch die Geschwindigkeitskomponenten von P in Richtung der Stoßnormalen vor und nach dem Stoß (vgl. (3.29a)):

$$\begin{aligned} v_{1x}^P &= v_{1x} - a_1\,\omega_1, \quad & v_{2x}^P &= v_{2x} - a_2\,\omega_2, \\ \bar{v}_{1x}^P &= \bar{v}_{1x} - a_1\,\bar{\omega}_1, \quad & \bar{v}_{2x}^P &= \bar{v}_{2x} - a_2\,\bar{\omega}_2\,. \end{aligned}$$

Bei bekannter Stoßzahl e stehen damit 9 Gleichungen für 9 Unbekannte zur Verfügung. Auflösen nach $\hat{F}_x$ liefert

$$\hat{F}_x = (1+e)\frac{v_{1x} - a_1\,\omega_1 - (v_{2x} - a_2\,\omega_2)}{\dfrac{1}{m_1} + \dfrac{1}{m_2} + \dfrac{a_1^2}{\Theta_{S_1}} + \dfrac{a_2^2}{\Theta_{S_2}}},$$

womit nach (3.40a, b) die Schwerpunkts- und die Winkelgeschwindigkeiten nach dem Stoß festliegen:

$$\begin{aligned} \bar{v}_{1x} &= v_{1x} - \frac{\hat{F}_x}{m_1}, \quad & \bar{v}_{1y} &= v_{1y}, \quad & \bar{\omega}_1 &= \omega_1 + \frac{a_1\,\hat{F}_x}{\Theta_{S_1}}, \\ \bar{v}_{2x} &= v_{2x} + \frac{\hat{F}_x}{m_2}, \quad & \bar{v}_{2y} &= v_{2y}, \quad & \bar{\omega}_2 &= \omega_2 - \frac{a_2\,\hat{F}_x}{\Theta_{S_2}}\,. \end{aligned}$$

Wir wollen jetzt den Stoß auf einen gelagerten Körper untersuchen. Dabei treten nicht nur am Stoßpunkt, sondern auch am Lager Stoßkräfte auf. Wir betrachten diesen Fall an Hand eines Körpers, der in A drehbar gelagert ist und auf den infolge eines Stoßes die Stoßkraft $\hat{F}$ wirkt (Abb. 3.18a). Das Freikörperbild Abb. 3.18b zeigt alle auf den Körper wirkenden Stoßkräfte (Eigengewicht vernachlässigbar).

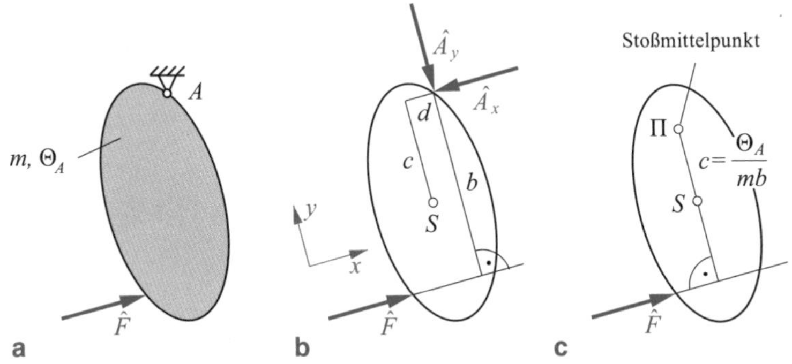

Abb. 3.18 Stoßkräfte und Stoßmittelpunkt

Wir nehmen an, dass der Körper vor dem Stoß ruht. Dann lauten die Impulssätze in x- und in y-Richtung sowie der Drehimpulssatz bezüglich des festen Punktes A:

$$\nearrow: \quad m\,\bar{v}_x = \hat{F} - \hat{A}_x, \qquad \nwarrow: \quad m\,\bar{v}_y = -\hat{A}_y,$$

$$\overset{\curvearrowleft}{A}: \quad \Theta_A \bar{\omega} = b\,\hat{F}.$$

Mit den Schwerpunktsgeschwindigkeiten $\bar{v}_x = c\,\bar{\omega}$ und $\bar{v}_y = -d\,\bar{\omega}$ (Drehung um A) erhalten wir daraus

$$\hat{A}_x = \hat{F}\left[1 - \frac{mcb}{\Theta_A}\right], \quad \hat{A}_y = \hat{F}\,\frac{mdb}{\Theta_A}.$$

Die Lagerreaktionen verschwinden, wenn wir den Ort des Lagers gerade so wählen, dass gilt

$$c = \frac{\Theta_A}{mb} = \frac{i_A^2}{b}, \quad d = 0. \tag{3.41}$$

Dabei ist i_A der Trägheitsradius nach (3.18). Den hiermit festgelegten Punkt Π bezeichnet man als **Stoßmittelpunkt**. Er liegt auf der zur Stoßkraft $\hat{F}$ senkrechten Geraden durch S im Abstand c vom Schwerpunkt (Abb. 3.18c). Wird ein Körper in diesem Punkt gelagert, so treten beim Stoß keine Lagerreaktionen auf. Man macht sich dies unter anderem beim Hammer oder beim Tennisschläger zunutze.

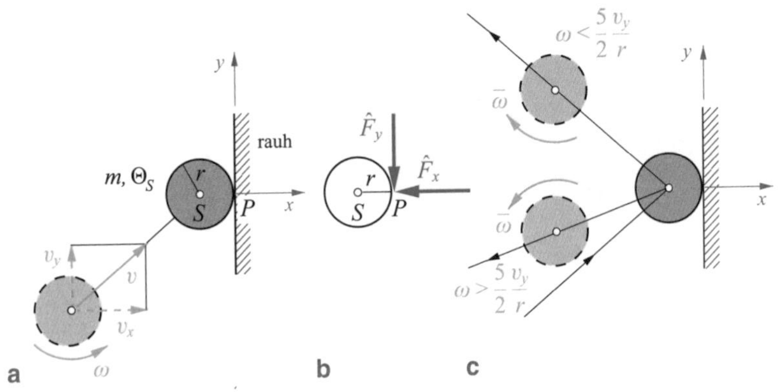

Abb. 3.19 Stoß eines rauhen Körpers

Bei ihnen wird die Grifflänge gerade so gewählt, dass beim Schlagen keine oder nur geringe Stoßkräfte auf die Hand wirken. Es sei angemerkt, dass der Stoßmittelpunkt der Momentanpol der freien Bewegung (Körper nicht gelagert) unmittelbar nach dem Stoß ist.

Wir untersuchen nun noch ein Stoßproblem bei einem **rauhen** Körper. Hierzu betrachten wir eine homogene Kugel, die schief gegen eine rauhe Wand stößt, wobei wir voraussetzen wollen, dass beim Stoß Haftung auftritt (Abb. 3.19a). Mit den Schwerpunkts- und den Winkelgeschwindigkeiten v_x, v_y, ω vor dem Stoß und $\bar{v}_x$, $\bar{v}_y$, $\bar{\omega}$ nach dem Stoß sowie den Bezeichnungen nach Abb. 3.19b lauten dann die Impulssätze

$$\begin{aligned} \rightarrow: &\quad m\,(\bar{v}_x - v_x) = -\hat{F}_x\,, \\ \uparrow: &\quad m\,(\bar{v}_y - v_y) = -\hat{F}_y\,, \\ \overset{\curvearrowleft}{S}: &\quad \Theta_S(\bar{\omega} - \omega) = -r\,\hat{F}_y\,. \end{aligned}$$

Wegen $v_x^P = v_x$ und $\bar{v}_x^P = \bar{v}_x$ wird die Stoßbedingung (3.38)

$$e = -\frac{\bar{v}_x^P}{v_x^P} = -\frac{\bar{v}_x}{v_x}\,.$$

Während des Stoßes haftet die Kugel in P. Mit $\bar{v}_y^P = \bar{v}_y + r\bar{\omega}$ gilt daher

$$\bar{v}_y^P = 0 \quad \rightarrow \quad \bar{v}_y + r\bar{\omega} = 0\,.$$

Auflösen liefert mit $\Theta_S = \frac{2}{5}mr^2$ für die Geschwindigkeiten nach dem Stoß

$$\bar{v}_x = -e\, v_x, \quad \bar{v}_y = \frac{v_y - r\omega \dfrac{\Theta_S}{r^2 m}}{1 + \dfrac{\Theta_S}{r^2 m}} = \frac{5}{7}\, v_y - \frac{2}{7}\, r\omega,$$

$$\bar{\omega} = -\frac{\bar{v}_y}{r} = \frac{2}{7}\,\omega - \frac{5}{7}\,\frac{v_y}{r}\,.$$

Man erkennt, dass für $\omega > \frac{5}{2}\frac{v_y}{r}$ die Geschwindigkeit $\bar{v}_y$ negativ wird (Abb. 3.19c). Wenn dagegen $\omega < \frac{5}{2}\frac{v_y}{r}$ ist, so ändert sich die Drehrichtung beim Stoß ($\bar{\omega} < 0$).

Beispiel 3.16

Eine Punktmasse $m_1 = m$ stößt mit der Geschwindigkeit v gegen einen ruhenden, gelenkig gelagerten Stab der Masse $m_2 = 2\,m$ (Bild a).

Wie groß sind bei gegebener Stoßzahl e die Geschwindigkeit der Punktmasse und die Winkelgeschwindigkeit des Stabes unmittelbar nach dem Stoß?

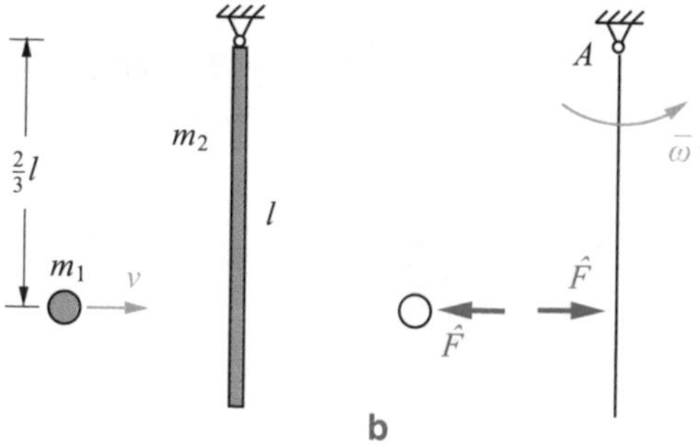

Lösung Es handelt sich um einen geraden Stoß: die Stoßkraft wirkt in Richtung der Stoßnormalen (Bild b). Dann lauten der Impulssatz für die Punktmasse

$$\rightarrow: \quad m_1(\bar{v} - v) = -\hat{F}$$

und der Drehimpulssatz für den Stab ($\omega = 0$)

$$\overset{\curvearrowleft}{A}: \quad \Theta_A\,\bar{\omega} = \frac{2}{3}\, l\, \hat{F}\,.$$

Mit der Geschwindigkeit $\frac{2}{3}l\bar{\omega}$ des Stoßpunktes am Stab nach dem Stoß wird die Stoßbedingung (3.38)

$$e = -\frac{\bar{v} - \frac{2}{3}l\bar{\omega}}{v}\,.$$

Hiermit stehen drei Gleichungen für die drei Unbekannten $\hat{F}, \bar{v}$ und $\bar{\omega}$ zur Verfügung. Auflösen liefert mit $\Theta_A = \frac{m_2 l^2}{3}$ und den gegebenen Massen die Geschwindigkeiten

$$\underline{\underline{\bar{v} = \frac{v}{5}(2 - 3\,e)}}, \qquad \underline{\underline{\bar{\omega} = \frac{3}{5}\frac{v}{l}(1 + e)}}\,.$$

Für $e = 0$ (plastischer Stoß) folgen daraus $\bar{v} = \frac{2}{5}v$ und $\bar{\omega} = \frac{3}{5}v/l$. Für $e = 1$ (elastischer Stoß) werden $\bar{v} = -v/5$ und $\bar{\omega} = \frac{6}{5}v/l$. Beim elastischen Stoß geht keine Energie verloren: $E_k = \frac{1}{2}mv^2$, $\bar{E}_k = \frac{1}{2}m\bar{v}^2 + \frac{1}{2}\Theta_A\,\bar{\omega}^2 = \frac{1}{2}mv^2$. ◄

Beispiel 3.17

In welcher Höhe h muss eine homogene Billardkugel horizontal angestoßen werden (Bild a), damit sie auf **glatter** Bahn nach dem Stoß sofort rollt?

Lösung Damit die Kugel auf glatter Bahn unmittelbar nach dem Stoß rollt, muss der Auflagepunkt A (= Momentanpol) der Stoßmittelpunkt (keine horizontale Stoßkraft in A!) sein. Nach (3.41) muss dann mit $c = r$ und $b = h$ (Bild b) gelten

$$r = \frac{\Theta_A}{mh}\,.$$

Mit

$$\Theta_A = \Theta_S + mr^2 = \frac{2}{5}mr^2 + mr^2 = \frac{7}{5}mr^2$$

folgt daraus der gesuchte Abstand

$$\underline{h} = \frac{\Theta_A}{m r} = \underline{\underline{\frac{7}{5} r}} . \quad ◄$$

Beispiel 3.18

Ein homogener Stab trifft mit der Geschwindigkeit v unter dem Winkel von 45° auf eine rauhe Unterlage (Bild a).

Es sind die Schwerpunkts- und die Winkelgeschwindigkeit nach einem ideal-elastischen Stoß zu bestimmen, wenn angenommen wird, dass beim Stoß Haftung eintritt.

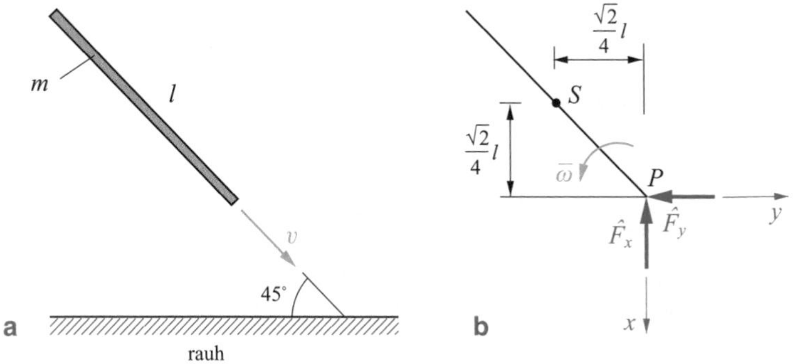

Lösung Da Haftung angenommen wird, treten Stoßkräfte in x- und in y-Richtung auf (Bild b). Mit den Schwerpunktsgeschwindigkeiten $v_x = v_y = v/\sqrt{2}$ und mit $\omega = 0$ lauten dann die Impulssätze

$$\downarrow: \qquad m\left(\bar{v}_x - \frac{v}{\sqrt{2}}\right) = -\hat{F}_x , \tag{a}$$

$$\rightarrow: \qquad m\left(\bar{v}_y - \frac{v}{\sqrt{2}}\right) = -\hat{F}_y , \tag{b}$$

$$\overset{\curvearrowleft}{S}: \qquad \Theta_S\, \bar{\omega} = \frac{\sqrt{2}}{4}\, l\, (\hat{F}_x - \hat{F}_y) . \tag{c}$$

Die Geschwindigkeiten des Stoßpunktes P in x-Richtung (Stoßnormale) vor und nach dem Stoß sind gegeben durch

$$v_x^P = v_x = \frac{v}{\sqrt{2}} , \quad \bar{v}_x^P = \bar{v}_x - \frac{\sqrt{2}}{4}\, l \bar{\omega} .$$

Damit folgt aus der Stoßbedingung (elastischer Stoß)

$$e = -\frac{\bar{v}_x^P}{v_x^P} = -\frac{\bar{v}_x - \frac{\sqrt{2}}{4}\, l\bar{\omega}}{\frac{v}{\sqrt{2}}} = 1$$

die Beziehung

$$\bar{v}_x - \frac{\sqrt{2}}{4}\, l\bar{\omega} = -\frac{v}{\sqrt{2}}\,. \tag{d}$$

Die Haftbedingung liefert

$$\bar{v}_y^P = 0 \quad \rightarrow \quad \bar{v}_y + \frac{\sqrt{2}}{4}\, l\bar{\omega} = 0\,. \tag{e}$$

Durch Auflösen von (a) bis (e) erhält man unter Verwendung von $\Theta_S = \frac{ml^2}{12}$ die Geschwindigkeiten

$$\underline{\underline{\bar{v}_x = -\frac{5\sqrt{2}}{16}\, v}}\,, \quad \underline{\underline{\bar{v}_y = -\frac{3\sqrt{2}}{16}\, v}}\,, \quad \underline{\underline{\bar{\omega} = \frac{3\, v}{4\, l}}}\,. \blacktriangleleft$$

3.4 Kinetik der räumlichen Bewegung

In diesem Abschnitt soll ein Einblick in die räumliche Kinetik des starren Körpers gegeben werden. Die Vorgehensweise ist dabei analog zu derjenigen bei der ebenen Bewegung: durch geeignete Integration des Bewegungsgesetzes für den Massenpunkt erhalten wir den Kräfte- und den Momentensatz. Die **inneren** Kräfte brauchen dabei nicht berücksichtigt zu werden, da sie sich bei der Integration gegenseitig aufheben (vgl. Kap. 2).

3.4.1 Kräftesatz und Momentensatz

Wir betrachten einen starren Körper der Masse m, den wir uns aus infinitesimalen Massenelementen dm zusammengesetzt denken (Abb. 3.20). Auf die Massenelemente wirken die äußeren Kräfte d$\boldsymbol{F}$. Für die Lage des Schwerpunktes S in Bezug auf ein **raumfestes** Koordinatensystem x, y, z gilt (vgl. Band 1)

$$m\, \boldsymbol{r}_S = \int \boldsymbol{r}\, \mathrm{d}m\,.$$

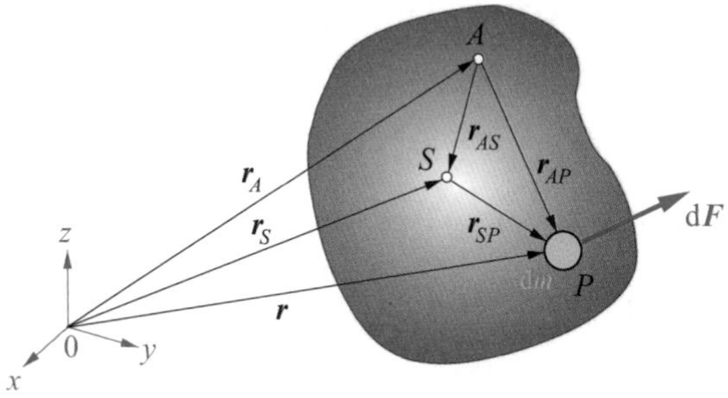

Abb. 3.20 Zum Kräftesatz und Momentensatz

Leitet man zweimal nach der Zeit ab, so folgen daraus

$$m\,\dot{\boldsymbol{r}}_S = \int \dot{\boldsymbol{r}}\,\mathrm{d}m, \tag{3.42}$$

$$m\,\ddot{\boldsymbol{r}}_S = \int \ddot{\boldsymbol{r}}\,\mathrm{d}m\,. \tag{3.43}$$

Die rechte Seite von (3.42) ist der Impuls $\boldsymbol{p}$ des Gesamtkörpers (Summation der infinitesimalen Impulse). Demnach gilt (vgl. auch Abschn. 2.2)

$$\boldsymbol{p} = m\,\boldsymbol{v}_S\,. \tag{3.44}$$

Die rechte Seite von (3.43) stellt wegen $\ddot{\boldsymbol{r}}\,\mathrm{d}m = \mathrm{d}\boldsymbol{F}$ und $\boldsymbol{F} = \int \mathrm{d}\boldsymbol{F}$ die Resultierende der äußeren Kräfte dar. Damit lautet der **Kräftesatz**

$$m\,\ddot{\boldsymbol{r}}_S = \boldsymbol{F} \quad \text{oder} \quad \dot{\boldsymbol{p}} = \boldsymbol{F}\,. \tag{3.45}$$

Der Schwerpunkt eines starren Körpers bewegt sich danach so, als ob alle Kräfte in ihm angriffen und die gesamte Masse in ihm vereinigt wäre.

Den Momentensatz wollen wir hier nur bezüglich eines **körperfesten** Punktes A (Abb. 3.20) aufstellen. Multipliziert man das Bewegungsgesetz $\dot{\boldsymbol{v}}\,\mathrm{d}m = \mathrm{d}\boldsymbol{F}$ vektoriell mit $\boldsymbol{r}_{AP}$ und integriert über den Körper, so ergibt sich

$$\int \boldsymbol{r}_{AP} \times \dot{\boldsymbol{v}}\,\mathrm{d}m = \int \boldsymbol{r}_{AP} \times \mathrm{d}\boldsymbol{F}\,. \tag{3.46}$$

Die rechte Seite stellt das Moment $\boldsymbol{M}^{(A)}$ der äußeren Kräfte bezüglich A dar. Die linke Seite formen wir noch unter Verwendung der Identität

$$\boldsymbol{r}_{AP} \times \dot{\boldsymbol{v}} = (\boldsymbol{r}_{AP} \times \boldsymbol{v})^{\cdot} - \dot{\boldsymbol{r}}_{AP} \times \boldsymbol{v}$$

geeignet um. Letztere lässt sich mit (vgl. Abschn. 3.1.3)

$$\boldsymbol{v} = \boldsymbol{v}_A + \boldsymbol{v}_{AP}, \quad \boldsymbol{v}_{AP} = \dot{\boldsymbol{r}}_{AP} = \boldsymbol{\omega} \times \boldsymbol{r}_{AP}$$

und

$$(\boldsymbol{\omega} \times \boldsymbol{r}_{AP}) \times (\boldsymbol{\omega} \times \boldsymbol{r}_{AP}) = \boldsymbol{0}, \quad \boldsymbol{r}_{AP} = \boldsymbol{r}_{AS} + \boldsymbol{r}_{SP}$$

auch folgendermaßen schreiben:

$$\begin{aligned}
\boldsymbol{r}_{AP} \times \dot{\boldsymbol{v}} &= (\boldsymbol{r}_{AP} \times \boldsymbol{v})^{\cdot} - (\boldsymbol{\omega} \times \boldsymbol{r}_{AP}) \times [\boldsymbol{v}_A + (\boldsymbol{\omega} \times \boldsymbol{r}_{AP})] \\
&= (\boldsymbol{r}_{AP} \times \boldsymbol{v})^{\cdot} - (\boldsymbol{\omega} \times \boldsymbol{r}_{AP}) \times \boldsymbol{v}_A \\
&= (\boldsymbol{r}_{AP} \times \boldsymbol{v})^{\cdot} - [\boldsymbol{\omega} \times (\boldsymbol{r}_{AS} + \boldsymbol{r}_{SP})] \times \boldsymbol{v}_A \\
&= (\boldsymbol{r}_{AP} \times \boldsymbol{v})^{\cdot} - (\boldsymbol{\omega} \times \boldsymbol{r}_{AS}) \times \boldsymbol{v}_A - (\boldsymbol{\omega} \times \boldsymbol{r}_{SP}) \times \boldsymbol{v}_A \,.
\end{aligned}$$

Führen wir den **Drehimpuls** (Summation der infinitesimalen Impulsmomente) in Bezug auf A

$$\boldsymbol{L}^{(A)} = \int \boldsymbol{r}_{AP} \times \boldsymbol{v} \, \mathrm{d}m \tag{3.47}$$

ein, so erhalten wir unter Beachtung von $\int \boldsymbol{r}_{SP} \, \mathrm{d}m = \boldsymbol{0}$ (Schwerpunkt) und $\int \mathrm{d}m = m$ für die linke Seite von (3.46)

$$\begin{aligned}
\int \boldsymbol{r}_{AP} \times \dot{\boldsymbol{v}} \, \mathrm{d}m &= \frac{\mathrm{d}}{\mathrm{d}t} \int (\boldsymbol{r}_{AP} \times \boldsymbol{v}) \, \mathrm{d}m - (\boldsymbol{\omega} \times \boldsymbol{r}_{AS}) \times \boldsymbol{v}_A \int \mathrm{d}m \\
&\quad - \left(\boldsymbol{\omega} \times \int \boldsymbol{r}_{SP} \, \mathrm{d}m\right) \times \boldsymbol{v}_A \\
&= \frac{\mathrm{d}\boldsymbol{L}^{(A)}}{\mathrm{d}t} - (\boldsymbol{\omega} \times \boldsymbol{r}_{AS}) \times \boldsymbol{v}_A \, m \,.
\end{aligned}$$

Einsetzen in (3.46) liefert schließlich den **Drehimpulssatz** oder **Momentensatz** in allgemeiner Form:

$$\dot{\boldsymbol{L}}^{(A)} - (\boldsymbol{\omega} \times \boldsymbol{r}_{AS}) \times \boldsymbol{v}_A \, m = \boldsymbol{M}^{(A)} \,. \tag{3.48}$$

Eine einfachere Gestalt nimmt (3.48) an, wenn wir als Bezugspunkt A entweder den Schwerpunkt S wählen ($\boldsymbol{r}_{AS} = \boldsymbol{0}$), oder wenn der körperfeste Punkt A gleichzeitig ein **raumfester** Punkt ist ($\boldsymbol{v}_A = \boldsymbol{0}$). In diesen Fällen verschwindet das zweite Glied in (3.48), und der Momentensatz lautet dann

$$\dot{\boldsymbol{L}}^{(S)} = \boldsymbol{M}^{(S)} \quad \text{oder} \quad \dot{\boldsymbol{L}}^{(A)} = \boldsymbol{M}^{(A)}, \quad A \text{ fest}. \tag{3.49}$$

In Worten: die zeitliche Änderung des Drehimpulses ist gleich dem Moment der äußeren Kräfte.

3.4.2 Drehimpuls, Trägheitstensor, Eulersche Gleichungen

Setzt man in (3.47) die Geschwindigkeit $\boldsymbol{v} = \boldsymbol{v}_A + \boldsymbol{\omega} \times \boldsymbol{r}_{AP}$ ein, so erhält man

$$\boldsymbol{L}^{(A)} = \int \boldsymbol{r}_{AP}\, \mathrm{d}m \times \boldsymbol{v}_A + \int \boldsymbol{r}_{AP} \times (\boldsymbol{\omega} \times \boldsymbol{r}_{AP})\, \mathrm{d}m\,.$$

Wählen wir als Bezugspunkt A wieder den Schwerpunkt oder einen raumfesten Punkt, so verschwindet das erste Glied auf der rechten Seite, und der Drehimpuls wird

$$\boldsymbol{L}^{(A)} = \int \boldsymbol{r}_{AP} \times (\boldsymbol{\omega} \times \boldsymbol{r}_{AP})\, \mathrm{d}m\,. \tag{3.50}$$

Soll $\boldsymbol{L}^{(A)}$ explizit angegeben werden, so ist es meist zweckmäßig, sich eines mit dem Körper fest verbundenen Koordinatensystems x, y, z zu bedienen (Abb. 3.21). Mit

$$\boldsymbol{r}_{AP} = \begin{bmatrix} x \\ y \\ z \end{bmatrix}, \quad \boldsymbol{\omega} = \begin{bmatrix} \omega_x \\ \omega_y \\ \omega_z \end{bmatrix} \tag{3.51}$$

ergibt sich dann aus (3.50) nach Ausführen der Vektorprodukte

$$\boldsymbol{L}^{(A)} = \begin{bmatrix} L_x^{(A)} \\ L_y^{(A)} \\ L_z^{(A)} \end{bmatrix} = \begin{bmatrix} \Theta_x\, \omega_x + \Theta_{xy}\, \omega_y + \Theta_{xz}\, \omega_z \\ \Theta_{yx}\, \omega_x + \Theta_y\, \omega_y + \Theta_{yz}\, \omega_z \\ \Theta_{zx}\, \omega_x + \Theta_{zy}\, \omega_y + \Theta_z\, \omega_z \end{bmatrix}. \tag{3.52}$$

Abb. 3.21 Körperfestes Koordinatensystem

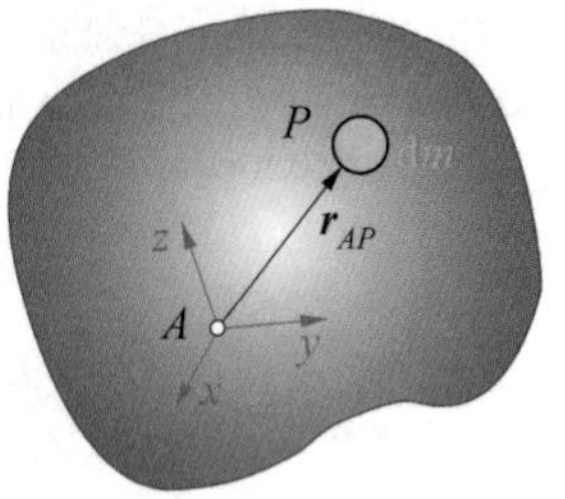

körperfestes Koordinatensystem

Darin sind

$$\begin{aligned} \Theta_x &= \int (y^2 + z^2)\,\mathrm{d}m, & \Theta_{xy} &= \Theta_{yx} = -\int xy\,\mathrm{d}m, \\ \Theta_y &= \int (z^2 + x^2)\,\mathrm{d}m, & \Theta_{yz} &= \Theta_{zy} = -\int yz\,\mathrm{d}m, \\ \Theta_z &= \int (x^2 + y^2)\,\mathrm{d}m, & \Theta_{zx} &= \Theta_{xz} = -\int zx\,\mathrm{d}m\,. \end{aligned} \tag{3.53}$$

Die Größen $\Theta_x, \Theta_y, \Theta_z$ sind die **Massenträgheitsmomente** bezüglich der x-, der y- und der z-Achse. Sie stimmen mit den in Abschn. 3.2.2 betrachteten axialen Massenträgheitsmomenten überein. Die Größen Θ_{xy}, Θ_{yz} und Θ_{zx} nennt man **Deviationsmomente** oder **Zentrifugalmomente**.

Axiale Trägheitsmomente und Deviationsmomente sind Komponenten des **Trägheitstensors** $\boldsymbol{\Theta}^{(A)}$. Man kann sie in der folgenden Matrix anordnen:

$$\boldsymbol{\Theta}^{(A)} = \begin{bmatrix} \Theta_x & \Theta_{xy} & \Theta_{xz} \\ \Theta_{yx} & \Theta_y & \Theta_{yz} \\ \Theta_{zx} & \Theta_{zy} & \Theta_z \end{bmatrix}. \tag{3.54}$$

Wegen $\Theta_{xy} = \Theta_{yx}$ usw. ist der Trägheitstensor symmetrisch zur Hauptdiagonalen. Durch $\boldsymbol{\Theta}^{(A)}$ werden die Trägheitseigenschaften des starren Körpers bezüglich des Punktes A eindeutig beschrieben.

Die Trägheits- und die Deviationsmomente (3.53) und damit auch der Trägheitstensor (3.54) hängen sowohl vom gewählten Bezugspunkt A als auch von der Orientierung der Achsen x, y und z ab. Ohne auf die Herleitung einzugehen, sei darauf hingewiesen, dass es für jeden Bezugspunkt ein ausgezeichnetes Achsensystem mit drei aufeinander senkrecht stehenden Achsen 1, 2 und 3 gibt, für das al-

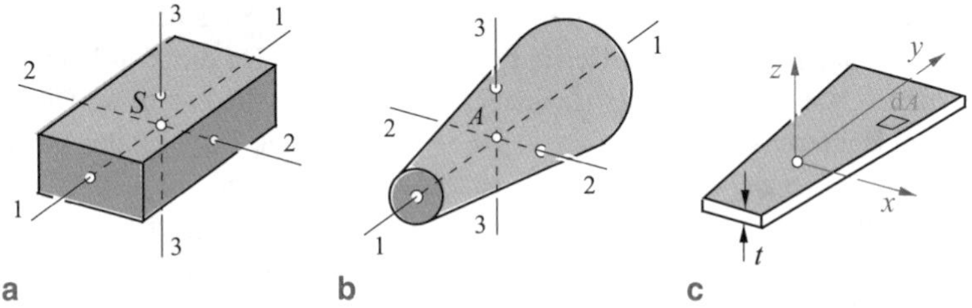

Abb. 3.22 Hauptachsen, Scheibe

le Deviationsmomente Null sind. Dieses Achsensystem nennt man **Hauptachsensystem**. Die zugehörigen axialen Massenträgheitsmomente nehmen Extremwerte an; sie werden als **Hauptträgheitsmomente** bezeichnet. Für ein Hauptachsensystem nimmt der Trägheitstensor eine besonders einfache Form an:

$$\boldsymbol{\Theta}^{(A)} = \begin{bmatrix} \Theta_1 & 0 & 0 \\ 0 & \Theta_2 & 0 \\ 0 & 0 & \Theta_3 \end{bmatrix}. \tag{3.55}$$

Darin sind Θ_1, Θ_2 und Θ_3 die Hauptträgheitsmomente; alle Glieder außerhalb der Hauptdiagonale sind Null.

Bei homogenen, symmetrischen Körpern sind die Symmetrieachsen immer Hauptachsen. Als Beispiel hierzu sind in Abb. 3.22a die Hauptachsen eines Quaders bezüglich des Schwerpunktes dargestellt. Bei rotationssymmetrischen Körpern sind die Symmetrieachse und jede dazu senkrechte Achse Hauptachsen (Abb. 3.22b).

Im Sonderfall eines homogenen Körpers, der die Form einer dünnen Scheibe hat (Abb. 3.22c), gilt $\mathrm{d}m = \varrho\, t\, \mathrm{d}A$. Da z im Vergleich zu x und y klein ist, kann es bei der Integration vernachlässigt werden ($z \approx 0$). Dann folgt aus (3.53) für das Massenträgheitsmoment bezüglich der x-Achse

$$\Theta_x = \rho\, t \int y^2\, \mathrm{d}A = \rho\, t\, I_x\,.$$

Darin ist I_x das Flächenträgheitsmoment bezüglich der x-Achse (vgl. Band 2). Führt man diese Prozedur für alle Massenträgheitsmomente durch, so erhält man

$$\begin{aligned} &\Theta_x = \rho\, t\, I_x, \quad \Theta_y = \rho\, t\, I_y, \quad \Theta_{xy} = \rho\, t\, I_{xy}, \\ &\Theta_z = \rho\, t\,(I_x + I_y) = \rho\, t\, I_p, \quad \Theta_{xz} = \Theta_{yz} = 0\,. \end{aligned} \tag{3.56}$$

In diesem Fall besteht also ein direkter Zusammenhang zwischen den Massenträgheitsmomenten und den Flächenträgheitsmomenten. Da die x, y-Ebene hier Symmetrieebene ist, steht eine Hauptachse senkrecht zu dieser Ebene. Die zwei weiteren Hauptachsen liegen in der x, y-Ebene. Sie lassen sich nach der Methode bestimmen, die man bei Flächenträgheitsmomenten anwendet.

Wir kommen nun auf den Drehimpuls zurück. Mit dem Trägheitstensor (3.54) und dem Vektor der Winkelgeschwindigkeit nach (3.51) lässt sich (3.52) als Matrizenprodukt darstellen:

$$\boldsymbol{L}^{(A)} = \boldsymbol{\Theta}^{(A)} \cdot \boldsymbol{\omega} \,. \tag{3.57}$$

Diese Gleichung stellt die räumliche Verallgemeinerung von (3.14) dar. Man sagt: der Drehimpuls ist eine **lineare Vektorfunktion** der Winkelgeschwindigkeit. Man kann (3.57) auch als Abbildung des Vektors $\boldsymbol{\omega}$ auf den Vektor $\boldsymbol{L}^{(A)}$ deuten.

Der Drehimpuls $\boldsymbol{L}^{(A)}$ und die Winkelgeschwindigkeit $\boldsymbol{\omega}$ des Körpers haben im allgemeinen **nicht** die gleiche Richtung. Dies kann man aus der Darstellung (3.52) erkennen. Wenn wir zum Beispiel annehmen, dass $\boldsymbol{\omega}$ die Richtung der x-Achse hat, so sind die Komponenten ω_y und ω_z Null. Dagegen sind die y- und z-Komponenten des Drehimpulses nur dann Null, wenn die Deviationsmomente verschwinden. Dies bedeutet, dass $\boldsymbol{L}^{(A)}$ und $\boldsymbol{\omega}$ nur dann gleichgerichtet sind, wenn die Drehung um eine Hauptachse erfolgt.

Wir wollen nun den Drehimpuls (3.57) in den Momentensatz (3.49) einsetzen. Dabei ist zu beachten, dass in (3.49) eine Zeitableitung bezüglich eines raumfesten (unbewegten) Systems steht, während wir den Drehimpuls bezüglich eines körperfesten (bewegten) Systems angegeben haben. In Kap. 6 wird gezeigt, dass zwischen der Zeitableitung $\mathrm{d}/\mathrm{d}t$ eines Vektors $\boldsymbol{L}$ bezüglich eines raumfesten Systems und der Zeitableitung $\mathrm{d}^*/\mathrm{d}t$ bezüglich eines bewegten Systems der Zusammenhang

$$\frac{\mathrm{d}\boldsymbol{L}}{\mathrm{d}t} = \frac{\mathrm{d}^*\boldsymbol{L}}{\mathrm{d}t} + \boldsymbol{\omega} \times \boldsymbol{L} \tag{3.58}$$

besteht. Darin ist $\boldsymbol{\omega}$ die Winkelgeschwindigkeit dieses Systems. Unter Beachtung von (3.58) folgt aus (3.49) und (3.57)

$$\boldsymbol{\Theta}^{(A)} \cdot \dot{\boldsymbol{\omega}} + \boldsymbol{\omega} \times (\boldsymbol{\Theta}^{(A)} \cdot \boldsymbol{\omega}) = \boldsymbol{M}^{(A)} \,. \tag{3.59}$$

Dabei kann A der Schwerpunkt oder ein raumfester Punkt sein.

Setzen wir ein Hauptachsensystem voraus, bei dem der Trägheitstensor die Form (3.55) annimmt, so lautet (3.59) in Komponenten

$$\begin{aligned} \Theta_1\,\dot{\omega}_1 - (\Theta_2 - \Theta_3)\,\omega_2\,\omega_3 &= M_1, \\ \Theta_2\,\dot{\omega}_2 - (\Theta_3 - \Theta_1)\,\omega_3\,\omega_1 &= M_2, \\ \Theta_3\,\dot{\omega}_3 - (\Theta_1 - \Theta_2)\,\omega_1\,\omega_2 &= M_3. \end{aligned} \tag{3.60}$$

Darin sind M_1, M_2 und M_3 die Momente um die entsprechenden Hauptachsen. Die Gleichungen (3.60) werden nach Leonhard Euler (1707–1783) als **Eulersche Gleichungen** bezeichnet. Durch dieses System gekoppelter, nichtlinearer Differentialgleichungen wird der Momentensatz bezüglich eines körperfesten Hauptachsensystems dargestellt.

Die Lösung der Eulerschen Gleichungen kann sich mathematisch schwierig gestalten, wenn die Bewegung des körperfesten Achsensystems **nicht** von vornherein bekannt ist (z. B. Kreisel).

Als Anwendungsbeispiel, bei dem diese Schwierigkeit nicht auftritt, betrachten wir die Rollbewegung des Rades einer Kollermühle, welche sich mit der konstanten Winkelgeschwindigkeit ω_0 um eine vertikale Achse dreht (Abb. 3.23a). Dabei wollen wir die Trägheitsmomente bezüglich des mit dem Rad fest verbundenen, sich mitdrehenden Hauptachsensystems nach Abb. 3.23b als bekannt voraussetzen; außerdem soll $\Theta_2 = \Theta_3$ sein (Rotationssymmetrie). Dann gilt

$$\begin{aligned} \omega_1 &= \dot{\alpha} = \frac{R}{r}\,\omega_0, & \dot{\omega}_1 &= 0, \\ \omega_2 &= \omega_0 \cos\alpha, & \dot{\omega}_2 &= -\omega_0\,\dot{\alpha}\sin\alpha = \omega_1\,\omega_3, \\ \omega_3 &= -\omega_0 \sin\alpha, & \dot{\omega}_3 &= -\omega_0\,\dot{\alpha}\cos\alpha = -\omega_1\,\omega_2\,. \end{aligned}$$

Die Eulerschen Gleichungen (3.60) führen damit auf

$$\begin{aligned} M_1 &= 0, \\ M_2 &= (\Theta_2 - \Theta_3 + \Theta_1)\,\omega_1\,\omega_3 = -\Theta_1\,\omega_0^2\,\frac{R}{r}\sin\alpha, \\ M_3 &= (-\Theta_3 - \Theta_1 + \Theta_2)\,\omega_1\,\omega_2 = -\Theta_1\,\omega_0^2\,\frac{R}{r}\cos\alpha\,. \end{aligned}$$

Abb. 3.23 Kollermühle

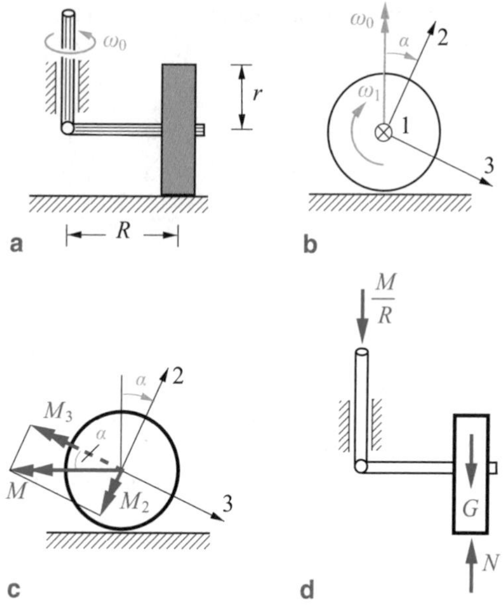

Auf das Rad wird dementsprechend ein Moment (Kräftepaar) der Größe

$$M = \sqrt{M_2^2 + M_3^2} = \Theta_1 \, \omega_0^2 \, \frac{R}{r}$$

ausgeübt, das horizontal und senkrecht zur Radachse gerichtet ist (vgl. Abb. 3.23c). Die Druckkraft N zwischen Rad und Unterlage nach Abb. 3.23d setzt sich danach aus dem Gewicht G des Rades und dem „Kreisel"-Anteil M/R zusammen:

$$N = G + \frac{M}{R} = G + \frac{\Theta_1 \, \omega_0^2}{r} \, .$$

Hiernach kann durch Erhöhung von ω_0 die Druckkraft erheblich gesteigert werden.

Beispiel 3.19

Für den skizzierten homogenen Quader sind die Trägheits- und die Deviationsmomente bezüglich der Achsen $\bar{x}$, $\bar{y}$, $\bar{z}$ und x, y, z zu bestimmen.

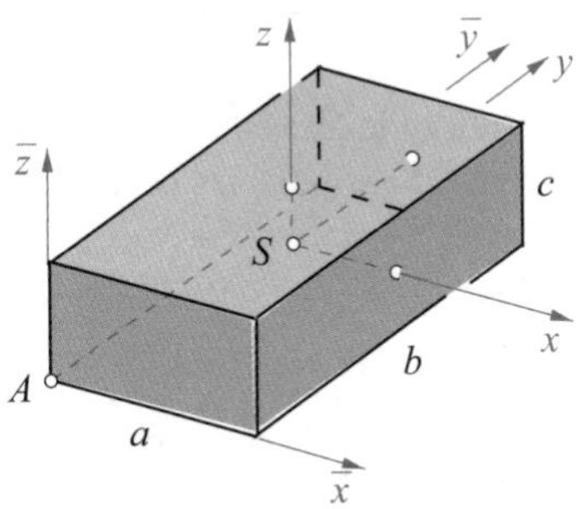

Lösung Für das System $\bar{x}, \bar{y}, \bar{z}$ erhalten wir mit $\mathrm{d}m = \varrho\,\mathrm{d}\bar{x}\,\mathrm{d}\bar{y}\,\mathrm{d}\bar{z}$ und $m = \varrho\,abc$ für $\Theta_{\bar{x}}$ und $\Theta_{\bar{x}\bar{y}}$

$$\underline{\underline{\Theta_{\bar{x}}}} = \int (\bar{y}^2 + \bar{z}^2)\,\mathrm{d}m = \rho \int\limits_0^c \int\limits_0^b \int\limits_0^a (\bar{y}^2 + \bar{z}^2)\,\mathrm{d}\bar{x}\,\mathrm{d}\bar{y}\,\mathrm{d}\bar{z} = \underline{\underline{\frac{m}{3}\,(b^2 + c^2)}},$$

$$\underline{\underline{\Theta_{\bar{x}\bar{y}}}} = -\int \bar{x}\,\bar{y}\,\mathrm{d}m = -\rho \int\limits_0^c \int\limits_0^b \int\limits_0^a \bar{x}\,\bar{y}\,\mathrm{d}\bar{x}\,\mathrm{d}\bar{y}\,\mathrm{d}\bar{z} = \underline{\underline{-\frac{mab}{4}}}\,.$$

Analog folgen

$$\underline{\underline{\Theta_{\bar{y}} = \frac{m}{3}(c^2 + a^2)}}, \quad \underline{\underline{\Theta_{\bar{z}} = \frac{m}{3}(a^2 + b^2)}}, \quad \underline{\underline{\Theta_{\bar{y}\bar{z}} = -\frac{mbc}{4}}}, \quad \underline{\underline{\Theta_{\bar{z}\bar{x}} = -\frac{mca}{4}}}\,.$$

Die Achsen x, y, z sind Symmetrieachsen und stellen daher ein Hauptachsensystem dar. Die Deviationsmomente $\Theta_{xy}, \Theta_{yz}, \Theta_{zx}$ sind Null. Die Hauptträgheitsmomente ergeben sich zu

$$\underline{\underline{\Theta_1 = \Theta_x}} = 8\,\rho \int\limits_0^{c/2} \int\limits_0^{b/2} \int\limits_0^{a/2} (y^2 + z^2)\,\mathrm{d}x\,\mathrm{d}y\,\mathrm{d}z = \underline{\underline{\frac{m}{12}(b^2 + c^2)}},$$

$$\underline{\underline{\Theta_2 = \Theta_y = \frac{m}{12}\,(c^2 + a^2)}}, \quad \underline{\underline{\Theta_3 = \Theta_z = \frac{m}{12}\,(a^2 + b^2)}}\,.$$

Für $c < a < b$ ist $\Theta_2 < \Theta_1 < \Theta_3$; für $a = b = c$ (Würfel) gilt $\Theta_1 = \Theta_2 = \Theta_3 = ma^2/6$. ◀

Beispiel 3.20

Für eine homogene Kreiszylinderwelle vom Radius r, der Länge l und der Masse m sind die Hauptträgheitsmomente bezüglich Achsen durch den Schwerpunkt zu ermitteln.

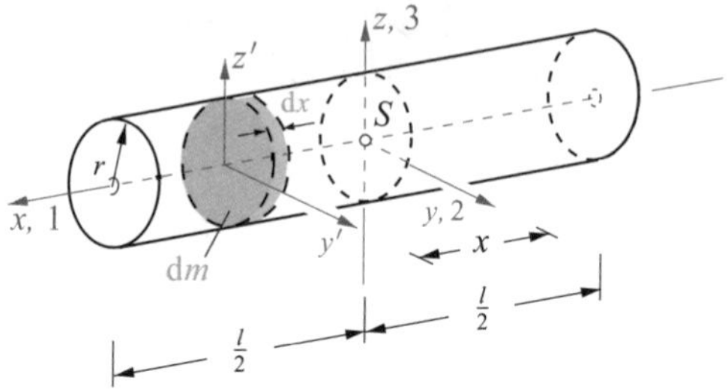

Lösung Wegen der Rotationssymmetrie sind die x-, die y- und die z-Achse die Hauptachsen 1, 2 und 3. Das Trägheitsmoment bezüglich der x-Achse haben wir schon in Abschn. 3.2.2 berechnet:

$$\Theta_x = \underline{\underline{\Theta_1 = \frac{m r^2}{2}}} .$$

Die Trägheitsmomente bezüglich y und z sind gleich (Symmetrie). Zu ihrer Bestimmung betrachten wir zunächst das Trägheitsmoment einer Kreisscheibe der Masse dm und der Dicke dx. Mit den Flächenträgheitsmomenten $I_{y'} = I_{z'} = \pi r^4/4$ für die Kreisfläche (vgl. Band 2) wird dann

$$\mathrm{d}\Theta_{y'} = \mathrm{d}\Theta_{z'} = \rho \,\mathrm{d}x\, I_{y'} = \rho \frac{\pi r^4}{4} \mathrm{d}x .$$

Unter Verwendung von $\mathrm{d}m = \rho\pi r^2 \,\mathrm{d}x, m = \rho\pi r^2 l$ und des Satzes von Steiner (3.20) erhält man

$$\Theta_y = \Theta_z = \underline{\underline{\Theta_2 = \Theta_3}} = \int [\mathrm{d}\Theta_{y'} + x^2 \,\mathrm{d}m]$$
$$= \int_{-l/2}^{+l/2} \left[\frac{1}{4} \rho\pi r^4 \,\mathrm{d}x + x^2 \rho\pi r^2 \,\mathrm{d}x\right] = \underline{\underline{\frac{m}{12}(3 r^2 + l^2)}} . \quad ◀$$

Beispiel 3.21

Ein homogener Kreiszylinder (Masse m, Radius r, Länge l) dreht sich mit konstanter Winkelgeschwindigkeit ω um eine feste Achse, die unter dem Winkel α zur Zylinderachse geneigt ist (Bild a). Der Schwerpunkt S befindet sich auf der Drehachse.

Es sind die Lagerreaktionen zu bestimmen.

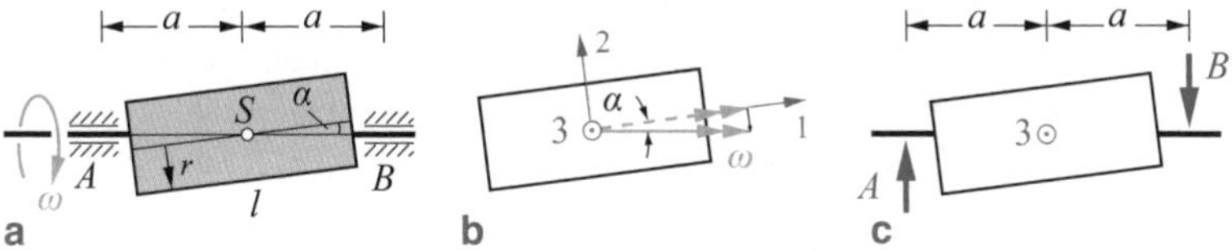

a b c

Lösung Der Schwerpunkt S des Zylinders ist in Ruhe ($\ddot{\boldsymbol{r}}_s = \boldsymbol{0}$). Nach (3.45) muss daher die Resultierende der Lagerkräfte verschwinden.

Mit Hilfe der Eulerschen Gleichungen (3.60) bestimmen wir das Moment der Lagerkräfte. Dazu führen wir nach Bild b die Hauptachsen 1 und 2 (in der Zeichenebene) sowie 3 (zeigt aus der Zeichenebene heraus) ein. Die zugehörigen Hauptträgheitsmomente wurden in Beispiel 3.20 berechnet:

$$\Theta_1 = \frac{m r^2}{2}, \quad \Theta_2 = \Theta_3 = \frac{m}{12}(l^2 + 3r^2)\,.$$

Mit den Komponenten des Winkelgeschwindigkeitsvektors (bezüglich der Hauptachsen)

$$\omega_1 = \omega\cos\alpha, \quad \omega_2 = -\omega\sin\alpha, \quad \omega_3 = 0$$

und $\dot{\omega}_1 = \dot{\omega}_2 = \dot{\omega}_3 = 0$ folgen dann aus (3.60)

$$\begin{aligned}
M_1 &= 0,\\
M_2 &= 0,\\
M_3 &= -(\Theta_1 - \Theta_2)\,\omega_1\,\omega_2 = \left[\frac{m}{2}r^2 - \frac{m}{12}(l^2 + 3r^2)\right]\omega^2\sin\alpha\cos\alpha\\
&= -\frac{m}{24}(l^2 - 3r^2)\,\omega^2\sin 2\alpha\,.
\end{aligned}$$

Die Lagerkräfte haben danach nur ein Moment M_3 um die Hauptachse 3. Mit den Bezeichnungen nach Bild c und $B = A$ (keine resultierende Kraft) erhalten wir daher die Lagerkräfte:

$$M_3 = -a\,A\ - a\,B = -2\,a\,A \quad \rightarrow \quad \underline{\underline{A = B = \frac{m\,(l^2 - 3\,r^3)\,\omega^2}{48\,a}}}\,\sin 2\,\alpha\,. \blacktriangleleft$$

3.4.3 Lagerreaktionen bei ebener Bewegung

In Abschn. 3.3 haben wir die **ebene Bewegung** eines starren Körpers behandelt. Wir wollen jetzt noch untersuchen, unter welchen Bedingungen eine solche Bewegung erfolgt. Wenn wir als Bewegungsebene die x, y-Ebene wählen, so zeigt der Vektor der Winkelgeschwindigkeit in z-Richtung: $\boldsymbol{\omega} = \omega\,\boldsymbol{e}_z$. Daher gilt

$$\omega_x = 0, \quad \omega_y = 0, \quad \omega_z = \omega.$$

In diesem Fall erhalten wir mit (3.45) aus (3.59) den Momentensatz in Komponenten:

$$\begin{aligned} \Theta_{xz}\,\dot{\omega} - \Theta_{yz}\,\omega^2 &= M_x\,, \\ \Theta_{yz}\,\dot{\omega} + \Theta_{xz}\,\omega^2 &= M_y\,, \\ \Theta_z\,\dot{\omega} &= M_z\,. \end{aligned} \qquad (3.61)$$

Der obere Index A für den Bezugspunkt (Schwerpunkt oder fester Punkt) wurde dabei weggelassen.

Die dritte Gleichung in (3.61) entspricht dem Momentensatz, den wir schon in Abschn. 3.3.1 hergeleitet haben. Die ersten beiden Gleichungen in (3.61) zeigen, dass Momente M_x, M_y senkrecht zur z-Achse wirken müssen, sofern die Deviationsmomente Θ_{xz}, Θ_{yz} von Null verschieden sind. Wegen actio = reactio wirken entgegengesetzte Momente auf die Lagerung.

Ein wichtiger Anwendungsfall ist die Drehung eines Körpers um eine **feste** Achse. Die Momente (Kräftepaare), die dann in den Lagern technischer Systeme (Rotor, Rad) auftreten, sind häufig unerwünscht. Der rotierende Körper wird dann als nicht **ausgewuchtet** bezeichnet. Die Momente senkrecht zur Drehachse sind nur dann Null, wenn die Deviationsmomente verschwinden, die Drehung also um eine Hauptachse erfolgt. Beim **dynamischen Auswuchten** versucht man, durch geeignetes Anbringen von Zusatzmassen die Deviationsmomente zu Null zu machen. Ein Körper heißt **statisch ausgewuchtet**, wenn sein Schwerpunkt auf der Drehachse liegt.

Beispiel 3.22

Eine dünne, homogene Dreieckscheibe der Masse m ist nach Bild a in A und B drehbar gelagert. Sie wird durch ein konstantes Moment M_0 angetrieben.

Es sind die Bewegungsgleichungen aufzustellen und die Lagerreaktionen zu ermitteln.

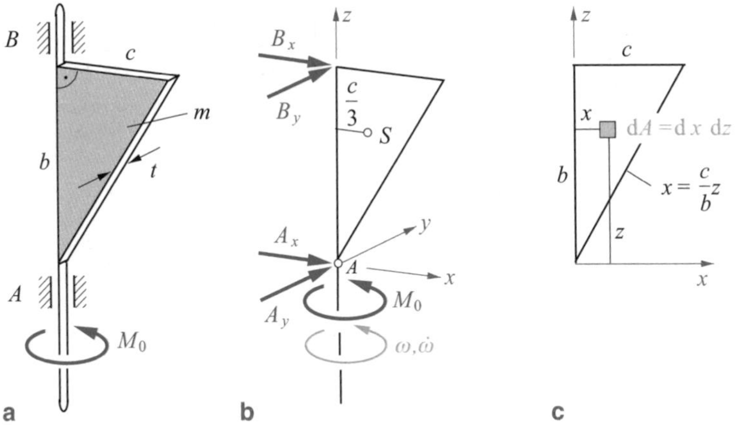

Lösung Zur Beschreibung der Bewegung alleine wäre die Anwendung des Momentensatzes um die Drehachse hinreichend. Zur Ermittlung der Lagerkräfte sind jedoch noch die Momentensätze bezüglich der Achsen senkrecht zur Drehachse sowie der Kräftesatz erforderlich.

Wir befreien die Scheibe von den Lagern und wählen ein mitdrehendes Koordinatensystem x, y, z, dessen Ursprung A sich nicht bewegt. Der Schwerpunkt S führt eine Kreisbewegung aus (Bild b). Mit der Zentripetalbeschleunigung $a_{sx} = -c\,\omega^2/3$ und der Tangentialbeschleunigung $a_{sy} = c\,\dot{\omega}/3$ lauten dann die Komponenten des Kräftesatzes in x-Richtung und in y-Richtung:

$$a_{sx} = A_x + B_x \qquad \rightarrow \qquad -\frac{mc\,\omega^2}{3} = A_x + B_x , \qquad \text{(a)}$$

$$m\,a_{sy} = A_y + B_y \qquad \rightarrow \qquad \frac{mc\,\dot{\omega}}{3} = A_y + B_y\,. \qquad \text{(b)}$$

Für die Momentensätze werden Trägheits- und Deviationsmomente benötigt. Mit $\mathrm{d}m = \rho\, t\, \mathrm{d}A$ und $m = \frac{1}{2}\rho\, t\, c\, b$ erhalten wir (vgl. Bild c)

$$\Theta_z = \rho\, t \int x^2\, \mathrm{d}A = \rho\, t \int_0^b \left\{ \int_0^{cz/b} x^2\, \mathrm{d}x \right\} \mathrm{d}z = \frac{mc^2}{6},$$

$$\Theta_{xz} = -\rho\, t \int xz\, \mathrm{d}A = -\rho\, t \int_0^b \left\{ \int_0^{cz/b} x\, \mathrm{d}x \right\} z\, \mathrm{d}z = -\frac{mcb}{4},$$

$$\Theta_{yz} = 0\,.$$

Damit folgen aus (3.61)

$$M_x = \Theta_{xz}\, \dot{\omega} \quad \rightarrow \quad -b\, B_y = -\frac{\dot{\omega} mcb}{4}, \qquad \text{(c)}$$

$$M_y = \Theta_{xz}\, \omega^2 \quad \rightarrow \quad b\, B_x = -\frac{\omega^2 mcb}{4}, \qquad \text{(d)}$$

$$M_z = \Theta_z\, \dot{\omega} \quad \rightarrow \quad M_0 = \frac{\dot{\omega} mc^2}{6}\,. \qquad \text{(e)}$$

Die letzte Gleichung stellt die Bewegungsgleichung dar. Wenn wir als Anfangsbedingung $\omega(0) = 0$ annehmen, so ergibt sich daraus

$$\dot{\omega} = \frac{6\, M_0}{mc^2} \quad \rightarrow \quad \omega = \frac{6\, M_0}{mc^2}\, t\,.$$

Einsetzen in (a) bis (d) liefert schließlich

$$\underline{\underline{A_x = -\frac{\omega^2 mc}{12}}}, \quad \underline{\underline{A_y = \frac{M_0}{2c}}}, \quad \underline{\underline{B_x = -\frac{\omega^2 mc}{4}}}, \quad \underline{\underline{B_y = \frac{3\, M_0}{2c}}}\,. \quad ◀$$

Beispiel 3.23

An dem skizzierten Autorad (Drehachse z) befindet sich eine Unwucht mit der Masse m_0.

Welche Massen m_1 und m_2 müssen an den Stellen ① und ② angebracht werden, damit das Rad ausgewuchtet ist?

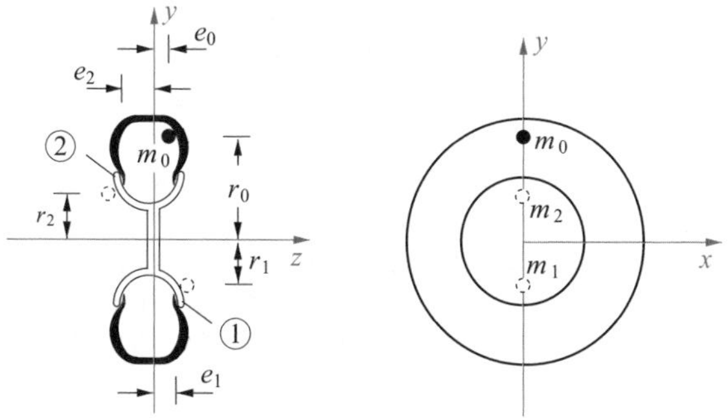

Lösung Das Rad ist ausgewuchtet, wenn der Schwerpunkt auf der Drehachse liegt und wenn die Deviationsmomente verschwinden. Mit den eingeführten Bezeichnungen müssen also die folgenden Bedingungen erfüllt sein:

$$m_0\, r_0 + m_2\, r_2 = m_1\, r_1\,,$$
$$\Theta_{zy} = -m_0\, r_0\, e_0 + m_1\, r_1\, e_1 + m_2\, r_2\, e_2 = 0\,.$$

Auflösen liefert die gesuchten Massen

$$\underline{\underline{m_1 = m_0\,\frac{r_0}{r_1}\,\frac{e_0 + e_2}{e_1 + e_2}}}\,, \qquad \underline{\underline{m_2 = m_0\,\frac{r_0}{r_2}\,\frac{e_0 - e_1}{e_1 + e_2}}}\,. \quad ◀$$

3.4.4 Der momentenfreie Kreisel

Einen starren Körper, der beliebige Drehbewegungen um den Schwerpunkt S oder um einen raumfesten Punkt A (z. B. ein Lager) ausführt, bezeichnet man als **Kreisel**. Von einem **momentenfreien Kreisel** spricht man, wenn das Moment der äußeren Kräfte um den Bezugspunkt S bzw. A verschwindet. Dies trifft zum Beispiel auf Drehbewegungen von Satelliten zu. Mit $\boldsymbol{M}^{(S)} = \boldsymbol{0}$ bzw. $\boldsymbol{M}^{(A)} = \boldsymbol{0}$ folgt dann aus (3.49) die Drehimpulserhaltung:

$$\boldsymbol{L}^{(S)} = \text{const} \quad \text{oder} \quad \boldsymbol{L}^{(A)} = \text{const}\,. \tag{3.62}$$

Die Eulerschen Gleichungen (3.60) führen in diesem Fall mit $M_i = 0$ auf

$$\begin{aligned} \Theta_1\,\dot{\omega}_1 - (\Theta_2 - \Theta_3)\,\omega_2\,\omega_3 &= 0,\\ \Theta_2\,\dot{\omega}_2 - (\Theta_3 - \Theta_1)\,\omega_3\,\omega_1 &= 0,\\ \Theta_3\,\dot{\omega}_3 - (\Theta_1 - \Theta_2)\,\omega_1\,\omega_2 &= 0\,. \end{aligned} \tag{3.63}$$

Eine spezielle Lösung von (3.63) ist der Fall einer Drehung mit konstanter Winkelgeschwindigkeit ω_0 um eine der Hauptachsen, z. B. um die 1-Achse: $\omega_1 = \omega_0 = \text{const}, \omega_2 = \omega_3 = 0$. Hierfür folgt $\dot{\omega}_2 = \dot{\omega}_3 = 0$, d. h. die 1-Achse ist auch raumfest.

Von praktischem Interesse ist nun die Frage, wie das System auf eine **kleine Störung** reagiert. Hierzu betrachten wir einen Nachbarzustand, der vom ursprünglichen Bewegungszustand nur „wenig" abweicht: $\omega_1 \approx \omega_0$, $\omega_2 \ll \omega_1$, $\omega_3 \ll \omega_1$. Vernachlässigt man das Produkt $\omega_2\omega_3$ als von höherer Ordnung klein, dann ist die erste Gleichung von (3.63) näherungsweise erfüllt. Aus den letzten beiden folgt

$$
\begin{aligned}
\Theta_2\,\dot{\omega}_2 - (\Theta_3 - \Theta_1)\,\omega_0\,\omega_3 &= 0,\\
\Theta_3\,\dot{\omega}_3 - (\Theta_1 - \Theta_2)\,\omega_0\,\omega_2 &= 0\,.
\end{aligned}
$$

Eliminiert man daraus z. B. ω_3, so erhält man eine Gleichung für ω_2:

$$
\ddot{\omega}_2 + \lambda^2\omega_2 = 0 \quad \text{mit} \quad \lambda^2 = \omega_0^2\,\frac{(\Theta_1 - \Theta_2)(\Theta_1 - \Theta_3)}{\Theta_2\Theta_3}\,.
$$

Ihre Lösung lautet (vgl. auch Abschn. 5.2.1)

$$
\omega_2(t) = \begin{cases} A_1 \cos\lambda\,t + B_1 \sin\lambda\,t & \text{für } \lambda^2 > 0,\\ A_2\,\mathrm{e}^{\lambda^* t} + B_2\,\mathrm{e}^{-\lambda^* t} & \text{für } \lambda^2 = -\lambda^{*2} < 0\,. \end{cases}
$$

Für $\lambda^2 > 0$ ändert sich ω_2 (und damit auch ω_3) periodisch; die Störung bleibt aber beschränkt. Wir bezeichnen eine solche Drehung als **stabil**. Dagegen wächst für $\lambda^2 < 0$ die Störung ω_2 exponentiell mit der Zeit an. Die Bewegung entfernt sich dann immer mehr vom Ausgangszustand; dieser ist **instabil**. Eine stabile Drehung um die Hauptachse 1 tritt danach für

$$
(\Theta_1 - \Theta_2)(\Theta_1 - \Theta_3) > 0
$$

auf, d. h. wenn die Drehachse diejenige des größten Hauptträgheitsmomentes ($\Theta_1 > \Theta_2, \Theta_3$) oder diejenige des kleinsten Hauptträgheitsmomentes ($\Theta_1 < \Theta_2, \Theta_3$) ist. Eine stabile Drehung um die Achse des mittleren Hauptträgheitsmomentes ($\Theta_2 < \Theta_1 < \Theta_3$) ist nicht möglich.

Als Spezialfall betrachten wir noch den **Kugelkreisel** ($\Theta_1 = \Theta_2 = \Theta_3$). Hierfür folgt direkt aus (3.63) das Ergebnis $\dot{\omega}_1 = \dot{\omega}_2 = \dot{\omega}_3 = 0$; d. h. die Drehung ist immer stabil.

Zusammenfassung

- Die Bewegung eines starren Körpers lässt sich aus Translation und Rotation zusammensetzen; z. B. gilt für die Geschwindigkeit eines Körperpunktes P: $\boldsymbol{v}_P = \boldsymbol{v}_A + \boldsymbol{\omega} \times \boldsymbol{r}_{AP}$.
  Man kann die ebene Bewegung zu jedem Zeitpunkt auch als reine Drehung mit der Winkelgeschwindigkeit $\boldsymbol{\omega}$ um den Momentanpol Π auffassen.
- Bei der Rotation um eine feste Achse führen alle Punkte eine Kreisbewegung mit der selben Winkelgeschwindigkeit $\omega = \dot{\varphi}$ und der Winkelbeschleunigung $\ddot{\varphi}$ aus.
- Unter der Wirkung von Kräften führt der starre Körper eine Bewegung aus, die durch den Kräftesatz (Schwerpunktsatz) und den Momentensatz (Drehimpulssatz) beschrieben wird:
  $$m\,\ddot{\boldsymbol{r}}_s = \boldsymbol{F}\,, \quad \dot{\boldsymbol{L}}^{(A)} = \boldsymbol{M}^{(A)} \quad (A = S \text{ oder fest}).$$
  Im ebenen Fall bleiben die drei Komponenten
  $$m\,\ddot{x}_s = F_x\,, \quad m\,\ddot{y}_s = F_y\,, \quad \Theta_A\,\ddot{\varphi}_s = M_A\,.$$
- Die kinetische Energie setzt sich beim starren Körper aus Translations- und Rotationsenergie zusammen. Im ebenen Fall gilt
  $$E_k = \frac{1}{2}m\,v_s^2 + \frac{1}{2}\Theta_S\,\omega^2\,.$$
- Impulssatz, Arbeitssatz und Energiesatz sind analog zu denen beim Massenpunkt bzw. beim Massenpunktsystem.
- Bei der Lösung von Problemen der Starrkörperbewegung sind in der Regel folgende Schritte durchzuführen:
  - Skizze des Freikörperbildes mit allen Kräften.
  - Wahl eines Koordinatensystems.
  - Aufstellen der Bewegungsgleichungen. Bezugspunkt beim Momentensatz ist dabei Schwerpunkt oder fester Punkt!
  - Bei Stoßproblemen Aufstellen der Impulssätze für die beteiligten Körper und der Stoßbedingung.
  - Formulierung benötigter kinematischer Beziehungen.
  - Abhängig vom Problem kann es zweckmäßig sein, den Arbeits- oder den Energiesatz anzuwenden.

Prinzipien der Mechanik

4

Inhaltsverzeichnis

► **Lernziele** Bisher haben wir zur Beschreibung der Bewegung von Körpern die Newtonschen Axiome angewendet. Ihnen gleichwertig sind andere Grundgesetze, die **Prinzipien der Mechanik** genannt werden. Häufig ist es vorteilhaft, anstelle der Newtonschen Gesetze diese Prinzipien bei der Aufstellung von Bewegungsgleichungen zu verwenden. Mit einigen von ihnen wollen wir uns in diesem Kapitel beschäftigen und lernen, wie man sie anwendet.

D. Gross et al., *Technische Mechanik 3*, https://doi.org/10.1007/978-3-662-63065-5_4

4.1 Formale Rückführung der Kinetik auf die Statik

Die Bewegung eines **Massenpunktes** kann nach Abschn. 1.2.1 durch das Newtonsche Bewegungsgesetz

$$m\boldsymbol{a} = \boldsymbol{F} \tag{4.1}$$

beschrieben werden. Dabei ist $\boldsymbol{F}$ die Resultierende aller am Massenpunkt angreifenden Kräfte. Wir schreiben (4.1) nun in der Form

$$\boldsymbol{F} - m\boldsymbol{a} = \boldsymbol{0} \tag{4.2}$$

und fassen das negative Produkt aus der Masse m und der Beschleunigung $\boldsymbol{a}$ formal als eine Kraft auf, die wir nach Jean Lerond d'Alembert (1717–1783) die **d'Alembertsche Trägheitskraft** $\boldsymbol{F}_T$ nennen:

$$\boldsymbol{F}_T = -m\boldsymbol{a}\,. \tag{4.3}$$

Diese Kraft ist keine Kraft im Newtonschen Sinne, da zu ihr **keine** Gegenkraft existiert (sie verletzt das Axiom actio = reactio!); wir bezeichnen sie daher als **Scheinkraft**. Sie ist entgegengesetzt zur Beschleunigung $\boldsymbol{a}$ gerichtet. Mit (4.3) erhalten wir aus (4.2) das Bewegungsgesetz in der Form

$$\boldsymbol{F} + \boldsymbol{F}_T = \boldsymbol{0}\,. \tag{4.4}$$

Hiernach bewegt sich ein Massenpunkt so, dass die Resultierende $\boldsymbol{F}$ der an ihm angreifenden Kräfte und die d'Alembertsche kraft $\boldsymbol{F}_T$ „im Gleichgewicht" sind. Da der Massenpunkt jedoch nicht in Ruhe ist, sondern sich bewegt, bezeichnet man dies als „dynamisches Gleichgewicht".

Durch das Einführen der Trägheitskraft (4.3) wurde das Bewegungsgesetz (4.1) **formal** auf die Gleichgewichtsbedingung (4.4) zurückgeführt. Dieses Vorgehen kann beim Aufstellen der Bewegungsgleichungen vorteilhaft sein. Will man eine Aufgabe nach dieser Methode lösen, so muss man im Freikörperbild neben den wirklichen Kräften zusätzlich die Trägheitskraft $\boldsymbol{F}_T$ einzeichnen. Die Bewegungsgleichungen folgen dann aus der Bedingung „Summe aller Kräfte gleich Null".

Die ebene Bewegung eines **starren Körpers** wird nach (3.31a, b) durch die Gleichungen

$$m\ddot{x}_s = F_x, \quad m\ddot{y}_s = F_y, \quad \Theta_S\,\ddot{\varphi} = M_S \tag{4.5}$$

beschrieben. Führt man analog zu (4.3) die Scheinkräfte

$$F_{Tx} = -m\ddot{x}_s, \quad F_{Ty} = -m\ddot{y}_s \tag{4.6}$$

und das Scheinmoment

$$M_{TS} = -\Theta_S\,\ddot{\varphi} \tag{4.7}$$

ein, so erhält man die dynamischen Gleichgewichtsbedingungen

$$F_x + F_{Tx} = 0, \quad F_y + F_{Ty} = 0, \quad M_S + M_{TS} = 0\,. \tag{4.8}$$

Es sei darauf hingewiesen, dass die Momentengleichgewichtsbedingung in (4.8) nicht bezüglich des Schwerpunkts S ausgeschrieben werden muss, sondern wie in der Statik ein beliebiger Bezugspunkt gewählt werden darf. Als Massenträgheitsmoment muss aber Θ_S genommen werden (vgl. Beispiel 4.3).

Will man die Bewegung eines **Systems** von starren Körpern mit dieser Methode beschreiben, so zerlegt man das System in einzelne Teilkörper. Für jeden dieser Teilkörper können dann die dynamischen Gleichgewichtsbedingungen (4.4) bzw. (4.8) angeschrieben werden.

Beispiel 4.1

Ein Schiff (Masse m) hat beim Abschalten des Motors die Geschwindigkeit v_0 (Bild a). Die Widerstandskraft beim Gleiten im Wasser sei durch $F_w = k\sqrt{v}$ gegeben.

Gesucht ist der Geschwindigkeitsverlauf bei geradliniger Fahrt.

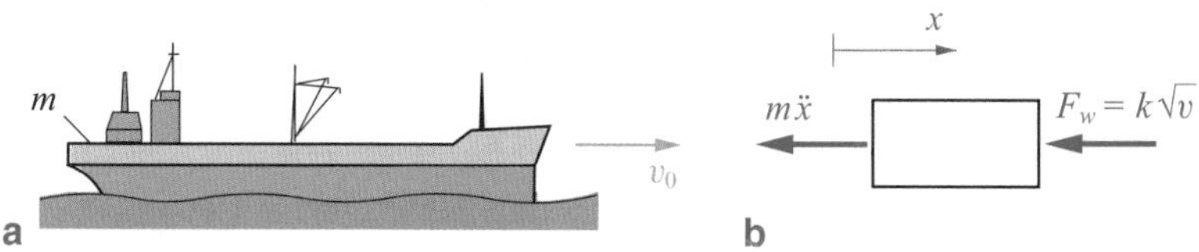

Lösung Wir zählen nach Bild b die Koordinate x in Bewegungsrichtung. In entgegengesetzter Richtung wirkt die Widerstandskraft F_w auf das Schiff (in vertikaler Richtung halten sich Gewicht und Auftrieb das Gleichgewicht). Entsprechend der x-Koordinate zeigt eine positive Beschleunigung $\ddot{x}$ nach rechts. Die Trägheitskraft ist ihr entgegen gerichtet (nach links) und hat den Betrag $m\ddot{x}$.

Das Kräftegleichgewicht in x-Richtung liefert dann mit $\ddot{x} = \dot{v}$ die Bewegungsgleichung

$$\leftarrow: \quad m\dot{v} + k\sqrt{v} = 0\,.$$

Trennen der Variablen und Integration führen mit der Anfangsbedingung $v(0) = v_0$ auf

$$\int_{v_0}^{v} \frac{\mathrm{d}\bar{v}}{\sqrt{\bar{v}}} = -\frac{k}{m}\int_0^t \mathrm{d}\bar{t} \quad \rightarrow \quad 2(\sqrt{v} - \sqrt{v_0}) = -\frac{k}{m}\,t\,.$$

Hieraus folgt die Geschwindigkeit zu

$$\underline{\underline{v = \left(\sqrt{v_0} - \frac{k}{2m}\,t\right)^2}}\,. \quad ◀$$

Beispiel 4.2

Ein Massenpunkt vom Gewicht $G = mg$ rutscht reibungsfrei auf einer Halbkugel (Radius r) herunter (Bild a). Die Bewegung beginnt mit einer Anfangsgeschwindigkeit v_0 im höchsten Punkt.

An welcher Stelle hebt der Massenpunkt von der Unterlage ab?

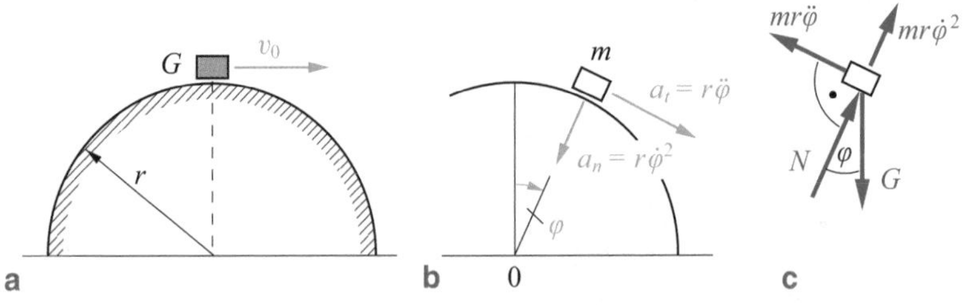

Lösung Die Masse durchläuft bis zum Abheben eine Kreisbahn; wir beschreiben die Lage von m durch die Koordinate φ (Bild b). Auf den Körper wirken als eingeprägte Kraft das Gewicht G und als Zwangskraft die Normalkraft N. Mit der Tangentialbeschleunigung $a_t = r\ddot{\varphi}$ (in positiver φ-Richtung) und der Normalbeschleunigung $a_n = r\dot{\varphi}^2$ (nach 0 gerichtet) lassen sich die Trägheitskräfte vom Betrag ma_t (entgegengesetzt zu a_t) und vom Betrag ma_n (entgegengesetzt zu a_n) in das Freikörperbild (Bild c) eintragen.

Kräftegleichgewicht nach (4.4) in normaler und in tangentialer Richtung liefert die Bewegungsgleichungen

$$\nearrow: \quad N - mg\cos\varphi + mr\dot{\varphi}^2 = 0, \qquad \text{(a)}$$

$$\searrow: \quad mg\sin\varphi - mr\ddot{\varphi} = 0\,. \qquad \text{(b)}$$

Aus (b) folgt durch Multiplikation mit $\dot{\varphi}$ und Integration

$$\dot{\varphi}\,\ddot{\varphi} = \frac{g}{r}\sin\varphi\,\dot{\varphi} \quad \to \quad \frac{1}{2}\dot{\varphi}^2 = -\frac{g}{r}\cos\varphi + C\,.$$

Die Integrationskonstante C lässt sich mit $v = r\dot{\varphi}$ aus der Anfangsbedingung $v(\varphi = 0) = v_0$ bestimmen:

$$\frac{1}{2}\frac{v_0^2}{r^2} = -\frac{g}{r} + C \quad \to \quad C = \frac{1}{2}\frac{v_0^2}{r^2} + \frac{g}{r}\,.$$

Somit wird

$$\dot{\varphi}^2 = -\frac{2g}{r}\cos\varphi + \frac{v_0^2}{r^2} + \frac{2g}{r} = \frac{2g}{r}(1-\cos\varphi) + \frac{v_0^2}{r^2}\,.$$

Einsetzen in (a) liefert die auf den Massenpunkt wirkende Normalkraft N in Abhängigkeit vom Winkel φ:

$$N = mg\cos\varphi - mr\dot{\varphi}^2 = mg(3\,\cos\varphi - 2) - m\,\frac{v_0^2}{r}\,.$$

Die Stelle des Abhebens des Massenpunkts ist dadurch gekennzeichnet, dass dort die Normalkraft verschwindet:

$$N = 0 \to \quad mg\,(3\,\cos\varphi - 2) - m\,\frac{v_0^2}{r} = 0\,.$$

Daraus folgt für den Winkel φ^*, bei dem m abhebt:

$$\underline{\underline{\cos\varphi^* = \frac{2}{3} + \frac{v_0^2}{3gr}}}\,.$$

Wegen $\cos\varphi \leqq 1$ muss $v_0 \leqq \sqrt{gr}$ sein. Für $v_0 \geqq \sqrt{gr}$ löst sich die Masse bereits im höchsten Punkt von der Unterlage. ◄

Beispiel 4.3

Ein Klotz (Masse m_1) hängt nach Bild a an einem Seil, das über eine masselose Rolle geführt und auf einer Trommel (Masse m_2, Trägheitsmoment Θ_S) aufgewickelt ist.

Es ist die Bewegungsgleichung für die Trommel aufzustellen, wobei angenommen werden soll, dass sie rollt.

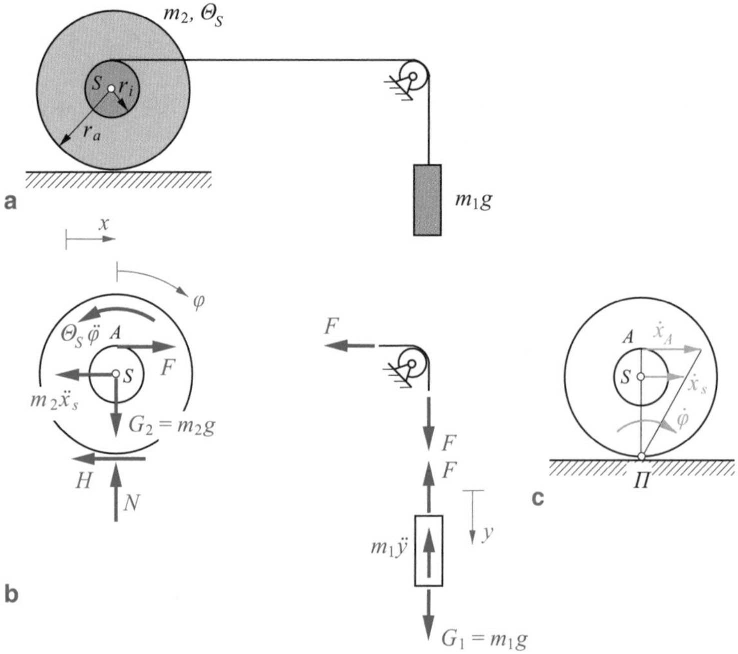

Lösung Wir zerlegen das System in die einzelnen Körper (Bild b). Zur Beschreibung der Bewegung führen wir die Koordinaten x, φ (für die Trommel) und y (für den Klotz) ein. An der Trommel greifen das Gewicht $G_2 = m_2\,g$, die Normalkraft N, die Haftungskraft H sowie die Seilkraft F an. Die Trägheitskraft $m_2\ddot{x}_s$ wirkt in negativer x-Richtung und das Scheinmoment $\Theta_S\,\ddot{\varphi}$ in negativer φ-Richtung (da sich der Schwerpunkt S nur in x-Richtung bewegt, tritt keine Trägheitskraft in y-Richtung auf). Am Klotz wirken das Gewicht $G_1 = m_1\,g$ und die Seilkraft F (Umlenkrolle masselos!). Die Trägheitskraft $m_1\,\ddot{y}$ zeigt in negative y-Richtung.

Das dynamische Gleichgewicht liefert für die Trommel

$$\begin{aligned}
\rightarrow: &\quad F - H - m_2\,\ddot{x}_s = 0\,,\\
\uparrow: &\quad N - m_2\,g = 0\,,\\
\overset{\curvearrowright}{S}: &\quad r_i F + r_a H - \Theta_S\,\ddot{\varphi} = 0
\end{aligned}$$

und für den Klotz

$$\downarrow: \quad m_1\,g - F - m_1\,\ddot{y} = 0\,.$$

Da die Trommel rollt (Drehung um den Momentanpol Π) gilt nach (3.10) der kinematische Zusammenhang (vgl. Bild c)

$$\dot{x}_s = r_a\,\dot{\varphi} \quad \rightarrow \quad \ddot{x}_s = r_a\,\ddot{\varphi}\,.$$

Bei einem undehnbaren Seil ist die Geschwindigkeit des Klotzes gleich der Geschwindigkeit des Punktes A: $\dot{y} = \dot{x}_A$. Mit $\dot{x}_A = (r_i + r_a)\dot{\varphi}$ folgt daraus die weitere kinematische Beziehung

$$\dot{y} = (r_i + r_a)\dot{\varphi} \quad \rightarrow \quad \ddot{y} = (r_i + r_a)\ddot{\varphi}\,.$$

Durch Auflösen der Gleichungen findet man für die Schwerpunktsbeschleunigung

$$\underline{\underline{\ddot{x}_s = \frac{m_1\,r_a\,(r_i + r_a)}{m_1\,(r_i + r_a)^2 + m_2\,r_a^2 + \Theta_S}\,g\,.}}$$

Es sei darauf hingewiesen, dass bei der Momentengleichgewichtsbedingung für die Trommel statt des Schwerpunkts S ein beliebiger anderer Bezugspunkt gewählt werden darf. Als Massenträgheitsmoment muss aber Θ_S genommen werden. ◄

4.2 Prinzip von d'Alembert

Bei der Untersuchung von Bewegungen mit Hilfe des Newtonschen Bewegungsgesetzes oder des dynamischen Gleichgewichts erhält man immer Bewegungsgleichungen, in denen alle an den Körpern angreifenden Kräfte (einschließlich der

Zwangskräfte) auftreten. Dieses Vorgehen kann bei Systemen von Massenpunkten oder von Körpern aufwendig werden. Wir wollen daher in diesem Abschnitt ein Prinzip vorstellen, das auf Bewegungsgleichungen führt, welche die Zwangskräfte **nicht** enthalten. Diese Methode lässt sich insbesondere dann vorteilhaft anwenden, wenn die Zwangskräfte nicht gesucht sind. Wir wollen uns hier auf Bewegungen beschränken, bei denen keine trockene Reibung auftritt.

Der Einfachheit halber betrachten wir zunächst die Bewegung eines **Massenpunkts** auf einer vorgegebenen Bahn (gebundene Bewegung). Nach (1.45) lautet dann das Newtonsche Grundgesetz

$$m\boldsymbol{a} = \boldsymbol{F}^{(e)} + \boldsymbol{F}^{(z)} \tag{4.9}$$

mit den eingeprägten Kräften $\boldsymbol{F}^{(e)}$ und den Zwangskräften $\boldsymbol{F}^{(z)}$.

Um zu einer Formulierung zu gelangen, welche die Zwangskräfte nicht mehr enthält, verwenden wir den Begriff der **virtuellen Verrückungen**. Darunter versteht man (vgl. Band 1, Abschnitt 8.2) gedachte, infinitesimale Verschiebungen, die mit den Bindungen des Systems verträglich sind. Da die Zwangskräfte $\boldsymbol{F}^{(z)}$ normal zur Bahn und damit auch normal zu virtuellen Verrückungen $\delta\boldsymbol{r}$ stehen, verschwindet ihre virtuelle Arbeit:

$$\boldsymbol{F}^{(z)} \cdot \delta\boldsymbol{r} = 0\,. \tag{4.10}$$

Diese Aussage nennt man das **Prinzip von d'Alembert**. Es lautet in Worten: Ein Massenpunkt bewegt sich so, dass die virtuelle Arbeit der Zwangskräfte zu jedem Zeitpunkt verschwindet.

Mit (4.9) wird aus (4.10)

$$(\boldsymbol{F}^{(e)} - m\boldsymbol{a}) \cdot \delta\boldsymbol{r} = 0\,. \tag{4.11}$$

Führen wir die virtuellen Arbeiten $\delta W = \boldsymbol{F}^{(e)} \cdot \delta\boldsymbol{r}$ der eingeprägten Kräfte $\boldsymbol{F}^{(e)}$ und $\delta W_T = \boldsymbol{F}_T \cdot \delta\boldsymbol{r} = -m\boldsymbol{a} \cdot \delta\boldsymbol{r}$ der d'Alembertschen Trägheitskraft $\boldsymbol{F}_T$ ein, so können wir (4.11) in folgender Form schreiben:

$$\delta W + \delta W_T = 0\,. \tag{4.12}$$

Man bezeichnet dies auch als **Prinzip der virtuellen Arbeiten**:

Ein Massenpunkt bewegt sich so, dass bei einer virtuellen Verrückung die Summe der virtuellen Arbeiten der eingeprägten Kräfte und der d'Alembertschen Trägheitskraft zu jedem Zeitpunkt verschwindet.

In (4.12) sind die Zwangskräfte nicht mehr enthalten.

Bei einem **System** von Massenpunkten mit starren Bindungen ist das Prinzip der virtuellen Arbeiten (4.12) ebenfalls gültig. Um dies zu zeigen, schreiben wir die Newtonschen Bewegungsgleichungen für ein System von n Massenpunkten in Analogie zu (4.9) in der Form (vgl. auch Kap. 2)

$$m_i \ddot{\boldsymbol{r}}_i = \boldsymbol{F}_i^{(e)} + \boldsymbol{F}_i^{(z)}, \quad i = 1, \ldots, n \,. \tag{4.13}$$

Bei einer virtuellen Verrückung des Systems verschwindet die gesamte virtuelle Arbeit der Zwangskräfte:

$$\sum_i \boldsymbol{F}_i^{(z)} \cdot \delta \boldsymbol{r}_i = 0 \,. \tag{4.14}$$

Wenn wir die Bewegungsgleichungen (4.13) mit $\delta \boldsymbol{r}_i$ multiplizieren und über alle Massenpunkte summieren, so ergibt sich mit (4.14) die zu (4.11) analoge Beziehung

$$\sum_i (\boldsymbol{F}_i^{(e)} - m_i \ddot{\boldsymbol{r}}_i) \cdot \delta \boldsymbol{r}_i = 0 \,. \tag{4.15}$$

Mit $\sum_i \boldsymbol{F}_i^{(e)} \cdot \delta \boldsymbol{r}_i = \delta W$ und $\sum_i (-m_i \ddot{\boldsymbol{r}}_i) \cdot \delta \boldsymbol{r}_i = \delta W_T$ erhält man daraus wieder (4.12). Das Prinzip der virtuellen Arbeiten (4.12) gilt sinngemäß auch für **starre Körper**.

Hat ein System mehrere Freiheitsgrade, so ist die Anzahl der voneinander unabhängigen virtuellen Verrückungen gleich der Anzahl der Freiheitsgrade. Das Prinzip der virtuellen Arbeiten liefert dann gerade so viele Bewegungsgleichungen, wie Freiheitsgrade vorliegen.

Beispiel 4.4

Das Beispiel 4.3 soll mit Hilfe des Prinzips der virtuellen Arbeiten gelöst werden.

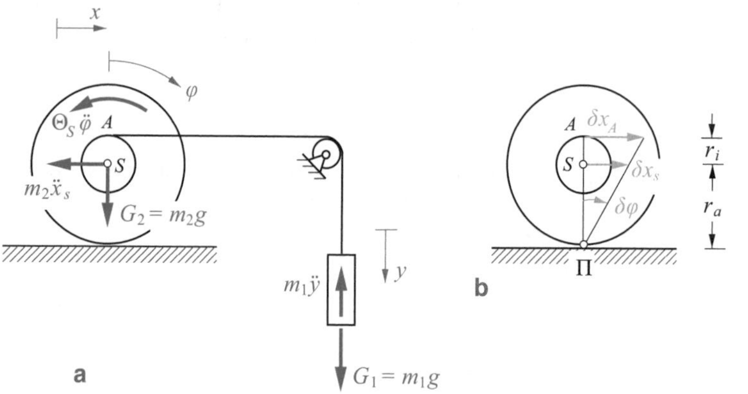

Lösung Da die Zwangskräfte (Normalkraft und Haftungskraft an der Walze, Seilkraft) nicht gesucht sind, ist die Behandlung der Aufgabe mit Hilfe des Prinzips der virtuellen Arbeiten zweckmäßiger als die in Beispiel 4.3 durchgeführte Lösung: das Freischneiden des Systems ist dann **nicht** nötig!

Zur Beschreibung der Bewegung führen wir wieder die Koordinaten x und φ für die Trommel sowie y für den Klotz ein. An der Trommel greifen die eingeprägte Kraft $G_2 = m_2\, g$, die Trägheitskraft $m_2\, \ddot{x}_s$ und das Scheinmoment $\Theta_S \ddot{\varphi}$ an. Am Klotz wirken das Gewicht $G_1 = m_1 g$ und die Trägheitskraft $m_1\, \ddot{y}$ (Bild a).

Das System hat **einen** Freiheitsgrad. Bei einer virtuellen Verrückung (vgl. Bild b) gelten die kinematischen Beziehungen

$$\delta x_s = r_a\, \delta\varphi, \quad \delta y = \delta x_A = (r_i + r_a)\, \delta\varphi\,. \tag{a}$$

Entsprechend erhalten wir (vgl. Beispiel 4.3)

$$\dot{x}_s = r_a\, \dot{\varphi}, \quad \dot{y} = \dot{x}_A = (r_i + r_a)\, \dot{\varphi}\,. \tag{b}$$

Die virtuellen Arbeiten der eingeprägten Kräfte und der Scheinkräfte lauten (vgl. Bild a)

$$\begin{aligned} \delta W &= G_1\, \delta y = m_1\, g\, \delta y, \\ \delta W_T &= -m_1\, \ddot{y}\, \delta y - m_2\, \ddot{x}_s \delta x_s - \Theta_S\, \ddot{\varphi}\, \delta\varphi\,. \end{aligned}$$

Ersetzen wir die Variablen x_s und y in (c) mit Hilfe von (a) und (b) durch φ, so folgen

$$\begin{aligned}\delta W &= m_1\, g\, (r_i + r_a)\, \delta\varphi, \\ \delta W_T &= -m_1\, (r_i + r_a)^2 \ddot{\varphi}\, \delta\varphi - m_2\, r_a^2 \ddot{\varphi}\, \delta\varphi - \Theta_S \ddot{\varphi}\, \delta\varphi\,.\end{aligned}$$

Einsetzen in das Prinzip der virtuellen Arbeiten $\delta W + \delta W_T = 0$ liefert

$$\{m_1\, g\, (r_i + r_a) - [m_1 (r_i + r_a)^2 + m_2\, r_a^2 + \Theta_S]\ddot{\varphi}\}\, \delta\varphi = 0\,.$$

Wegen $\delta\varphi \neq 0$ ergibt sich daraus

$$\begin{aligned}&[m_1\, (r_i + r_a)^2 + m_2\, r_a^2 + \Theta_S]\ddot{\varphi} = m_1\, g\, (r_i + r_a) \\ \rightarrow \quad &\underline{\underline{\ddot{\varphi} = \frac{m_1\, (r_i + r_a)}{m_1\, (r_i + r_a)^2 + m_2\, r_a^2 + \Theta_S}\, g\,.}}\end{aligned}$$

Mit $\ddot{x}_s = r_a\, \ddot{\varphi}$ erhält man wieder das Ergebnis von Beispiel 4.3. ◀

4.3 Lagrangesche Gleichungen 2. Art

Das Aufstellen der Bewegungsgleichungen für ein Massenpunktsystem kann oft vereinfacht werden, wenn man spezielle Koordinaten verwendet. Durch geeignetes Umformen des Prinzips der virtuellen Arbeiten (4.15) erhält man dann die sogenannten **Lagrangeschen Gleichungen 2. Art**. Diese Gleichungen wollen wir im folgenden herleiten. Dabei beschränken wir uns auf Systeme, bei denen entweder die Bindungen starr sind oder die inneren Kräfte ein Potential haben (z. B. Federkräfte).

Nach (2.2) ist die Anzahl f der Freiheitsgrade eines Systems von n Massenpunkten im Raum, das r kinematischen Bindungen unterworfen ist, gegeben durch

$$f = 3n - r \tag{4.16}$$

(in der Ebene gilt $f = 2n - r$). Die Lage des Systems kann daher eindeutig angegeben werden entweder durch $3\,n$ (z. B. kartesische) Koordinaten, die jedoch durch r Bindungsgleichungen (Zwangsbedingungen) verknüpft sind oder durch f voneinander **unabhängige** Koordinaten. Diese unabhängigen Koordinaten nennt man **verallgemeinerte** oder **generalisierte Koordinaten**.

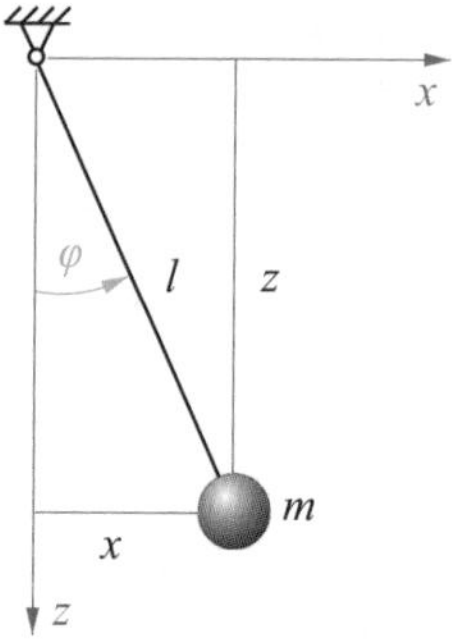

Abb. 4.1 Zu den verallgemeinerten Koordinaten

Als Beispiel betrachten wir das ebene mathematische Pendel nach Abb. 4.1. Die Lage der Masse m können wir einerseits durch die kartesischen Koordinaten x und z angeben. Diese Koordinaten sind aber nicht unabhängig voneinander, sondern durch die Zwangsbedingung $x^2 + z^2 = l^2$ verknüpft. Andererseits kann die Lage entsprechend des **einen** Freiheitsgrads des Pendels auch durch die **eine** Koordinate φ (= verallgemeinerte Koordinate) festgelegt werden. Zwischen den kartesischen Koordinaten und der verallgemeinerten Koordinate besteht im Beispiel der Zusammenhang

$$x = l \sin\varphi, \quad z = l \cos\varphi\,.$$

Bei einem System von n Massenpunkten wird die Lage der einzelnen Massen durch die Ortsvektoren $\boldsymbol{r}_i$ beschrieben. Zwischen den n Ortsvektoren $\boldsymbol{r}_i$ und den f verallgemeinerten Koordinaten – die wir mit q_j bezeichnen wollen – besteht dann der Zusammenhang

$$\boldsymbol{r}_i = \boldsymbol{r}_i(q_j), \quad i = 1, \ldots, n;\ j = 1, \ldots, f\,. \tag{4.17}$$

Zur Herleitung der Lagrangeschen Gleichungen aus (4.15) werden die virtuellen Verrückungen $\delta\boldsymbol{r}_i$ benötigt. Die n Ortsvektoren $\boldsymbol{r}_i$ hängen nach (4.17) von den f verallgemeinerten Koordinaten q_j ab. Die virtuellen Verrückungen $\delta\boldsymbol{r}_i$ lassen sich daher analog zum totalen Differential einer Funktion von mehreren Veränderlichen wie folgt berechnen:

$$\delta\boldsymbol{r}_i = \frac{\partial\boldsymbol{r}_i}{\partial q_1}\delta q_1 + \ldots + \frac{\partial\boldsymbol{r}_i}{\partial q_f}\delta q_f = \sum_j \frac{\partial\boldsymbol{r}_i}{\partial q_j}\delta q_j\,. \tag{4.18}$$

Einsetzen in (4.15) liefert

$$\sum_i \left[(\boldsymbol{F}_i^{(e)} - m_i \ddot{\boldsymbol{r}}_i) \cdot \left(\sum_j \frac{\partial \boldsymbol{r}_i}{\partial q_j} \delta q_j \right) \right] = 0$$

$$\rightarrow \quad \sum_i \boldsymbol{F}_i^{(e)} \cdot \left(\sum_j \frac{\partial \boldsymbol{r}_i}{\partial q_j} \delta q_j \right) - \sum_i m_i \ddot{\boldsymbol{r}}_i \cdot \left(\sum_j \frac{\partial \boldsymbol{r}_i}{\partial q_j} \delta q_j \right) = 0 \,. \tag{4.19}$$

Durch Vertauschen der Reihenfolge der Summationen ergibt sich

$$\sum_j \sum_i \boldsymbol{F}_i^{(e)} \cdot \frac{\partial \boldsymbol{r}_i}{\partial q_j} \delta q_j - \sum_j \sum_i m_i \ddot{\boldsymbol{r}}_i \cdot \frac{\partial \boldsymbol{r}_i}{\partial q_j} \delta q_j = 0 \,. \tag{4.20}$$

Wir formen nun den zweiten Term in (4.20) um. Dazu benutzen wir die Identität

$$m_i \ddot{\boldsymbol{r}}_i \cdot \frac{\partial \boldsymbol{r}_i}{\partial q_j} = \frac{\mathrm{d}}{\mathrm{d}t} \left[m_i \dot{\boldsymbol{r}}_i \cdot \frac{\partial \boldsymbol{r}_i}{\partial q_j} \right] - m_i \dot{\boldsymbol{r}}_i \cdot \frac{\partial \dot{\boldsymbol{r}}_i}{\partial q_j} \,. \tag{4.21}$$

Die Richtigkeit dieser Beziehung kann durch Ausdifferenzieren der eckigen Klammer nachgeprüft werden.

Aus (4.17) folgt durch Zeitableitung

$$\dot{\boldsymbol{r}}_i = \frac{\partial \boldsymbol{r}_i}{\partial q_1} \dot{q}_1 + \ldots + \frac{\partial \boldsymbol{r}_i}{\partial q_j} \dot{q}_j + \ldots + \frac{\partial \boldsymbol{r}_i}{\partial q_f} \dot{q}_f = \sum_j \frac{\partial \boldsymbol{r}_i}{\partial q_j} \dot{q}_j \,. \tag{4.22}$$

Differenziert man nun nach $\dot{q}_j$, so bleibt von der Summe nur ein Term übrig:

$$\frac{\partial \dot{\boldsymbol{r}}_i}{\partial \dot{q}_j} = \frac{\partial \boldsymbol{r}_i}{\partial q_j} \,. \tag{4.23}$$

Damit wird aus (4.21)

$$\begin{aligned} m_i \ddot{\boldsymbol{r}}_i \cdot \frac{\partial \boldsymbol{r}_i}{\partial q_j} &= \frac{\mathrm{d}}{\mathrm{d}t} \left[m_i \dot{\boldsymbol{r}}_i \cdot \frac{\partial \dot{\boldsymbol{r}}_i}{\partial \dot{q}_j} \right] - m_i \dot{\boldsymbol{r}}_i \cdot \frac{\partial \dot{\boldsymbol{r}}_i}{\partial q_j} \\ &= \frac{\mathrm{d}}{\mathrm{d}t} \left[\frac{\partial}{\partial \dot{q}_j} \left(\frac{1}{2} m_i \dot{\boldsymbol{r}}_i^2 \right) \right] - \frac{\partial}{\partial q_j} \left(\frac{1}{2} m_i \dot{\boldsymbol{r}}_i^2 \right) \,. \end{aligned} \tag{4.24}$$

Die kinetische Energie des Systems ist durch

$$E_k = \sum_i \left(\frac{1}{2} m_i \dot{\boldsymbol{r}}_i^2 \right) \tag{4.25}$$

gegeben. Führen wir noch die Abkürzung

$$Q_j = \sum_i \boldsymbol{F}_i^{(e)} \cdot \frac{\partial \boldsymbol{r}_i}{\partial q_j} \tag{4.26}$$

ein, so erhalten wir aus (4.20) unter Verwendung von (4.24)–(4.26)

$$\sum_j \left[Q_j - \frac{\mathrm{d}}{\mathrm{d}t}\left(\frac{\partial E_k}{\partial \dot{q}_j}\right) + \frac{\partial E_k}{\partial q_j} \right] \delta q_j = 0\,. \tag{4.27}$$

Da die verallgemeinerten Koordinaten q_j unabhängig voneinander sind, sind es auch die virtuellen Verrückungen δq_j; sie können daher beliebig gewählt werden. Die Summe (4.27) ist daher nur dann Null, wenn jeder einzelne Summand verschwindet:

$$\frac{\mathrm{d}}{\mathrm{d}t}\left(\frac{\partial E_k}{\partial \dot{q}_j}\right) - \frac{\partial E_k}{\partial q_j} = Q_j\,, \quad j = 1, \ldots, f\,. \tag{4.28}$$

Die Gleichungen (4.28) heißen nach Joseph Louis Lagrange (1736–1813) **Lagrangesche Gleichungen 2. Art**. Es sind f Gleichungen für die f verallgemeinerten Koordinaten q_j. Im Gegensatz hierzu erhält man z. B. bei Verwendung von kartesischen Koordinaten und der Newtonschen Grundgesetze $3\,n$ Bewegungsgleichungen und r Zwangsbedingungen, also insgesamt $3\,n + r$ Gleichungen.

Die gesamte virtuelle Arbeit der eingeprägten Kräfte $\boldsymbol{F}_i^{(e)}$ ist durch

$$\delta W = \sum_i \boldsymbol{F}_i^{(e)} \cdot \delta \boldsymbol{r}_i \tag{4.29}$$

gegeben. Ersetzt man darin die virtuellen Verrückungen $\delta \boldsymbol{r}_i$ nach (4.18) und verwendet die Abkürzung (4.26), so erhält man

$$\begin{aligned} \delta W &= \sum_i \boldsymbol{F}_i^{(e)} \cdot \delta \boldsymbol{r}_i = \sum_i \boldsymbol{F}_i^{(e)} \cdot \left(\sum_j \frac{\partial \boldsymbol{r}_i}{\partial q_j} \delta q_j \right) \\ &= \sum_j \sum_i \boldsymbol{F}_i^{(e)} \cdot \frac{\partial \boldsymbol{r}_i}{\partial q_j} \delta q_j = \sum_j Q_j \delta q_j\,. \end{aligned} \tag{4.30}$$

Die virtuelle Arbeit der eingeprägten Kräfte kann demnach auch durch die Größen Q_j und die virtuellen Verrückungen δq_j der verallgemeinerten Koordinaten ausgedrückt werden. Aus diesem Grund nennt man Q_j **verallgemeinerte Kräfte**.

Wenn die eingeprägten Kräfte $\boldsymbol{F}_i^{(e)}$ ein Potential E_p besitzen, kann man die Lagrangeschen Gleichungen (4.28) noch vereinfachen. Dann gilt (vgl. (1.81))

$$\delta W = -\delta E_p\,. \tag{4.31}$$

Die virtuelle Änderung δE_p der potentiellen Energie berechnet man analog zum totalen Differential einer Funktion von mehreren Veränderlichen:

$$\delta E_p(q_j) = \frac{\partial E_p}{\partial q_1}\delta q_1 + \ldots + \frac{\partial E_p}{\partial q_f}\delta q_f = \sum_j \frac{\partial E_p}{\partial q_j}\delta q_j\,. \tag{4.32}$$

Durch Vergleich von (4.30) und (4.32) ergibt sich dann

$$Q_j = -\frac{\partial E_p}{\partial q_j}\,. \tag{4.33}$$

Einsetzen in (4.28) liefert

$$\frac{\mathrm{d}}{\mathrm{d}t}\left(\frac{\partial E_k}{\partial \dot{q}_j}\right) - \frac{\partial E_k}{\partial q_j} + \frac{\partial E_p}{\partial q_j} = 0\,. \tag{4.34}$$

Die potentielle Energie E_p hängt nicht von $\dot{q}_j$ ab. Führt man mit

$$L = E_k - E_p \tag{4.35}$$

die **Lagrangesche Funktion** L ein, so erhält man daher wegen $\partial E_p/\partial \dot{q}_j = 0$ aus (4.34)

$$\frac{\mathrm{d}}{\mathrm{d}t}\left(\frac{\partial L}{\partial \dot{q}_j}\right) - \frac{\partial L}{\partial q_j} = 0, \quad j = 1, \ldots, f\,. \tag{4.36}$$

Dies sind die Lagrangeschen Gleichungen 2. Art für konservative Systeme. Sie wurden hier nur für Massenpunktsysteme hergeleitet, gelten aber sinngemäß auch für starre Körper. Sie haben den Vorteil, dass zur Ermittlung von Bewegungsgleichungen nur die kinetische und die potentielle Energie aufgestellt werden müssen. Die Bewegungsgleichungen folgen dann formal durch Differenzieren.

Beispiel 4.5

Ein Massenpunkt bewegt sich unter der Wirkung der Erdschwere reibungsfrei auf einer Bahn, welche die Form einer quadratischen Parabel hat (Bild a).

Man bestimme die Bewegungsgleichung.

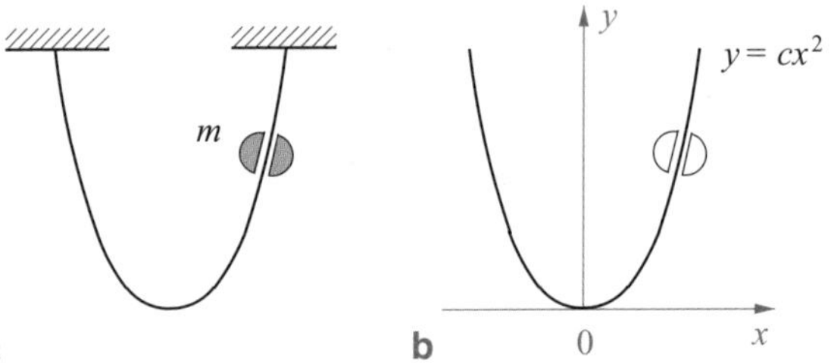

Lösung Im kartesischen Koordinatensystem nach Bild b lautet die Gleichung der Parabel $y = c\,x^2$.

Die eingeprägte Kraft (Gewicht) ist konservativ. Das System hat **einen** Freiheitsgrad; als verallgemeinerte Koordinate q wählen wir die kartesische Koordinate x.

Die kinetische Energie des Massenpunkts ist

$$E_k = \frac{1}{2}mv^2 = \frac{1}{2}m\,(\dot{x}^2 + \dot{y}^2)\,.$$

Mit

$$y = c\,x^2 \quad \to \quad \dot{y} = 2c\,x\,\dot{x}$$

wird daraus

$$E_k = \frac{1}{2}m\,(\dot{x}^2 + 4\,c^2\,x^2\dot{x}^2)\,.$$

Wenn wir das Nullniveau der potentiellen Energie in den Scheitel legen, so erhalten wir

$$E_p = mg\,y = mgc\,x^2\,.$$

Damit lautet die Lagrangesche Funktion (4.35)

$$L = E_k - E_p = \frac{1}{2}m\,(\dot{x}^2 + 4\,c^2\,x^2\dot{x}^2) - mgc\,x^2\,.$$

Bilden der Ableitungen

$$\begin{aligned}\frac{\partial L}{\partial \dot{x}} &= m\dot{x} + 4m\,c^2\,x^2\dot{x},\\ \frac{\mathrm{d}}{\mathrm{d}t}\left(\frac{\partial L}{\partial \dot{x}}\right) &= m\ddot{x} + 8m\,c^2\,x\,\dot{x}^2 + 4m\,c^2\,x^2\ddot{x},\\ \frac{\partial L}{\partial x} &= 4m\,c^2\,x\,\dot{x}^2 - 2mgc\,x\end{aligned}$$

und Einsetzen in die Lagrangesche Gleichung (4.36)

$$\frac{\mathrm{d}}{\mathrm{d}t}\left(\frac{\partial L}{\partial \dot{x}}\right) - \frac{\partial L}{\partial x} = 0$$

liefert

$$\underline{\underline{\ddot{x}\,(1 + 4c^2\,x^2) + 4\,c^2\,x\,\dot{x}^2 + 2\,gc\,x = 0}}\,. \quad ◀$$

Beispiel 4.6

Ein mathematisches Pendel (Länge l, Masse m_2) ist nach Bild a an einem Klotz (Masse m_1) befestigt. Der Klotz ist über eine Feder (Federkonstante c) mit der Wand verbunden und kann reibungsfrei auf seiner Unterlage gleiten.

Man bestimme die Bewegungsgleichungen des Systems.

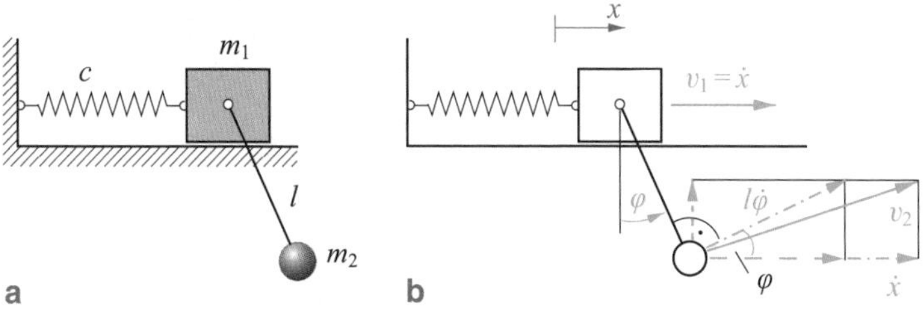

Lösung Das System ist konservativ. Seine Lage ist eindeutig durch die Auslenkung x des Klotzes aus der Ruhelage (entspannte Feder) und den Winkel φ festgelegt (Bild b): es hat somit **zwei** Freiheitsgrade. Als verallgemeinerte Koordinaten wählen wir

$$q_1 = x, \quad q_2 = \varphi\,.$$

Die kinetische Energie lautet

$$E_k = \frac{1}{2}\,m_1\,v_1^2 + \frac{1}{2}\,m_2\,v_2^2\,.$$

Für die Geschwindigkeit der Masse m_1 gilt $v_1 = \dot{x}$. Die Geschwindigkeit der Masse m_2 ist durch die Translation der Masse m_1 und die überlagerte Rotation des Pendels bestimmt. Daraus folgt nach Bild b für die Geschwindigkeit $v_2^2 = (\dot{x} + l\,\dot{\varphi}\cos\varphi)^2 + (l\,\dot{\varphi}\sin\varphi)^2$. Damit wird die kinetische Energie

$$E_k = \frac{1}{2}\,m_1\,\dot{x}^2 + \frac{1}{2}\,m_2\,[(\dot{x} + l\,\dot{\varphi}\cos\varphi)^2 + (l\,\dot{\varphi}\sin\varphi)^2]\,. \qquad \text{(a)}$$

Wenn wir das Nullniveau des Potentials der Gewichtskraft auf die Höhe des Klotzes legen, so erhalten wir für die gesamte potentielle Energie des Systems

$$E_p = \frac{1}{2}\,c\,x^2 - m_2\,g l\cos\varphi\,. \qquad \text{(b)}$$

Mit (a) und (b) folgt die Lagrangesche Funktion zu

$$\begin{aligned} L = E_k - E_p = &\ \frac{1}{2}(m_1 + m_2)\,\dot{x}^2 + m_2\,l\dot{x}\dot{\varphi}\cos\varphi \\ &+ \frac{1}{2}\,m_2\,l^2\,\dot{\varphi}^2 - \frac{1}{2}\,c\,x^2 + m_2\,g l\cos\varphi. \end{aligned}$$

Zum Aufstellen der Lagrangeschen Gleichungen (4.36)

$$\frac{\mathrm{d}}{\mathrm{d}t}\left(\frac{\partial L}{\partial \dot{x}}\right) - \frac{\partial L}{\partial x} = 0, \quad \frac{\mathrm{d}}{\mathrm{d}t}\left(\frac{\partial L}{\partial \dot{\varphi}}\right) - \frac{\partial L}{\partial \varphi} = 0 \qquad (4.37)$$

müssen wir folgende Ableitungen bilden:

$$\begin{aligned} \frac{\partial L}{\partial \dot{x}} &= (m_1 + m_2)\dot{x} + m_2\,l\dot{\varphi}\cos\varphi, \\ \frac{\mathrm{d}}{\mathrm{d}t}\left(\frac{\partial L}{\partial \dot{x}}\right) &= (m_1 + m_2)\ddot{x} + m_2\,l\ddot{\varphi}\cos\varphi - m_2\,l\dot{\varphi}^2\sin\varphi, \\ \frac{\partial L}{\partial \dot{\varphi}} &= m_2\,l\dot{x}\cos\varphi + m_2\,l^2\dot{\varphi}, \\ \frac{\mathrm{d}}{\mathrm{d}t}\left(\frac{\partial L}{\partial \dot{\varphi}}\right) &= m_2\,l\ddot{x}\cos\varphi - m_2\,l\dot{x}\dot{\varphi}\sin\varphi + m_2\,l^2\ddot{\varphi}, \\ \frac{\partial L}{\partial x} &= -c\,x, \qquad \frac{\partial L}{\partial \varphi} = -m_2\,l\dot{x}\dot{\varphi}\sin\varphi - m_2 g l\,\sin\varphi\,. \end{aligned}$$

Einsetzen in (c) liefert die Bewegungsgleichungen

$$\underline{\underline{(m_1 + m_2)\,\ddot{x} + m_2\, l\ddot{\varphi}\cos\varphi - m_2\, l\dot{\varphi}^2 \sin\varphi + c\,x = 0}},$$

$$\underline{\underline{\ddot{x}\cos\varphi + l\ddot{\varphi} + g\sin\varphi = 0}}\,.$$

Im Grenzfall $c \to \infty$ folgt aus der ersten Gleichung $x = 0$, während sich die zweite auf die Bewegungsgleichung $l\ddot{\varphi} + g\sin\varphi = 0$ des mathematischen Pendels (vgl. Abschn. 5.2.1) reduziert. ◀

Beispiel 4.7

Der Schwinger nach Bild a besteht aus einer Feder mit der Federkonstanten c und einer Masse mit dem Gewicht $G = mg$. Die Länge der Feder im entspannten Zustand sei l_0.

Es sind die Bewegungsgleichungen aufzustellen. Dabei soll angenommen werden, dass sich der Schwinger in einer Ebene bewegt.

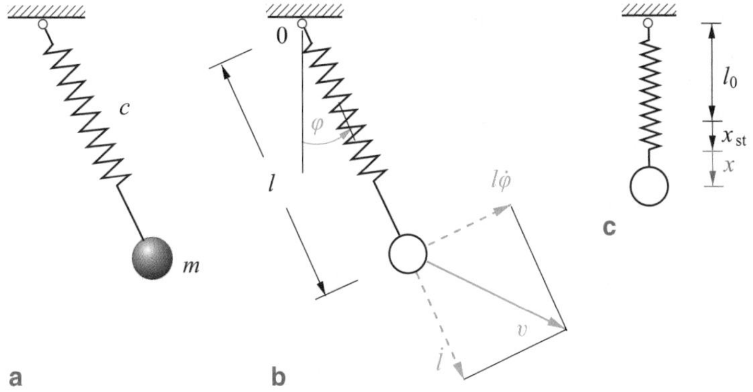

Lösung Die Lage des Massenpunkts ist eindeutig durch den Abstand l vom Punkt 0 und durch den Winkel φ festgelegt (Bild b). Das System hat demnach **zwei** Freiheitsgrade. Es ist oft zweckmäßig, als verallgemeinerte Koordinaten dimensionslose Größen einzuführen; wir wählen hier

$$q_1 = l/l_0, \quad q_2 = \varphi\,. \tag{a}$$

Die kinetische Energie des Massenpunkts lautet (vgl. Bild b)

$$E_k = \frac{1}{2}mv^2 = \frac{1}{2}m\,(\dot{l}^2 + l^2\,\dot{\varphi}^2)\,. \tag{b}$$

Unter Verwendung von (a) wird aus (b)

$$E_k = \frac{1}{2} m l_0^2 (\dot{q}_1^2 + q_1^2 \dot{q}_2^2) \,.$$

Wenn wir die potentielle Energie des Gewichts G von der Höhe des Punktes 0 aus zählen, so erhalten wir als gesamte potentielle Energie des Systems

$$\begin{aligned} E_p &= \frac{1}{2} c\,(l - l_0)^2 - mg\,l \cos\varphi \\ &= \frac{1}{2} c\, l_0^2\,(q_1 - 1)^2 - mg\, l_0\, q_1 \cos q_2 \,. \end{aligned}$$

Die Lagrangesche Funktion für das konservative System ergibt sich damit zu

$$L = E_k - E_p = \frac{1}{2} m l_0^2\,(\dot{q}_1^2 + q_1^2 \dot{q}_2^2) - \frac{1}{2} c\, l_0^2\,(q_1 - 1)^2 + mg\, l_0\, q_1 \cos q_2 \,.$$

Zum Aufstellen der Lagrangeschen Gleichungen benötigen wir folgende Ableitungen:

$$\begin{aligned} &\frac{\partial L}{\partial \dot{q}_1} = m l_0^2\, \dot{q}_1, \quad \frac{\mathrm{d}}{\mathrm{d}t}\left(\frac{\partial L}{\partial \dot{q}_1}\right) = m l_0^2\, \ddot{q}_1, \\ &\frac{\partial L}{\partial \dot{q}_2} = m l_0^2\, q_1^2\, \dot{q}_2, \quad \frac{\mathrm{d}}{\mathrm{d}t}\left(\frac{\partial L}{\partial \dot{q}_2}\right) = m l_0^2\,(2\, q_1\, \dot{q}_1\, \dot{q}_2 + q_1^2\, \ddot{q}_2), \\ &\frac{\partial L}{\partial q_1} = m\, l_0^2\, q_1\, \dot{q}_2^2 - c\, l_0^2 (q_1 - 1) + mg\, l_0 \cos q_2, \quad \frac{\partial L}{\partial q_2} = -mg\, l_0\, q_1 \sin q_2 \,. \end{aligned}$$

Einsetzen in (4.36) liefert die Bewegungsgleichungen

$$\begin{aligned} &\underline{\underline{m l_0\, \ddot{q}_1 - m l_0\, q_1\, \dot{q}_2^2 + c l_0 (q_1 - 1) - mg \cos q_2 = 0}}\,, \\ &\underline{\underline{l_0\, q_1\, \ddot{q}_2 + 2\, l_0\, \dot{q}_1\, \dot{q}_2 + g \sin q_2 = 0}}\,. \end{aligned} \tag{c}$$

Wenn sich der Massenpunkt speziell auf einer vertikalen Gerade bewegt ($q_2 \equiv 0$), so ist die zweite Bewegungsgleichung erfüllt, und die erste reduziert sich auf

$$m l_0\, \ddot{q}_1 + c\, l_0\,(q_1 - 1) - mg = 0 \quad \rightarrow \quad m\ddot{l} + c\, l - c\, l_0 - mg = 0 \,. \tag{d}$$

Zählen wir eine neue Koordinate x von der statischen Ruhelage aus (Bild c), so gilt $l = l_0 + x_{st} + x$, wobei x_{st} die Federverlängerung im statischen Fall ist. Mit $x_{st} = mg/c$ folgt aus (d)

$$m\ddot{x} + c\,l_0 + c\,x_{st} + c\,x - c\,l_0 - mg = 0 \quad \rightarrow \quad m\ddot{x} + c\,x = 0\,.$$

Dies ist die Differentialgleichung der harmonischen Schwingung eines Feder-Masse-Schwingers (vgl. Abschn. 5.2.1).

Im Sonderfall $c \rightarrow \infty$ führt die erste Bewegungsgleichung in (c) auf $q_1 = 1$, d. h. $l = l_0$. Die zweite Gleichung reduziert sich dann auf die Bewegungsgleichung eines mathematischen Pendels:

$$l_0\,\ddot{q}_2 + g\sin q_2 = 0 \quad \rightarrow \quad \ddot{\varphi} + \frac{g}{l}\sin\varphi = 0\,. \quad ◄$$

Zusammenfassung

- Mit den d'Alembertschen Trägheitskräften (Scheinkraft $\boldsymbol{F}_T = -m\,\boldsymbol{a}$, Scheinmoment $M_{TS} = -\Theta_S\,\ddot{\varphi}$) kann man die Bewegung durch die (dynamischen) Gleichgewichtsbedingungen beschreiben. Sie lauten zum Beispiel für die ebene Bewegung des starren Körpers

$$F_x + F_{Tx} = 0\,, \quad F_y + F_{Ty} = 0\,, \quad M_S + M_{TS} = 0\,.$$

- Prinzip von d'Alembert: Ein Massenpunkt bzw. ein starrer Körper bewegt sich so, dass bei einer virtuellen Verrückung die Summe der virtuellen Arbeiten der eingeprägten Kräfte und der Trägheitskräfte verschwindet:

$$\delta W + \delta W_T = 0\,.$$

  Beachte: Zwangskräfte (Reaktionskräfte) verrichten keine Arbeit!
- Die Bewegungsgleichungen eines Systems mit f Freiheitsgraden lassen sich mit Hilfe der Lagrangeschen Gleichungen 2. Art aufstellen. Für konservative Systeme lauten sie

$$\frac{\mathrm{d}}{\mathrm{d}t}\left(\frac{\partial L}{\partial \dot{q}_j}\right) - \frac{\partial L}{\partial q_j} = 0\,, \quad j = 1, \ldots, f\,,$$

  $L = E_k - E_p$ Lagrange Funktion,

  q_j generalisierte Koordinaten.

Schwingungen 5

Inhaltsverzeichnis

► **Lernziele** Schwingungen spielen in der Natur und Technik eine große Rolle. Wir wollen in diesem Kapitel das Verhalten von schwingungsfähigen Systemen mit einem bzw. zwei Freiheitsgraden untersuchen. Dabei beschränken wir uns auf Systeme, bei denen die Bewegungsgleichungen lineare Differentialgleichungen sind. Damit können bereits viele wichtige Erscheinungen bei Schwingungen beschrieben werden. Die Studierenden sollen lernen, wie man sowohl freie als auch erzwungene Schwingungen ohne bzw. mit Dämpfung analysiert.

D. Gross et al., *Technische Mechanik 3*, https://doi.org/10.1007/978-3-662-63065-5_5

5.1 Grundbegriffe

In der Natur und in der Technik unterliegt häufig eine Zustandsgröße $x = x(t)$ – wie z. B. die Lage eines Partikels – mehr oder weniger regelmäßigen zeitlichen Schwankungen. Solche Vorgänge heißen **Schwingungen**. Als Beispiele seien der Wellengang der See, die Bewegung eines Kolbens in einem Motor und die Schwingung in einem elektrischen Stromkreis genannt. Entsprechende Erscheinungen treten in vielen Bereichen unserer Umwelt auf. Wir wollen im folgenden eine Einführung in die Schwingungslehre **mechanischer** Systeme geben. Solche Systeme bezeichnet man kurz auch als **Schwinger**.

Bei vielen Bewegungen wiederholt sich der Verlauf einer Größe $x(t)$ jeweils nach einer Zeit T (Abb. 5.1):

$$x(t + T) = x(t)\,. \tag{5.1}$$

Diese Vorgänge werden **periodische Schwingungen** genannt. Die Zeit T heißt **Periode** der Schwingung oder **Schwingungsdauer**. Ihr reziproker Wert

$$f = \frac{1}{T} \tag{5.2}$$

ist die **Frequenz** der Schwingung. Sie gibt die Zahl der Schwingungen pro Zeiteinheit an. Die Dimension der Frequenz ist 1/Zeit; ihre Einheit wird nach Heinrich Hertz (1857–1894) benannt und mit Hz abgekürzt: $1\,\text{Hz} = 1/\text{s}$.

Ein wichtiger Sonderfall der periodischen Schwingungen sind die **harmonischen Schwingungen**; bei ihnen ändert sich eine Größe $x(t)$ kosinus- bzw. sinus-

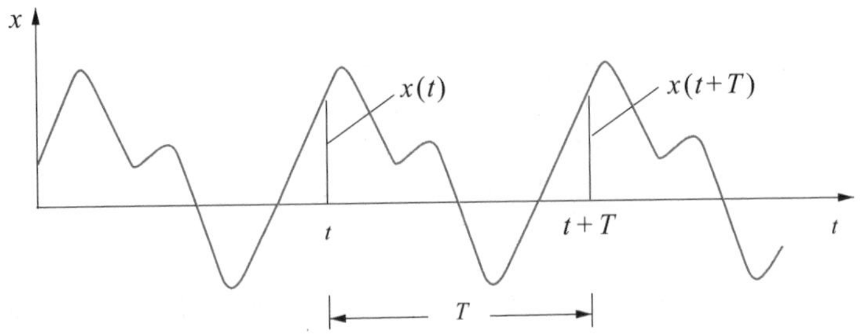

Abb. 5.1 Periodische Schwingung

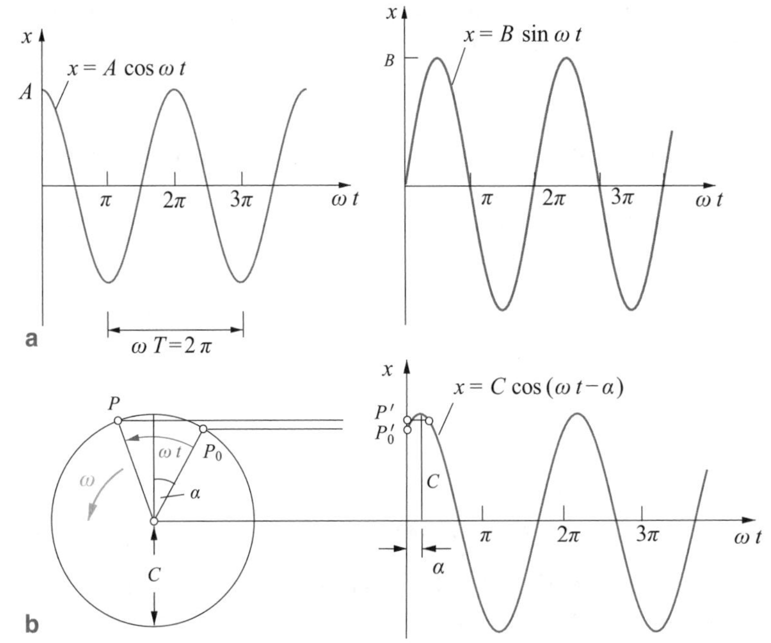

Abb. 5.2 Harmonische Schwingung

förmig (Abb. 5.2a):

$$x(t) = A\cos\omega t \quad \text{bzw.} \quad x(t) = B\sin\omega t\,. \tag{5.3}$$

Dabei nennt man A bzw. B die **Amplitude** der Schwingung und ω die **Kreisfrequenz**. Wegen $\omega T = 2\pi$ (vgl. Abb. 5.2a) und $f = 1/T$ besteht zwischen der Kreisfrequenz ω und der Frequenz f der Zusammenhang

$$\omega = \frac{2\pi}{T} = 2\pi f\,. \tag{5.4}$$

Der reinen Kosinus- bzw. der reinen Sinusschwingung sind spezielle **Anfangsbedingungen** zugeordnet. So gilt für $x(t) = A\cos\omega t$ zum Zeitpunkt $t = 0$: $x(0) = A$; $\dot{x}(0) = 0$. Entsprechend sind bei einer reinen Sinusschwingung

$x(0) = 0$ und $\dot{x}(0) = B\omega$. Harmonische Schwingungen bei **beliebigen** Anfangsbedingungen lassen sich immer durch

$$x(t) = C\cos(\omega t - \alpha) \tag{5.5}$$

darstellen. Darin sind C die **Amplitude** und α die **Phasenverschiebung** (vgl. Abb. 5.2b).

Man kann die harmonischen Schwingungen (5.5) auch durch eine Überlagerung der beiden Schwingungen (5.3) erhalten. Mit der Umformung

$$x(t) = C\cos(\omega t - \alpha) = C\cos\omega t\cos\alpha + C\sin\omega t\sin\alpha \tag{5.6}$$

und den Abkürzungen

$$A = C\cos\alpha, \quad B = C\sin\alpha \tag{5.7}$$

folgt

$$x(t) = A\cos\omega t + B\sin\omega t\,. \tag{5.8}$$

Die beiden Darstellungen (5.5) und (5.8) sind demnach gleichwertig und lassen sich ineinander überführen. So erhält man A und B aus C und α nach (5.7). Andererseits liefert Auflösen dieser Gleichungen nach C und α

$$C = \sqrt{A^2 + B^2}, \quad \alpha = \arctan\frac{B}{A}\,. \tag{5.9}$$

Eine harmonische Schwingung lässt sich durch die Bewegung eines Punktes auf einer Kreisbahn erzeugen. Wenn ein Punkt P (Ausgangslage P_0) auf einem Kreis (Radius C) mit konstanter Winkelgeschwindigkeit ω umläuft (vgl. Abb. 5.2b), so führt seine Projektion P' auf die Vertikale eine harmonische Schwingung aus. Ihr zeitlicher Verlauf ist in der Abbildung dargestellt.

Schwingungen mit konstanter Amplitude heißen **ungedämpfte Schwingungen**. Nimmt die Amplitude mit der Zeit ab (Abb. 5.3a), so spricht man von einer **gedämpften Schwingung**, während eine Schwingung mit wachsender Amplitude **angefacht** genannt wird (Abb. 5.3b).

Es gibt mehrere Möglichkeiten, Schwingungen zu klassifizieren. So kann man zum Beispiel die Zahl der Freiheitsgrade eines schwingenden Systems als typisches Kennzeichen wählen. Dies führt zu einer Einteilung in Schwinger mit einem, zwei ... (allgemein: n) Freiheitsgraden. Wir wollen uns auf Systeme mit einem bzw. mit zwei Freiheitsgraden beschränken. Damit lassen sich bereits viele wesentliche Erscheinungen bei Schwingungen beschreiben.

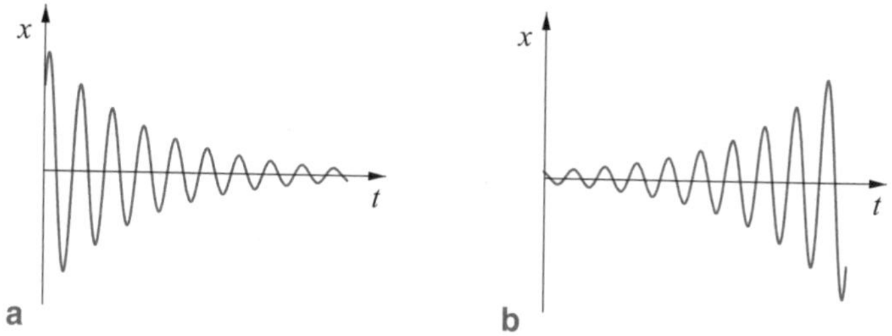

Abb. 5.3 Gedämpfte und angefachte Schwingung

Man kann Schwingungen auch nach dem Typ der Differentialgleichung charakterisieren, welche die Bewegungen des Systems beschreibt. So spricht man bei linearen (nichtlinearen) Differentialgleichungen auch von linearen (nichtlinearen) Schwingungen.

Eine dritte Einteilung geht von dem Entstehungsmechanismus der Schwingung aus. Wir befassen uns nur mit zwei Fällen: den freien Schwingungen und den erzwungenen Schwingungen. **Freie Schwingungen** oder **Eigenschwingungen** sind die Bewegungen eines Schwingers, auf den keine äußeren Erregerkräfte wirken (der Schwinger wird sich selbst überlassen), während **erzwungene Schwingungen** gerade unter dem Einfluss äußerer Kräfte entstehen.

5.2 Freie Schwingungen

In den folgenden Abschnitten untersuchen wir lineare Schwingungen von Systemen mit **einem** Freiheitsgrad. Solche Systeme heißen auch **einfache Schwinger**.

5.2.1 Ungedämpfte freie Schwingungen

Wir beschränken uns zunächst auf die Behandlung ungedämpfter Schwingungen. Als Beispiel betrachten wir einen reibungsfrei geführten Klotz (Masse m) mit einer Feder der Federsteifigkeit c (Abb. 5.4a). Zur Ermittlung der Bewegungsgleichung führen wir die von der Ruhelage (entspannte Feder) gezählte Koordinate x nach Abb. 5.4b ein. Die einzige in horizontaler Richtung wirkende Kraft ist die Federkraft $c\,x$. Sie ist eine Rückstellkraft, die der Auslenkung aus der Ruhelage

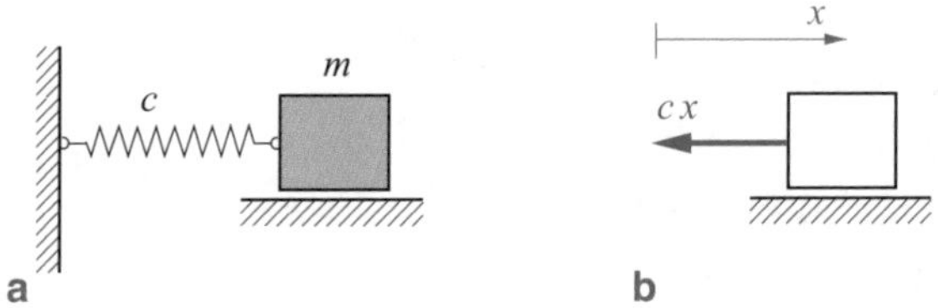

Abb. 5.4 Feder-Masse-Schwinger

entgegenwirkt. Damit liefert das Newtonsche Grundgesetz (1.38)

$$\rightarrow: \quad m\ddot{x} = -c\,x \quad \rightarrow \quad m\ddot{x} + c\,x = 0. \tag{5.10}$$

Mit der Abkürzung

$$\omega^2 = \frac{c}{m} \tag{5.11}$$

folgt daraus

$$\ddot{x} + \omega^2 x = 0\,. \tag{5.12}$$

Dies ist eine lineare, homogene Differentialgleichung 2. Ordnung mit konstanten Koeffizienten. Ihre allgemeine Lösung lautet

$$x(t) = A\cos\omega t + B\sin\omega t \tag{5.13}$$

mit den Integrationskonstanten A und B. Sie können aus den Anfangsbedingungen $x(0) = x_0$ und $\dot{x}(0) = v_0$ ermittelt werden. Man erhält

$$A = x_0 \quad \text{und} \quad B = \frac{v_0}{\omega}, \tag{5.14}$$

und damit wird aus (5.13)

$$x(t) = x_0\cos\omega t + \frac{v_0}{\omega}\sin\omega t\,. \tag{5.15}$$

Nach Abschn. 5.1 ist die allgemeine Lösung (5.13) gleichwertig mit

$$x(t) = C\cos(\omega t - \alpha), \tag{5.16}$$

wobei nun C und α die Integrationskonstanten sind. Sie können ebenfalls aus den Anfangsbedingungen berechnet werden, ergeben sich mit (5.14) aber auch unmittelbar aus (5.9) zu

$$C = \sqrt{x_0^2 + (v_0/\omega)^2}, \quad \alpha = \arctan \frac{v_0}{\omega x_0} \,. \tag{5.17}$$

Die Eigenschwingung der Masse m ist nach (5.16) eine harmonische Schwingung. Die Kreisfrequenz $\omega = \sqrt{c/m}$ der Eigenschwingung nennt man auch kurz **Eigenfrequenz**.

Wir betrachten nun eine Masse m, die an einer Feder mit der Federkonstanten c hängt und **vertikale** Schwingungen ausführen soll (Abb. 5.5a). Durch die Gewichtskraft $G = mg$ erfährt die Feder zunächst eine statische Verlängerung $x_{st} = mg/c$ gegenüber ihrer Länge im entspannten Zustand. Wenn wir die Koordinate x von dieser Gleichgewichtslage aus nach unten zählen, so wirken bei einer Auslenkung in x-Richtung an der Masse das Gewicht $G = mg$ und die Federkraft (Rückstellkraft) $F_c = c(x_{st} + x)$, vgl. Abb. 5.5b. Das dynamische Grundgesetz (1.38) liefert dann

$$\downarrow: \quad m\ddot{x} = mg - c(x_{st} + x) \quad \rightarrow \quad m\ddot{x} + c\,x = 0 \,.$$

Dies ist wieder die Bewegungsgleichung (5.10). Das Gewicht der Masse hat demnach keinen Einfluss auf die Schwingung eines Feder-Masse-Systems. Wir brau-

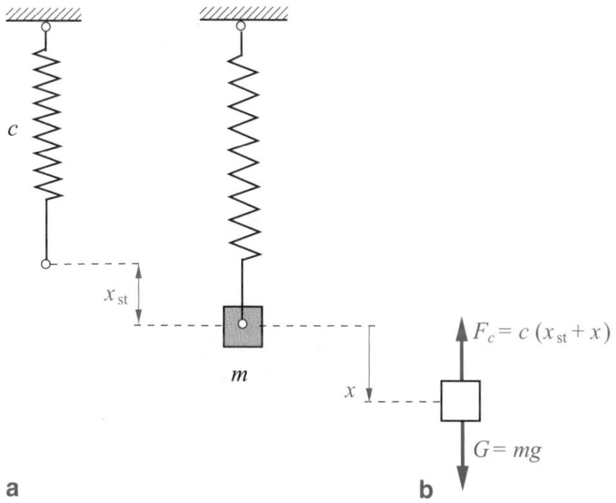

Abb. 5.5 Vertikale Schwingungen

chen daher bei solchen Systemen das Gewicht nicht zu berücksichtigen, wenn wir die Auslenkung von der Ruhelage aus zählen.

Die Eigenfrequenz eines einfachen Schwingers kann bei vertikaler Schwingung aus der statischen Absenkung x_{st} infolge des Eigengewichts des Systems bestimmt werden. Dabei ist eine Kenntnis der Masse und der Federsteifigkeit nicht nötig. So verlängert sich zum Beispiel die Feder in Abb. 5.5a durch das Anbringen der Masse m vom Gewicht $G = mg$ um den Wert $x_{st} = mg/c$, d. h. $c/m = g/x_{st}$. Durch Vergleich mit (5.11) folgt daher

$$\omega^2 = g/x_{st}\,. \tag{5.18}$$

Es gibt viele Systeme, deren Bewegungen durch eine Differentialgleichung vom Typ der Gleichung (5.12) beschrieben werden. Diese Systeme führen dann harmonische Schwingungen aus. Daher wird die Gleichung $\ddot{x} + \omega^2 x = 0$ auch die **Differentialgleichung der harmonischen Schwingung** genannt. So lautet zum Beispiel nach Abschn. 1.2.6 die Bewegungsgleichung eines **mathematischen Pendels** (Abb. 5.6a)

$$\ddot{\varphi} + \frac{g}{l}\sin\varphi = 0\,. \tag{5.19}$$

Für kleine Ausschläge ($\sin\varphi \approx \varphi$) ergibt sich daraus die Differentialgleichung $\ddot{\varphi} + (g/l)\,\varphi = 0$ einer harmonischen Schwingung. Die Eigenfrequenz der Schwingung eines mathematischen Pendels ist demnach durch

$$\omega = \sqrt{g/l} \tag{5.20}$$

gegeben.

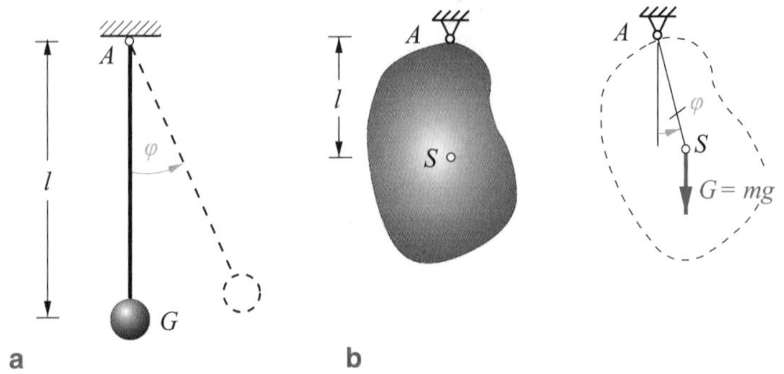

Abb. 5.6 Mathematisches und physikalisches Pendel

Als Anwendungsbeispiel betrachten wir ein **physikalisches Pendel** (Abb. 5.6b). Hierunter versteht man einen starren Körper, der in einem Punkt drehbar gelagert ist und Schwingungen ausführt. Der Schwerpunkt S habe den Abstand l vom Drehpunkt A. Zur Ermittlung der Bewegungsgleichung wenden wir den Momentensatz (3.33) an. Wir zählen den Winkel φ von der Gleichgewichtslage (vertikale Lage) aus entgegen dem Uhrzeigersinn positiv. Mit dem Moment des Gewichts $M_A = -mgl \sin\varphi$ und dem Trägheitsmoment Θ_A erhalten wir

$$\overset{\curvearrowleft}{A}: \quad \Theta_A \ddot{\varphi} = -mgl \sin\varphi \quad \rightarrow \quad \Theta_A \ddot{\varphi} + mgl \sin\varphi = 0\,.$$

Für kleine Auslenkungen ($\sin\varphi \approx \varphi$) wird daraus

$$\ddot{\varphi} + \omega^2 \varphi = 0$$

mit $\omega^2 = mgl/\Theta_A$. Wenn man die „reduzierte Pendellänge“ $l_{\text{red}} = \Theta_A/(ml) = i_A^2/l$ einführt, so lässt sich die Eigenfrequenz der Schwingungen eines physikalischen Pendels in Analogie zu (5.20) als $\omega = \sqrt{g/l_{\text{red}}}$ schreiben. Demnach schwingt ein physikalisches Pendel wie ein mathematisches Pendel, dessen Länge gleich l_{red} ist.

Alle bisher betrachteten Schwinger sind konservative Systeme. Für sie gilt der Energiesatz

$$E_k + E_p = E_{k0} + E_{p0} = E = \text{const}\,. \tag{5.21}$$

Dabei ist E die Gesamtenergie des Schwingers. Wir wollen am Beispiel des Feder-Masse-Schwingers die einzelnen Energieanteile angeben. Unter Verwendung der allgemeinen Lösung (5.16) der Bewegungsgleichung (5.10) und mit Hilfe der Umformungen $\sin^2\beta = \frac{1}{2}(1 - \cos 2\beta)$, $\cos^2\beta = \frac{1}{2}(1 + \cos 2\beta)$ erhält man

$$\begin{aligned} E_k &= \frac{1}{2} m\dot{x}^2 = \frac{1}{2} m\omega^2 C^2 \sin^2(\omega t - \alpha) \\ &= \frac{1}{4} m\omega^2 C^2 [1 - \cos(2\omega t - 2\alpha)]\,, \\ E_p &= \frac{1}{2} c x^2 = \frac{1}{2} c\, C^2 \cos^2(\omega t - \alpha) \\ &= \frac{1}{4} c\, C^2 [1 + \cos(2\omega t - 2\alpha)]\,. \end{aligned} \tag{5.22}$$

Kinetische und potentielle Energie ändern sich hiernach periodisch mit der Frequenz 2ω. Ihre Amplituden sind wegen $m\omega^2 = c$ gleich. Die Energien sind

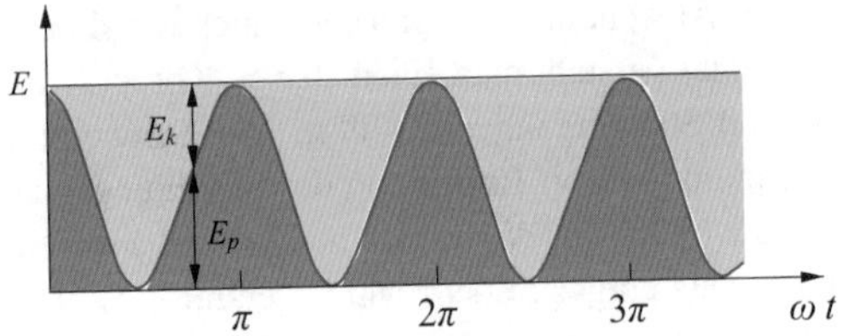

Abb. 5.7 Kinetische und potentielle Energie

für $\alpha = 0$ in Abb. 5.7 aufgetragen. Man sieht, dass ein periodischer Wechsel von potentieller in kinetische Energie und umgekehrt stattfindet. Wenn die kinetische (potentielle) Energie Null ist, hat die potentielle (kinetische) Energie ein Maximum. Die Summe der beiden Energieformen ist zu jedem Zeitpunkt die Gesamtenergie E.

Beispiel 5.1

Ein masseloser, starrer Stab trägt an seinem oberen Ende eine Masse m und wird durch eine Feder mit der Federkonstanten c abgestützt (Bild a).

Wie bewegt sich der Stab, wenn er nach einer kleinen Auslenkung ohne Anfangsgeschwindigkeit losgelassen wird?

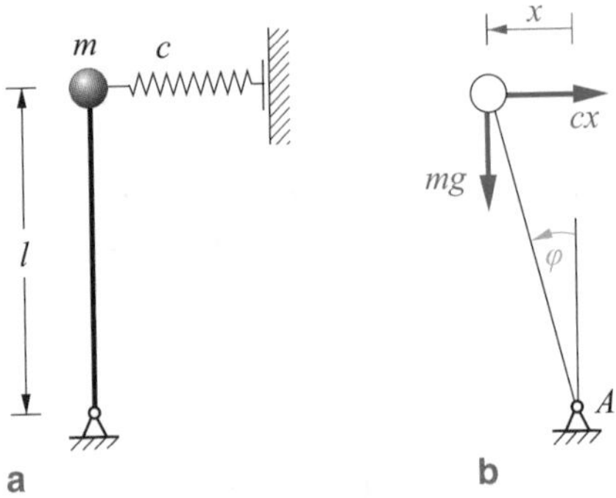

Lösung Wir zählen den Winkel φ von der vertikalen Lage (Gleichgewichtslage) aus entgegen dem Uhrzeigersinn positiv (Bild b).

Die Verlängerung der Feder in einer ausgelenkten Lage ist dann durch $x = l \sin\varphi$ gegeben. Mit $\Theta_A = ml^2$ liefert der Momentensatz (1.67) bezüglich A

die Bewegungsgleichung

$$\overset{\curvearrowleft}{A}: ml^2\ddot{\varphi} = l\sin\varphi\, mg - l\cos\varphi\, c\,x \quad\rightarrow\quad ml\ddot{\varphi} - mg\sin\varphi + c\,l\sin\varphi\cos\varphi = 0\,.$$

Für kleine Ausschläge ($\sin\varphi \approx \varphi$, $\cos\varphi \approx 1$) wird daraus

$$ml\ddot{\varphi} - mg\varphi + c\,l\varphi = 0 \quad\rightarrow\quad \ddot{\varphi} + \frac{c\,l - mg}{ml}\varphi = 0\,.$$

Dies ist für $c\,l > mg$ die Differentialgleichung einer harmonischen Schwingung. Der Vergleich mit (5.12) liefert die Eigenfrequenz:

$$\omega^2 = \frac{c\,l - mg}{ml} \quad\rightarrow\quad \underline{\underline{\omega = \sqrt{\frac{c\,l - mg}{ml}}}}\,.$$

Die Konstanten in der allgemeinen Lösung $\varphi(t) = A\cos\omega t + B\sin\omega t$ bestimmen wir aus der Anfangsauslenkung $\varphi(0) = \varphi_0$ und der Anfangsgeschwindigkeit $\dot{\varphi}(0) = 0$ zu $A = \varphi_0$ und $B = 0$. Damit folgt

$$\underline{\underline{\varphi(t) = \varphi_0\cos\omega t}}\,.$$

Für $c\,l < mg$ ist das Rückstellmoment durch die Federkraft stets kleiner als das Moment des Gewichts: der Stab fällt um. Für $c\,l = mg$ ist die Frequenz gleich Null: der Stab ist in der ausgelenkten Lage im Gleichgewicht. ◀

5.2.2 Federzahlen elastischer Systeme

Bei einer linearen Feder besteht zwischen der Federkraft F und der Verlängerung Δl der Zusammenhang $F = c\,\Delta l$. Für die Federkonstante gilt demnach

$$c = \frac{F}{\Delta l}\,. \tag{5.23}$$

Ein linearer Zusammenhang zwischen Kraft und Verformung tritt auch bei vielen anderen elastischen Systemen auf. Wir betrachten zunächst einen masselosen Stab (Länge l, Dehnsteifigkeit EA) mit einer Endmasse m (Abb. 5.8a). Wird die Masse nach unten ausgelenkt und der Stab dabei um den Wert Δl verlängert, so

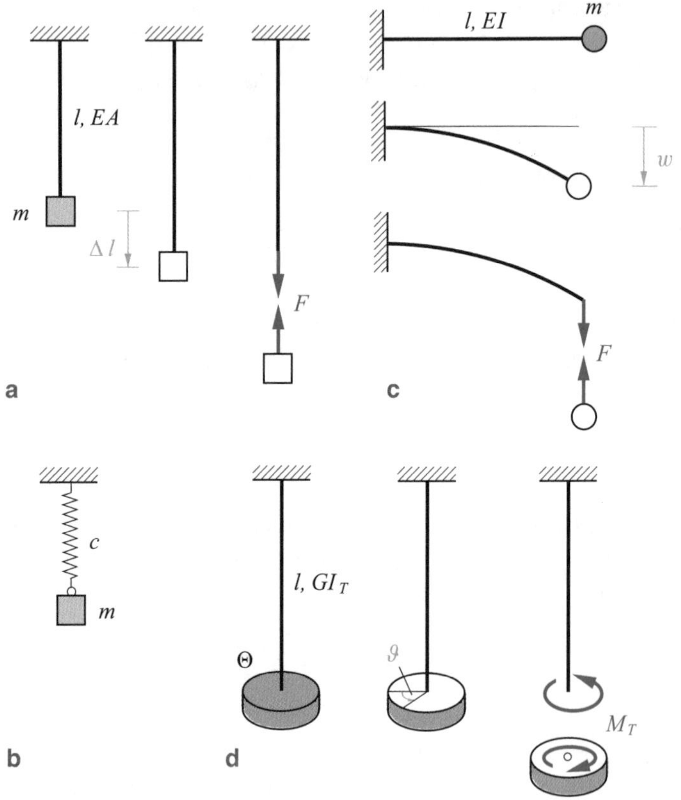

Abb. 5.8 Zu den Federzahlen

wirkt auf die Masse eine Rückstellkraft F. Die gleich große Gegenkraft wirkt auf den Stab, und es gilt

$$\Delta l = \frac{F l}{EA}$$

(vgl. Band 2). In Analogie zu (5.23) erhalten wir damit als „Federsteifigkeit" des Zugstabs

$$c = \frac{F}{\Delta l} = \frac{EA}{l} . \tag{5.24}$$

Wir können daher das **Ersatzsystem** nach Abb. 5.8b als gleichwertig dem Ausgangssystem nach Abb. 5.8a auffassen, wenn die Federkonstante c nach (5.24) gewählt wird.

Als weiteres Beispiel betrachten wir einen einseitig eingespannten, masselosen Balken (Länge l, Biegesteifigkeit EI) mit einer Masse m am freien Ende (Abb. 5.8c). Wird die Masse nach unten ausgelenkt, so wirkt auf sie eine Rückstellkraft F, deren Gegenkraft am Balken angreift. Aus

$$w = \frac{Fl^3}{3\,EI}$$

(vgl. Band 2) erhalten wir die Federzahl

$$c = \frac{F}{w} = \frac{3\,EI}{l^3}\,. \tag{5.25}$$

Wenn wir beim Ersatzsystem nach Abb. 5.8b die Federkonstante entsprechend (5.25) wählen, so ist es dem Balken mit Endmasse gleichwertig.

Wir bestimmen nun noch die Federkonstante für einen Torsionsstab (Länge l, Torsionssteifigkeit GI_T) nach Abb. 5.8d. Sie ergibt sich aus der linearen Beziehung zwischen der Verdrehung ϑ und dem Torsionsmoment M_T (vgl. Band 2):

$$\vartheta = \frac{M_T l}{GI_T} \quad \rightarrow \quad c_T = \frac{M_T}{\vartheta} = \frac{GI_T}{l}\,. \tag{5.26}$$

Die Dimension dieser „Drehfederzahl" c_T ist Moment/Winkel. Wenn eine Scheibe (Massenträgheitsmoment Θ), die mit dem Ende eines Torsionsstabes fest verbunden ist, Drehschwingungen ausführt, dann wird die Bewegung durch $\Theta\ddot{\vartheta} + c_T\vartheta = 0$ beschrieben (Abb. 5.8d).

Es gibt Systeme, bei denen **mehrere** Federn Längenänderungen erfahren, wenn sich eine Masse bewegt. Wir wollen zunächst den Fall betrachten, dass zwei Federn mit den Steifigkeiten c_1 und c_2 bei einer Auslenkung der Masse stets die gleiche Verlängerung erfahren (Abb. 5.9a). Man spricht dann von einer **Parallelschaltung der Federn**. Die beiden Federn können gleichwertig durch eine **einzige** Feder ersetzt werden, deren Steifigkeit c^* wir im folgenden ermitteln. Wenn wir die Masse um x auslenken, so entstehen in den zwei Federn die Kräfte $F_1 = c_1\,x$ und $F_2 = c_2\,x$, und auf die Masse wirkt $F = F_1 + F_2$. Da die Ersatzfeder gleichwertig sein soll, muss bei gleicher Auslenkung x die gleiche Kraft $F = c^*\,x$ wirken. Damit folgt

$$F = c_1\,x + c_2\,x = c^*\,x \quad \rightarrow \quad c^* = c_1 + c_2\,.$$

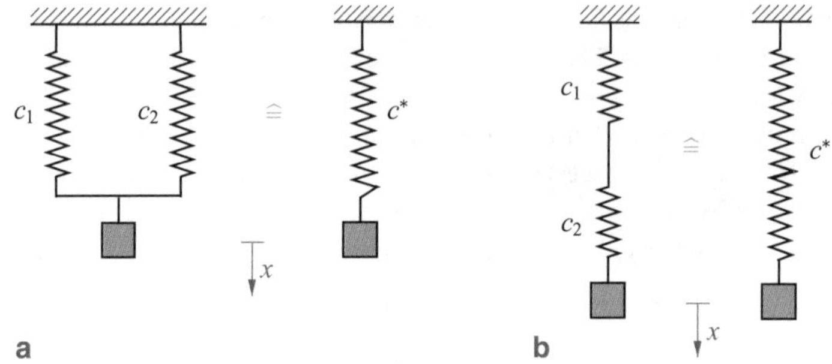

Abb. 5.9 Parallel- und Reihenschaltung

Allgemein erhalten wir bei einer Parallelschaltung beliebig vieler Federn mit den Steifigkeiten c_j für die Steifigkeit c^* der Ersatzfeder

$$c^* = \sum c_j \,. \tag{5.27}$$

Nun seien nach Abb. 5.9b zwei Federn so angeordnet, dass sich bei einer Auslenkung der Masse die gesamte Verlängerung x aus den Verlängerungen x_1 und x_2 der einzelnen Federn zusammensetzt. In diesem Fall spricht man von einer **Reihenschaltung der Federn**. Die Kraft F ist dann in beiden Federn gleich. Mit $F = c_1\,x_1 = c_2\,x_2$ und $x = x_1 + x_2$ ergibt sich

$$x = \frac{F}{c_1} + \frac{F}{c_2} = \frac{F}{c^*} \quad \rightarrow \quad \frac{1}{c^*} = \frac{1}{c_1} + \frac{1}{c_2} \,.$$

Bei beliebig vielen hintereinander geschalteten Federn erhalten wir somit für die Steifigkeit c^* der Ersatzfeder

$$\frac{1}{c^*} = \sum \frac{1}{c_j} \,. \tag{5.28}$$

Führt man mit $h = 1/c$ die **Federnachgiebigkeit** ein, so gilt bei Reihenschaltung für die Nachgiebigkeit h^* der Ersatzfeder

$$h^* = \sum h_j \,. \tag{5.29}$$

Beispiel 5.2

Ein masseloser, elastischer Balken (Biegesteifigkeit EI) trägt in der Mitte eine Masse m (Bild a).

Wie groß ist die Eigenfrequenz?

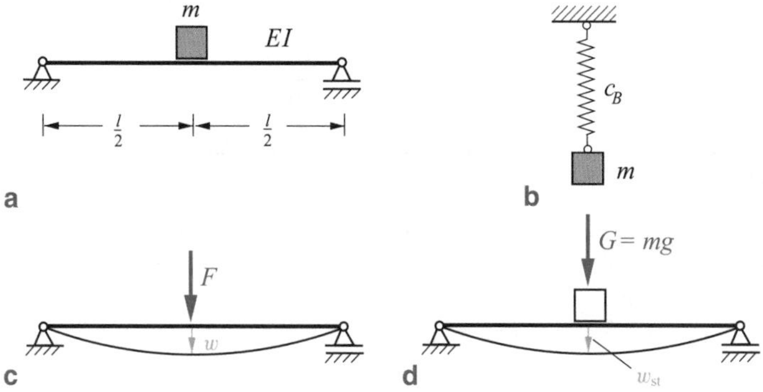

Lösung Der masselose Balken mit Einzelmasse ist gleichwertig dem Ersatzsystem nach Bild b, dessen Federkonstante c_B bestimmt werden muss. Zu ihrer Ermittlung belasten wir den Balken nach Bild c an der Stelle, an der sich die Masse befindet (hier Balkenmitte) durch eine Kraft F. Dann beträgt dort die Durchbiegung (vgl. Band 2)

$$w = \frac{F l^3}{48\,EI} \,. \tag{a}$$

Analog zu (5.25) erhalten wir somit

$$c_B = \frac{F}{w} = \frac{48\,EI}{l^3} \,,$$

und (5.11) liefert die Eigenfrequenz

$$\underline{\underline{\omega}} = \sqrt{\frac{c_B}{m}} = \underline{\underline{\sqrt{\frac{48\,EI}{ml^3}}}}\,.$$

Wir können die Eigenfrequenz auch nach (5.18) aus der statischen Absenkung der Masse m infolge ihres Gewichts $G = mg$ bestimmen. Entsprechend (a) gilt (vgl. Bild d)

$$w_{st} = \frac{Gl^3}{48\,EI} = \frac{mgl^3}{48\,EI}\,.$$

Durch Einsetzen in (5.18) erhält man wieder das Ergebnis

$$\omega = \sqrt{\frac{g}{w_{st}}} = \sqrt{\frac{48\,EI}{ml^3}}\,. \quad ◀$$

Beispiel 5.3

Die schwingungsfähigen Systeme nach Bild a, b bestehen jeweils aus einem masselosen Balken (Biegesteifigkeit EI), einer Feder (Federkonstante c) und einer Masse m.

Wie groß sind die Eigenfrequenzen?

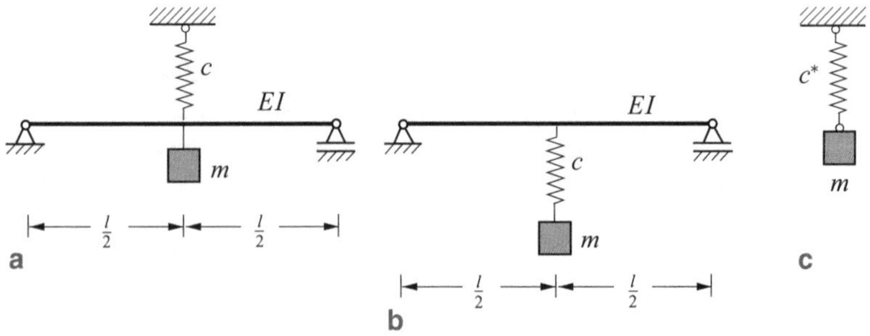

Lösung Wir ersetzen die gegebenen Systeme jeweils durch ein Ersatzsystem nach Bild c.

Im System nach Bild a sind bei einer Schwingung die Durchbiegung in Balkenmitte und die Verlängerung der Feder immer gleich groß: Balken und Feder sind parallel geschaltet. Die Federsteifigkeit c_B des Balkens übernehmen wir aus Beispiel 5.2:

$$c_B = \frac{48\,EI}{l^3}\,.$$

Damit erhalten wir nach (5.27) für die Steifigkeit der Ersatzfeder

$$c^* = c + c_B = c + \frac{48\,EI}{l^3},$$

und die Eigenfrequenz des Systems wird

$$\underline{\underline{\omega}} = \sqrt{\frac{c^*}{m}} = \underline{\underline{\sqrt{\frac{c\,l^3 + 48\,EI}{ml^3}}}}\,.$$

Beim System nach Bild b ist die Auslenkung der Masse gleich der Summe aus der Durchbiegung in Balkenmitte und der Verlängerung der Feder. Balken und Feder sind demnach in Reihe geschaltet. Die Steifigkeit c^* der Ersatzfelder folgt damit nach (5.28) aus

$$\frac{1}{c^*} = \frac{1}{c} + \frac{1}{c_B} \quad \rightarrow \quad c^* = \frac{c\,c_B}{c + c_B},$$

und die Eigenfrequenz des Systems lautet

$$\underline{\underline{\omega}} = \sqrt{\frac{c^*}{m}} = \underline{\underline{\sqrt{\frac{48\,c\,EI}{(c\,l^3 + 48\,EI)\,m}}}}\,.$$

Die Eigenfrequenz des Systems b ist kleiner als die von a (das System b hat eine „weichere" Ersatzfeder). ◀

Beispiel 5.4

Der Rahmen nach Bild a besteht aus zwei elastischen Stielen ($h = 3\,\text{m}$, $E = 2{,}1 \cdot 10^5\,\text{N/mm}^2$, $I = 3500\,\text{cm}^4$) und einem starren Riegel, der einen Kasten (Masse $m = 10^5\,\text{kg}$) trägt.

Wie groß ist die Eigenfrequenz des Systems, wenn Stiele und Riegel als masselos angenommen werden?

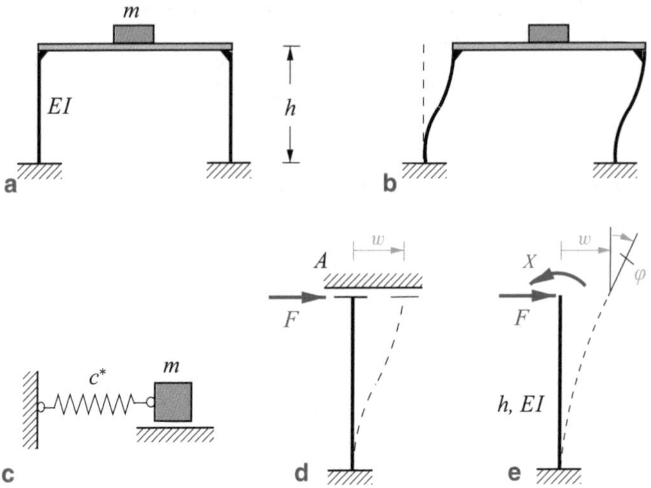

Lösung Die Stiele sind elastisch. Daher kann sich der Riegel mit dem Kasten waagrecht verschieben (Bild b). Die entsprechende Schwingung kann mit Hilfe des Ersatzsystems nach Bild c beschrieben werden. Zur Ermittlung der Eigenfrequenz muss zuerst die Federsteifigkeit c^* bestimmt werden.

Da der Rahmen symmetrisch ist, betrachten wir zunächst nur **einen** Stiel (Bild d). Der starre, waagrechte Riegel wirkt am oberen Stielende A wie eine Parallelführung. Greift dort eine Kraft F an, so verschiebt sich A um die Strecke w. Die Federsteifigkeit c_S eines Stiels berechnet sich dann aus $c_S = F/w$.

Das System in Bild d ist einfach statisch unbestimmt. Wenn wir das Moment an der Parallelführung als statisch Unbestimmte X wählen und die Parallelführung entfernen (Bild e), so ergeben sich die Verschiebung w und der Neigungswinkel φ am freien Ende zu

$$w = \frac{F h^3}{3 EI} - \frac{X h^2}{2 EI}, \quad \varphi = \frac{F h^2}{2 EI} - \frac{X h}{EI}$$

(vgl. Band 2). Die Verträglichkeitsbedingung $\varphi = 0$ liefert für die statisch Unbestimmte $X = Fh/2$. Damit wird

$$w = \frac{F h^3}{3 EI} - \frac{F h^3}{4 EI} = \frac{F h^3}{12 EI},$$

und die Federsteifigkeit eines Stiels folgt zu

$$c_S = \frac{F}{w} = \frac{12\,EI}{h^3}\,.$$

Da der Rahmen zwei gleiche Stiele hat (Parallelschaltung), ist die Federsteifigkeit des Rahmens $c^* = 2\,c_S$. Die Eigenfrequenz des Systems ergibt sich damit zu

$$\underline{\underline{\omega}} = \sqrt{\frac{c^*}{m}} = \underline{\underline{\sqrt{\frac{24\,EI}{mh^3}}}}\,.$$

Mit den gegebenen Zahlenwerten erhält man

$$\underline{\underline{\omega = 8{,}1\ \mathrm{s}^{-1}}} \quad \text{bzw.} \quad \underline{\underline{f = \frac{\omega}{2\pi} = 1{,}3\,\mathrm{Hz}}}\,. \blacktriangleleft$$

5.2.3 Gedämpfte freie Schwingungen

Die Erfahrung zeigt, dass eine freie Schwingung mit **konstanter** Amplitude in Wirklichkeit nicht auftritt. Bei realen Systemen werden die Ausschläge im Lauf der Zeit kleiner, und die Schwingung kommt schließlich ganz zum Stillstand. Ursache hierfür sind Reibungs- und Dämpfungskräfte (z. B. Lagerreibung, Luftwiderstand). Dem System wird bei der Bewegung mechanische Energie entzogen (Energiedissipation). Daher gilt bei gedämpften Schwingungen der Energieerhaltungssatz nicht.

Wir wollen zunächst in einem Anwendungsbeispiel die **trockene** Reibung betrachten. Ein Klotz (Masse m) bewegt sich nach Abb. 5.10a auf einer rauhen Unterlage (Reibungskoeffizient μ). Die Reibungskraft $R = \mu N$ hat hier wegen $N = mg$ den Betrag $R = \mu mg$ und ist stets entgegen der Geschwindigkeit gerichtet. Wenn sich der Klotz nach rechts (links) bewegt, zeigt R somit nach links (rechts), vgl. Abb. 5.10b. Unter Berücksichtigung der Rückstellkraft $c\,x$ der Feder liefert das Newtonsche Grundgesetz (1.38)

$$\rightarrow: \quad m\ddot{x} = \begin{cases} -c\,x - R & \text{für } \dot{x} > 0, \\ -c\,x + R & \text{für } \dot{x} < 0 \end{cases}$$

$$\rightarrow \quad m\ddot{x} + c\,x = \begin{cases} -R & \text{für } \dot{x} > 0, \\ +R & \text{für } \dot{x} < 0\,. \end{cases}$$

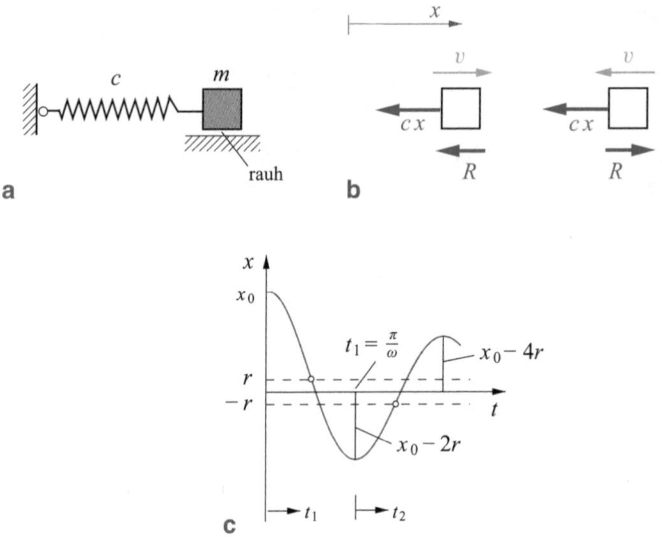

Abb. 5.10 Feder-Masse-Schwinger mit Reibung

Mit den Abkürzungen

$$\omega^2 = \frac{c}{m}, \quad r = \frac{R}{c}$$

wird daraus

$$\ddot{x} + \omega^2 x = \begin{cases} -\omega^2 r & \text{für } \dot{x} > 0, \\ +\omega^2 r & \text{für } \dot{x} < 0. \end{cases} \tag{a}$$

Wir erhalten demnach unterschiedliche Bewegungsgleichungen für die Bewegung des Klotzes nach rechts bzw. nach links.

Wir wollen bei der Umkehr der Bewegungsrichtung jeweils mit einer neuen Zeitzählung beginnen. Wenn wir als Anfangsbedingungen $x(t_1 = 0) = x_0 > 0$, $\dot{x}(t_1 = 0) = 0$ wählen, so bewegt sich der Klotz in einem ersten Bewegungsabschnitt von rechts nach links: $\dot{x} < 0$. Dann gilt

$$\ddot{x} + \omega^2 x = \omega^2 r \,. \tag{b}$$

Im Gegensatz zur Bewegungsgleichung (5.12) ist hier die rechte Seite **nicht** Null. Man nennt eine solche Differentialgleichung **inhomogen**. Ihre allgemeine Lösung setzt sich aus der allgemeinen Lösung x_h der homogenen Differentialgleichung ($\ddot{x} + \omega^2 x = 0$) und einer Partikularlösung x_p der inhomogenen Differentialgleichung zusammen:

$$x = x_h + x_p \,.$$

Die Lösung x_h ist nach (5.13) durch

$$x_h(t_1) = A_1 \cos \omega t_1 + B_1 \sin \omega t_1$$

gegeben; die Partikularlösung lautet

$$x_p = r \,.$$

Damit wird

$$x(t_1) = A_1 \cos \omega t_1 + B_1 \sin \omega t_1 + r \,.$$

Die beiden Konstanten A_1 und B_1 folgen aus den Anfangsbedingungen:

$$\begin{aligned} x(t_1 = 0) &= A_1 + r = x_0 &\quad \rightarrow \quad A_1 &= x_0 - r, \\ \dot{x}(t_1 = 0) &= \omega B_1 = 0 &\quad \rightarrow \quad B_1 &= 0 \,. \end{aligned}$$

Somit wird die Bewegung nach links im ersten Bewegungsabschnitt durch

$$\begin{aligned} x(t_1) &= (x_0 - r) \cos \omega t_1 + r \,, \\ \dot{x}(t_1) &= -(x_0 - r)\omega \sin \omega t_1 \end{aligned} \tag{c}$$

beschrieben.

Zum Zeitpunkt $t_1 = \pi/\omega$ werden der Ausschlag $x(\pi/\omega) = -x_0 + 2\,r$ und die Geschwindigkeit $\dot{x}(\pi/\omega) = 0$; anschließend kehrt die Bewegung ihre Richtung um. Dann gilt nach (a)

$$\ddot{x} + \omega^2 x = -\omega^2 r \,. \tag{d}$$

Wir beginnen den zweiten Bewegungsabschnitt mit einer neuen Zeitzählung. Dann lautet die allgemeine Lösung von (d)

$$x(t_2) = A_2 \cos \omega t_2 + B_2 \sin \omega t_2 - r \,.$$

Ausschlag und Geschwindigkeit zu Beginn des zweiten Abschnitts müssen mit denen am Ende des ersten Abschnitts übereinstimmen. Die Konstanten A_2 und B_2 können daher aus folgenden Übergangsbedingungen ermittelt werden:

$$x(t_2 = 0) = x\left(t_1 = \frac{\pi}{\omega}\right) \quad \rightarrow \quad A_2 = -x_0 + 3\,r\,,$$
$$\dot{x}(t_2 = 0) = \dot{x}\left(t_1 = \frac{\pi}{\omega}\right) \quad \rightarrow \quad B_2 = 0\,.$$

Im zweiten Bewegungsabschnitt gilt demnach

$$x(t_2) = -(x_0 - 3\,r)\cos\omega t_2 - r\,. \tag{e}$$

Der Weg-Zeit-Verlauf der Schwingung ist in Abb. 5.10c dargestellt. Die erste Gleichung in (c) stellt eine um $+r$ verschobene kosinusförmige Halbschwingung mit der Amplitude $x_0 - r$ dar. Die Halbschwingung nach (e) ist um $-r$ verschoben und hat die Amplitude $x_0 - 3\,r$.

Der weitere Verlauf der Schwingung kann entsprechend ermittelt werden. Die Amplituden nehmen bei jeder weiteren Halbschwingung jeweils um $2r$ ab. Wenn an einem Umkehrpunkt der Betrag des Ausschlags kleiner als r wird, so reicht die Rückstellkraft der Feder nicht mehr aus, die Haftungskraft zu überwinden: der Klotz bleibt dann dort liegen.

Widerstandskräfte infolge **Flüssigkeitsreibung** wurden bereits in Abschn. 1.2.4 eingeführt. Solche Kräfte können in schwingenden Systemen z. B. beim Stoßdämpfer eines Autos auftreten. Wir beschränken uns hier auf den Fall eines linearen Zusammenhangs zwischen der Geschwindigkeit v und der Widerstandskraft F_d (Dämpfungskraft):

$$F_d = d\,v\,.$$

Der Faktor d wird **Dämpfungskonstante** genannt; er hat die Dimension Kraft/Geschwindigkeit. Symbolisch stellen wir Dämpfer wie in Abb. 5.11a dar. Die Kraft,

Abb. 5.11 Dämpfer

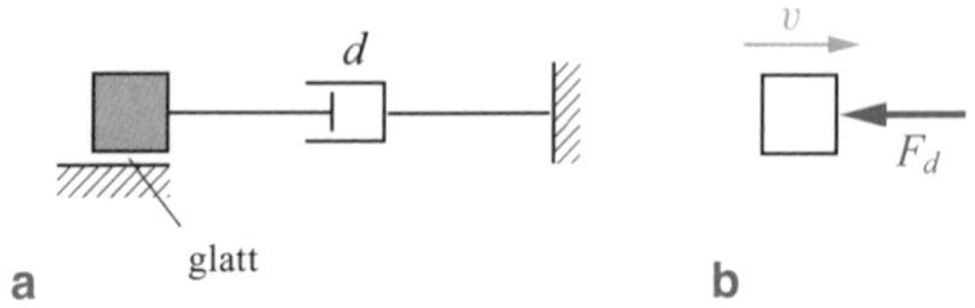

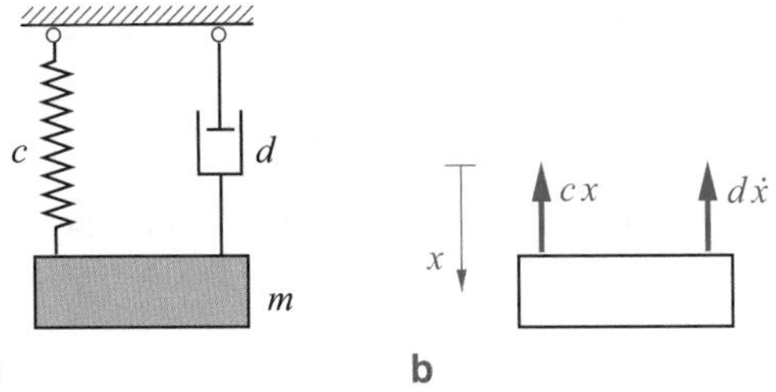

Abb. 5.12 Gedämpfter Feder-Masse-Schwinger

die bei einer Bewegung auf den Körper wirkt, ist der Geschwindigkeit entgegen gerichtet (Abb. 5.11b).

Wir betrachten nun einen gedämpften Feder-Masse-Schwinger (Abb. 5.12a). Wenn wir die Koordinate x von der Ruhelage aus zählen, so brauchen wir das Gewicht nicht zu berücksichtigen. Mit der Rückstellkraft $c\,x$ und der Dämpfungskraft $d\,\dot{x}$ (Abb. 5.12b) folgt die Bewegungsgleichung

$$\downarrow: \quad m\ddot{x} = -c\,x - d\,\dot{x} \quad \to \quad m\ddot{x} + d\,\dot{x} + c\,x = 0\,. \tag{5.30}$$

Wir führen die Abkürzungen

$$2\,\delta = \frac{d}{m}, \quad \omega^2 = \frac{c}{m} \tag{5.31}$$

ein. Die Konstante δ heißt **Abklingkoeffizient**, und ω ist nach (5.11) die Eigenfrequenz der **ungedämpften** Schwingung. Damit wird aus (5.30) die Differentialgleichung der gedämpften Schwingung

$$\ddot{x} + 2\,\delta\dot{x} + \omega^2\,x = 0\,. \tag{5.32}$$

Zur Bestimmung der allgemeinen Lösung dieser Differentialgleichung mit konstanten Koeffizienten machen wir einen Exponentialansatz

$$x = A\,\mathrm{e}^{\lambda t} \tag{5.33}$$

mit den noch unbestimmten Konstanten A und λ. Einsetzen in (5.32) liefert die **charakteristische Gleichung**

$$\lambda^2 + 2\delta\lambda + \omega^2 = 0\,. \tag{5.34}$$

Diese quadratische Gleichung für λ hat die beiden Lösungen

$$\lambda_{1,2} = -\delta \pm \sqrt{\delta^2 - \omega^2}\,. \tag{5.35}$$

Wenn wir den **Dämpfungsgrad (Lehrsches Dämpfungsmaß)** (Ernst Lehr, 1896–1944)

$$D = \frac{\delta}{\omega} \tag{5.36}$$

einführen, so können wir (5.35) auch folgendermaßen schreiben:

$$\lambda_{1,2} = -\delta \pm \omega\sqrt{D^2 - 1}\,. \tag{5.37}$$

Je nach Größe von D zeigen die Lösungen von (5.32) sehr unterschiedliches Verhalten. Wir unterscheiden drei verschiedene Fälle.

1. *Starke Dämpfung:* $D > 1$
Bei starker Dämpfung sind λ_1 und λ_2 reell: $\lambda_{1,2} = -\delta \pm \mu$ mit $\mu = \omega\sqrt{D^2 - 1}$. Zu jedem λ_i gehört eine Lösung der Differentialgleichung (5.32); die allgemeine Lösung ist eine Linearkombination der beiden Teillösungen:

$$x(t) = A_1\,\mathrm{e}^{\lambda_1 t} + A_2\,\mathrm{e}^{\lambda_2 t} = \mathrm{e}^{-\delta t}(A_1\,\mathrm{e}^{\mu t} + A_2\,\mathrm{e}^{-\mu t})\,. \tag{5.38}$$

Die Konstanten A_1 und A_2 können aus den Anfangsbedingungen $x(0) = x_0$ und $\dot{x}(0) = v_0$ bestimmt werden. Wegen $\delta > \mu$ stellt (5.38) eine exponentiell abklingende Bewegung dar. Der Ausschlag besitzt höchstens einen Extremwert und höchstens einen Nulldurchgang. Wir nennen einen solchen Vorgang, der eigentlich gar keine Schwingung ist, eine **Kriechbewegung**. In Abb. 5.13 sind Kriechkurven für unterschiedliche Anfangsgeschwindigkeiten qualitativ dargestellt.

2. *Grenzfall:* $D = 1$
Für $D = 1$ (manchmal **aperiodischer Grenzfall** genannt) hat die charakteristische Gleichung nach (5.37) die beiden zusammenfallenden Wurzeln $\lambda_1 = \lambda_2 = -\delta$. Die allgemeine Lösung der Differentialgleichung (5.32) lautet dann

$$x(t) = A_1\,\mathrm{e}^{\lambda_1 t} + A_2\,t\,\mathrm{e}^{\lambda_1 t} = (A_1 + A_2\,t)\,\mathrm{e}^{-\delta t}\,. \tag{5.39}$$

Sie beschreibt ebenfalls eine exponentiell abklingende Bewegung. Das Abklingen erfolgt wie bei starker Dämpfung kriechend.

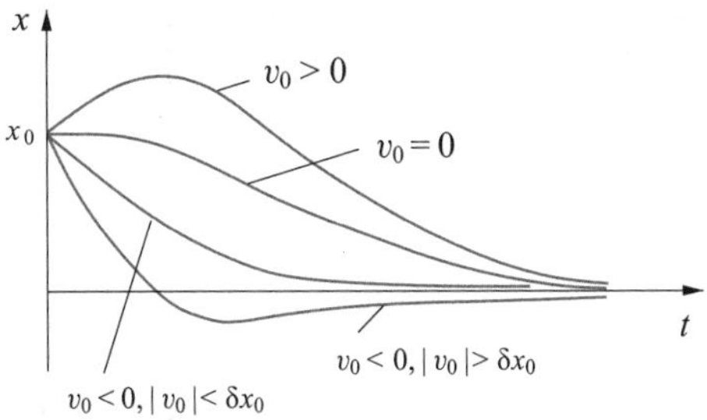

Abb. 5.13 Starke Dämpfung

Nach (5.36) wird im Grenzfall $\delta = \omega$. Mit (5.31) gilt dann für die Dämpfungskonstante $d = 2\sqrt{mc}$.

Man kann zeigen, dass der Ausschlag im Fall $D = 1$ schneller gegen Null geht als bei starker Dämpfung. Technische Anwendung findet der Grenzfall z. B. bei der Auslegung von Messgeräten.

3. *Schwache Dämpfung:* $D < 1$
Bei schwacher Dämpfung ($D < 1$) ist der Radikand in (5.37) negativ. Wir schreiben daher die beiden Lösungen der charakteristischen Gleichung in der Form

$$\lambda_{1,2} = -\delta \pm \mathrm{i}\omega\sqrt{1 - D^2} = -\delta \pm \mathrm{i}\omega_d, \quad (\mathrm{i} = \sqrt{-1})$$

mit

$$\omega_d = \omega\sqrt{1 - D^2}. \tag{5.40}$$

Damit ergibt sich als allgemeine Lösung der Differentialgleichung (5.32)

$$x(t) = A_1\,\mathrm{e}^{\lambda_1 t} + A_2\,\mathrm{e}^{\lambda_2 t} = \mathrm{e}^{-\delta t}(A_1\,\mathrm{e}^{\mathrm{i}\omega_d t} + A_2\,\mathrm{e}^{-\mathrm{i}\omega_d t}).$$

Mit $\mathrm{e}^{\pm\mathrm{i}\omega_d t} = \cos\omega_d t \pm \mathrm{i}\sin\omega_d t$ erhalten wir daraus

$$\begin{aligned} x(t) &= \mathrm{e}^{-\delta t}[(A_1 + A_2)\cos\omega_d t + \mathrm{i}(A_1 - A_2)\sin\omega_d t] \\ &= \mathrm{e}^{-\delta t}(A\cos\omega_d t + B\sin\omega_d t), \end{aligned}$$

wobei wir mit A und B zwei neue, reelle Konstanten eingeführt haben. Nach Abschn. 5.1 können wir $x(t)$ auch in folgender Form schreiben:

$$x(t) = C\,\mathrm{e}^{-\delta t}\cos(\omega_d t - \alpha). \tag{5.41}$$

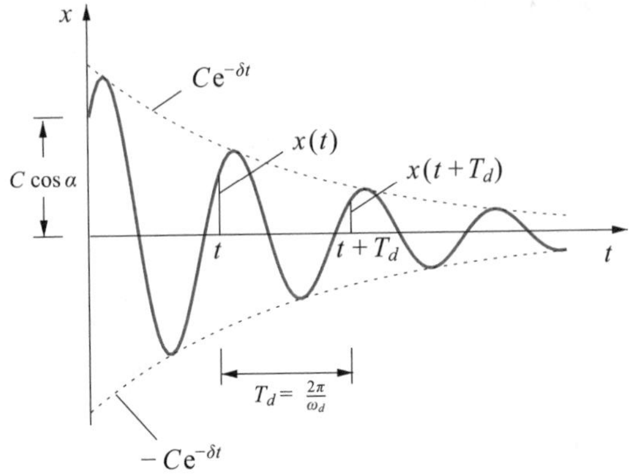

Abb. 5.14 Schwache Dämpfung

Demnach ist die Bewegung bei schwacher Dämpfung eine Schwingung, deren Ausschläge mit der Zeit exponentiell abnehmen. Die Integrationskonstanten C und α können aus den Anfangsbedingungen bestimmt werden. Für $t \to \infty$ geht der Ausschlag gegen Null. In Abb. 5.14 ist der Weg-Zeit-Verlauf mit den Einhüllenden $\pm C\,e^{-\delta t}$ dargestellt.

Die Kreisfrequenz ω_d der gedämpften Schwingung nach (5.40) ist kleiner als die Kreisfrequenz ω der ungedämpften Schwingung. Die Schwingungsdauer $T_d = 2\,\pi/\omega_d$ ist daher größer als diejenige der entsprechenden ungedämpften Schwingung.

Die Schwingungsausschläge betragen zur Zeit t

$$x(t) = C\,e^{-\delta t}\cos(\omega_d\,t - \alpha)$$

bzw. zur Zeit $t + T_d$

$$\begin{aligned} x(t + T_d) &= C\,e^{-\delta(t+T_d)}\cos\left[\omega_d(t + T_d) - \alpha\right] \\ &= C\,e^{-\delta(t+T_d)}\cos(\omega_d\,t - \alpha)\,. \end{aligned}$$

Für das Verhältnis von je zwei Ausschlägen im Zeitabstand T_d gilt daher

$$\frac{x(t)}{x(t + T_d)} = e^{\delta T_d}\,. \tag{5.42}$$

Den Logarithmus dieses Verhältnisses

$$\Lambda = \ln \frac{x(t)}{x(t+T_d)} = \delta T_d = \frac{2\pi\delta}{\omega_d} = 2\pi \frac{D}{\sqrt{1-D^2}} \tag{5.43}$$

nennt man **logarithmisches Dekrement**. Wenn sich das Dekrement Λ aus Experimenten bestimmen lässt, kann das Lehrsche Dämpfungsmaß D nach (5.43) berechnet werden.

Beispiel 5.5

Eine masselose, starre Stange mit Feder und Dämpfer trägt eine Masse m (Bild a).

Welche Bedingung muss die Dämpfungskonstante d erfüllen, damit die Masse eine schwach gedämpfte Schwingung ausführt? Wie lautet die Lösung der Bewegungsgleichung, wenn die Stange zu Beginn der Bewegung mit der Winkelgeschwindigkeit $\dot{\varphi}_0$ die Gleichgewichtslage durchläuft?

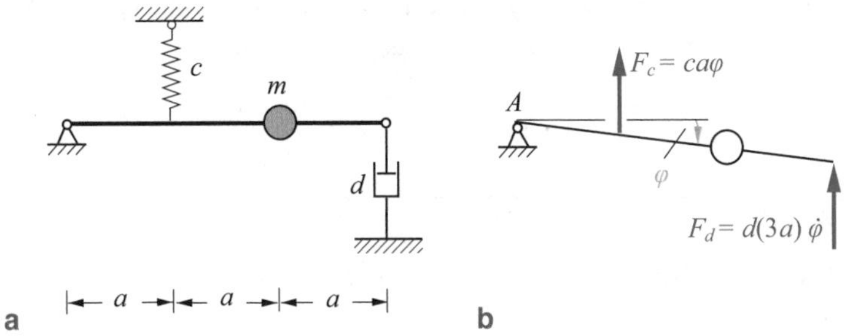

Lösung Wir beschreiben die Bewegung der Stange durch den von der Gleichgewichtslage aus gezählten Winkel φ (Bild b). Der Momentensatz bezüglich A liefert dann bei kleinen Auslenkungen mit dem Trägheitsmoment $\Theta_A = (2a)^2 m$, der Federkraft $F_c = c\,a\,\varphi$ und der Dämpfungskraft $F_d = d(3a)\dot{\varphi}$:

$$\overset{\curvearrowright}{A}: \quad \Theta_A \ddot{\varphi} = -a\,F_c - 3\,a\,F_d \quad \to \quad 4m\ddot{\varphi} + 9d\,\dot{\varphi} + c\,\varphi = 0\,.$$

Mit den Abkürzungen $2\delta = 9d/(4m)$, $\omega^2 = c/(4m)$ folgt daraus die zu (5.32) analoge Differentialgleichung

$$\ddot{\varphi} + 2\delta\,\dot{\varphi} + \omega^2 \varphi = 0\,.$$

Die Schwingung ist schwach gedämpft, wenn der Dämpfungsgrad D kleiner als Eins ist:

$$D = \frac{\delta}{\omega} = \frac{9\,d}{8\,m} 2 \sqrt{\frac{m}{c}} = \frac{9\,d}{4\sqrt{mc}} < 1\,.$$

Für die Dämpfungskonstante ergibt sich daher die Bedingung

$$\underline{\underline{d < \frac{4}{9}\sqrt{mc}\,.}}$$

Die allgemeine Lösung der Bewegungsgleichung lautet nach (5.41)

$$\varphi(t) = C\,\mathrm{e}^{-\delta t}\cos(\omega_d\,t - \alpha)\,.$$

Im Beispiel ist die Frequenz

$$\omega_d = \omega\sqrt{1 - D^2} = \frac{1}{2}\sqrt{\frac{c}{m}}\sqrt{1 - \frac{81\,d^2}{16mc}}\,.$$

Die beiden Konstanten folgen aus den Anfangsbedingungen $\varphi(0) = 0$ und $\dot{\varphi}(0) = \dot{\varphi}_0$ zu $\alpha = \pi/2$ und $C = \dot{\varphi}_0/\omega_d$. Damit wird

$$\underline{\underline{\varphi(t)}} = \frac{\dot{\varphi}_0}{\omega_d}\,\mathrm{e}^{-\delta t}\cos\left(\omega_d\,t - \frac{\pi}{2}\right) = \underline{\underline{\frac{\dot{\varphi}_0}{\omega_d}\,\mathrm{e}^{-\delta t}\sin\omega_d\,t\,.}} \quad ◀$$

Beispiel 5.6

Die Anfangsbedingungen für die Bewegung des Schwingers nach Bild a seien $x(0) = x_0$ und $\dot{x}(0) = 0$.

Man berechne für $D = 0{,}01$ die während der ersten vollen Schwingung dissipierte Energie.

Lösung Da die Anfangsgeschwindigkeit Null ist, ist zu Beginn der ersten Schwingung die Gesamtenergie E_0 des Schwingers gleich der in der Feder gespeicherten potentiellen Energie:

$$E_0 = E_{p0} = \frac{1}{2}\,c\,x_0^2\,.$$

Entsprechend wird die Gesamtenergie nach der ersten Schwingung

$$E_1 = E_{p1} = \frac{1}{2}\,c\,x_1^2,$$

wobei x_1 der Ausschlag zur Zeit $T_d = 2\,\pi/\omega_d$ ist.

Nach (5.42) gilt mit (5.36) und (5.40)

$$\frac{x_0}{x_1} = e^{\delta T_d} \quad \rightarrow \quad x_1 = x_0\, e^{-\delta T_d} = x_0\, e^{-\frac{2\pi D}{\sqrt{1-D^2}}} .$$

Damit ergibt sich die dissipierte Energie

$$\Delta E = E_0 - E_1 = \frac{1}{2} c\, x_0^2 - \frac{1}{2} c\, x_1^2 = \left(1 - e^{-\frac{4\pi D}{\sqrt{1-D^2}}}\right) \frac{1}{2} c\, x_0^2 .$$

Für $D = 0{,}01$ folgt $\Delta E = 0{,}13 \cdot \frac{1}{2} c\, x_0^2$. Es werden daher während der ersten vollen Schwingung 13 % der Energie dissipiert. ◀

5.3 Erzwungene Schwingungen

5.3.1 Ungedämpfte Schwingungen

Wir wollen nun das Verhalten eines einfachen Schwingers untersuchen, der durch eine äußere Kraft zu Schwingungen angeregt wird. Dazu betrachten wir als Beispiel einen ungedämpften Feder-Masse-Schwinger nach Abb. 5.15a. Die Erregung erfolge durch eine mit der **Erregerfrequenz** Ω harmonisch veränderliche Kraft $F = F_0 \cos \Omega t$ (andere Erregermöglichkeiten werden in Abschn. 5.3.2 behandelt).

Wenn wir die Koordinate x von der Ruhelage aus zählen, welche die Masse ohne die Einwirkung der Erregerkraft einnimmt ($F = 0$), so erhalten wir die Bewegungsgleichung (vgl. Abb. 5.15b)

$$\downarrow: \quad m\ddot{x} = -c\, x + F_0 \cos \Omega t \quad \rightarrow \quad m\ddot{x} + c\, x = F_0 \cos \Omega t . \tag{5.44}$$

Im Gegensatz zu (5.10) ist hier die rechte Seite **nicht** Null: die Differentialgleichung ist **inhomogen**. Wir führen die Abkürzungen

$$\omega^2 = \frac{c}{m}, \quad x_0 = \frac{F_0}{c} \tag{5.45}$$

ein. Dabei ist ω die Eigenfrequenz der freien Schwingung, und x_0 ist die statische Verlängerung der Feder infolge einer **konstanten** Kraft F_0. Damit wird aus (5.44)

$$\ddot{x} + \omega^2 x = \omega^2 x_0 \cos \Omega t . \tag{5.46}$$

Die allgemeine Lösung $x(t)$ dieser inhomogenen Differentialgleichung setzt sich aus der allgemeinen Lösung x_h der homogenen Differentialgleichung ($\ddot{x} +$

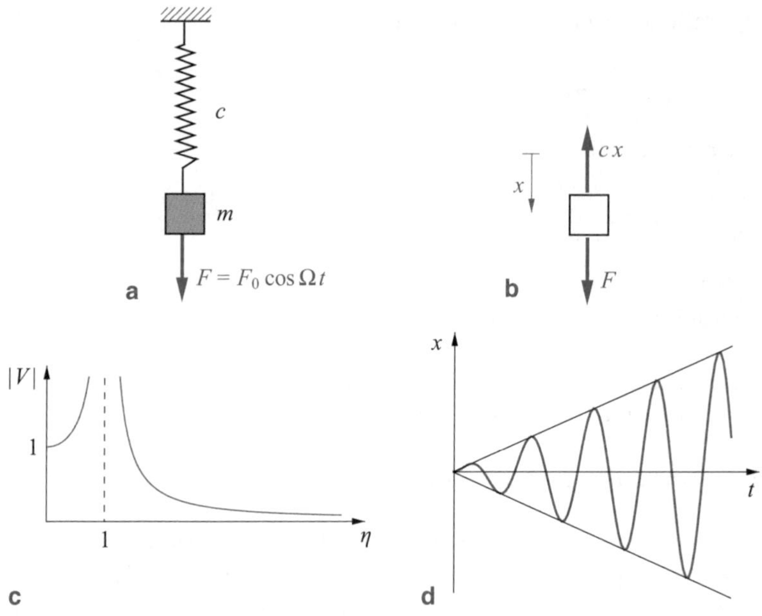

Abb. 5.15 Erzwungene ungedämpfte Schwingung

$\omega^2 x = 0$) und einer Partikularlösung x_p der inhomogenen Differentialgleichung zusammen:

$$x = x_h + x_p\,.$$

Die Lösung x_h der homogenen Gleichung ist nach Abschn. 5.2.1 durch

$$x_h = C \cos(\omega\, t - \alpha) \tag{5.47a}$$

gegeben. Für die Partikularlösung x_p machen wir einen Ansatz vom Typ der rechten Seite:

$$x_p = x_0\, V \cos \Omega t\,. \tag{5.47b}$$

Dabei ist V eine dimensionslose Größe, die sich durch Einsetzen von x_p in (5.46) bestimmen lässt:

$$-x_0\, V \Omega^2 \cos \Omega t + \omega^2 x_0\, V \cos \Omega t = \omega^2 x_0 \cos \Omega t \quad \rightarrow \quad V = \frac{\omega^2}{\omega^2 - \Omega^2}\,.$$

Wenn wir das **Frequenzverhältnis** (die **Abstimmung**)

$$\eta = \frac{\Omega}{\omega} \tag{5.48}$$

einführen, so wird

$$V = \frac{1}{1 - \eta^2}\,. \tag{5.49}$$

Die allgemeine Lösung der Differentialgleichung (5.46) lautet mit (5.47a, b):

$$x(t) = x_h + x_p = C\cos(\omega\, t - \alpha) + x_0\, V \cos\, \Omega t\,. \tag{5.50}$$

Die Integrationskonstanten C und α können aus den Anfangsbedingungen bestimmt werden. Da bei **realen** Systemen wegen der stets vorhandenen Dämpfung die Lösung der homogenen Differentialgleichung mit der Zeit abklingt (vgl. Abschn. 5.2.3), bleibt als Lösung nach hinreichend großer Zeit (**Einschwingvorgang**) nur die Partikularlösung x_p. Dann gilt

$$x(t) = x_p = x_0 V \cos\, \Omega t\,.$$

Hierin ist V ein Maß für das Verhältnis der Schwingungsamplitude zur statischen Auslenkung x_0. Man bezeichnet V deshalb als **Vergrößerungsfunktion**.

In Abb. 5.15c ist der Betrag von V in Abhängigkeit vom Frequenzverhältnis η dargestellt. Wenn die Erregerfrequenz gegen die Eigenfrequenz des Schwingers geht ($\eta \to 1$), wachsen die Schwingungsausschläge über alle Grenzen ($V \to \infty$). Dieses Verhalten nennt man **Resonanz**. Den Bereich $\eta < 1$ nennt man unterkritisch, der Bereich $\eta > 1$ heißt überkritisch. Für $\eta \to 0$ geht $V \to 1$ (statischer Ausschlag bei sehr kleiner Erregerfrequenz), für $\eta \to \infty$ geht $|V| \to 0$ (kein Ausschlag bei sehr großen Erregerfrequenzen).

Im Resonanzfall $\Omega = \omega$ ist die Partikularlösung (5.47b) nicht gültig. Dann erfüllt der Ansatz

$$x_p = x_0 \bar{V}\, t \sin\, \Omega t = x_0 \bar{V}\, t \sin\, \omega t$$

die Differentialgleichung (5.46). Bilden der Ableitungen

$$\dot{x}_p = x_0 \bar{V} \sin\, \omega t + x_0 \bar{V} \omega t \cos\, \omega t,$$
$$\ddot{x}_p = 2\, x_0 \bar{V} \omega \cos\, \omega t - x_0 \bar{V} \omega^2\, t \sin\, \omega t$$

und Einsetzen liefert

$$2\,x_0 \bar{V} \omega \cos \omega t - x_0 \bar{V} \omega^2 t \sin \omega t + \omega^2 x_0 \bar{V}\, t \sin \omega t = \omega^2 x_0 \cos \omega t$$

$$\rightarrow \quad \bar{V} = \frac{\omega}{2}\,.$$

Im Resonanzfall beschreibt die Partikularlösung

$$x_p = \frac{1}{2}\, x_0\, \omega t \sin \omega t$$

demnach eine „Schwingung" mit zeitlich linear anwachsender Amplitude (Abb. 5.15d).

Beispiel 5.7

Eine Masse m (Bild a) wird durch eine Feder (Federsteifigkeit c_1) gehalten. Sie wird über eine weitere Feder (Federsteifigkeit c_2) von einer rotierenden Exzenterscheibe (Radius r, Exzentrizität e) zum Schwingen angeregt. Das Federende in B liege stets an der glatten Exzenterscheibe an.

Wie groß muss die Kreisfrequenz Ω der Scheibe sein, damit der Maximalausschlag der Masse im eingeschwungenen Zustand gleich $3\,e$ ist?

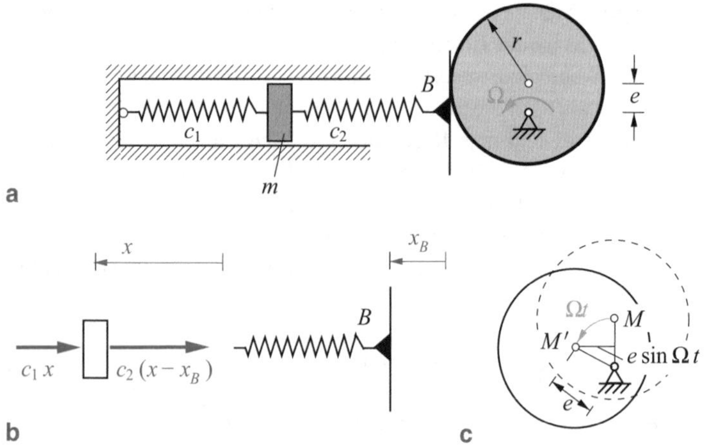

Lösung Wir zählen die Koordinate x von der Gleichgewichtslage aus, die m bei ruhender Exzenterscheibe (in der dargestellten Lage) hat. Der jeweilige Ort des

Punktes B wird durch die weitere Koordinate x_B angegeben (Bild b). Mit der Verlängerung $x - x_B$ der rechten Feder erhalten wir die Bewegungsgleichung

$$\leftarrow: \quad m\ddot{x} = -c_1 x - c_2(x - x_B) \quad \rightarrow \quad m\ddot{x} + (c_1 + c_2)\,x = c_2\,x_B\,. \qquad \text{(a)}$$

Bei der Rotation der Scheibe verschiebt sich ihr Mittelpunkt in der Zeit t aus der Ausgangslage M in die neue Lage M' (Bild c). Die Verschiebung des Punktes B stimmt mit der Horizontalkomponente der Verschiebung von M überein. Daher gilt $x_B = e \sin \Omega t$. Einsetzen in (a) liefert

$$\ddot{x} + \omega^2 x = \frac{c_2}{m}\, e \sin \Omega t \qquad \text{(b)}$$

mit

$$\omega^2 = \frac{c_1 + c_2}{m}\,. \qquad \text{(c)}$$

Die allgemeine Lösung dieser inhomogenen Differentialgleichung setzt sich aus der Lösung x_h der homogenen Differentialgleichung und einer Partikularlösung x_p der inhomogenen Differentialgleichung zusammen. Im eingeschwungenen Zustand brauchen wir nur die Partikularlösung x_p zu betrachten. Wir machen dafür einen Ansatz vom Typ der rechten Seite:

$$x_p = X \sin \Omega t\,.$$

Dabei ist der Maximalausschlag X noch unbestimmt. Durch Einsetzen in (b) erhalten wir

$$-\Omega^2 X + \omega^2 X = \frac{c_2}{m}\, e \quad \rightarrow \quad X = \frac{c_2\, e}{m(\omega^2 - \Omega^2)}\,.$$

Der Verlauf von X wird qualitativ durch Abb. 5.16c dargestellt. Aus der Forderung $|X| = 3\,e$ folgen mit (c) zwei Frequenzen (je eine im unterkritischen und im überkritischen Bereich):

$$\frac{c_2\, e}{m(\omega^2 - \Omega^2)} = \pm 3\, e \quad \rightarrow \quad \begin{cases} \underline{\underline{\Omega_1^2}} = \omega^2 - \frac{c_2}{3m} = \underline{\underline{\dfrac{3c_1 + 2c_2}{3m}}}\,, \\ \underline{\underline{\Omega_2^2}} = \omega^2 + \frac{c_2}{3m} = \underline{\underline{\dfrac{3c_1 + 4c_2}{3m}}}\,. \end{cases} \qquad \blacktriangleleft$$

5.3.2 Gedämpfte Schwingungen

Wir wenden uns nun erzwungenen Schwingungen zu, wobei wir uns auf Systeme mit Flüssigkeitsdämpfung beschränken. Dabei unterscheiden wir drei verschiedene Fälle.

1. Fall: Krafterregung oder **Erregung über eine Feder**
Ein gedämpfter Feder-Masse-Schwinger wird durch eine harmonisch veränderliche Kraft $F = F_0 \cos \Omega t$ zu Schwingungen angeregt (Abb. 5.16a). Dann lautet die Bewegungsgleichung

$$\uparrow: \quad m\ddot{x} = -cx - d\dot{x} + F_0 \cos \Omega t \quad \rightarrow \quad m\ddot{x} + d\dot{x} + cx = F_0 \cos \Omega t \,. \tag{5.51}$$

Wenn wir die Abkürzungen

$$2\delta = \frac{d}{m}, \quad \omega^2 = \frac{c}{m}, \quad x_0 = \frac{F_0}{c} \tag{5.52}$$

einführen (vgl. (5.31) und (5.45)), so folgt

$$\ddot{x} + 2\delta\dot{x} + \omega^2 x = \omega^2 x_0 \cos \Omega t \,. \tag{5.53}$$

Wir betrachten nun einen Schwinger nach Abb. 5.16b, bei dem der obere Endpunkt der Feder harmonisch bewegt wird: $x_F = x_0 \cos \Omega t$. Dann ist die Verlängerung der Feder durch $x_F - x$ gegeben, und wir erhalten die Bewegungsgleichung für die Masse (beachte, dass keine äußere Kraft auf den Klotz wirkt):

$$\uparrow: \quad m\ddot{x} = c(x_F - x) - d\dot{x} \quad \rightarrow \quad m\ddot{x} + d\dot{x} + cx = c\, x_0 \cos \Omega t \,.$$

Mit den Abkürzungen nach (5.52) folgt daraus wieder die Gleichung (5.53):

$$\ddot{x} + 2\delta\dot{x} + \omega^2 x = \omega^2 x_0 \cos \Omega t \,.$$

Die Bewegung der Masse wird demnach bei Kraft- oder bei Federerregung durch die gleiche Differentialgleichung beschrieben.

2. Fall: Erregung über einen Dämpfer
Bei dem in Abb. 5.16c dargestellten Schwinger wird der obere Endpunkt des Dämpfers harmonisch bewegt: $x_D = x_0 \sin \Omega t$. Dann ist die Dämpfungskraft proportional zur Relativgeschwindigkeit $\dot{x}_D - \dot{x}$ zwischen Kolben und Gehäuse. Damit lautet die Bewegungsgleichung

$$\uparrow: \quad m\ddot{x} = -cx + d(\dot{x}_D - \dot{x}) \quad \rightarrow \quad m\ddot{x} + d\dot{x} + cx = d\,\Omega x_0 \cos \Omega t \,.$$

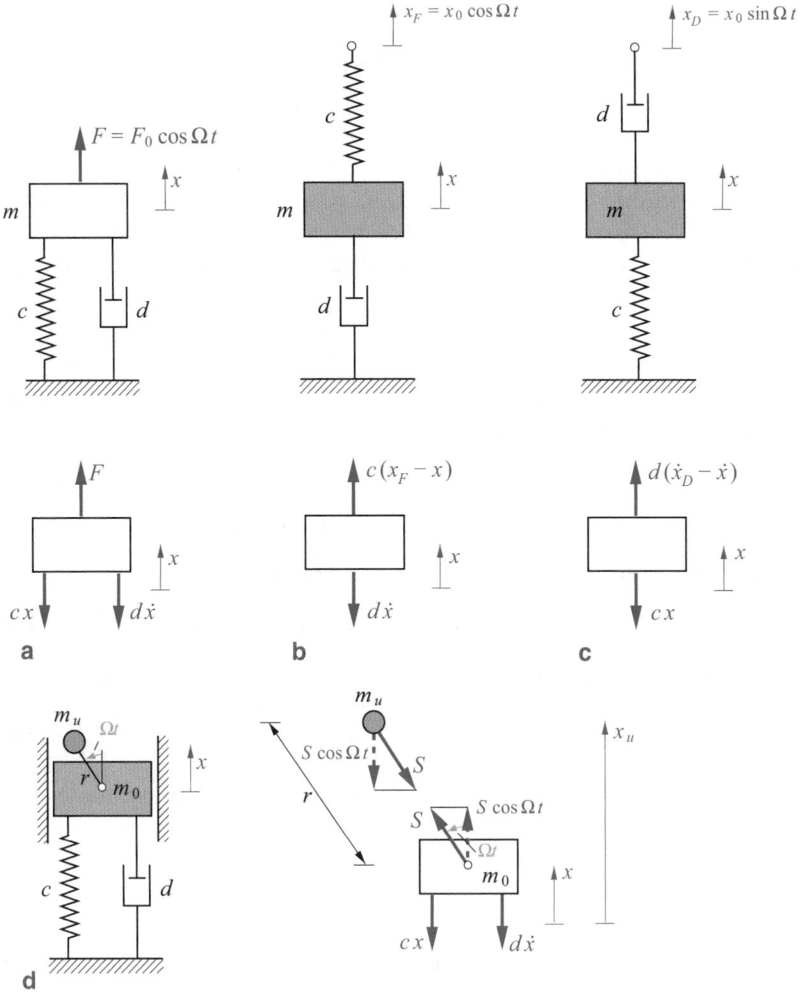

Abb. 5.16 Erzwungene gedämpfte Schwingung

Mit den Abkürzungen

$$2\delta = \frac{d}{m}, \quad \omega^2 = \frac{c}{m}, \quad D = \frac{\delta}{\omega}, \quad \eta = \frac{\Omega}{\omega} \tag{5.54}$$

(vgl. (5.31), (5.36) und (5.48)) erhalten wir daraus

$$\begin{aligned} &\ddot{x} + 2\,\delta\,\dot{x} + \omega^2\,x = 2\,\delta\Omega\,x_0\cos\Omega t \\ \rightarrow \quad &\ddot{x} + 2\,\delta\,\dot{x} + \omega^2\,x = 2D\eta\omega^2 x_0\cos\Omega t\,. \end{aligned} \tag{5.55}$$

3. Fall: Erregung durch eine rotierende Unwucht
Ein Schwinger der Masse m_0 wird durch eine rotierende Unwucht (Masse m_u) zu Schwingungen angeregt (Abb. 5.16d). Die Lage des Schwingers bzw. der Unwucht beschreiben wir durch die von der gleichen Stelle nach oben gezählten Koordinaten x bzw. x_u. Dann gilt

$$x_u = x + r\cos\Omega t \quad \rightarrow \quad \ddot{x}_u = \ddot{x} - r\,\Omega^2\cos\Omega t\,.$$

Mit der Kraft S zwischen Schwinger und Unwucht lauten die Bewegungsgleichungen für m_u bzw. für m_0 in vertikaler Richtung

$$\begin{aligned} \uparrow: \quad m_u\ddot{x}_u &= -S\cos\Omega t, \\ \uparrow: \quad m_0\ddot{x} &= -c\,x - d\,\dot{x} + S\cos\Omega t\,. \end{aligned}$$

Daraus erhält man durch Eliminieren von S und Einsetzen von $\ddot{x}_u$:

$$(m_0 + m_u)\ddot{x} + d\,\dot{x} + c\,x = m_u r\,\Omega^2\cos\Omega t\,.$$

Wenn wir die Abkürzungen

$$m = m_0 + m_u, \quad x_0 = \frac{m_u}{m}\,r \tag{5.56}$$

einführen, so erhalten wir mit (5.54) die Bewegungsgleichung für die Masse m_0:

$$\ddot{x} + 2\,\delta\,\dot{x} + \omega^2\,x = \omega^2\,\eta^2 x_0\cos\Omega t\,. \tag{5.57}$$

Die drei Bewegungsgleichungen (5.53), (5.55), (5.57) unterscheiden sich nur durch den Faktor, der jeweils auf der rechten Seite vor der Kosinus-Funktion steht. Sie lassen sich daher mit $D = \delta/\omega$ zu einer einzigen Gleichung zusammenfassen:

$$\frac{1}{\omega^2}\,\ddot{x} + \frac{2\,D}{\omega}\,\dot{x} + x = x_0 E\cos\Omega t\,. \tag{5.58a}$$

Dabei ist für E je nach der Art der Erregung einer der folgenden Werte einzusetzen:

$$\begin{aligned} &\text{Fall 1:} \quad E = 1, \\ &\text{Fall 2:} \quad E = 2\,D\,\eta, \\ &\text{Fall 3:} \quad E = \eta^2\,. \end{aligned} \tag{5.58b}$$

Die allgemeine Lösung von (5.58a) setzt sich (wie bei der ungedämpften erzwungenen Schwingung) aus der allgemeinen Lösung x_h der homogenen Differentialgleichung und einer Partikularlösung x_p der inhomogenen Gleichung zusammen. Da x_h nach Abschn. 5.3.1 exponentiell mit der Zeit abklingt, sind jedoch nach hinreichend großer Zeit die zugehörigen Ausschläge klein und im Vergleich zu x_p vernachlässigbar. Die Schwingung bis zu dieser Zeit nennt man den **Einschwingvorgang**.

Für die Partikularlösung x_p machen wir (wie im ungedämpften Fall) einen Ansatz vom Typ der rechten Seite, wobei wir eine mögliche Phasenverschiebung φ zwischen Erregung und Ausschlag berücksichtigen müssen:

$$x_p = x_0\, V \cos(\Omega t - \varphi)\,. \tag{5.59}$$

Wenn wir

$$\begin{aligned}
x_p &= x_0\, V(\cos \Omega t \cos\varphi + \sin \Omega t \sin\varphi),\\
\dot{x}_p &= x_0\, V\Omega(-\sin \Omega t \cos\varphi + \cos \Omega t \sin\varphi),\\
\ddot{x}_p &= x_0\, V\Omega^2(-\cos \Omega t \cos\varphi - \sin \Omega t \sin\varphi)
\end{aligned}$$

in die Differentialgleichung (5.58a) einsetzen, so folgt

$$\begin{aligned}
&x_0 V \frac{\Omega^2}{\omega^2}(-\cos \Omega t \cos\varphi - \sin \Omega t \sin\varphi)\\
&\quad + 2\,D\,x_0 V \frac{\Omega}{\omega}(-\sin \Omega t \cos\varphi + \cos \Omega t \sin\varphi)\\
&\quad + x_0 V(\cos \Omega t \cos\varphi + \sin \Omega t \sin\varphi) = x_0 E \cos \Omega t\,.
\end{aligned}$$

Mit $\eta = \Omega/\omega$ ergibt sich durch Ordnen

$$\begin{aligned}
&(-V\eta^2 \cos\varphi + 2\,DV\eta \sin\varphi + V\cos\varphi - E)\cos\Omega t\\
&\quad + (-V\eta^2 \sin\varphi - 2\,DV\eta\cos\varphi + V\sin\varphi)\sin\Omega t = 0\,.
\end{aligned}$$

Diese Gleichung ist für alle t nur dann erfüllt, wenn beide Klammerausdrücke verschwinden:

$$V(-\eta^2 \cos\varphi + 2\,D\,\eta\sin\varphi + \cos\varphi) = E\,, \tag{5.60a}$$

$$-\eta^2 \sin\varphi - 2\,D\,\eta\cos\varphi + \sin\varphi = 0\,. \tag{5.60b}$$

Aus der zweiten Gleichung lässt sich die Phasenverschiebung φ (auch **Phasen-Frequenzgang** genannt) berechnen:

$$\tan\varphi = \frac{2\,D\,\eta}{1-\eta^2}\,. \tag{5.61}$$

Mit

$$\sin\varphi = \frac{\tan\varphi}{\sqrt{1+\tan^2\varphi}}\,, \qquad \cos\varphi = \frac{1}{\sqrt{1+\tan^2\varphi}}$$

folgt dann aus (5.60a) die **Vergrößerungsfunktion** V (auch **Amplituden-Frequenzgang** genannt):

$$V = \frac{E}{\sqrt{(1-\eta^2)^2 + 4\,D^2\eta^2}}\,. \tag{5.62}$$

Entsprechend den drei Werten von E nach (5.58b) erhalten wir drei verschiedene Vergrößerungsfunktionen V_i. Sie sind in den Abb. 5.17a–c für verschiedene Dämpfungen D dargestellt. Bei Erregung durch eine Kraft oder über eine Feder (Fall 1: $E = 1$) muss V_1 betrachtet werden. Hier gilt insbesondere (Abb. 5.17a):

$$V_1(0) = 1\,, \quad V_1(1) = \frac{1}{2\,D}\,, \quad V_1(\eta \to \infty) \to 0\,.$$

Für $D^2 \leqq 0{,}5$ nehmen die Kurven an den Stellen $\eta_m = \sqrt{1-2\,D^2}$ die Maximalwerte $V_{1m} = 1/(2\,D\sqrt{1-D^2})$ an. Es sei darauf hingewiesen, dass der Maximalwert **nicht** an der Stelle der Eigenfrequenz des gedämpften Schwingers liegt. Für kleine Dämpfung ($D \ll 1$) werden $\eta_m \approx 1$ und $V_{1m} \approx 1/2D$ (Resonanz); im Grenzfall $D \to 0$ geht V_1 in die Vergrößerungsfunktion (5.49) über. Wenn $D^2 > 0{,}5$ ist, fallen die Kurven monoton gegen Null.

Bei Erregung über einen Dämpfer (Fall 2: $E = 2\,D\eta$) erhält man für V_2 (Abb. 5.17b) die ausgezeichneten Werte

$$V_2(0) = 0\,, \quad V_2(1) = 1\,, \quad V_2(\eta \to \infty) \to 0\,.$$

Der Maximalwert $V_{2m} = 1$ ist unabhängig von D und tritt immer bei $\eta_m = 1$ auf.

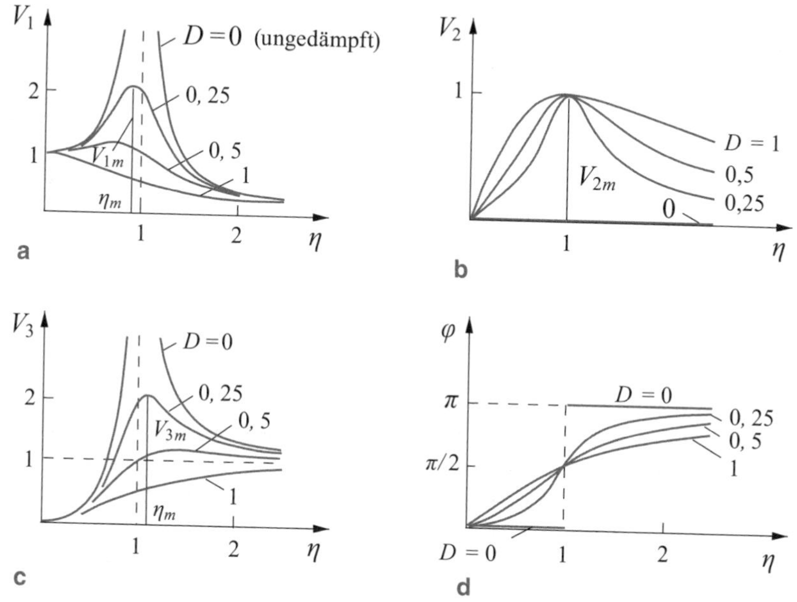

Abb. 5.17 Vergrößerungsfunktionen und Phasenverschiebung

Bei Erregung durch eine rotierende Unwucht (Fall 3: $E = \eta^2$) gilt die Funktion V_3 (Abb. 5.17c) mit den speziellen Werten

$$V_3(0) = 0, \quad V_3(1) = \frac{1}{2\,D}, \quad V_3(\eta \to \infty) \to 1\,.$$

Für $D^2 \leqq 0{,}5$ haben die Kurven ihre Maxima $V_{3m} = 1/(2\,D\,\sqrt{1 - D^2})$ an den Stellen $\eta_m = 1/\sqrt{1 - 2D^2}$, während sie für $D^2 > 0{,}5$ monoton gegen Eins wachsen. Bei kleiner Dämpfung folgt wie im Fall 1: $\eta_m \approx 1$, $V_{3m} \approx 1/2D$.

Die Phasenverschiebung φ hängt nach (5.61) nicht von E ab und ist daher für alle drei Fälle gleich. Sie gibt an, um wieviel der Ausschlag hinter der Erregung nacheilt. Abb. 5.17d zeigt φ als Funktion des Frequenzverhältnisses η. Insbesondere gilt:

$$\varphi(0) = 0, \quad \varphi(1) = \pi/2, \quad \varphi(\eta \to \infty) \to \pi\,.$$

Für kleine Erregerfrequenzen ($\eta \ll 1$) sind Erregung und Ausschlag in Phase ($\varphi \approx 0$), für große Erregerfrequenzen ($\eta \gg 1$) in Gegenphase ($\varphi \approx \pi$). Im

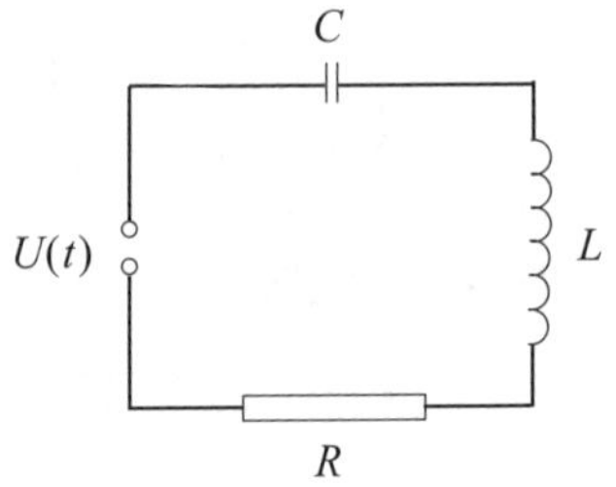

Abb. 5.18 Elektrischer Schwingkreis

Grenzfall $D \to 0$ findet bei $\eta = 1$ ein Sprung des Phasenwinkels φ von 0 nach π statt.

Zum Abschluss dieses Abschnitts wollen wir noch auf eine Beziehung zwischen elektrischen Schwingkreisen und mechanischen Schwingern hinweisen. Hierzu betrachten wir als Beispiel den Schwingkreis nach Abb. 5.18. Er besteht aus einem Kondensator mit der Kapazität C, einer Spule mit der Induktivität L und einem Widerstand R. Wenn man eine Spannung $U(t) = U_0 \cos \Omega t$ anlegt, dann ändert sich die Ladung Q (Stromstärke $I = \dot{Q}$) nach der Gleichung

$$L\ddot{Q} + R\dot{Q} + \frac{1}{C}Q = U_0 \cos \Omega t\,.$$

Ersetzen wir darin L durch m, R durch d, $1/C$ durch c, U_0 durch F_0 und Q durch x, so erhalten wir die Bewegungsgleichung (5.51) für einen mechanischen Schwinger.

Zwischen einem elektrischen Schwingkreis und einem mechanischen Schwinger besteht hiernach eine Analogie. Tab. 5.1 zeigt die einander zugeordneten Größen.

Tab. 5.1 Analogie: mechanischer Schwinger, elektrischer Schwingkreis

Mechanischer Schwinger		Elektrischer Schwingkreis	
x	Verschiebung	Q	Ladung
$v = \dot{x}$	Geschwindigkeit	$I = \dot{Q}$	Stromstärke
m	Masse	L	Induktivität
d	Dämpfungskonstante	R	Widerstand
c	Federkonstante	$1/C$	1/Kapazität
F	Kraft	U	Spannung

Beispiel 5.8

In Bild a ist ein Schwingungsmeßgerät schematisch dargestellt. Sein Gehäuse wird nach dem Gesetz $x_G = x_0 \cos \Omega t$ bewegt.

Wie müssen die Parameter c und m des Geräts gewählt werden, damit bei beliebiger Dämpfung Anzeige und Erregeramplitude x_0 in einem weiten Frequenzbereich übereinstimmen?

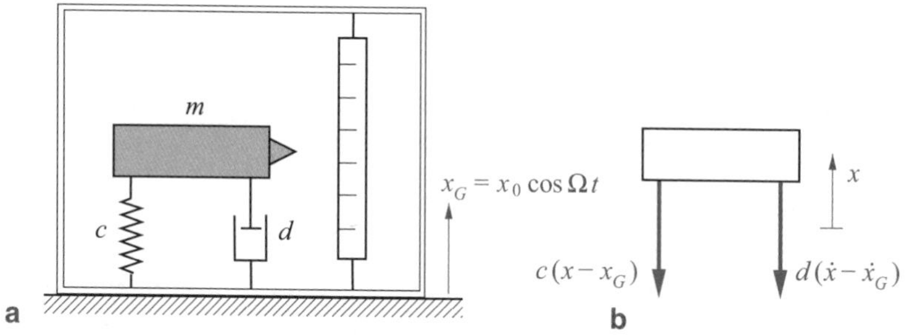

Lösung Wir zählen die Koordinate x von einem raumfesten Punkt nach oben (Bild b). Dann sind die Verschiebung bzw. die Geschwindigkeit der Masse in Bezug auf das Gehäuse durch $x - x_G$ bzw. $\dot{x} - \dot{x}_G$ gegeben, und die Bewegungsgleichung lautet

$$\uparrow: \quad m\ddot{x} = -c(x - x_G) - d(\dot{x} - \dot{x}_G) . \qquad \text{(a)}$$

Das Messgerät registriert den Ausschlag $x_r = x - x_G$ relativ zum Gehäuse. Mit $\dot{x}_r = \dot{x} - \dot{x}_G$, $\ddot{x}_r = \ddot{x} - \ddot{x}_G$ und $\ddot{x}_G = -x_0\Omega^2 \cos \Omega t$ wird aus (a)

$$m\ddot{x}_r + d\,\dot{x}_r + c\,x_r = m\Omega^2\,x_0 \cos \Omega t .$$

Nach Division durch m ergibt sich daraus mit den Abkürzungen (5.54) eine zu (5.57) analoge Differentialgleichung (Fall 3):

$$\ddot{x}_r + 2\delta\,\dot{x}_r + \omega^2 x_r = \omega^2\,\eta^2\,x_0 \cos \Omega t .$$

Ihre Lösung ist im eingeschwungenen Zustand durch das Partikularintegral (5.59) gegeben:

$$x_r = x_p = x_0\,V_3 \cos(\Omega t - \varphi) .$$

Die gemessene Amplitude und die Erregeramplitude stimmen über ein, wenn $V_3 = 1$ ist. Dies ist nach Abb. 5.17c unabhängig von D näherungsweise für $\eta \gg 1$ erfüllt. Daraus folgt

$$\omega^2 \ll \Omega^2 \quad \rightarrow \quad \underline{\underline{\frac{c}{m} \ll \Omega^2}}\,.$$

Die Eigenfrequenz des ungedämpften Schwingers muss demnach wesentlich kleiner als die Erregerfrequenz sein (weiche Feder!). ◄

5.4 Systeme mit zwei Freiheitsgraden

5.4.1 Freie Schwingungen

Wir wollen im folgenden die freien Schwingungen von Systemen mit zwei Freiheitsgraden untersuchen. Dazu betrachten wir als Beispiel den aus zwei Massen und zwei Federn bestehenden Schwinger nach Abb. 5.19a. Die beiden Koordinaten x_1 und x_2, welche die Lage von m_1 und m_2 beschreiben, zählen wir von der Gleichgewichtslage der jeweiligen Masse aus (Abb. 5.19b).

Wir wenden zum Aufstellen der Bewegungsgleichungen die Lagrangeschen Gleichungen 2. Art an. Dazu benötigen wir die kinetische und die potentielle Energie des Systems:

$$\begin{aligned} E_k &= \frac{1}{2} m_1\, \dot{x}_1^2 + \frac{1}{2} m_2\, \dot{x}_2^2, \\ E_p &= \frac{1}{2} c_1\, x_1^2 + \frac{1}{2} c_2 (x_2 - x_1)^2\,. \end{aligned} \tag{5.63}$$

Mit der Lagrangeschen Funktion $L = E_k - E_p$ erhalten wir dann nach (4.36) die Bewegungsgleichungen

$$\begin{aligned} m_1\, \ddot{x}_1 + c_1\, x_1 - c_2 (x_2 - x_1) &= 0, \\ m_2\, \ddot{x}_2 + c_2\, (x_2 - x_1) &= 0 \end{aligned}$$

oder

$$\begin{aligned} m_1\, \ddot{x}_1 + (c_1 + c_2) x_1 - c_2\, x_2 &= 0, \\ m_2\, \ddot{x}_2 - c_2\, x_1 + c_2\, x_2 &= 0\,. \end{aligned} \tag{5.64}$$

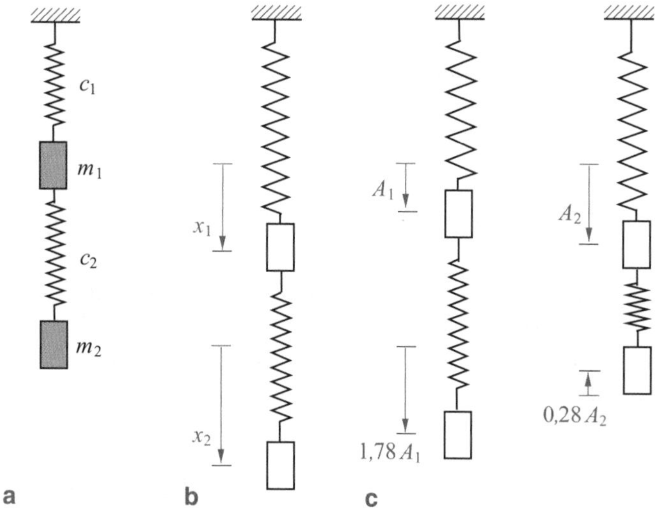

Abb. 5.19 Schwinger mit zwei Freiheitsgraden

Zur Lösung dieses Systems von zwei gekoppelten, homogenen Differentialgleichungen 2. Ordnung mit konstanten Koeffizienten machen wir den Lösungsansatz

$$x_1 = A \cos \omega t, \quad x_2 = C \cos \omega t\,. \tag{5.65}$$

Darin sind A, C und ω noch unbestimmt. Einsetzen in (5.64) führt auf das homogene algebraische Gleichungssystem

$$\begin{aligned} (c_1 + c_2 - m_1\,\omega^2)A - c_2\,C &= 0, \\ -c_2\,A + (c_2 - m_2\,\omega^2)\,C &= 0 \end{aligned} \tag{5.66}$$

für die Konstanten A und C. Die triviale Lösung $A = C = 0$ liefert nach (5.65) keine Ausschläge. Bedingung dafür, dass auch nichttriviale Lösungen existieren, ist das Verschwinden der Determinante der Koeffizientenmatrix:

$$\Delta(\omega) = \begin{vmatrix} c_1 + c_2 - m_1\,\omega^2 & -c_2 \\ -c_2 & c_2 - m_2\,\omega^2 \end{vmatrix} = 0\,. \tag{5.67}$$

Auflösen liefert die **charakteristische Gleichung**

$$(c_1 + c_2 - m_1\,\omega^2)(c_2 - m_2\,\omega^2) - c_2^2 = 0 \tag{5.68}$$

oder

$$m_1 m_2 \omega^4 - (m_1 c_2 + m_2 c_1 + m_2 c_2)\,\omega^2 + c_1 c_2 = 0\,. \tag{5.69}$$

Dies ist eine quadratische Gleichung für ω^2. Ihre Lösungen ω_1^2 und ω_2^2 sind nach den Vietaschen Wurzelsätzen positiv:

$$\omega_1^2 \omega_2^2 = \frac{c_1 c_2}{m_1 m_2} > 0, \quad \omega_1^2 + \omega_2^2 = \frac{m_1 c_2 + m_2 c_1 + m_2 c_2}{m_1 m_2} > 0\,. \tag{5.70}$$

Die beiden Wurzeln ω_1 und ω_2 sind die **zwei** Eigenfrequenzen des Systems. Wir wollen sie so numerieren, dass $\omega_2 > \omega_1$ ist.

Die Konstanten A und C sind nicht unabhängig voneinander. Einsetzen einer Eigenfrequenz – z. B. von ω_1 – in die erste Gleichung (5.66) liefert das Verhältnis der zugeordneten Amplituden A_1 und C_1:

$$(c_1 + c_2 - m_1 \omega_1^2) A_1 - c_2 C_1 = 0 \quad \rightarrow \quad \mu_1 = \frac{C_1}{A_1} = \frac{c_1 + c_2 - m_1 \omega_1^2}{c_2}. \tag{5.71}$$

(Einsetzen in die zweite Gleichung führt auf das gleiche Ergebnis.) Mit (5.71) wird aus (5.65)

$$x_1 = A_1 \cos \omega_1 t, \quad x_2 = \mu_1 A_1 \cos \omega_1 t\,. \tag{5.72}$$

Wenn man in eine der Gleichungen (5.66) die zweite Eigenfrequenz ω_2 einsetzt, erhält man entsprechend

$$\mu_2 = \frac{C_2}{A_2} = \frac{c_1 + c_2 - m_1 \omega_2^2}{c_2} \tag{5.73}$$

und

$$x_1 = A_2 \cos \omega_2 t, \quad x_2 = \mu_2 A_2 \cos \omega_2 t\,. \tag{5.74}$$

Zwei weitere unabhängige Lösungen von (5.64) ergeben sich, wenn man in (5.72) bzw. in (5.74) den Kosinus durch den Sinus ersetzt. Die allgemeine Lösung von (5.64) ist eine Linearkombination dieser vier unabhängigen Lösungen. Sie lautet daher

$$\begin{aligned} x_1 &= A_1 \cos \omega_1 t + B_1 \sin \omega_1 t + A_2 \cos \omega_2 t + B_2 \sin \omega_2 t, \\ x_2 &= \mu_1 A_1 \cos \omega_1 t + \mu_1 B_1 \sin \omega_1 t + \mu_2 A_2 \cos \omega_2 t + \mu_2 B_2 \sin \omega_2 t\,. \end{aligned} \tag{5.75}$$

Die vier Integrationskonstanten können aus Anfangsbedingungen bestimmt werden (ω_1 und ω_2 sowie μ_1 und μ_2 sind dagegen unabhängig von den Anfangsbedingungen).

Bei passender Wahl der Anfangsbedingungen werden in der allgemeinen Lösung (5.75) alle Integrationskonstanten bis auf eine einzige gleich Null. Dann schwingen beide Massen kosinusförmig (bzw. sinusförmig) **nur** mit der ersten oder **nur** mit der zweiten Eigenfrequenz (vgl. (5.72) oder (5.74)). Die Klötze erreichen ihre maximalen Auslenkungen gleichzeitig und gehen gleichzeitig durch ihre Gleichgewichtslagen. Diese Schwingungen nennt man **Hauptschwingungen**.

Wir wollen nun das Beispiel mit den speziellen Werten $m_1 = m$, $m_2 = 2m$ und $c_1 = c_2 = c$ durchrechnen. Einsetzen in (5.69) liefert die charakterische Gleichung

$$2m^2\omega^4 - 5c\,m\omega^2 + c^2 = 0 \tag{5.76}$$

mit den Lösungen

$$\begin{aligned}\omega_1^2 &= \frac{1}{4}(5 - \sqrt{17})\,\frac{c}{m} = 0{,}219\,\frac{c}{m}\,,\\ \omega_2^2 &= \frac{1}{4}(5 + \sqrt{17})\,\frac{c}{m} = 2{,}28\,\frac{c}{m}\,.\end{aligned} \tag{5.77}$$

Daraus folgen die Eigenfrequenzen

$$\omega_1 = 0{,}468\sqrt{\frac{c}{m}}\,, \qquad \omega_2 = 1{,}51\sqrt{\frac{c}{m}}\,. \tag{5.78}$$

Die Amplitudenverhältnisse ergeben sich nach (5.71) und (5.73) zu

$$\begin{aligned}\mu_1 &= \frac{2c - m\omega_1^2}{c} = 2 - \frac{m}{c}\,\omega_1^2 = 1{,}78\,,\\ \mu_2 &= \frac{2c - m\omega_2^2}{c} = 2 - \frac{m}{c}\,\omega_2^2 = -0{,}28\,.\end{aligned} \tag{5.79}$$

Schwingen die Massen nur mit der ersten Eigenfrequenz ω_1 (erste Hauptschwingung), so haben die Ausschläge x_1 und x_2 wegen $\mu_1 > 0$ immer das gleiche Vorzeichen: die beiden Massen schwingen „gleichphasig“. Dagegen sind bei einer Schwingung mit der zweiten Eigenfrequenz ω_2 (zweite Hauptschwingung) die Vorzeichen von x_1 und x_2 wegen $\mu_2 < 0$ zu jedem Zeitpunkt verschieden: die beiden Massen schwingen „gegenphasig“. Abb. 5.19c zeigt für beide Fälle die

Ausschläge zu einer bestimmten Zeit (Eigenformen). Bei beliebigen Anfangsbedingungen überlagern sich beide Eigenformen.

Die Bewegungsgleichungen (5.64) sind in den Koordinaten x_1 und x_2 gekoppelt. Mit den Matrizen

$$\boldsymbol{m} = \begin{bmatrix} m_1 & 0 \\ 0 & m_2 \end{bmatrix}, \quad \boldsymbol{c} = \begin{bmatrix} c_1 + c_2 & -c_2 \\ -c_2 & c_2 \end{bmatrix} \tag{5.80}$$

und den Spaltenvektoren

$$\boldsymbol{x} = \begin{bmatrix} x_1 \\ x_2 \end{bmatrix}, \quad \ddot{\boldsymbol{x}} = \begin{bmatrix} \ddot{x}_1 \\ \ddot{x}_2 \end{bmatrix} \tag{5.81}$$

lassen sie sich kurz als Matrizengleichung

$$\boldsymbol{m}\ddot{\boldsymbol{x}} + \boldsymbol{c}\,\boldsymbol{x} = \boldsymbol{0} \tag{5.82}$$

schreiben.

Manchmal sind die Bewegungsgleichungen in den Beschleunigungen $\ddot{x}_1$ und $\ddot{x}_2$ gekoppelt (vgl. Beispiel 5.9). Dann ist die Matrix $\boldsymbol{m}$ in (5.82) keine Diagonalmatrix, während $\boldsymbol{c}$ zur Diagonalmatrix wird. Im allgemeinen Fall einer Kopplung in den Koordinaten **und** in den Beschleunigungen gilt für die Matrizen $\boldsymbol{m}$ und $\boldsymbol{c}$:

$$\boldsymbol{m} = \begin{bmatrix} m_{11} & m_{12} \\ m_{21} & m_{22} \end{bmatrix}, \quad \boldsymbol{c} = \begin{bmatrix} c_{11} & c_{12} \\ c_{21} & c_{22} \end{bmatrix}. \tag{5.83}$$

Es sei darauf hingewiesen, dass die Art der Kopplung nicht vom mechanischen System, sondern von der Wahl der Koordinaten abhängt.

Zur Lösung der Matrizen-Differentialgleichung (5.82) macht man häufig auch den mit (5.65) gleichwertigen Ansatz $\boldsymbol{x} = \boldsymbol{A}\,\mathrm{e}^{\mathrm{i}\omega t}$. Dies führt entsprechend über die charakteristische Gleichung auf die Eigenfrequenzen und die Eigenformen.

Beispiel 5.9

Ein masseloser Balken (Biegesteifigkeit EI) trägt zwei Einzelmassen $m_1 = 2\,m$ und $m_2 = m$ (Bild a).

Man bestimme die Eigenfrequenzen und die Eigenformen.

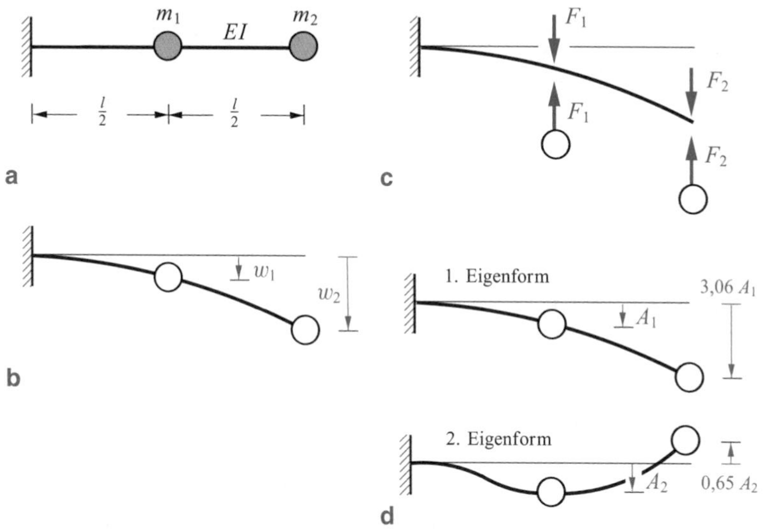

Lösung Die Lage des Systems ist durch die Angabe der Verschiebungen w_1 und w_2 der beiden Massen (Bild b) eindeutig bestimmt. Das System hat daher zwei Freiheitsgrade.

Bei einer Auslenkung wirken auf die Massen die Rückstellkräfte F_1 und F_2 (Bild c). Damit lauten die Bewegungsgleichungen

$$m_1\,\ddot{w}_1 = -F_1, \quad m_2\,\ddot{w}_2 = -F_2\,. \tag{a}$$

Der Zusammenhang zwischen den Kräften F_1, F_2 und den Durchbiegungen w_1, w_2 ergibt sich mit den Methoden der Elastostatik (vgl. Band 2, Abschnitt 6.4). Es gilt

$$\begin{aligned} w_1 &= \alpha_{11}\,F_1 + \alpha_{12}\,F_2, \\ w_2 &= \alpha_{21}\,F_1 + \alpha_{22}\,F_2 \end{aligned} \tag{b}$$

mit den Einflusszahlen α_{ik} (= Absenkung an der Stelle i infolge Last „1“ an der Stelle k). Wenn wir die Kräfte nach (a) in (b) einsetzen, erhalten wir

$$\begin{aligned} \alpha_{11}\,m_1\ddot{w}_1 + \alpha_{12}\,m_2\,\ddot{w}_2 + w_1 &= 0, \\ \alpha_{21}\,m_1\ddot{w}_1 + \alpha_{22}\,m_2\,\ddot{w}_2 + w_2 &= 0\,. \end{aligned}$$

Mit

$$\alpha_{11} = \frac{l^3}{24\,EI}, \quad \alpha_{22} = \frac{l^3}{3\,EI}, \quad \alpha_{12} = \alpha_{21} = \frac{5\,l^3}{48\,EI},$$

der Abkürzung $\alpha = \frac{l^3}{48\,EI}$ und $m_1 = 2\,m$, $m_2 = m$ folgt

$$\begin{aligned} 4\alpha m\,\ddot{w}_1 + 5\,\alpha m\,\ddot{w}_2 + w_1 &= 0, \\ 10\alpha m\,\ddot{w}_1 + 16\,\alpha m\,\ddot{w}_2 + w_2 &= 0\,. \end{aligned}$$

Der Ansatz

$$w_1 = A\cos\omega t, \quad w_2 = C\cos\omega t$$

führt auf das lineare Gleichungssystem

$$\begin{aligned} (1 - 4\,\alpha m\,\omega^2)A - 5\,\alpha m\,\omega^2\,C &= 0, \\ -10\,\alpha m\,\omega^2 A + (1 - 16\,\alpha m\,\omega^2)C &= 0\,. \end{aligned} \tag{c}$$

Die charakteristische Gleichung

$$14\,\alpha^2\,m^2\,\omega^4 - 20\,\alpha m\,\omega^2 + 1 = 0$$

liefert die Eigenfrequenzen

$$\begin{aligned} \omega_1^2 &= \frac{10 - \sqrt{86}}{14\,\alpha m} = 0{,}0519/(\alpha m) \quad \rightarrow \quad \underline{\underline{\omega_1 = 0{,}23/\sqrt{\alpha m}}}, \\ \omega_2^2 &= \frac{10 + \sqrt{86}}{14\,\alpha m} = 1{,}377/(\alpha m) \quad \rightarrow \quad \underline{\underline{\omega_2 = 1{,}17/\sqrt{\alpha m}}}\,. \end{aligned}$$

Die Amplitudenverhältnisse folgen durch Einsetzen der Eigenfrequenzen in (c) zu

$$\begin{aligned} \mu_1 &= \frac{C_1}{A_1} = \frac{1 - 4\,\alpha m\,\omega_1^2}{5\,\alpha m\,\omega_1^2} = 3{,}06\,, \\ \mu_2 &= \frac{C_2}{A_2} = \frac{1 - 4\,\alpha m\,\omega_2^2}{5\,\alpha m\,\omega_2^2} = -0{,}65\,. \end{aligned}$$

Mit den Amplitudenverhältnissen lassen sich die Eigenformen (Bild d) angeben. In der ersten Eigenschwingung schwingen die beiden Massen gleichphasig, in der zweiten gegenphasig. ◄

Beispiel 5.10

Ein Stockwerkrahmen besteht aus zwei elastischen, masselosen Stielen, an denen zwei starre Riegel (Massen m_1, m_2) biegestarr angeschlossen sind (Bild a). Gegeben sind die Zahlenwerte: $m_1 = 1000\,\text{kg}$, $m_2 = \frac{3}{2}m_1$, $E = 2{,}1 \cdot 10^5\,\text{N/mm}^2$, $I = 5100\,\text{cm}^4$, $h = 4{,}5\,\text{m}$.

Man bestimme die Eigenfrequenzen und die Eigenformen der Rahmenschwingungen.

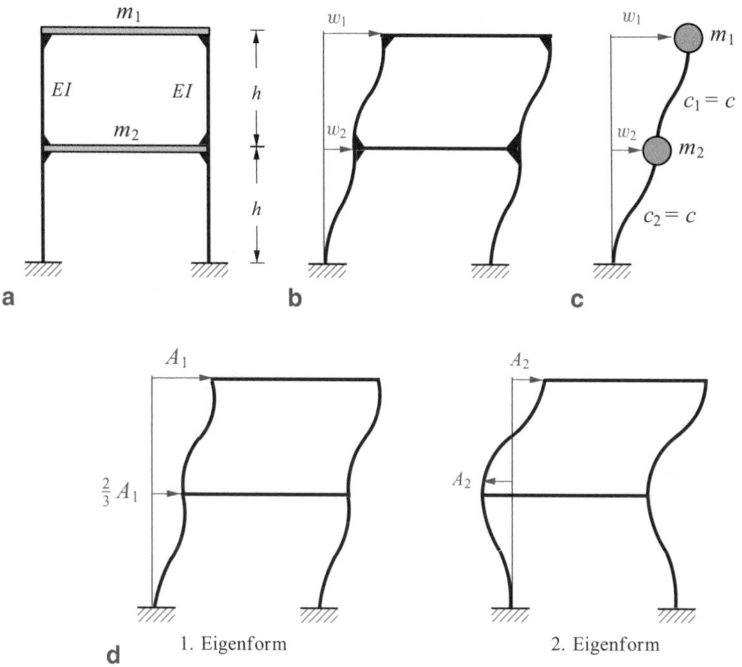

Lösung Da die Stiele elastisch sind, können die Riegel waagrechte Bewegungen ausführen (vgl. Beispiel 5.4). Die Auslenkungen der beiden Riegel bezeichnen wir mit w_1 und w_2 (Bild b). Als Ersatzmodell für den Rahmen dient das in Bild c dargestellte System. Die Federsteifigkeiten

$$c_1 = c_2 = c = \frac{24\,EI}{h^3} \tag{a}$$

für je zwei Stiele in Parallelschaltung sind aus Beispiel 5.4 bereits bekannt. Damit und mit der Bezeichnung $m_1 = m$ lauten die kinetische und die potentielle Energie (vgl. (5.63))

$$E_k = \frac{1}{2} m_1 \dot{w}_1^2 + \frac{1}{2} m_2 \dot{w}_2^2 = \frac{1}{2} m \left(\dot{w}_1^2 + \frac{3}{2} \dot{w}_2^2 \right),$$
$$E_p = \frac{1}{2} c (w_1 - w_2)^2 + \frac{1}{2} c w_2^2,$$

und wir erhalten mit $L = E_k - E_p$ aus den Lagrangeschen Gleichungen (4.36)

$$m \ddot{w}_1 + c\, w_1 - c\, w_2 = 0,$$
$$3 m \ddot{w}_2 - 2 c\, w_1 + 4 c\, w_2 = 0\,.$$

Der Ansatz

$$w_1 = A\, e^{i\omega t}, \quad w_2 = C\, e^{i\omega t}$$

führt auf das homogene Gleichungssystem

$$\begin{aligned}(c - m\,\omega^2) A - c\, C &= 0,\\ -2 c\, A + (4 c - 3 m\,\omega^2)\, C &= 0\,.\end{aligned} \tag{b}$$

Die charakteristische Gleichung

$$3 m^2 \omega^4 - 7 c\, m\, \omega^2 + 2 c^2 = 0$$

hat die Lösungen

$$\omega_1^2 = \frac{c}{3m}, \quad \omega_2^2 = \frac{2c}{m}\,.$$

Einsetzen von (a) liefert mit den gegebenen Zahlenwerten

$$\underline{\underline{\omega_1 = 2\sqrt{\frac{2EI}{m h^3}} = 30{,}7\,\mathrm{s}^{-1}}}, \quad \underline{\underline{\omega_2 = 4\sqrt{\frac{3EI}{m h^3}} = 75{,}1\,\mathrm{s}^{-1}}}\,.$$

Diesen Kreisfrequenzen entsprechen die Frequenzen $f_1 = 4{,}9\,\mathrm{Hz}$ und $f_2 = 12{,}0\,\mathrm{Hz}$.

Die Amplitudenverhältnisse ergeben sich durch Einsetzen der Eigenfrequenzen in (b) zu

$$\mu_1 = \frac{C_1}{A_1} = 1 - \frac{m_1}{c}\,\omega_1^2 = \frac{2}{3}\,,$$
$$\mu_2 = \frac{C_2}{A_2} = 1 - \frac{m_1}{c}\,\omega_2^2 = -1\,.$$

Die Eigenformen sind in Bild d dargestellt. ◄

5.4.2 Erzwungene Schwingungen

Die Untersuchung erzwungener Schwingungen wollen wir nur an einem Beispiel durchführen. Dazu betrachten wir das System nach Abb. 5.20a. Eine vertikal geführte Masse m_1 ist auf zwei Federn (Federkonstante jeweils $c_1/2$) gelagert. An ihr hängt mit einer weiteren Feder (Federkonstante c_2) eine Masse m_2. Außerdem greift an m_1 die harmonisch veränderliche Kraft $F = F_0 \cos \Omega t$ an. Wenn wir die Koordinaten x_1 und x_2 von den statischen Ruhelagen ($F = 0$) der Massen m_1 und m_2 aus zählen, so lauten die Bewegungsgleichungen (vgl. Abb. 5.20b)

$$m_1\,\ddot{x}_1 = -2 \cdot \frac{1}{2}\,c_1\,x_1 + c_2(x_2 - x_1) + F_0 \cos \Omega t,$$
$$m_2\,\ddot{x}_2 = -c_2(x_2 - x_1)$$

oder

$$\begin{aligned} m_1\,\ddot{x}_1 + (c_1 + c_2)x_1 - c_2\,x_2 &= F_0 \cos \Omega t,\\ m_2\,\ddot{x}_2 - c_2\,x_1 + c_2\,x_2 &= 0\,. \end{aligned} \tag{5.84}$$

Dies ist ein System von **inhomogenen** Differentialgleichungen 2. Ordnung. Die allgemeine Lösung x_j ($j = 1, 2$) setzt sich aus der allgemeinen Lösung x_{jh} der homogenen Differentialgleichungen und einer partikulären Lösung x_{jp} der inhomogenen Differentialgleichungen zusammen: $x_j = x_{jh} + x_{jp}$. Da bei realen Systemen der Anteil x_{jh} wegen der in Wirklichkeit stets vorhandenen Dämpfung abklingt (vgl. Abschn. 5.3.2), betrachten wir hier nun die Partikularlösung x_{jp}. Wenn wir in (5.84) einen Ansatz vom Typ der rechten Seite

$$x_{1p} = X_1 \cos \Omega t, \qquad x_{2p} = X_2 \cos \Omega t$$

einsetzen, so erhalten wir

$$[(c_1 + c_2 - m_1\,\Omega^2)X_1 - c_2\,X_2] \cos \Omega t = F_0 \cos \Omega t,$$
$$[-c_2\,X_1 + (c_2 - m_2\,\Omega^2)X_2] \cos \Omega t = 0\,.$$

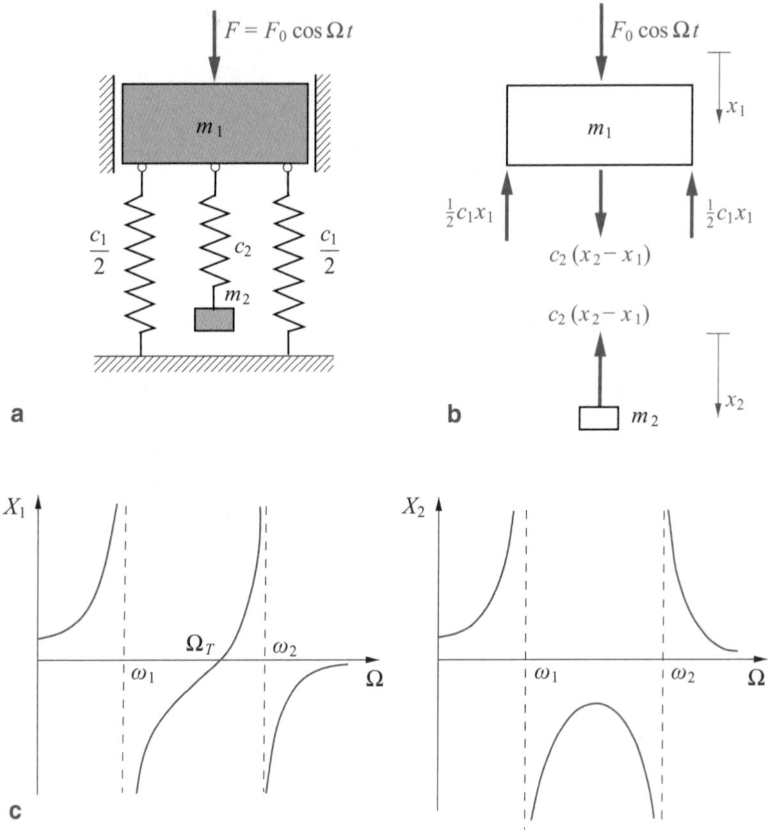

Abb. 5.20 Erzwungene Schwingungen

Daraus folgt das inhomogene Gleichungssystem

$$
\begin{aligned}
\left(\frac{c_1 + c_2}{m_1} - \Omega^2\right) X_1 - \frac{c_2}{m_1}\,X_2 &= \frac{F_0}{m_1},\\
-\frac{c_2}{m_2}\,X_1 + \left(\frac{c_2}{m_2} - \Omega^2\right) X_2 &= 0\,.
\end{aligned}
\tag{5.85}
$$

Auflösen liefert die Amplituden

$$X_1 = \frac{\frac{F_0}{m_1}\left(\frac{c_2}{m_2} - \Omega^2\right)}{\Delta(\Omega)}, \qquad X_2 = \frac{\frac{F_0}{m_1}\frac{c_2}{m_2}}{\Delta(\Omega)}. \tag{5.86}$$

Dabei ist

$$\Delta(\Omega) = \left(\frac{c_1 + c_2}{m_1} - \Omega^2\right)\left(\frac{c_2}{m_2} - \Omega^2\right) - \frac{c_2^2}{m_1 m_2} \tag{5.87}$$

die Koeffizientendeterminante von (5.85).

Der Ausdruck (5.87) kann noch vereinfacht werden. Nach Abschn. 5.4.1 folgen die Eigenfrequenzen ω_1 und ω_2 der **freien** Schwingung aus der charakteristischen Gleichung

$$\Delta(\omega) = \left(\frac{c_1 + c_2}{m_1} - \omega^2\right)\left(\frac{c_2}{m_2} - \omega^2\right) - \frac{c_2^2}{m_1 m_2} = 0. \tag{5.88}$$

Sie hat die Lösungen ω_1^2 und ω_2^2 und kann daher nach dem Fundamentalsatz der Algebra auch in der Form

$$\Delta(\omega) = (\omega^2 - \omega_1^2)(\omega^2 - \omega_2^2) = 0 \tag{5.89}$$

geschrieben werden. Aus dem Vergleich von (5.87) und (5.88) folgt mit (5.89)

$$\Delta(\Omega) = (\Omega^2 - \omega_1^2)(\Omega^2 - \omega_2^2).$$

Damit werden

$$X_1 = \frac{\frac{F_0}{m_1}\left(\frac{c_2}{m_2} - \Omega^2\right)}{(\Omega^2 - \omega_1^2)(\Omega^2 - \omega_2^2)}, \qquad X_2 = \frac{\frac{F_0}{m_1}\frac{c_2}{m_2}}{(\Omega^2 - \omega_1^2)(\Omega^2 - \omega_2^2)}. \tag{5.90}$$

Die Verläufe der Amplituden X_1 und X_2 sind in Abb. 5.20c in Abhängigkeit von der Erregerfrequenz Ω qualitativ dargestellt. An den Stellen $\Omega = \omega_1$ und $\Omega = \omega_2$ sind im ungedämpften Fall die Amplituden unbeschränkt (Nenner gleich Null): es gibt **zwei** Resonanzfrequenzen.

Nimmt die Erregerfrequenz Ω den Wert $\Omega_T = \sqrt{c_2/m_2}$ an, so wird $X_1 = 0$. Dann ist die Masse m_1 in Ruhe (**Schwingungstilgung**), und nur die Masse m_2 schwingt. Diesen Effekt kann man ausnutzen, wenn man die Ausschläge der Masse m_1 bzw. die von den Federn auf den Boden übertragenen Kräfte klein halten will. In diesem Fall hängt m_2 an der **ruhenden** Masse m_1. Sie schwingt mit der Eigenfrequenz $\sqrt{c_2/m_2}$, die dann mit der Erregerfrequenz übereinstimmt.

Zusammenfassung

- Differentialgleichung der harmonischen Schwingung:

$$\ddot{x} + \omega^2 x = 0 \quad \rightarrow \quad x = C\cos(\omega t - \alpha)\,,$$
$$\omega = 2\pi/T = 2\pi f \quad \text{Kreisfrequenz.}$$

- Ersatzfedersteifigkeit bei Parallel- bzw. Reihenschaltung:

$$c^* = \sum c_j \quad \text{bzw.} \quad \frac{1}{c^*} = \sum \frac{1}{c_j}\,.$$

- Schwach gedämpfte freie Schwingung:

$$\ddot{x} + 2\delta\dot{x} + \omega^2 x = 0 \quad \rightarrow \quad x = C\,e^{-\delta t}\cos(\omega_d t - \alpha)\,,$$
$$\delta \quad \text{Abklingkoeffizient,} \qquad \omega_d = \omega\sqrt{1-D^2} \quad \text{Kreisfrequenz,}$$
$$D = \delta/\omega \quad \text{Lehrsches Dämpfungsmaß.}$$

- Ungedämpfte erzwungene Schwingung:

$$\ddot{x} + \omega^2 x = \omega^2 x_0 \cos\Omega t \quad \rightarrow \quad x_p = x_0\, V \cos\Omega t\,,$$
$$\Omega \quad \text{Erregerfrequenz,} \qquad V = \frac{1}{1-\eta^2} \quad \text{Vergrößerungsfunktion,}$$
$$\eta = \frac{\Omega}{\omega} \quad \text{Abstimmung,} \qquad \text{Resonanz:} \quad \Omega = \omega\,, \quad V \rightarrow \infty\,.$$

- Bei einer gedämpften erzwungenen Schwingung hängt die Vergrößerungsfunktion V von der Art der Erregung (z. B. Krafterregung, Unwuchterregung) ab.
  Die Phasenverschiebung φ ist unabhängig von der Erregerart.
- Ein System mit zwei Freiheitsgraden besitzt zwei Eigenfrequenzen: ω_1, ω_2.
- Hauptschwingungen bei einem System mit zwei Freiheitsgraden: In der ersten Eigenform schwingen beide Massen mit ω_1 gleichphasig, in der zweiten Eigenform mit ω_2 gegenphasig (Ausnahme: entartete Systeme).
- Schwingungstilger: bei gegebener Masse m_2 und Steifigkeit c_2 des Tilgers erfolgt eine Schwingungstilgung für die Erregerfrequenz $\Omega_T = \sqrt{c_2/m_2}$.

Relativbewegung des Massenpunktes

6

Inhaltsverzeichnis

► **Lernziele** Das Newtonsche Grundgesetz gilt nach Abschn. 1.2.1 in der Form $m\,\boldsymbol{a} = \boldsymbol{F}$ für ein **ruhendes** Bezugssystem. Ein solches Bezugssystem ist ein **Inertialsystem**; wir werden den Begriff des Inertialsystems in Abschn. 6.2 näher erläutern.

Manchmal ist es jedoch vorteilhaft, die Bewegung eines Körpers in Bezug auf ein **bewegtes** System zu beschreiben. Dann ist es notwendig, den Zusammenhang zwischen den kinematischen Größen in bewegten und in ruhenden Systemen zu kennen und das Newtonsche Grundgesetz in einer Form anzuwenden, die in bewegten Systemen gilt.

D. Gross et al., *Technische Mechanik 3*, https://doi.org/10.1007/978-3-662-63065-5_6

6.1 Kinematik der Relativbewegung

6.1.1 Translation des Bezugssystems

Wir untersuchen die Bewegung eines Punktes P im Raum in Bezug auf zwei Koordinatensysteme (Abb. 6.1). Das x, y, z-System ist ruhend. Das ξ, η, ζ-System mit den Einheitsvektoren $\boldsymbol{e}_\xi, \boldsymbol{e}_\eta$ und $\boldsymbol{e}_\zeta$ bewege sich in Bezug auf das ruhende System zunächst rein translatorisch (keine Drehung).

Für den Ortsvektor $\boldsymbol{r}$ zum Punkt P gilt

$$\boldsymbol{r} = \boldsymbol{r}_0 + \boldsymbol{r}_{0P} \tag{6.1}$$

mit $\boldsymbol{r}_{0P} = \xi\,\boldsymbol{e}_\xi + \eta\,\boldsymbol{e}_\eta + \zeta\,\boldsymbol{e}_\zeta$. Die im ruhenden System gemessene Geschwindigkeit des Punktes P nennt man **Absolutgeschwindigkeit**. Wir erhalten sie durch Zeitableitung des Ortsvektors (vgl. Abschn. 1.1.1) zu

$$\boldsymbol{v}_a = \dot{\boldsymbol{r}} = \dot{\boldsymbol{r}}_0 + \dot{\boldsymbol{r}}_{0P} \tag{6.2}$$

mit $\dot{\boldsymbol{r}}_{0P} = \dot{\xi}\,\boldsymbol{e}_\xi + \dot{\eta}\,\boldsymbol{e}_\eta + \dot{\zeta}\,\boldsymbol{e}_\zeta$ (die Einheitsvektoren ändern sich nicht). Der Index a bei $\boldsymbol{v}_a$ wurde hinzugefügt, um die Absolutgeschwindigkeit gegenüber weiteren Geschwindigkeiten, die im folgenden auftreten werden, deutlich hervorzuheben.

Die im ruhenden System gemessene Beschleunigung heißt entsprechend **Absolutbeschleunigung**. Sie ist definiert als die zeitliche Änderung der Absolutgeschwindigkeit. Es gilt

$$\boldsymbol{a}_a = \dot{\boldsymbol{v}}_a = \ddot{\boldsymbol{r}}_0 + \ddot{\boldsymbol{r}}_{0P} \tag{6.3}$$

mit $\ddot{\boldsymbol{r}}_{0P} = \ddot{\xi}\,\boldsymbol{e}_\xi + \ddot{\eta}\,\boldsymbol{e}_\eta + \ddot{\zeta}\,\boldsymbol{e}_\zeta$.

Die Terme $\dot{\boldsymbol{r}}_0$ bzw. $\ddot{\boldsymbol{r}}_0$ in (6.2) bzw. in (6.3) sind die absolute Geschwindigkeit bzw. die absolute Beschleunigung des Koordinatenursprungs 0 des bewegten

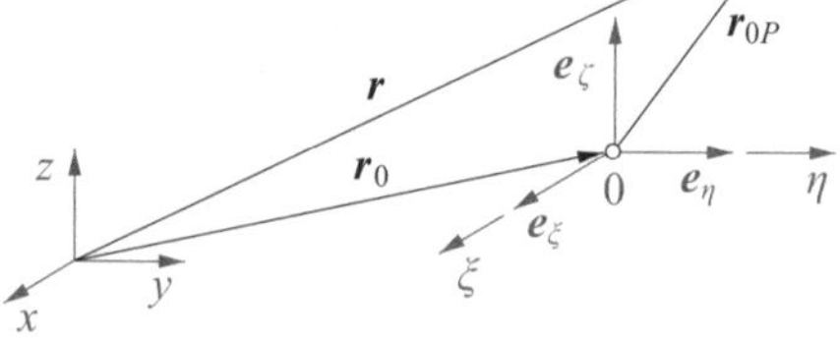

Abb. 6.1 Translatorisch bewegtes Bezugssystem

ξ, η, ζ-Systems. Wir nennen $\dot{\boldsymbol{r}}_0 = \boldsymbol{v}_f$ bzw. $\ddot{\boldsymbol{r}}_0 = \boldsymbol{a}_f$ die **Führungsgeschwindigkeit** bzw. die **Führungsbeschleunigung**. Die Terme $\dot{\boldsymbol{r}}_{0P}$ bzw. $\ddot{\boldsymbol{r}}_{0P}$ sind die Geschwindigkeit bzw. die Beschleunigung des Punktes P bezüglich des bewegten Systems. Man nennt $\dot{\boldsymbol{r}}_{0P} = \boldsymbol{v}_r$ die **Relativgeschwindigkeit** und $\ddot{\boldsymbol{r}}_{0P} = \boldsymbol{a}_r$ die **Relativbeschleunigung** des Punktes P. Diese Geschwindigkeit bzw. Beschleunigung misst ein im bewegten System mitbewegter Beobachter. Damit können wir bei einem translatorisch bewegten Bezugssystem die Gleichungen (6.2) und (6.3) schreiben als

$$\boldsymbol{v}_a = \boldsymbol{v}_f + \boldsymbol{v}_r, \quad \boldsymbol{a}_a = \boldsymbol{a}_f + \boldsymbol{a}_r. \tag{6.4}$$

Die Absolutgeschwindigkeit (-beschleunigung) ist demnach die Summe aus Führungsgeschwindigkeit (-beschleunigung) und Relativgeschwindigkeit (-beschleunigung).

6.1.2 Translation und Rotation des Bezugssystems

Wir wollen nun Geschwindigkeit und Beschleunigung für den Fall untersuchen, dass das bewegte System eine Translation **und** eine Rotation bezüglich des ruhenden Systems ausführt.

Für den Ortsvektor $\boldsymbol{r}$ zum Punkt P (Abb. 6.2) gilt wieder

$$\boldsymbol{r} = \boldsymbol{r}_0 + \boldsymbol{r}_{0P} \tag{6.5}$$

mit $\boldsymbol{r}_{0P} = \xi\,\boldsymbol{e}_\xi + \eta\,\boldsymbol{e}_\eta + \zeta\,\boldsymbol{e}_\zeta$. Die **Absolutgeschwindigkeit** des Punktes P erhalten wir durch zeitliche Ableitung:

$$\boldsymbol{v}_a = \dot{\boldsymbol{r}} = \dot{\boldsymbol{r}}_0 + \dot{\boldsymbol{r}}_{0P}. \tag{6.6}$$

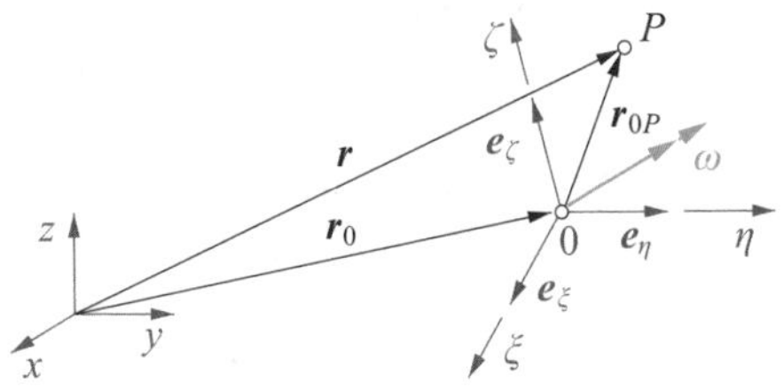

Abb. 6.2 Translation und Rotation des Bezugssystems

Da sich bei einem rotierenden System die Richtungen der Einheitsvektoren $\boldsymbol{e}_\xi, \boldsymbol{e}_\eta$ und $\boldsymbol{e}_\zeta$ ändern, gilt hier

$$\dot{\boldsymbol{r}}_{0P} = (\dot{\xi}\,\boldsymbol{e}_\xi + \dot{\eta}\,\boldsymbol{e}_\eta + \dot{\zeta}\,\boldsymbol{e}_\zeta) + (\xi\,\dot{\boldsymbol{e}}_\xi + \eta\,\dot{\boldsymbol{e}}_\eta + \zeta\,\dot{\boldsymbol{e}}_\zeta)\,. \tag{6.7}$$

Das bewegte System dreht sich mit der Winkelgeschwindigkeit $\boldsymbol{\omega}$. Dann ergibt sich analog zu (3.5) für die zeitliche Änderung der Einheitsvektoren

$$\dot{\boldsymbol{e}}_\xi = \boldsymbol{\omega} \times \boldsymbol{e}_\xi, \quad \dot{\boldsymbol{e}}_\eta = \boldsymbol{\omega} \times \boldsymbol{e}_\eta, \quad \dot{\boldsymbol{e}}_\zeta = \boldsymbol{\omega} \times \boldsymbol{e}_\zeta\,. \tag{6.8}$$

Damit folgt

$$\begin{aligned}\xi\,\dot{\boldsymbol{e}}_\xi + \eta\,\dot{\boldsymbol{e}}_\eta + \zeta\,\dot{\boldsymbol{e}}_\zeta &= \xi\,\boldsymbol{\omega} \times \boldsymbol{e}_\xi + \eta\,\boldsymbol{\omega} \times \boldsymbol{e}_\eta + \zeta\,\boldsymbol{\omega} \times \boldsymbol{e}_\zeta \\ &= \boldsymbol{\omega} \times (\xi\,\boldsymbol{e}_\xi + \eta\,\boldsymbol{e}_\eta + \zeta\,\boldsymbol{e}_\zeta) = \boldsymbol{\omega} \times \boldsymbol{r}_{0P}\,,\end{aligned}$$

und aus (6.7) wird

$$\dot{\boldsymbol{r}}_{0P} = \frac{\mathrm{d}\boldsymbol{r}_{0P}}{\mathrm{d}t} = (\dot{\xi}\,\boldsymbol{e}_\xi + \dot{\eta}\,\boldsymbol{e}_\eta + \dot{\zeta}\,\boldsymbol{e}_\zeta) + \boldsymbol{\omega} \times \boldsymbol{r}_{0P}\,. \tag{6.9}$$

Der erste Summand auf der rechten Seite von (6.9) stellt die zeitliche Änderung des Vektors $\boldsymbol{r}_{0P}$ in Bezug auf das **bewegte** System dar. Wir kennzeichnen Zeitableitungen im bewegten System durch einen Stern:

$$\frac{\mathrm{d}^*\boldsymbol{r}_{0P}}{\mathrm{d}t} = \dot{\xi}\,\boldsymbol{e}_\xi + \dot{\eta}\,\boldsymbol{e}_\eta + \dot{\zeta}\,\boldsymbol{e}_\zeta\,.$$

Dann lautet (6.9)

$$\dot{\boldsymbol{r}}_{0P} = \frac{\mathrm{d}^*\boldsymbol{r}_{0P}}{\mathrm{d}t} + \boldsymbol{\omega} \times \boldsymbol{r}_{0P}\,. \tag{6.10}$$

Dieser Zusammenhang zwischen der zeitlichen Änderung des Vektors $\boldsymbol{r}_{0P}$ bezogen auf das ruhende System bzw. auf das rotierende System gilt sinngemäß für beliebige Vektoren.

Einsetzen von (6.10) in (6.6) liefert mit der Geschwindigkeit $\boldsymbol{v}_0 = \dot{\boldsymbol{r}}_0$ des Koordinatenursprungs des bewegten Systems

$$\boldsymbol{v}_a = \boldsymbol{v}_0 + \boldsymbol{\omega} \times \boldsymbol{r}_{0P} + \frac{\mathrm{d}^*\boldsymbol{r}_{0P}}{\mathrm{d}t}\,. \tag{6.11}$$

Diese Beziehung lässt sich kurz schreiben als

$$\boldsymbol{v}_a = \boldsymbol{v}_f + \boldsymbol{v}_r \tag{6.12a}$$

mit

$$\begin{aligned} \boldsymbol{v}_f &= \boldsymbol{v}_0 + \boldsymbol{\omega} \times \boldsymbol{r}_{0P} \,, \\ \boldsymbol{v}_r &= \frac{\mathrm{d}^* \boldsymbol{r}_{0P}}{\mathrm{d}t} \,. \end{aligned} \tag{6.12b}$$

Die **Führungsgeschwindigkeit** $\boldsymbol{v}_f$ ist dabei die Geschwindigkeit, die der Punkt P hätte, wenn er mit dem bewegten System fest verbunden wäre. Die **Relativgeschwindigkeit** $\boldsymbol{v}_r$ ist die Geschwindigkeit des Punktes P relativ zum bewegten System; sie ist die Geschwindigkeit, die ein in diesem System mitbewegter Beobachter misst.

Die **Absolutbeschleunigung** von P erhalten wir durch die zeitliche Ableitung der Absolutgeschwindigkeit:

$$\boldsymbol{a}_a = \dot{\boldsymbol{v}}_a = \dot{\boldsymbol{v}}_f + \dot{\boldsymbol{v}}_r = \dot{\boldsymbol{v}}_0 + (\boldsymbol{\omega} \times \boldsymbol{r}_{0P})^{\cdot} + \dot{\boldsymbol{v}}_r \,. \tag{6.13}$$

Für den zweiten Summanden ergibt sich unter Verwendung von (6.10) und (6.12b)

$$\begin{aligned} (\boldsymbol{\omega} \times \boldsymbol{r}_{0P})^{\cdot} &= \dot{\boldsymbol{\omega}} \times \boldsymbol{r}_{0P} + \boldsymbol{\omega} \times \dot{\boldsymbol{r}}_{0P} \\ &= \dot{\boldsymbol{\omega}} \times \boldsymbol{r}_{0P} + \boldsymbol{\omega} \times \left(\frac{\mathrm{d}^* \boldsymbol{r}_{0P}}{\mathrm{d}t} + \boldsymbol{\omega} \times \boldsymbol{r}_{0P} \right) \\ &= \dot{\boldsymbol{\omega}} \times \boldsymbol{r}_{0P} + \boldsymbol{\omega} \times \boldsymbol{v}_r + \boldsymbol{\omega} \times (\boldsymbol{\omega} \times \boldsymbol{r}_{0P}) \,. \end{aligned} \tag{6.14}$$

Analog zu (6.10) gilt für den dritten Summanden in (6.13)

$$\dot{\boldsymbol{v}}_r = \frac{\mathrm{d}^* \boldsymbol{v}_r}{\mathrm{d}t} + \boldsymbol{\omega} \times \boldsymbol{v}_r \tag{6.15}$$

mit

$$\frac{\mathrm{d}^* \boldsymbol{v}_r}{\mathrm{d}t} = \ddot{\xi}\, \boldsymbol{e}_\xi + \ddot{\eta}\, \boldsymbol{e}_\eta + \ddot{\zeta}\, \boldsymbol{e}_\zeta \,.$$

Setzt man (6.14) und (6.15) in (6.13) ein, so erhält man

$$\boldsymbol{a}_a = \dot{\boldsymbol{v}}_0 + \dot{\boldsymbol{\omega}} \times \boldsymbol{r}_{0P} + \boldsymbol{\omega} \times (\boldsymbol{\omega} \times \boldsymbol{r}_{0P}) + \frac{\mathrm{d}^* \boldsymbol{v}_r}{\mathrm{d}t} + 2\,\boldsymbol{\omega} \times \boldsymbol{v}_r\,. \tag{6.16}$$

Dabei ist $\dot{\boldsymbol{v}}_0 = \boldsymbol{a}_0$ die Beschleunigung des Punktes 0. Gleichung (6.16) schreiben wir in der Form

$$\boldsymbol{a}_a = \boldsymbol{a}_f + \boldsymbol{a}_r + \boldsymbol{a}_c \tag{6.17a}$$

mit

$$\begin{aligned} \boldsymbol{a}_f &= \boldsymbol{a}_0 + \dot{\boldsymbol{\omega}} \times \boldsymbol{r}_{0P} + \boldsymbol{\omega} \times (\boldsymbol{\omega} \times \boldsymbol{r}_{0P})\,, \\ \boldsymbol{a}_r &= \frac{\mathrm{d}^* \boldsymbol{v}_r}{\mathrm{d}t} = \frac{\mathrm{d}^{2*} \boldsymbol{r}_{0P}}{\mathrm{d}t^2}\,, \\ \boldsymbol{a}_c &= 2\,\boldsymbol{\omega} \times \boldsymbol{v}_r\,. \end{aligned} \tag{6.17b}$$

Die **Führungsbeschleunigung** $\boldsymbol{a}_f$ ist die Beschleunigung, die der Punkt P hätte, wenn er mit dem bewegten System fest verbunden wäre (vgl. (3.8)). Die **Relativbeschleunigung** $\boldsymbol{a}_r$ ist die Beschleunigung des Punktes P relativ zum bewegten System; sie wird von einem mitbewegten Beobachter gemessen. Der Term $\boldsymbol{a}_c$ in (6.17a, b) wird nach Gaspard Gustave de Coriolis (1792–1843) **Coriolisbeschleunigung** genannt. Sie steht senkrecht auf $\boldsymbol{\omega}$ und auf $\boldsymbol{v}_r$, und sie verschwindet, wenn a) $\boldsymbol{\omega} = \boldsymbol{0}$, b) $\boldsymbol{v}_r = \boldsymbol{0}$ oder c) $\boldsymbol{v}_r$ parallel zu $\boldsymbol{\omega}$ ist.

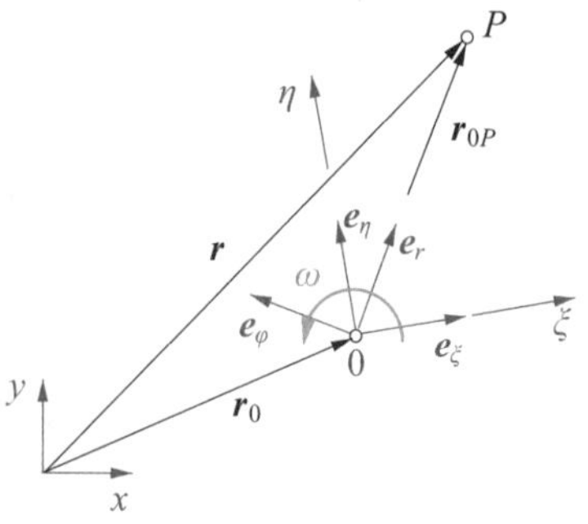

Abb. 6.3 Ebene Bewegung

Im Sonderfall einer ebenen Bewegung können wir die Ausdrücke für $\boldsymbol{v}_f$ und $\boldsymbol{a}_f$ nach (6.12b) und (6.17b) mit Hilfe von Polarkoordinaten vereinfachen. Wir wählen dabei die Koordinatensysteme so, dass die Achsen x, y bzw. ξ, η in der Bewegungsebene liegen (Abb. 6.3). Der Winkelgeschwindigkeitsvektor $\boldsymbol{\omega}$ zeigt dann in Richtung der ζ-Achse. Mit $\boldsymbol{r}_{0P} = r\boldsymbol{e}_r$ und $\boldsymbol{\omega} = \omega \boldsymbol{e}_\zeta$ werden

$$\boldsymbol{\omega} \times \boldsymbol{r}_{0P} = r\omega \boldsymbol{e}_\varphi, \quad \dot{\boldsymbol{\omega}} \times \boldsymbol{r}_{0P} = r\dot{\omega}\boldsymbol{e}_\varphi,$$
$$\boldsymbol{\omega} \times (\boldsymbol{\omega} \times \boldsymbol{r}_{0P}) = -r\omega^2 \boldsymbol{e}_r\,.$$

Somit folgen für die Führungsgeschwindigkeit und die Führungsbeschleunigung

$$\boldsymbol{v}_f = \boldsymbol{v}_0 + r\omega\boldsymbol{e}_\varphi, \quad \boldsymbol{a}_f = \boldsymbol{a}_0 + r\dot{\omega}\boldsymbol{e}_\varphi - r\omega^2\boldsymbol{e}_r \tag{6.18}$$

(vgl. Abschn. 3.1.3).

Beispiel 6.1

Zwei Kreisscheiben (Radien $R_1 = 2\,R, R_2 = R$) sind nach Bild a drehbar gelagert und rollen aneinander ab. Die Scheibe ① dreht sich dabei mit der konstanten Winkelgeschwindigkeit ω_1.

Welche Geschwindigkeit und Beschleunigung hat der Punkt P der Scheibe ② für einen Beobachter in 0, der mit der Scheibe ① rotiert?

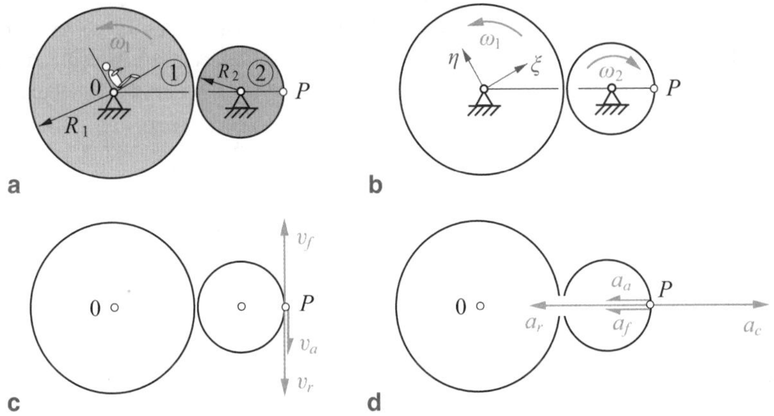

Lösung Da die beiden Scheiben aneinander abrollen, haben die Berührpunkte beider Scheiben die gleiche Geschwindigkeit. Daher gilt

$$R_1\,\omega_1 = R_2\,\omega_2 \quad \rightarrow \quad 2\,R\omega_1 = R\omega_2 \quad \rightarrow \quad \omega_2 = 2\,\omega_1\,.$$

Das rotierende ξ, η-Koordinatensystem (Bild b) ist mit der Scheibe ① fest verbunden. Für einen mit diesem System mitrotierenden Beobachter hat der Punkt P nach (6.12a, b) die Relativgeschwindigkeit

$$\boldsymbol{v}_r = \boldsymbol{v}_a - \boldsymbol{v}_f \, . \qquad \text{(a)}$$

Da sich die Scheibe ② mit der Winkelgeschwindigkeit $\omega_2 = 2\,\omega_1$ dreht, hat der Punkt P die Absolutgeschwindigkeit $v_a = R_2\,\omega_2 = 2\,R\omega_1$ (nach unten gerichtet); sie ist in Bild c dargestellt. Zur Ermittlung der Führungsgeschwindigkeit $\boldsymbol{v}_f$ denken wir uns den Punkt P fest mit dem bewegten ξ, η-System (bzw. der Scheibe ①) verbunden. Dann würde er sich auf einem Kreis mit dem Radius $4\,R$ mit der Winkelgeschwindigkeit ω_1 bewegen. Somit wird $v_f = 4\,R\omega_1$ (nach oben gerichtet). Dann folgt aus (a)

$$\underline{\underline{v_r}} = v_a - v_f = 2\,R\omega_1 - (-4\,R\omega_1) = \underline{\underline{6\,R\omega_1}} \, . \qquad \text{(b)}$$

Die Relativgeschwindigkeit v_r zeigt nach unten (Bild c).

Für den rotierenden Beobachter hat der Punkt P nach (6.17a, b) die Relativbeschleunigung

$$\boldsymbol{a}_r = \boldsymbol{a}_a - \boldsymbol{a}_f - \boldsymbol{a}_c \, . \qquad \text{(c)}$$

Die Absolutbeschleunigung ist $a_a = R_2\,\omega_2^2 = 4\,R\omega_1^2$ (Zentripetalbeschleunigung); sie zeigt nach links (Bild d). Zur Bestimmung der Führungsbeschleunigung denken wir uns den Punkt P wieder mit der Scheibe ① fest verbunden. Damit wird $a_f = 4\,R\omega_1^2$ (nach links gerichtet). Die Coriolisbeschleunigung erhalten wir aus $\boldsymbol{a}_c = 2\,\boldsymbol{\omega}_1 \times \boldsymbol{v}_r$ (der Vektor $\boldsymbol{\omega}_1$ zeigt aus der Zeichenebene heraus) zu $a_c = 2\,\omega_1\,6\,R\omega_1 = 12\,R\omega_1^2$; sie ist nach rechts gerichtet. Somit wird nach (c)

$$\underline{\underline{a_r}} = a_a - a_f - a_c = \underline{\underline{12\,R\omega_1^2}} \, .$$

Die Relativbeschleunigung zeigt nach links (Bild d). ◀

6.2 Kinetik der Relativbewegung

In einem ruhenden Bezugssystem lautet nach Abschn. 1.2.1 das Newtonsche Grundgesetz: Masse × Absolutbeschleunigung = Kraft. Ersetzt man hierin die Absolutbeschleunigung mit (6.17a), so wird

$$m\boldsymbol{a}_a = \boldsymbol{F} \quad \rightarrow \quad m\,(\boldsymbol{a}_f + \boldsymbol{a}_r + \boldsymbol{a}_c) = \boldsymbol{F} \, .$$

Auflösen nach der Relativbeschleunigung liefert das Bewegungsgesetz in Bezug auf ein bewegtes Koordinatensystem:

$$m\boldsymbol{a}_r = \boldsymbol{F} - m\boldsymbol{a}_f - m\boldsymbol{a}_c \,.$$

Neben den wirklichen Kräften $\boldsymbol{F}$ treten auf der rechten Seite die Zusatzglieder $-m\boldsymbol{a}_f$ und $-m\boldsymbol{a}_c$ auf. Führen wir mit

$$\boldsymbol{F}_f = -m\boldsymbol{a}_f, \quad \boldsymbol{F}_c = -m\boldsymbol{a}_c \tag{6.19}$$

die **Führungskraft** $\boldsymbol{F}_f$ bzw. die **Corioliskraft** $\boldsymbol{F}_c$ ein, so lautet das Bewegungsgesetz

$$m\boldsymbol{a}_r = \boldsymbol{F} + \boldsymbol{F}_f + \boldsymbol{F}_c \,. \tag{6.20}$$

In einem bewegten Bezugssystem müssen demnach zu den wirklichen Kräften $\boldsymbol{F}$ die Führungskraft $\boldsymbol{F}_f$ und die Corioliskraft $\boldsymbol{F}_c$ als **Scheinkräfte** hinzugefügt werden. Wenn sich das Bezugssystem rein translatorisch bewegt ($\boldsymbol{\omega} = \boldsymbol{0}$), dann verschwindet in (6.20) die Corioliskraft.

Im Sonderfall, dass das Bezugssystem eine **reine Translation mit konstanter Geschwindigkeit** ausführt (gleichförmige Bewegung), sind die Beschleunigung $\boldsymbol{a}_0$ und die Winkelgeschwindigkeit $\boldsymbol{\omega}$ gleich Null. Damit verschwinden nach (6.17b) die Führungbeschleunigung und die Coriolisbeschleunigung und nach (6.19) die zugeordneten Scheinkräfte. Die Relativbeschleunigung stimmt dann mit der Absolutbeschleunigung überein ($\boldsymbol{a}_r = \boldsymbol{a}_a$), und das Bewegungsgesetz (6.20) wird

$$m\boldsymbol{a}_r = \boldsymbol{F} \,.$$

Es ist in diesem Fall identisch mit der Grundgleichung in einem ruhenden System.

Alle Bezugssysteme, in denen das Bewegungsgesetz die Form $m\boldsymbol{a}_r = \boldsymbol{F}$ annimmt, bezeichnet man als **Inertialsysteme**. Danach sind sowohl ruhende als auch gleichförmig bewegte Systeme Inertialsysteme. Bei der Beschreibung von Bewegungen in solchen Systemen treten keine Scheinkräfte auf.

Beispiel 6.2

Der Aufhängepunkt 0 eines mathematischen Pendels (Masse m, Länge l) wird mit der konstanten Beschleunigung a_0 in vertikaler Richtung bewegt (Bild a).

Wie lautet die Bewegungsgleichung? Wie groß sind die Eigenfrequenz der Schwingung (kleine Ausschläge) und die Kraft im Faden?

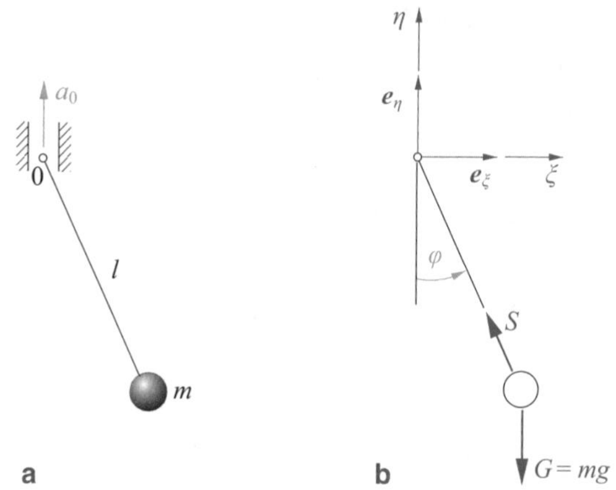

Lösung Wir führen ein Koordinatensystem ξ, η nach Bild b ein, das sich **rein translatorisch** mit dem Aufhängepunkt 0 bewegt. Die Bewegungsgleichung im **bewegten** System lautet

$$m\boldsymbol{a}_r = \boldsymbol{F} + \boldsymbol{F}_f + \boldsymbol{F}_c \,. \tag{a}$$

Für die (wirkliche) Kraft $\boldsymbol{F}$ gilt (vgl. Bild b)

$$\boldsymbol{F} = -S \sin\varphi \, \boldsymbol{e}_\xi + (S \cos\varphi - mg)\boldsymbol{e}_\eta \,. \tag{b}$$

Wegen $\boldsymbol{\omega} = \boldsymbol{0}$ folgen die Scheinkräfte zu

$$\boldsymbol{F}_f = -m\boldsymbol{a}_f = -ma_0\boldsymbol{e}_\eta, \quad \boldsymbol{F}_c = -m\boldsymbol{a}_c = \boldsymbol{0} \,. \tag{c}$$

Die Komponenten der Relativbeschleunigung $\boldsymbol{a}_r$ erhalten wir aus den Koordinaten der Masse im bewegten System durch Differenzieren:

$$\begin{aligned} \xi &= l \sin\varphi, & \eta &= -l \cos\varphi, \\ \dot{\xi} &= l\dot{\varphi} \cos\varphi, & \dot{\eta} &= l\dot{\varphi} \sin\varphi, \\ \ddot{\xi} &= l\ddot{\varphi} \cos\varphi - l\dot{\varphi}^2 \sin\varphi, & \ddot{\eta} &= l\ddot{\varphi} \sin\varphi + l\dot{\varphi}^2 \cos\varphi \,. \end{aligned}$$

Damit wird die Relativbeschleunigung

$$\begin{aligned} \boldsymbol{a}_r &= \ddot{\xi}\, \boldsymbol{e}_\xi + \ddot{\eta}\, \boldsymbol{e}_\eta \\ &= (l\ddot{\varphi} \cos\varphi - l\dot{\varphi}^2 \sin\varphi)\boldsymbol{e}_\xi + (l\ddot{\varphi} \sin\varphi + l\dot{\varphi}^2 \cos\varphi)\boldsymbol{e}_\eta \,. \end{aligned} \tag{d}$$

Einsetzen von (b–d) in (a) liefert die Komponenten der Bewegungsgleichung in ξ- bzw. in η-Richtung:

$$m\,(l\ddot{\varphi}\cos\varphi - l\dot{\varphi}^2\sin\varphi) = -S\sin\varphi, \tag{e}$$

$$m\,(l\ddot{\varphi}\sin\varphi + l\dot{\varphi}^2\cos\varphi) = S\cos\varphi - mg - ma_0\,. \tag{f}$$

Aus diesen zwei Gleichungen für die zwei Unbekannten φ und S können wir S eliminieren. Hierzu multiplizieren wir (e) mit $\cos\varphi$ und (f) mit $\sin\varphi$ und addieren anschließend die beiden Gleichungen. Damit erhalten wir die Bewegungsgleichung

$$ml\ddot{\varphi} = -mg\sin\varphi - ma_0\sin\varphi \quad\rightarrow\quad \underline{\underline{\ddot{\varphi} + \frac{g+a_0}{l}\sin\varphi = 0}}\,. \tag{g}$$

Für kleine Ausschläge ($\sin\varphi \approx \varphi$) vereinfacht sich (g) zur Differentialgleichung der harmonischen Schwingung

$$\ddot{\varphi} + \omega^2\varphi = 0$$

mit der Eigenfrequenz

$$\underline{\underline{\omega = \sqrt{\frac{g+a_0}{l}}}}\,.$$

Bei einem aufwärts beschleunigten Aufhängepunkt 0 ist demnach die Eigenfrequenz größer als bei einem ruhenden Aufhängepunkt. Bei einem abwärts beschleunigten Aufhängepunkt ($a_0 < 0$) schwingt das Pendel langsamer. Im Sonderfall eines „frei fallenden Aufhängepunkts" ($a_0 = -g$) wird $\omega = 0$.

Multiplizieren wir (e) mit $\sin\varphi$ und (f) mit $\cos\varphi$, so erhalten wir durch anschließende Subtraktion der Gleichungen die Fadenkraft

$$\underline{\underline{S = m\,[l\dot{\varphi}^2 + (g+a_0)\cos\varphi]}}\,. \quad ◀$$

Beispiel 6.3

In der glatten Nut einer Kreisscheibe ist nach Bild a eine Masse m an zwei Federn (Federkonstante jeweils $c/2$) befestigt. In der Ruhelage befindet sich m im Punkt 0. Die Scheibe dreht sich mit der konstanten Winkelgeschwindigkeit ω um A.

Man beschreibe die Bewegung von m relativ zur rotierenden Scheibe. Welche Kraft übt die Nut auf den Massenpunkt aus (das Gewicht sei vernachlässigt)?

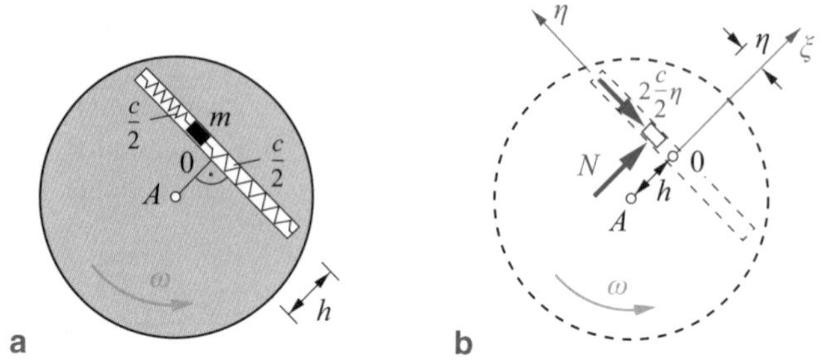

Lösung Die Masse kann sich auf der Scheibe nur längs der Nut bewegen; sie führt also relativ zur Scheibe eine geradlinige Bewegung aus. Wenn wir zur Beschreibung der Lage von m das rotierende ξ, η-Koordinatensystem nach Bild b einführen, so erfolgt die Bewegung der Masse in Richtung der η-Achse, und es gilt $\xi = 0, \dot{\xi} = 0, \ddot{\xi} = 0$.

Die Bewegungsgleichung (6.20) im rotierenden System lautet

$$m\boldsymbol{a}_r = \boldsymbol{F} + \boldsymbol{F}_f + \boldsymbol{F}_c\,. \tag{a}$$

Auf den Massenpunkt wirken die Kontaktkraft N und die Federkraft $2\frac{c}{2}\eta$ (vgl. Bild b). Wir erhalten somit als äußere Kraft

$$\boldsymbol{F} = N\boldsymbol{e}_\xi - c\,\eta\,\boldsymbol{e}_\eta\,. \tag{b}$$

Zur Bestimmung der Scheinkräfte $\boldsymbol{F}_f$ und $\boldsymbol{F}_c$ müssen wir zunächst die Führungs- und die Coriolisbeschleunigung ermitteln. Der Koordinatenursprung 0 des rotierenden Systems hat vom Mittelpunkt A der Scheibe den Abstand h. Seine Beschleunigung ist demnach durch $\boldsymbol{a}_0 = -h\omega^2\boldsymbol{e}_\xi$ (Kreisbewegung mit $\dot{\omega} = 0$) gegeben. Mit $r = \eta$ und $\boldsymbol{e}_r = \boldsymbol{e}_\eta$ folgt aus (6.18)

$$\boldsymbol{a}_f = -h\omega^2\boldsymbol{e}_\xi - \eta\omega^2\boldsymbol{e}_\eta \quad \rightarrow \quad \boldsymbol{F}_f = m(h\omega^2\boldsymbol{e}_\xi + \eta\omega^2\boldsymbol{e}_\eta). \tag{c}$$

Da der Winkelgeschwindigkeitsvektor $\boldsymbol{\omega}$ senkrecht auf der ξ, η-Ebene steht, ergeben sich aus (6.17b) mit $\boldsymbol{v}_r = \dot{\eta}\boldsymbol{e}_\eta$ die Coriolisbeschleunigung bzw. -kraft zu

$$\boldsymbol{a}_c = -2\,\dot{\eta}\omega\,\boldsymbol{e}_\xi \quad \rightarrow \quad \boldsymbol{F}_c = 2\,m\dot{\eta}\omega\,\boldsymbol{e}_\xi\,. \tag{d}$$

Wenn wir die Relativbeschleunigung

$$\boldsymbol{a}_r = \ddot{\eta}\,\boldsymbol{e}_\eta$$

und die Kräfte (b) bis (d) in (a) einsetzen, so erhalten wir

$$\begin{aligned} 0 &= N + mh\omega^2 + 2\,m\dot{\eta}\omega\,, \\ m\ddot{\eta} &= -c\,\eta + m\eta\omega^2\,. \end{aligned} \tag{e}$$

Aus der zweiten Gleichung folgt

$$\ddot{\eta} + \left(\frac{c}{m} - \omega^2\right)\eta = 0\,.$$

Der Massenpunkt führt demnach für $\omega^2 < c/m$ eine harmonische Schwingung $\eta = A\cos\omega^* t + B\sin\omega^* t$ relativ zur rotierenden Scheibe aus. Die Frequenz $\omega^* = \sqrt{c/m - \omega^2}$ ist kleiner als die Eigenfrequenz $\sqrt{c/m}$ bei nicht rotierender Scheibe ($\omega = 0$).

Aus der ersten Gleichung in (e) erhalten wir die Kontaktkraft

$$\underline{\underline{N = -m\,(h\omega^2 + 2\,\dot{\eta}\omega)}}\,. \quad ◀$$

Beispiel 6.4

Auf der rotierenden Erde (Radius $R = 6370\,\text{km}$) bewegt sich eine Masse ($m = 1000$ kg) mit der Geschwindigkeit $v_r = 100\,\text{km/h}$ auf einem Großkreis nach Norden (Bild a).

Wie groß sind die maximale Führungskraft bzw. die maximale Corioliskraft, wenn man die Bewegung der Erde um die Sonne vernachlässigt?

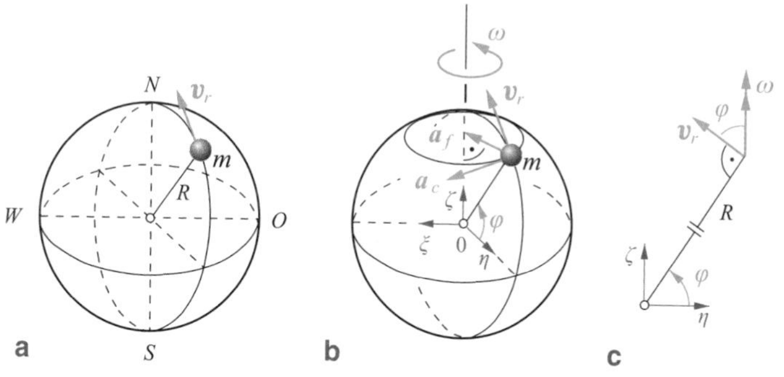

Lösung Die Erde dreht sich in 24 Stunden einmal um ihre Nord-Süd-Achse. Die Winkelgeschwindigkeit der Drehung ist daher

$$\omega = \frac{2\pi}{24 \cdot 3600} = 7{,}27 \cdot 10^{-5}\,\text{s}^{-1}\,.$$

Wenn wir das mit der Erde rotierende ξ, η, ζ-Koordinatensystem nach Bild b einführen, so lautet der Vektor der Winkelgeschwindigkeit $\boldsymbol{\omega} = \omega \boldsymbol{e}_\zeta$.

Die Führungsbeschleunigung (= Beschleunigung des Punktes der Erde, an dem sich die Masse gerade befindet) erhalten wir nach (6.17b) mit $\boldsymbol{a}_0 = \boldsymbol{0}$ und $\dot{\boldsymbol{\omega}} = \boldsymbol{0}$ zu

$$\boldsymbol{a}_f = \boldsymbol{\omega} \times (\boldsymbol{\omega} \times \boldsymbol{r}_{0P}) = -R\cos\varphi\,\omega^2 \boldsymbol{e}_\eta\,.$$

Sie ist senkrecht zur Drehachse der Erde gerichtet. Die Coriolisbeschleunigung wird nach (6.17b)

$$\boldsymbol{a}_c = 2\,\boldsymbol{\omega} \times \boldsymbol{v}_r = 2\,\omega v_r \sin\varphi\,\boldsymbol{e}_\xi$$

(vgl. Bild c). Sie zeigt tangential zum Breitenkreis nach Westen. Die Führungskraft bzw. die Corioliskraft lauten dann

$$\boldsymbol{F}_f = mR\omega^2 \cos\varphi\,\boldsymbol{e}_\eta, \qquad \boldsymbol{F}_c = -2\,m\omega v_r \sin\varphi\,\boldsymbol{e}_\xi\,.$$

Die Führungskraft wird am Äquator ($\varphi = 0$) maximal:

$$\underline{\underline{F_{f\,\max} = mR\omega^2 \approx 34\,\text{N}}}\,.$$

Sie ist klein im Vergleich zur Gewichtskraft ($G = mg \approx 10^4\,$N). Die Corioliskraft hat am Pol ($\varphi = \pi/2$) ihr Maximum:

$$\underline{\underline{F_{c\,\max} = 2\,m\omega v_r \approx 4\,\text{N}}}\,.$$

Der Corioliskraft entgegen muss auf den Massenpunkt eine seitliche Kraft wirken, da er sich sonst nach Osten von der Bahn wegbewegen würde. ◄

Zusammenfassung

- Absolutgeschwindigkeit: $\boldsymbol{v}_a = \boldsymbol{v}_f + \boldsymbol{v}_r$,

$$\boldsymbol{v}_f = \boldsymbol{v}_0 + \boldsymbol{\omega} \times \boldsymbol{r}_{0P} \quad \text{Führungsgeschwindigkeit,}$$

$$\boldsymbol{v}_r = \frac{\mathrm{d}^* \boldsymbol{r}_{0P}}{\mathrm{d}t} \quad \text{Relativgeschwindigkeit.}$$

- Absolutbeschleunigung: $\boldsymbol{a}_a = \boldsymbol{a}_f + \boldsymbol{a}_r + \boldsymbol{a}_c$,

$$\boldsymbol{a}_f = \boldsymbol{a}_0 + \dot{\boldsymbol{\omega}} \times \boldsymbol{r}_{0P} + \boldsymbol{\omega} \times (\boldsymbol{\omega} \times \boldsymbol{r}_{0P}) \quad \text{Führungsbeschleunigung,}$$

$$\boldsymbol{a}_r = \frac{\mathrm{d}^* \boldsymbol{v}_r}{\mathrm{d}t} \quad \text{Relativbeschleunigung,}$$

$$\boldsymbol{a}_c = 2\,\boldsymbol{\omega} \times \boldsymbol{v}_r \quad \text{Coriolisbeschleunigung.}$$

- Dynamisches Grundgesetz im bewegten Bezugssystem:

$$m\,\boldsymbol{a}_r = \boldsymbol{F} + \boldsymbol{F}_f + \boldsymbol{F}_c\,,$$

$\boldsymbol{F}$ auf Massenpunkt wirkende Kraft,

$\boldsymbol{F}_f = -m\,\boldsymbol{a}_f$ Führungskraft (Scheinkraft),

$\boldsymbol{F}_c = -m\,\boldsymbol{a}_c$ Corioliskraft (Scheinkraft).

- Wenn sich das Bezugssystem rein translatorisch mit konstanter Geschwindigkeit bewegt ($\boldsymbol{a}_f = \boldsymbol{0}$, $\boldsymbol{a}_c = \boldsymbol{0}$), dann ist das Grundgesetz im bewegten System identisch mit dem im ruhenden Bezugssystem.
- Ruhende und gleichförmig bewegte Bezugssysteme sind Inertialsysteme.

Numerische Simulation

7

Inhaltsverzeichnis

► **Lernziele** Wir haben bisher nur Probleme behandelt, die eine analytische Lösung der Bewegungsgleichungen erlaubten. In vielen Fällen ist es allerdings schwierig oder sogar unmöglich, eine solche Lösung zu finden. Dann ist es erforderlich, mit Hilfe einer numerischen Integration eine Näherungslösung zu ermitteln. Wir wollen in diesem Kapitel einige Verfahren kennenlernen, die in solchen Fällen eine numerische Lösung der Differentialgleichungen erlauben und die eine Grundlage für weitere Methoden bilden. Die Studierenden sollen damit in die Lage versetzt werden, numerische Verfahren sachgerecht für die Behandlung von Problemen der Kinetik anzuwenden.

D. Gross et al., *Technische Mechanik 3*, https://doi.org/10.1007/978-3-662-63065-5_7

7.1 Einführung

In den vorangegangenen Kapiteln haben wir Bewegungen von Punktmassen und von starren Körpern untersucht, wobei wir die auftretenden Bewegungungsgleichungen analytisch gelöst haben. Dies ist aber in manchen Fällen nicht oder nur mit großem Aufwand möglich. Ein Beispiel hierfür ist die Bewegungsgleichung (5.19) für das mathematische Pendel: $\ddot{\varphi} + (g/l)\sin\varphi = 0$. Die Bestimmung ihrer Lösung $\varphi(t)$ auf analytischem Weg ist im allgemeinen Fall von beliebig großen Ausschlägen aufwendig. Sie nimmt nur für kleine Ausschläge ($\varphi \ll 1$) die einfache Form einer harmonischen Schwingung an (vgl. Abschn. 5.2.1). Will man in schwierigen Fällen trotzdem zu einer Lösung gelangen, so bietet sich die Anwendung von numerischen Verfahren an. Mit ihnen lassen sich Näherungslösungen meist mit sehr hoher Genauigkeit ermitteln.

Die von uns untersuchten Bewegungsgleichungen sind lineare oder nichtlineare Differentialgleichungen 1. bzw. 2. Ordnung, zu denen bestimmte Anfangsbedingungen gehören. Man nennt solche Probleme **Anfangswertprobleme 1.** bzw. **2. Ordnung**. Sie werden numerisch mit Hilfe von Integrationsverfahren gelöst, zu denen wir in diesem Kapitel eine kurze Einführung geben. Eine weitergehende Darstellung findet sich in Band 4, Abschnitt 7.3.

Alle numerischen Integrationsverfahren basieren auf der Berechnung von Näherungslösungen für Differentialgleichungen 1. Ordnung bzw. für Systeme von Differentialgleichungen 1. Ordnung. Aus diesem Grund werden wir uns zunächst mit ihnen befassen. Differentialgleichungen höherer Ordnung lassen sich durch geeignete Transformation immer auf Systeme von Differentialgleichungen 1. Ordnung überführen. Diese sind dann mit den bereitgestellten Verfahren für Anfangswertprobleme 1. Ordnung lösbar.

7.2 Anfangswertprobleme 1. Ordnung

Bewegungsgleichungen lassen sich oft als Differentialgleichungen 1. Ordnung darstellen. Ein solcher Fall liegt zum Beispiel vor, wenn die Beschleunigung a eines Massenpunktes als Funktion der Geschwindigkeit v in der Form $a = f(v)$ gegeben ist und die Geschwindigkeit $v(t)$ berechnet werden soll (vgl. Abschn. 1.1.3). Die Bewegungsgleichung lautet in diesem Fall $\dot{v} = f[v(t)]$; zu ihr gehört die Anfangsbedingung $v(t_a) = v_a$. Darin kennzeichnen t_a und v_a den Anfangszeitpunkt und die zugehörige Anfangsgeschwindigkeit.

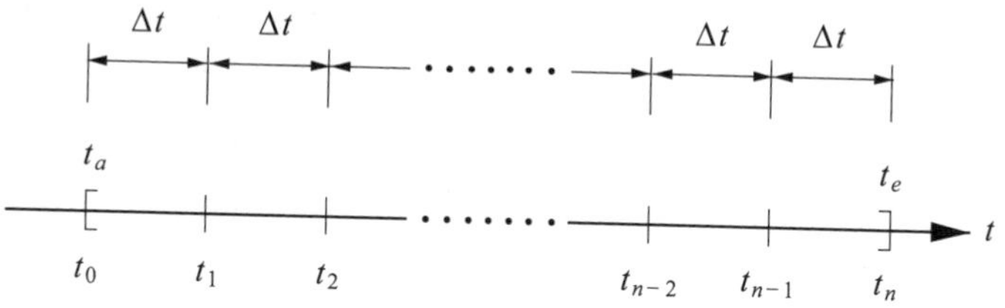

Abb. 7.1 Äquidistante Zeitschritte

Im weiteren betrachten wir eine gewöhnliche Differentialgleichung 1. Ordnung

$$\dot{x}(t) = f[t, x(t)] \tag{7.1}$$

im Zeitintervall $[t_a, t_e]$ mit der **Anfangsbedingung** $x_a = x(t_a)$. Die Grundidee der numerischen Behandlung von Anfangswertproblemen ist die Approximation des zeitlichen Verlaufs der Funktionen $x(t)$ und $\dot{x}(t)$ an diskreten Punkten (Stützstellen). Zu diesem Zweck führen wir eine Zeitdiskretisierung durch und unterteilen das betrachtete Zeitintervall $[t_a, t_e]$ in n äquidistante Zeitschritte Δt (Abb. 7.1). Die Zeitschrittweite ergibt sich zu

$$\Delta t = \frac{t_e - t_a}{n}, \tag{7.2}$$

womit ein diskreter Punkt auf der Zeitachse durch

$$t_i = t_a + i\,\Delta t \quad \text{mit} \quad i = 0, \ldots, n \tag{7.3}$$

bestimmt wird. Zur Vereinfachung der Schreibweise bezeichnen wir die Näherungswerte zum Zeitpunkt t_i mit

$$x_i = x(t_i) \quad \text{und} \quad \dot{x}_i = \dot{x}(t_i)\,. \tag{7.4}$$

Die Integration von (7.1) von t_i bis t_{i+1} liefert mit

$$\int_{t_i}^{t_{i+1}} \dot{x}(t)\,\mathrm{d}t = x_{i+1} - x_i$$

den Funktionswert

$$x_{i+1} = x_i + \int_{t_i}^{t_{i+1}} f[t, x(t)]\,\mathrm{d}t\,. \tag{7.5}$$

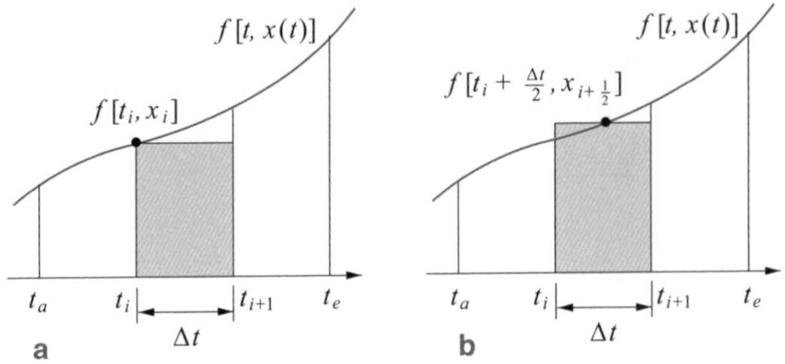

Abb. 7.2 Euler-Vorwärts-Verfahren und Mittelpunktsregel

Gleichung (7.5) dient als Grundlage verschiedener Algorithmen zur Berechnung von Näherungslösungen x_{i+1}. Sie unterscheiden sich im wesentlichen durch die Wahl der Approximation des Integrals.

Das einfachste Verfahren ist das **Eulersche Polygonzugverfahren** (Euler-Vorwärts-Verfahren, vgl. Band 4, Abschnitt 7.3.1). Hierbei wählen wir

$$\int_{t_i}^{t_{i+1}} f[t, x(t)]\,\mathrm{d}t \approx f[t_i, x_i]\,\Delta t$$

$$\rightarrow \quad x_{i+1} = x_i + f[t_i, x_i]\,\Delta t\,. \tag{7.6}$$

Ist x_i bekannt, so kann zunächst $f[t_i, x_i]$ durch eine einfache Funktionsauswertung berechnet und anschließend x_{i+1} bestimmt werden. Dieses Verfahren wird als **explizit** bezeichnet, da die Gleichung (7.6) direkt (explizit) nach dem unbekannten Wert x_{i+1} aufgelöst ist. Die Approximation des Integrals ist in Abb. 7.2a veranschaulicht.

Der Vorteil dieses Verfahrens ist seine einfache Programmierbarkeit. Da die Genauigkeit der approximativen Lösung linear von der Schrittweite Δt abhängt, sind allerdings zur Erzielung einer brauchbaren Näherungslösung oft viele Zeitschritte erforderlich.

Die Rekursionsformel (7.6) ist nun für $i = 0, \ldots, n$ auszuwerten. Zur Verdeutlichung des Ablaufschemas fassen wir die Berechnungsschritte in Tab. 7.1 zusammen ($t_a = 0$).

Tab. 7.1 Euler'sches Polygonzugverfahren

i	t_i	x_i	$f[t_i, x_i]$
0	$t_0 = 0$	$x_0 = x_a$	$f[t_0, x_0]$
1	$t_1 = \Delta t$	$x_1 = x_0 + f[t_0, x_0]\Delta t$	$f[t_1, x_1]$
2	$t_2 = 2\Delta t$	$x_2 = x_1 + f[t_1, x_1]\Delta t$	$f[t_2, x_2]$
3	$t_3 = 3\Delta t$	$x_3 = x_2 + f[t_2, x_2]\Delta t$	$f[t_3, x_3]$
$\vdots$	$\vdots$	$\vdots$	$\vdots$
n	$t_n = n\Delta t$	$x_n = x_{n-1} + f[t_{n-1}, x_{n-1}]\Delta t$	$f[t_n, x_n]$

Das zeilenweise Abarbeiten der einzelnen Funktionsauswertungen und Wertzuweisungen kann direkt algorithmisch umgesetzt werden.

Man kann das Eulersche Polygonzugverfahren modifizieren, indem man das Integral (7.5) mit dem Funktionswert in der Mitte des Intervalls $[t_i, t_{i+1}]$ approximiert. In diesem Fall ergibt sich die Näherungslösung

$$\int_{t_i}^{t_{i+1}} f[t, x(t)]\,\mathrm{d}t \approx f\left[t_i + \frac{\Delta t}{2}, x_{i+\frac{1}{2}}\right]\Delta t$$

$$\rightarrow \quad x_{i+1} = x_i + f\left[t_i + \frac{\Delta t}{2}, x_{i+\frac{1}{2}}\right]\Delta t\,. \tag{7.7}$$

Den Funktionswert $x_{i+\frac{1}{2}}$ bestimmen wir durch den Eulerschritt

$$x_{i+\frac{1}{2}} = x_i + f[t_i, x_i]\,\frac{\Delta t}{2}\,. \tag{7.8}$$

Mit den Abkürzungen

$$k_1 = f[t_i, x_i] \quad \text{und} \quad k_2 = f\left[t_i + \frac{\Delta t}{2}, x_i + k_1\frac{\Delta t}{2}\right] \tag{7.9}$$

erhalten wir den Näherungswert an der Stelle t_{i+1} zu

$$x_{i+1} = x_i + k_2\,\Delta t\,. \tag{7.10}$$

Dieses Verfahren wird als zweistufiges **Runge-Kutta-Verfahren** bezeichnet (Carle David Tolmé Runge 1856–1927, Martin Wilhelm Kutta 1867–1944), da zur Berechnung des Wertes x_{i+1} zwei Funktionsauswertungen (k_1 und k_2) erfor-

Tab. 7.2 Runge-Kutta-Verfahren

i	t_i	x_i	k_1	k_2	k_3	k_4	k
0	t_0	x_0	$f[t_0, x_0]$	$f[\tilde{t}_0, x_0 + \frac{\Delta t}{2} k_1]$	$f[\tilde{t}_0, x_0 + \frac{\Delta t}{2} k_2]$	$f[t_0 + \Delta t, x_0 + \Delta t\, k_3]$	k
1	t_1	x_1	$f[t_1, x_1]$	$f[\tilde{t}_1, x_1 + \frac{\Delta t}{2} k_1]$	$f[\tilde{t}_1, x_1 + \frac{\Delta t}{2} k_2]$	$f[t_1 + \Delta t, x_1 + \Delta t\, k_3]$	k
$\vdots$	$\vdots$	$\vdots$	$\vdots$	$\vdots$	$\vdots$	$\vdots$	$\vdots$
n	t_n	x_n	$f[t_n, x_n]$	$f[\tilde{t}_n, x_n + \frac{\Delta t}{2} k_1]$	$f[\tilde{t}_n, x_n + \frac{\Delta t}{2} k_2]$	$f[t_n + \Delta t, x_n + \Delta t\, k_3]$	k

derlich sind. Hierfür wird auch oft der Ausdruck **Mittelpunktsregel** verwandt. In Abb. 7.2b ist die Approximation des Integrals veranschaulicht.

Ein weiteres Verfahren ist das sogenannte vierstufige (klassische) Runge-Kutta-Verfahren. Wie es der Name schon andeutet, sind zur Berechnung der Näherungslösung vier Funktionsauswertungen erforderlich. Wie bei der zuvor beschriebenen Mittelpunktsregel werden auch hier Ergebnisse von verschiedenen Eulerschritten berücksichtigt. Die Rechenschritte des vierstufigen Runge-Kutta-Verfahrens lassen sich wie folgt zusammenfassen:

$$x_{i+1} = x_i + k\,\Delta t \quad \text{mit} \quad k = \frac{1}{6}(k_1 + 2k_2 + 2k_3 + k_4)\,. \tag{7.11}$$

Die Zwischenwerte k_1, k_2, k_3, k_4 berechnen sich aus

$$\begin{aligned} k_1 &= f\,[t_i, x_i]\,, \\ k_2 &= f\left[t_i + \frac{\Delta t}{2}, x_i + \frac{\Delta t}{2} k_1\right], \\ k_3 &= f\left[t_i + \frac{\Delta t}{2}, x_i + \frac{\Delta t}{2} k_2\right], \\ k_4 &= f\,[t_i + \Delta t, x_i + \Delta t\, k_3]\,. \end{aligned}$$

Die Reihenfolge der Berechnungsschritte ist in Tab. 7.2 angegeben. Zuerst geben wir die Startwerte für die Zeit t und die Variable x vor, d. h. wir initialisieren $t_0 = t_a$ und die Anfangsbedingung $x_0 = x_a$. Anschließend werden die Werte k_1, k_2, k_3, k_4 und k berechnet (Tab. 7.2, erste Zeile). Nun kann die Näherungslösung x_1 in der zweiten Zeile nach (7.11) berechnet werden. Diese Prozedur ist so oft zu wiederholen, bis das Ende des zu untersuchenden Zeitintervalls t_e erreicht ist. In Tab. 7.2 wird die Abkürzung $\tilde{t}_i = t_i + \Delta t/2$ verwendet.

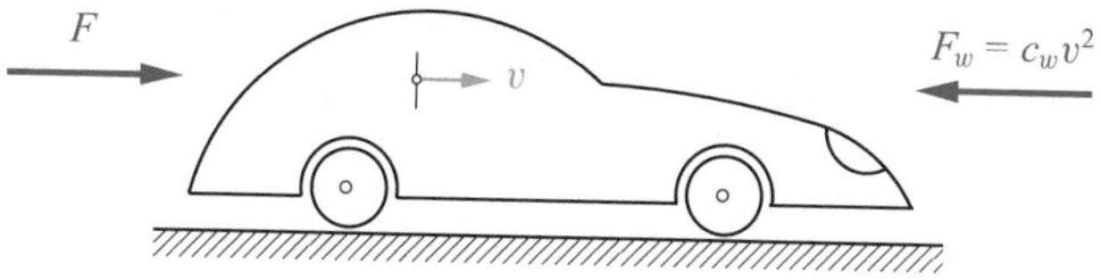

Abb. 7.3 Beispiel zum Eulerschen Polygonzugverfahren

Das Eulersche Polygonzugverfahren und die Runge-Kutta-Verfahren lassen sich formal leicht auf Systeme von Differentialgleichungen 1. Ordnung erweitern (Anhang A).

Als einfaches Anwendungsbeispiel für das Eulersche Polygonzugverfahren betrachten wir die geradlinige Bewegung eines Fahrzeugs (Masse $m = 1400\,\text{kg}$), siehe Abb. 7.3. Die konstante Antriebskraft ist $F = 2800\,\text{N}$, den Luftwiderstand berücksichtigen wir mit $F_w = c_w v^2$ (Luftwiderstandsbeiwert $c_w = 0{,}7$). Wir sind an einer Näherungslösung für die Geschwindigkeit $v(t)$ im Zeitintervall $[t_a, t_e] = [0, 120\,\text{s}]$ interessiert, wobei die Anfangsgeschwindigkeit $v_a = 10\,\text{m/s}$ beträgt.

Die Bewegungsgleichung lautet

$$m\dot{v} = F - c_w v^2 \quad \to \quad \dot{v} = f[t, v] \quad \text{mit} \quad f[t, v] = \frac{F}{m} - \frac{c_w}{m} v^2 .$$

Die analytische Lösung ergibt sich mit $\kappa^2 = F/c_w$ zu

$$\dot{x} = \kappa \tanh \frac{F(t - C)}{m\kappa} \quad \text{mit} \quad C = -\frac{m\kappa}{F} \operatorname{artanh} \frac{v_a}{\kappa} ,$$

vgl. Abschn. 1.2.4 Die analytische Lösung zum Zeitpunkt $t = 40\,\text{s}$ ist $\dot{x}(40) = 56{,}32 \approx 56{,}3\,\text{m/s}$, und zum Zeitpunkt t_e erhalten wir den Wert $\dot{x}(120) = 63{,}199 \approx 63{,}2\,\text{m/s}$.

In den folgenden numerischen Auswertungen werden wir konsequent die Einheiten N, m und s verwenden. Wie es in computerbasierten Rechnungen üblich ist, werden wir die Einheiten für die Zwischenergebnisse nicht mehr angeben. Im allgemeinen ist vor jeder numerischen Berechnung eine Umrechnung aller eingehenden Größen auf die gleichen Einheiten vorzunehmen.

Mit den angegebenen Parameterwerten folgt

$$\dot{v} = f[t, v] \quad \text{mit} \quad f[t, v] = 2 - 0{,}0005\, v^2 .$$

Tab. 7.3 Numerische Ergebnisse

i	t_i	v_i	$f[t_i, v_i]$
0	0	10,000	1,9500
1	20	49,000	0,7995
2	40	64,990	–0,1119
3	60	62,753	0,0310
4	80	63,374	–0,0081
5	100	63,211	0,0022
6	120	63,255	–0,0006

Zur Veranschaulichung des Rekursionsschemas führen wir zunächst eine Berechnung mit 6 äquidistanten Zeitschritten durch:

$$t_i = i\,\Delta t \quad \text{mit} \quad i = 0, \ldots, 6 \quad \rightarrow \quad \Delta t = \frac{120 - 0}{6} = 20\,.$$

Für $t = 0$, d. h. für $i = 0$ ergeben sich die Werte

$$v_0 = v_a = 10\,,$$
$$f[t_0, v_0] = 2 - 0{,}0005 \cdot 10^2 = 1{,}950\,.$$

Zum Zeitpunkt $t_1 = 20$ ($i = 1$) erhalten wir

$$v_1 = v_0 + f[t_0, v_0]\,\Delta t = 10 + 1{,}95 \cdot 20 = 49\,,$$
$$f[t_1, v_1] = 2 - 0{,}0005 \cdot 49^2 = 0{,}7995\,.$$

Die Auswertung zum Zeitpunkt $t_2 = 40$ ($i = 2$) liefert

$$v_2 = v_1 + f[t_1, v_1]\,\Delta t = 49 + 0{,}7995 \cdot 20 = 64{,}99\,,$$
$$f[t_2, v_2] = 2 - 0{,}0005 \cdot 64{,}99^2 = -0{,}1119\,.$$

Auf gleiche Weise ergeben sich die Werte für $i = 4, \ldots, 6$. Alle Ergebnisse sind in Tab. 7.3 zusammengestellt.

Ein Vergleich des Näherungswertes mit der analytischen Lösung zum Zeitpunkt $t = 40$ s ergibt eine Abweichung von ca. 15 %, wohingegen zum Zeitpunkt $t = 120$ s der Fehler unter 1 % liegt, vgl. Abb. 7.4.

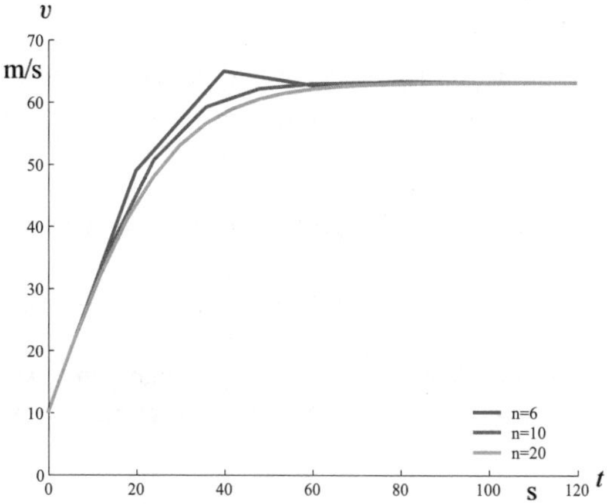

Abb. 7.4 Ergebnisse für verschiedene Zeitinkremente

Die algorithmische Umsetzung ist in Algorithmus 7.1 dargestellt.

Algorithmus 7.1 Eulersches Polygonzugverfahren

```
% Parameter
cw = 0.7;   m = 1400.0;   F = 2800.0;
% Zeitintervall
n = 6; ta = 0.0; te = 120.0;
delta_t = (te - ta)/n;
% Anfangsbedingung
v(1) = 10.0;    t(1) = ta;
for i = 1 : n+1
  func = F/m - cw/m*(v(i))^2;
  v(i+1) = v(i) + func*delta_t;
  t(i+1) = t(i) + delta_t;
end
```

In Abb. 7.4 sind die numerischen Werte für $n = 6, 10, 20$ Zeitinkremente visualisiert. Wir erkennen, dass mit feiner werdender Diskretisierung die Lösung konvergiert. Sie lässt sich für $n = 20$ optisch kaum von der analytischen Lösung unterscheiden.

Beispiel 7.1

Für das vorhergehende Anwendungsbeispiel ist eine Näherungslösung für die Geschwindigkeit $v(t)$ mit dem vierstufigen Runge-Kutta-Verfahren zu bestimmen.

Lösung Das Zeitintervall unterteilen wir zunächst in 6 Abschnitte:

$$t_i = i\,\Delta t \quad \text{mit} \quad i = 0,\ldots,6 \quad \rightarrow \quad \Delta t = \frac{120-0}{6} = 20\,.$$

An der Stelle $t = 0$ ($i = 0$) initialisieren wir zunächst die Anfangsbedingung $v_0 = v_a = 10$. Anschließend erfolgt die Berechnung der Zwischenwerte k_1, k_2, k_3, k_4:

$$\begin{aligned}
k_1 &= f[t_0, v_0] = 2 - 0{,}0005 \cdot 10^2 = 1{,}950\,,\\
k_2 &= f\left[t_0 + \frac{\Delta t}{2}, v_0 + \frac{\Delta t}{2} k_1\right]\\
&= 2 - 0{,}0005 \cdot (10 + 20/2 \cdot 1{,}950)^2 = 1{,}5649\,,\\
k_3 &= f\left[t_0 + \frac{\Delta t}{2}, x_0 + \frac{\Delta t}{2} k_2\right]\\
&= 2 - 0{,}0005 \cdot (10 + 20/2 \cdot 1{,}5649)^2 = 1{,}6711\,,\\
k_4 &= f[t_i + \Delta t, x_i + \Delta t\, k_3]\\
&= 2 - 0{,}0005 \cdot (10 + 20 \cdot 1{,}6711)^2 = 1{,}0573\,.
\end{aligned}$$

Hieraus folgt der k-Wert

$$k = \frac{1}{6}(k_1 + 2k_2 + 2k_3 + k_4) = 1{,}5799\,,$$

und man erhält für $i = 1$ ($t = 20$) die Geschwindigkeit

$$v_1 = v_0 + k\,\Delta t \quad \rightarrow \quad v_1 = 10 + 1{,}5799 \cdot 20 = 41{,}597\,.$$

Diese Prozedur wird so oft wiederholt, bis das Ende des zu untersuchenden Zeitintervalls erreicht ist. Für die Diskretisierung des Intervalls $[t_a, t_e]$ in $n = 6$ äquidistante Zeitschritte sind die Auswertungsschritte in Tab. 7.4 zusammengefasst.

Vergleichen wir die Näherungswerte zu den Zeitpunkten $t = 40$ s und $t = 120$ s mit den analytischen Lösungen, so erkennen wir, dass der Fehler jeweils unter 1 % liegt.

Tab. 7.4 Numerische Zwischenergebnisse

i	t_i	v_i	k_1	k_2	k_3	k_4	k
0	0	10,000	1,9500	1,5649	1,6711	1,0573	1,5799
1	20	41,597	1,1348	0,5989	0,8680	0,2620	0,7216
2	40	56,029	0,4304	0,1800	0,3279	0,0414	0,2479
3	60	60,988	0,1403	0,0537	0,1073	0,0070	0,0782
4	80	62,552	0,0436	0,0162	0,0334	0,0016	0,0241
5	100	63,034	0,0134	0,0049	0,0103	0,0004	0,0074
6	120	63,181	0,0041	0,0015	0,0031	0,0001	0,0022

Die algorithmische Umsetzung ist in Algorithmus 7.2 dargestellt.

Algorithmus 7.2 Vierstufiges Runge-Kutta-Verfahren

```
% Vierstufiges Runge-Kutta-Verfahren
% Parameter- und Funktionzuweisung in func.m
% Anzahl der Zeitinkremente
n = 6;
% Zeitintervall
ta = 0.0; te = 120.0;
% Zeitschrittweite
delta_t = (te - ta)/n;
% Anfangsbedingung
v(1) = 10.0, t(1) = ta,
% Rekursionsformel
for i = 1 : n+1
  k1 = func(v(i));
  k2 = func(v(i) + delta_t/2*k1);
  k3 = func(v(i) + delta_t/2*k2);
  k4 = func(v(i) + delta_t  *k3);
  k  = 1/6*(k1 + 2*k2 + 2*k3 + k4);
  v(i+1) = v(i) + k*delta_t;
  t(i+1) = t(i) + delta_t;
end
% Parameter- und Funktionszuweisung in func.m
function wert = f(v)
cw = 0.7;  m = 1400.0;  F = 2800.0;
wert = F/m - cw/m*v^2;
```

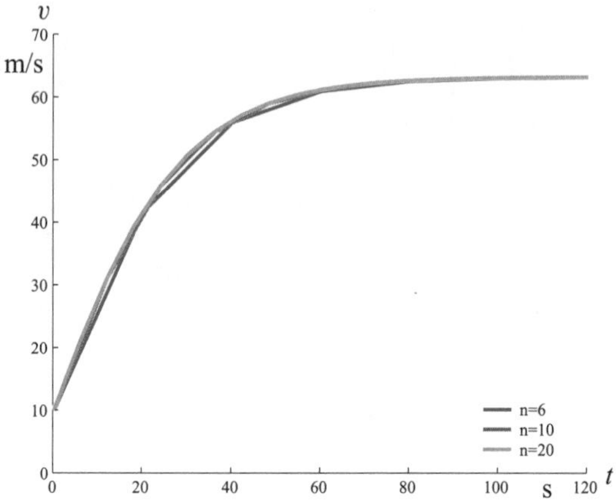

Die mit dem Programm berechneten Approximationen der Geschwindigkeit für $n = 6, 10$ und 20 sind in dem Geschwindigkeits-Zeit Diagramm visualisiert. Wir erkennen, dass im Gegensatz zum Eulerschen Polygonzugverfahren schon für $n = 6$ eine sehr gute Lösung erzielt wird. ◄

7.3 Anfangswertprobleme 2. Ordnung

In der Kinetik führt der Schwerpunktsatz $m\,\ddot{x}_s = F_x$ bzw. der Drehimpulssatz $\Theta_S\,\ddot{\varphi} = M_S$ auf Bewegungsgleichungen vom Typ $a\,\ddot{x} = b$. Allgemein lautet die Darstellung der Bewegungsgleichung mit den **Anfangsbedingungen** für den Ort und die Geschwindigkeit

$$\ddot{x} = f[t, x(t), \dot{x}(t)] \quad \text{mit} \quad x_a = x(t_a) \quad \text{und} \quad \dot{x}_a = \dot{x}(t_a)\,. \tag{7.12}$$

Um die in Abschn. 7.2 beschriebenen Zeitdiskretisierungsverfahren für Differentialgleichungen 1. Ordnung auf (7.12) anwenden zu können, ist eine Transformation der Bewegungsgleichung (7.12) auf ein System von zwei Differentialgleichungen 1. Ordnung erforderlich (vgl. auch Anhang A und Band 4, Abschnitt 7.3.1). Hierzu führen wir die Hilfsfunktionen $z_1(t)$ und $z_2(t)$ ein. Mit den Transformationen

$$z_1(t) = x(t) \quad \text{und} \quad z_2(t) = \dot{x}(t)$$

erhalten wir das Differentialgleichungssystem

$$\begin{aligned} \dot{z}_1(t) &= z_2(t) = f_1[t, z_1(t), z_2(t)]\,, \\ \dot{z}_2(t) &= f_2[t, z_1(t), z_2(t)]\,. \end{aligned} \tag{7.13}$$

Diese zwei Differentialgleichungen können nun mit den in Abschn. 7.2 beschriebenen Verfahren gelöst werden. Zur Erhöhung der Übersichtlichkeit verwenden wir für die Näherungswerte von $z_1(t)$ und $z_2(t)$ an den diskreten Stützstellen t_i folgende Schreibweise:

$$z_{1_i} := z_1(t_i) \quad \text{und} \quad z_{2_i} := z_2(t_i) \quad \text{für} \quad i = 0, \ldots, n\,. \tag{7.14}$$

Die Anfangsbedingungen sind

$$z_{1_0} = z_1(t_a) = x_a \quad \text{und} \quad z_{2_0} = z_2(t_a) = \dot{x}_a\,. \tag{7.15}$$

Für das **Eulersche Polygonzugverfahren** gilt die Rekursionsvorschrift (vgl. 7.6):

$$\begin{aligned} z_{1_{i+1}} &= z_{1_i} + f_1[t_i, z_{1_i}, z_{2_i}]\,\Delta t\,, \\ z_{2_{i+1}} &= z_{2_i} + f_2[t_i, z_{1_i}, z_{2_i}]\,\Delta t\,. \end{aligned} \tag{7.16}$$

Beim **vierstufigen Runge-Kutta-Verfahren** sind für die Integration von Anfangswertproblemen 1. Ordnung vier Zwischenwerte k_1, k_2, k_3, k_4 zu berechnen. Da nun zwei Differentialgleichungen 1. Ordnung vorliegen, sind auch für die zweite Gleichung vier Zwischenwerte zu ermitteln. Diese bezeichnen wir zunächst mit l_1, l_2, l_3, l_4. Mit der Abkürzung $\tilde{t}_i = t_i + \Delta t/2$ ergeben sich die Funktionsauswertungen k_j, l_j für $j = 1, \ldots, 4$ zu

$$\begin{aligned}
k_1 &= f_1[t_i, z_{1_i}, z_{2_i}], & l_1 &= f_2[t_i, z_{1_i}, z_{2_i}],\\
k_2 &= f_1\Big[\tilde{t}_i, z_{1_i} + \frac{\Delta t}{2}k_1, z_{2_i} + \frac{\Delta t}{2}l_1\Big], & l_2 &= f_2\Big[\tilde{t}_i, z_{1_i} + \frac{\Delta t}{2}k_1, z_{2_i} + \frac{\Delta t}{2}l_1\Big],\\
k_3 &= f_1\Big[\tilde{t}_i, z_{1_i} + \frac{\Delta t}{2}k_2, z_{2_i} + \frac{\Delta t}{2}l_2\Big], & l_3 &= f_2\Big[\tilde{t}_i, z_{1_i} + \frac{\Delta t}{2}k_2, z_{2_i} + \frac{\Delta t}{2}l_2\Big],\\
k_4 &= f_1[t_{i+1}, z_{1_i} + \Delta t\, k_3, z_{2_i} + \Delta t\, l_3], & l_4 &= f_2[t_{i+1}, z_{1_i} + \Delta t\, k_3, z_{2_i} + \Delta t\, l_3]\,.
\end{aligned}$$

Tab. 7.5 Berechnungsschritte beim vierstufigen Runge-Kutta-Verfahren

$z_{1_{i+1}} = z_{1_i} + k\,\Delta t$	$z_{2_{i+1}} = z_{2_i} + l\,\Delta t$
$k = \frac{1}{6}(k_1 + 2k_2 + 2k_3 + k_4)$	$l = \frac{1}{6}(l_1 + 2l_2 + 2l_3 + l_4)$
$k_1 = f_1(t_i, z_{1_i}, z_{2_i})$	$l_1 = f_2(t_i, z_{1_i}, z_{2_i})$
$k_2 = f_1\Big(\tilde{t}_i, z_{1_i} + \frac{\Delta t}{2}k_1, z_{2_i} + \frac{\Delta t}{2}l_1\Big)$	$l_2 = f_2\Big(\tilde{t}_i, z_{1_i} + \frac{\Delta t}{2}k_1, z_{2_i} + \frac{\Delta t}{2}l_1\Big)$
$k_3 = f_1\Big(\tilde{t}_i, z_{1_i} + \frac{\Delta t}{2}k_2, z_{2_i} + \frac{\Delta t}{2}l_2\Big)$	$l_3 = f_2\Big(\tilde{t}_i, z_{1_i} + \frac{\Delta t}{2}k_2, z_{2_i} + \frac{\Delta t}{2}l_2\Big)$
$k_4 = f_1(t_{i+1}, z_{1_i} + \Delta t\, k_3, z_{2_i} + \Delta t\, l_3)$	$l_4 = f_2(t_{i+1}, z_{1_i} + \Delta t\, k_3, z_{2_i} + \Delta t\, l_3)$

Tab. 7.6 Vierstufiges Runge-Kutta-Verfahren: Rekursionsformeln

$z_{j_{i+1}} = z_{j_i} + k_j \, \Delta t$
$k_j = \frac{1}{6}(k_{j1} + 2k_{j2} + 2k_{j3} + k_{j4})$
$k_{j1} = f_j(t_i, z_{1_i}, z_{2_i})$
$k_{j2} = f_j\left(\tilde{t}_i, z_{1_i} + \frac{\Delta t}{2} k_{11}, z_{2_i} + \frac{\Delta t}{2} k_{21}\right)$
$k_{j3} = f_j\left(\tilde{t}_i, z_{1_i} + \frac{\Delta t}{2} k_{12}, z_{2_i} + \frac{\Delta t}{2} k_{22}\right)$
$k_{j4} = f_j(t_{i+1}, z_{1_i} + \Delta t k_{13}, z_{2_i} + \Delta t k_{23})$

Damit werden die Parameter

$$k = \frac{1}{6}(k_1 + 2k_2 + 2k_3 + k_4) \quad \text{und} \quad l = \frac{1}{6}(l_1 + 2l_2 + 2l_3 + l_4) \qquad (7.17)$$

zur Berechnung der Näherungslösungen an der Stelle t_{i+1} ausgewertet. Die einzelnen Berechnungsschritte fassen wir in Tab. 7.5 zusammen.

Vergleichen wir die beiden Spalten in Tab. 7.5, so erkennen wir, dass sie durch Vertauschung von $k_i \leftrightarrow l_i$ sowie von $f_1 \leftrightarrow f_2$ ineinander überführt werden können. Es bieten sich deshalb die Umbenennungen

$$\begin{aligned} \{k_1, k_2, k_3, k_4\} &\rightarrow \{k_{11}, k_{12}, k_{13}, k_{14}\} \\ \{l_1, l_2, l_3, l_4\} &\rightarrow \{k_{21}, k_{22}, k_{23}, k_{24}\} \end{aligned}$$

an. Damit lassen sich die Rekursionsformeln mit $j = 1{,}2$ wie in Tab. 7.6 schreiben.

Die Umsetzung des Verfahrens ist in Algorithmus 7.3 dargestellt.

Algorithmus 7.3 Vierstufiges Runge-Kutta-Verfahren

```
% Parameter- und Funktionenzuweisungen
% in func1.m und func2.m:

% func1.m: Funktionszuweisung
function wert1 = f1(t,z1,z2)
wert1 = z2;

% func2.m: Parameter- und Funktionszuweisungen
function wert2 = f2(t,z1,z2)
wert2 = ***;

% Vierstufiges Runge-Kutta-Verfahren
% fuer Anfangswertprobleme 2. Ordnung
```

```
% Anzahl der aequidistanten Zeitintervalle
n = ***;
% Zeitintervall
ta = ***;
te = ***;
% Zeitschrittweite
delta_t = (te - ta)/n;
% Anfangsbedingungen
t(1) = ta;
z1(1) = ***;
z2(1) = ***;

% Rekursionsformel
for i = 1 : n+1
    k(1{,}1) = func1(t(i),z1(i),z2(i));
    k(2{,}1) = func2(t(i),z1(i),z2(i));
    k(1{,}2) = func1(t(i)+delta_t/2,
               z1(i)+delta_t/2*k(1{,}1),
               z2(i)+delta_t/2*k(2{,}1));
    k(2{,}2) = func2(t(i)+delta_t/2,
               z1(i)+delta_t/2*k(1{,}1),
               z2(i)+delta_t/2*k(2{,}1));
    k(1{,}3) = func1(t(i)+delta_t/2,
               z1(i)+delta_t/2*k(1{,}2),
               z2(i)+delta_t/2*k(2{,}2));
    k(2{,}3) = func2(t(i)+delta_t/2,
               z1(i)+delta_t/2*k(1{,}2),
               z2(i)+delta_t/2*k(2{,}2));
    k(1{,}4) = func1(t(i)+delta_t,
               z1(i)+delta_t*k(1{,}3),
               z2(i)+delta_t*k(2{,}3));
    k(2{,}4) = func2(t(i)+delta_t,
               z1(i)+delta_t*k(1{,}3),
               z2(i)+delta_t*k(2{,}3));
    z1(i+1)  = z1(i)+1/6*(k(1{,}1)+2*k(1{,}2)
               + 2*k(1{,}3)+k(1{,}4))*delta_t;
    z2(i+1)  = z2(i)+1/6*(k(2{,}1)+2*k(2{,}2)
               + 2*k(2{,}3)+k(2{,}4))*delta_t;
    t(i+1)   = t(i)+delta_t;
end
```

Zur Berechnung verschiedener Anfangswertprobleme sind nur die mit *** gekennzeichneten Größen zu modifizieren.

In vier Anwendungsbeispielen lösen wir die Bewegungsgleichung

$$m\ddot{x} + d\dot{x} + cx = F_0 \cos \Omega t$$

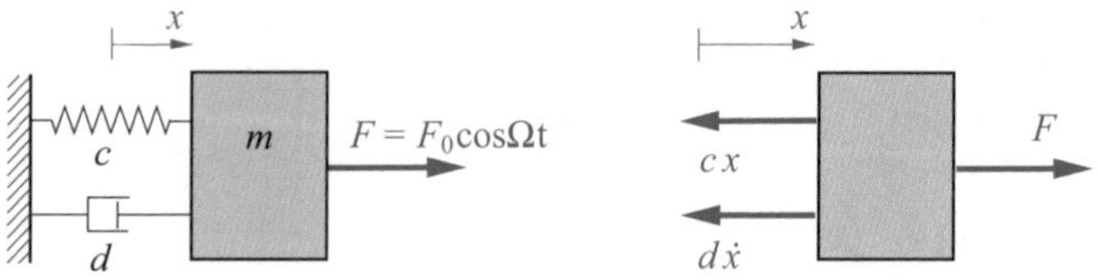

Abb. 7.5 Einmassenschwinger

des in Abb. 7.5 dargestellten Einmassenschwingers für verschiedene Parameter (m, d, c, F_0, Ω) sowie für verschiedene Anfangsbedingungen $x_a = x(t_a)$ und $\dot{x}_a = \dot{x}(t_a)$ numerisch. Zur Berechnung der Näherungslösungen für die aktuelle Lage $x(t)$ und die Geschwindigkeit $v(t)$ im Zeitintervall $[t_a, t_e]$ wenden wir das vierstufige Runge-Kutta-Verfahren an.

Zunächst schreiben wir die Bewegungsgleichung in der Form

$$\ddot{x} = \frac{F_0}{m}\cos\Omega t - \frac{d}{m}\dot{x} - \frac{c}{m}x\,.$$

Mit den Hilfsfunktionen

$$z_1(t) = x(t) \quad \text{und} \quad z_2(t) = \dot{x}(t)$$

lässt sie sich in das Differentialgleichungssystem 1. Ordnung

$$\dot{z}_1(t) = z_2(t)\,, \quad \dot{z}_2(t) = \frac{F_0}{m}\cos\Omega t - \frac{d}{m}z_2(t) - \frac{c}{m}z_1(t)$$

überführen. Die Funktionen $f_1[t, z_1(t), z_2(t)]$ und $f_2[t, z_1(t), z_2(t)]$ nach (7.13) lauten dementsprechend

$$f_1[t, z_1(t), z_2(t)] = z_2(t)\,,$$
$$f_2[t, z_1(t), z_2(t)] = \frac{F_0}{m}\cos\Omega t - \frac{d}{m}z_2(t) - \frac{c}{m}z_1(t)\,.$$

Die Anfangsbedingungen zum Zeitpunkt t_a bezeichnen wir mit

$$z_1(t_a) = x_a \quad \text{und} \quad z_2(t_a) = \dot{x}_a\,.$$

Als ersten Fall betrachten wir die freie Schwingung des ungedämpften Systems $(d = 0,\ F_0 = 0)$ mit den Anfangsbedingungen

$$x_a = 0{,}1\,\text{m} \quad \text{und} \quad \dot{x}_a = 0\,.$$

Die Parameter wählen wir zu

$$m = 5\,\text{kg} \quad \text{und} \quad c = 500\,\text{N/m}\,,$$

wobei wir für n die Werte 20 bzw. 40 setzen. Die erforderlichen Ergänzungen im Programmcode nach Algorithmus 7.3 lauten damit:

```
% Anzahl der aequidistanten Zeitintervalle
n = 20;
% Zeitintervall
ta = 0.0;  te = 3.0;  delta_t = (te - ta)/n;
% Anfangsbedingungen
z1(1) = 0.1;  z2(1) = 0.0;  t(1) = ta;
% Funktionszuweisung in func1.m
function wert1 = f1(t,z1,z2)
wert1 = z2;
% Parameter- und Funktionszuweisung in func2.m
function wert2 = f2(t,z1,z2)
m = 5.0; cf = 500.0;
wert2 = -cf/m*z1;
```

Das hiermit berechnete Weg-Zeit-Diagramm und das Geschwindigkeits-Zeit-Diagramm sind in Abb. 7.6 dargestellt. Für $n = 40$ erhalten wir bereits eine sehr gute Übereinstimmung mit der analytischen Lösung $x = 0{,}1 \cos \omega t$. Dabei sind $\omega = \sqrt{c/m} = \sqrt{500/5} = 10\,\text{s}^{-1}$ und $T = 2\pi/\omega = 0{,}63\,\text{s}$.

Als zweiten Fall betrachten wir das Ausschwingverhalten eines schwach gedämpften Schwingers mit den gleichen Parametern ($m = 5\,\text{kg}$, $c = 500\,\text{N/m}$) und Anfangsbedingungen $x_a = 0{,}1\,\text{m}$, $\dot{x}_a = 0$. Gegenüber dem ersten Fall wird jetzt der Dämpfungsparameter

$$d = 10\,\text{kg/s}$$

berücksichtigt. Die erforderlichen Ergänzungen im Programmcode nach Algorithmus 7.3 sind in diesem Fall:

```
% Anzahl der aequidistanten Zeitintervalle
n = 20;
% Zeitintervall
ta = 0.0;  te = 3.0;  delta_t = (te - ta)/n;
% Anfangsbedingungen
z1(1) = 0.1;  z2(1) = 0.0;  t(1) = ta;
% Funktionszuweisung in func1.m
function wert1 = f1(t,z1,z2)
wert1 = z2;
```

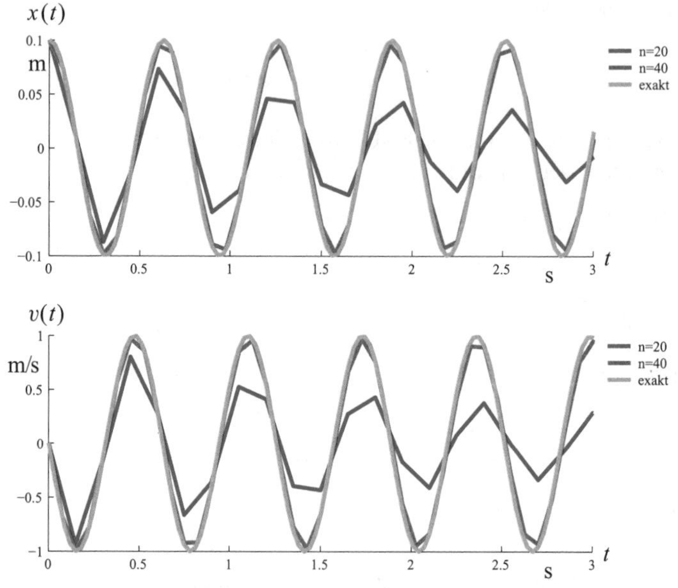

Abb. 7.6 Ungedämpfter Schwinger: Vergleich der analytischen Lösung mit den Näherungslösungen

```
% Parameter- und Funktionszuweisung in func2.m
function wert2 = f2(t,z1,z2)
m = 5.0; d = 10.0; cf = 500.0;
wert2 = -d/m*z2-cf/m*z1;
```

Die Näherungslösungen für $n = 20$ und $n = 40$ sind in Abb. 7.7 der analytischen Lösung gegenübergestellt. Wir erkennen, dass bei der Wahl von $n = 40$ Zeitinkrementen eine gute Übereinstimmung mit der analytischen Lösung erzielt wird.

Als dritten Fall untersuchen wir das Ausschwingverhalten eines gedämpften Schwingers im aperiodischen Grenzfall. Die Änderungen zum vorangegangenen Fall sind, dass die Dämpfungskonstante d einen höheren Wert annimmt und $t_e = 1\,\mathrm{s}$ gesetzt wird. Für d erhalten wir in diesem Fall mit $D = \delta/\omega = 1 \rightarrow \delta = \omega = 10\,\mathrm{s}^{-1}$ den Wert $d = 2\delta\, m = 100\,\mathrm{kg/s}$. Alle weiteren Einstellungen behalten wir bei.

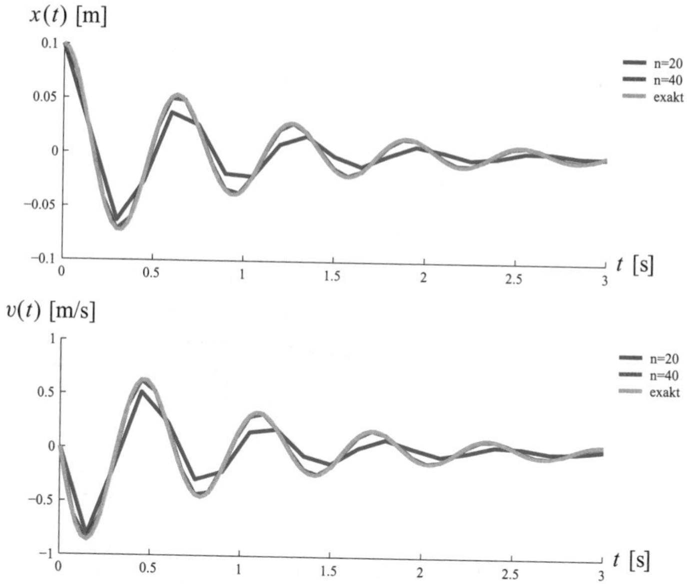

Abb. 7.7 Schwach gedämpfter Schwinger: Vergleich der analytischen Lösung mit den Näherungslösungen

Den Ergebnissen in Abb. 7.8 entnehmen wir, dass sowohl für $n = 20$ als auch für $n = 40$ sehr gute Näherungswerte erzielt werden.

Als letzten Fall untersuchen wir das Verhalten des gedämpften Schwingers mit harmonischer Krafterregung und den Anfangsbedingungen

$$x_a = 0 \quad \text{und} \quad \dot{x}_a = 0\,.$$

Die Parameter wählen wir zu

$$d = 10\,\text{kg/s}, \quad c = 500\,\text{N/m}, \quad F_0 = 10\,\text{N}, \quad \Omega = 10\,\text{s}^{-1}\,,$$

und für n wählen wir die Werte 30 und 50. Damit lauten die erforderlichen Ergänzungen im Programm nach Algorithmus 7.3:

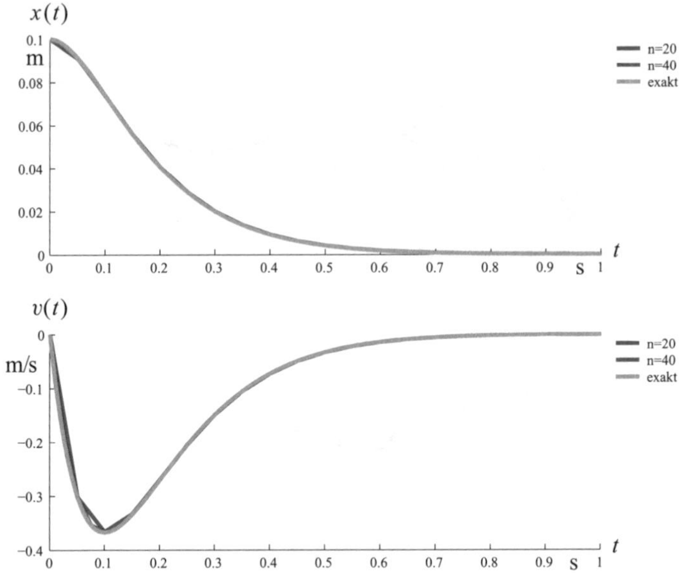

Abb. 7.8 Aperiodischer Grenzfall: Vergleich der analytischen Lösung mit den Näherungslösungen

```
% Anzahl der aequidistanten Zeitintervalle
n = 50;
% Zeitintervall
ta = 0.0;   te = 6.0;   delta_t = (te - ta)/n;
% Anfangsbedingungen
z1(1) = 0.0;   z2(1) = 0.0;   t(1) = ta;
% Funktionszuweisung in func1.m
function wert1 = f1(t,z1,z2)
wert1 = z2;
% Parameter- und Funktionszuweisung in func2.m
function wert2 = f2(t,z1,z2)
m = 5.0; d = 10.0; cf = 500.0; F_o = 10.0; Omega = 10.0;
wert2 = -d/m*z2-cf/m*z1;
```

Die Näherungslösungen für $n = 30$ und $n = 50$ sind in Abb. 7.9 der analytischen Lösung gegenübergestellt. Das System antwortet mit der Erregerfrequenz Ω, d. h. mit der Schwingungsdauer $T = 2\pi/\Omega \approx 0{,}63\,\mathrm{s}$, was im eingeschwungenen Zustand zu erwarten ist.

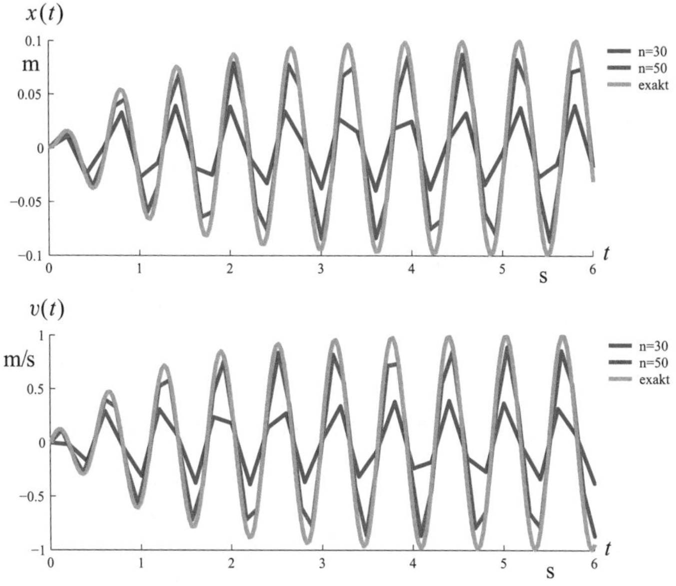

Abb. 7.9 Harmonische Krafterregung: Vergleich der analytischen Lösung mit den Näherungslösungen

Der eingeschwungene Zustand wird in der Simulation bei ca. 4 s erreicht. Hierfür können wir die Amplitude mit der Vergrößerungsfunktion (5.62) für den Fall $E = 1$ berechnen. Für die Erregung im Resonanzfall $\eta = \Omega/\omega = 1$ ergibt sich der Wert der Vergrößerungsfunktion zu $V_1(1) = 1/2D \rightarrow V_1(1) = 1/0{,}2 = 5$.

Die maximale Auslenkung erhalten wir aus $x_{\max} = \pm V_1 x_0$ mit $x_0 = F_0/c = 10/500 = 0{,}02$ zu $x_{\max} = \pm 0{,}1$ m.

Beispiel 7.2

Ein in A aufgehängtes Pendel, bestehend aus einer starren, masselosen Stange und den zwei Einzelmassen m_1 und m_2, führt eine freie Schwingung aus. Für die Anfangsbedingungen $\varphi(0) = 3°$, $\varphi(0) = 179°$, $\varphi(0) = 179{,}99°$ und $\dot{\varphi}(0) = 0$ sind die Winkel-Zeit-Verläufe $\varphi(t)$ im Zeitintervall [0, 43 s] zu ermitteln. Diese sind ferner über eine Periode T der Schwingung darzustellen.

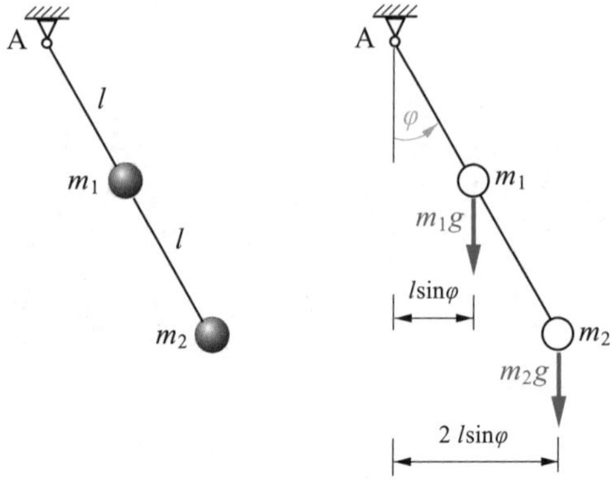

Lösung Die Bewegungsgleichung wurde in Beispiel 2.3 mit dem Drehimpulssatz ermittelt:

$$\ddot{\varphi} + \omega^2 \sin\varphi = 0 \quad \text{mit} \quad \omega^2 = \frac{g}{l}\frac{m_1 + 2m_2}{m_1 + 4m_2}\,.$$

Die Anfangsbedingungen sind

$$\varphi_a = \varphi(0) \quad \text{und} \quad \dot{\varphi}_a = \dot{\varphi}(0) = 0\,.$$

Für die numerische Berechnung setzen wir $\omega = 1$. Die erforderlichen Ergänzungen im Matlab-Programmcode nach Algorihmus 7.3 sind:

```
% Anzahl der aequidistanten Zeitintervalle
n = 3000;
% Zeitintervall
ta = 0.0;  te = 42.935;  delta_t = (te - ta)/n;
% Anfangsbedingungen
z1(1) = (179.99/180)*pi;  z2(1) = 0.0;  t(1) = ta;
% Funktionszuweisung in func1.m
function wert = func1(t,z1,z2)
wert = z2;
% Parameter- und Funktionszuweisung in func2.m
function wert = func2(t,z1,z2)
omega = 1;
wert = -omega*omega*sin(z1);
```

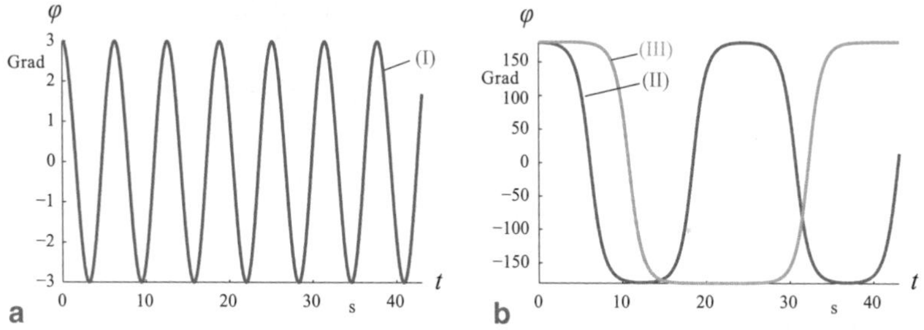

Der Schwingungsverlauf für die Anfangsbedingung $\varphi(0) = 3°$ ist in Bild a (I) dargestellt. Aus dem Diagramm lesen wir die Schwingungsdauer $T \approx 6{,}5$ s ab. In Bild b sind die Verläufe für die Anfangswinkel $\varphi(0) = 179°$ mit $T \approx 24{,}5$ s (II) und $\varphi(0) = 179{,}99°$ mit $T \approx 43$ s (III) angegeben.

Bei der Schwingung mit dem Anfangswinkel $\varphi(0) = 179°$ erkennen wir bereits die Ausbildung eines Plateaus im Bereich der maximalen Auslenkung. Dieser Effekt tritt im Fall $\varphi(0) = 179{,}99°$ noch deutlich stärker hervor (Bild b). Für große Anfangswinkel entspricht der Kurvenverlauf dem sogenannten **sinus amplitudinis** (eine Verallgemeinerung der Sinusfunktion), der deutlich vom Sinus-Verlauf abweicht.

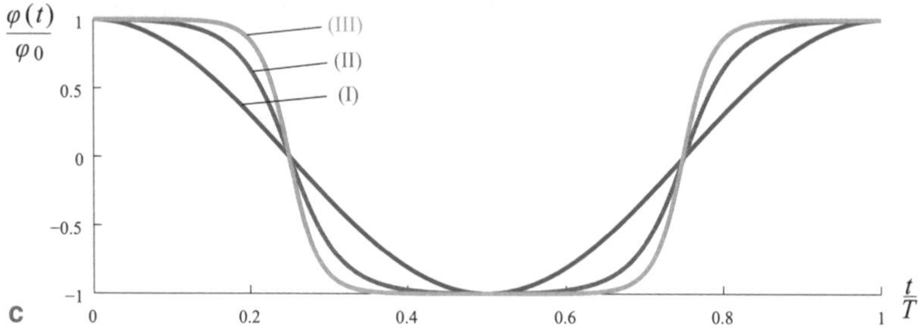

Diese Abweichung können wir noch besser erkennen, wenn wir die $\varphi(t)$-Verläufe normiert darstellen. Hierzu tragen wir auf der Ordinate die Werte $\varphi(t)/\varphi_0$ und auf der Abzisse die aktuelle Zeit dividiert durch die entsprechende Schwingungsdauer $(t\,/\,T)$ an. In Bild c sind die normierten Winkel-Zeit-Verläufe dargestellt.

Die Schwingungsdauern für die verschiedenen Anfangsbedingungen können wir auch analytisch berechnen. Hierzu multiplizieren wir die Bewegungsgleichung mit $\dot{\varphi}$ und integrieren anschließend über die Zeit:

$$\int_t \ddot{\varphi}\dot{\varphi}\,\mathrm{d}t + \int_t \omega^2 \sin\varphi\dot{\varphi}\,\mathrm{d}t = C$$

$$\rightarrow \quad \frac{1}{2}\dot{\varphi}^2 + \int_0^{\varphi} \omega^2 \sin\bar{\varphi}\,\mathrm{d}\bar{\varphi} = C\,,$$

vgl. (1.17). Die Integration über φ ergibt:

$$\frac{1}{2}\dot{\varphi}^2 + \omega^2(1-\cos\varphi) = C\,. \qquad \text{(a)}$$

An der Stelle φ_a gilt $\dot{\varphi}(\varphi_a) = 0$. Damit wird

$$C = \omega^2(1-\cos\varphi_a)\,.$$

Setzen wir dies in (a) ein, so erhalten wir die Winkelgeschwindigkeit:

$$\dot{\varphi} = \omega\sqrt{2(\cos\varphi - \cos\varphi_a)}\,.$$

Die Periode T der Schwingung ergibt sich in Anlehnung an (1.18) aus

$$T = \frac{4}{\omega}\int_0^{\varphi_0} \frac{\mathrm{d}\varphi}{\dot{\varphi}} = \frac{4}{\omega}\int_0^{\varphi_0} \frac{\mathrm{d}\varphi}{\sqrt{2(\cos\varphi - \cos\varphi_0)}}\,.$$

Die Schwingungsdauern T für die verschiedenen Anfangsbedingungen folgen daraus zu

$$\begin{aligned}
\varphi(0) &= 3^\circ: & T &= 6{,}284\,\mathrm{s},\\
\varphi(0) &= 179^\circ: & T &= 24{,}511\,\mathrm{s},\\
\varphi(0) &= 179{,}99^\circ: & T &= 42{,}935\,\mathrm{s}.
\end{aligned}$$ ◀

Weitere Anfangswertprobleme 2. Ordnung können Sie auch mit dem TM-Tool „Erzwungene Schwingung“ bearbeiten (siehe Screenshot). Hiermit ist die numerische Lösung von Differentialgleichungen des Typs

$$m\ddot{x} + d\dot{x} + cx = F_0\cos\Omega t$$

mit den zugehörigen Anfangsbedingungen

$$x_a = x(t_a) \quad \text{und} \quad \dot{x}_a = \dot{x}(t_a)$$

im Zeitintervall $[t_a, t_e]$ möglich. Als numerisches Lösungsverfahren wurde das vierstufige Runge-Kutta-Verfahren zugrundegelegt. Zum Einstieg bietet es sich an, die vier Anwendungsbeispiele aus Abschn. 7.3 nachzuvollziehen.

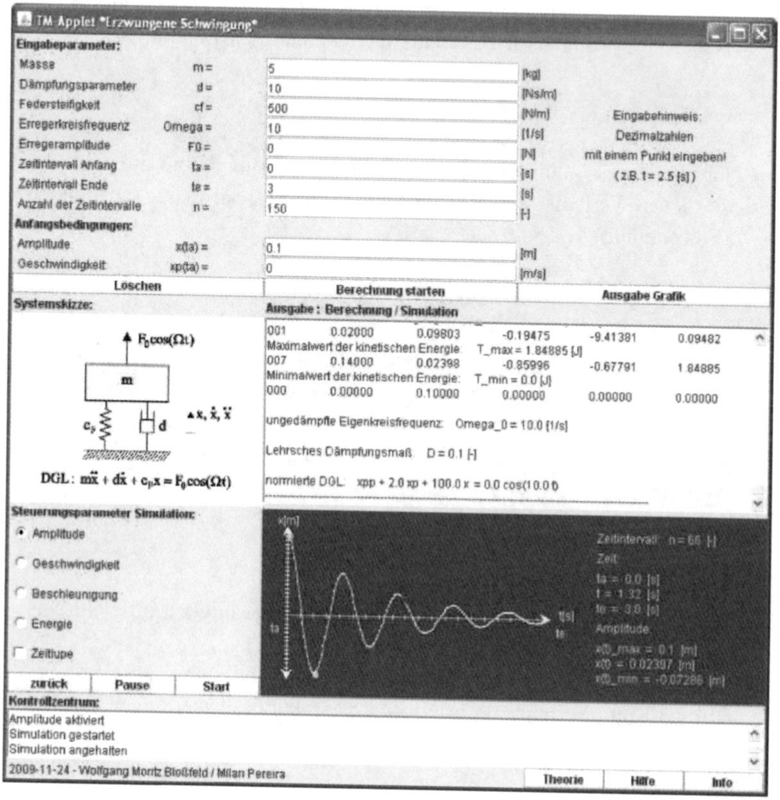

Neben diesem Programm stehen Ihnen http://www.tm-tools.de eine Reihe weiterer TM-Tools frei zur Verfügung.

Zusammenfassung

- Bewegungsgleichungen führen zusammen mit den Anfangsbedingungen auf Anfangswertprobleme 1. bzw. 2. Ordnung. Ein Anfangswertproblem 2. Ordnung kann immer in ein Anfangswertproblem mit einem System von Differentialgleichungen 1. Ordnung überführt werden.
- Alle numerischen Integrationsverfahren basieren auf der Berechnung von Näherungslösungen für Differentialgleichungen 1. Ordnung:

$$\dot{x} = f[t, x(t)] .$$

- Grundidee der numerischen Behandlung ist die Approximation des zeitlichen Verlaufs der gesuchten Funktion $x(t)$ an diskreten Punkten (Stützstellen):

$$t_i = t_0 + i\,\Delta t , \quad i = 0{,}1, \ldots, n .$$

- Aus der Lösung x_i zur Zeit t_i (Beginn des Zeitschritts Δt) wird die Lösung x_{i+1} zur Zeit t_{i+1} (Ende des Zeitschritts) nach einer bestimmten Vorschrift näherungsweise ermittelt.
- Das einfachste Verfahren ist das Polygonzugverfahren (Euler-Vorwärts-Verfahren):

$$x_{i+1} = x_i + f[t_i, x_i]\,\Delta t .$$

  Es benötigt zur Erzielung einer gewünschten Genauigkeit oft viele Zeitschritte.
- Genauere Näherungen liefern das zweistufige bzw. das vierstufige Runge-Kutta-Verfahren. Sie erfordern Funktionsauswertungen an Zwischenwerten.

A Integrationsverfahren

Eine Differentialgleichung n-ter Ordnung

$$y^{(n)}(t) = f[t, y(t), y'(t), \dots, y^{(n-1)}(t)] \tag{A.1}$$

kann mit den Hilfsfunktionen

$$\begin{aligned} z_1(t) &= y(t) \\ z_2(t) &= y'(t) \\ &\vdots \\ z_n(t) &= y^{(n-1)}(t) \end{aligned}$$

auf ein System von n Differentialgleichungen

$$\begin{pmatrix} z_1' \\ z_2' \\ \vdots \\ z_n' \end{pmatrix} = \begin{pmatrix} z_2 \\ z_3 \\ \vdots \\ f[t, z_1, z_2, \dots, z_n] \end{pmatrix} \quad \rightarrow \quad \boldsymbol{z}' = \boldsymbol{f}[t, z_1, z_2, \dots, z_n] \tag{A.2}$$

transformiert werden (Band 4, Abschnitt 7.3). Für die Lösung dieses Systems im Zeitintervall $[t_a, t_e]$ benötigen wir noch die **Anfangsbedingungen**

$$\{y(t_a), y'(t_a), \dots, y^{(n-1)}(t_a)\} \quad \rightarrow \quad \{z_{1_0}, z_{2_0}, \dots, z_{(n-1)_0}\} ,$$

die wir im Spaltenvektor $\boldsymbol{z}_0$ zusammenfassen.

Die numerische Lösung von (A.2) kann mit Hilfe des Eulerschen Polygonzugverfahrens erfolgen. Seine algorithmische Umsetzung ist in Abb. A.1 dargestellt.

D. Gross et al., *Technische Mechanik 3*, https://doi.org/10.1007/978-3-662-63065-5

Abb. A.1 Eulersches Polygonzugverfahren

Gegeben: $z_0, t_a, t_e, n, \boldsymbol{f}[t, z]$

Schrittweite: $\triangle t = (t_e - t_a)/n$

Schleife über die Zeitinkremente

For i From 0 To n Do

$t_i = t_a + i\triangle t$

$z_{i+1} = z_i + \boldsymbol{f}[t_i, z_i]\triangle t$

End Do

Bei der Näherungslösung von (A.2) mit dem Runge-Kutta-Verfahren 4. Ordnung sind vier weitere Funktionsauswertungen für jede der n Differentialgleichungen 1. Ordnung erforderlich. Fassen wir die hierzu erforderlichen Zwischenwerte k_{jl} für $l = 1, 2, 3, 4$ in den Spaltenvektoren

$$\boldsymbol{k}_1 = \begin{pmatrix} k_{11} \\ k_{21} \\ \vdots \\ k_{n1} \end{pmatrix}, \quad \boldsymbol{k}_2 = \begin{pmatrix} k_{12} \\ k_{22} \\ \vdots \\ k_{n2} \end{pmatrix}, \quad \boldsymbol{k}_3 = \begin{pmatrix} k_{13} \\ k_{23} \\ \vdots \\ k_{n3} \end{pmatrix}, \quad \boldsymbol{k}_4 = \begin{pmatrix} k_{14} \\ k_{24} \\ \vdots \\ k_{n4} \end{pmatrix}$$

zusammen, so gelangen wir zu der kompakten Darstellung in Abb. A.2.

Abb. A.2 Runge-Kutta-Verfahren 4.Ordnung

Gegeben: $z_0, t_a, t_e, n, \boldsymbol{f}[t, z]$

Schrittweite: $\triangle t = (t_e - t_a)/n$

Schleife über die Zeitinkremente

For i From 0 To n Do

$$t_i = t_a + i \triangle t$$

$$\boldsymbol{k}_1 = \boldsymbol{f}[t_i, z_i]$$

$$\boldsymbol{k}_2 = \boldsymbol{f}[t_i + \frac{\triangle t}{2}, z_i + \boldsymbol{k}_1 \frac{\triangle t}{2}]$$

$$\boldsymbol{k}_3 = \boldsymbol{f}[t_i + \frac{\triangle t}{2}, z_i + \boldsymbol{k}_2 \frac{\triangle t}{2}]$$

$$\boldsymbol{k}_4 = \boldsymbol{f}[t_i + \triangle t, z_i + \boldsymbol{k}_3 \triangle t]$$

$$z_{i+1} = z_i + \frac{\triangle t}{6}(\boldsymbol{k}_1 + 2\,\boldsymbol{k}_2 + 2\,\boldsymbol{k}_3 + \boldsymbol{k}_4)$$

End Do

Englische Fachausdrücke

Englisch	Deutsch
A	
absolute acceleration	Absolutbeschleunigung
absolute velocity	Absolutgeschwindigkeit
acceleration	Beschleunigung
air resistance	Luftwiderstand
amplitude	Amplitude
angle of revolution	Drehwinkel
angular acceleration	Winkelbeschleunigung
angular momentum	Drehimpuls, Drall
angular velocity	Winkelgeschwindigkeit
areal velocity	Flächengeschwindigkeit
axial mass moment of inertia	axiales Massenträgheitsmoment
axis of rotation	Drehachse
B	
balance	Auswuchten
C	
Cartesian coordinates	kartesische Koordinaten
center of mass	Massenmittelpunkt
central force motion	Zentralbewegung
centripetal acceleration	Zentripetalbeschleunigung
circular frequency	Kreisfrequenz
circular motion	Kreisbewegung

coefficient of restitution	Stoßzahl
compound pendulum	physikalisches Pendel
conservation of angular momentum	Drehimpulserhaltung
conservation of energy	Energieerhaltung
conservation of linear momentum	Impulserhaltung
conservative	konservativ
constrained motion	gebundene Bewegung
constraint	Bindung, Zwangsbedingung
Coriolis acceleration	Coriolisbeschleunigung
Coriolis force	Corioliskraft
critical damping	aperiodischer Grenzfall
curvilinear motion	krummlinige Bewegung
cylindrical coordinates	Zylinderkoordinaten
D	
damped vibrations	gedämpfte Schwingungen
damping	Dämpfung
damping coefficient	Dämpfungskonstante
damping factor	Dämpfungsgrad, Lehrsches Dämpfungsmaß
degree of freedom	Freiheitsgrad
density	Dichte
dissipation of energy	Energieverlust, Dissipation
dynamics	Dynamik
dynamic vibration absorber	Schwingungstilger
E	
eigenfunction	Eigenfunktion
eigenvalue	Eigenwert
elastic impact	elastischer Stoß
energy	Energie
energy dissipation	Energieverlust, Dissipation
equation of motion	Bewegungsgleichung
excitation frequency	Erregerfrequenz

F	
force	Kraft
forced vibrations	erzwungene Schwingungen
frame of reference	Bezugssystem
free vibrations	freie Schwingungen
frequency	Frequenz
frequency ratio	Frequenzverhältnis
frequency response	Amplitudenfrequenzgang
G	
generalized coordinate	generalisierte Koordinate, verallgemeinerte Koordinate
generalized force	generalisierte Kraft, verallgemeinerte Kraft
gravitational acceleration	Erdbeschleunigung
gravitational constant	Gravitationskonstante
gravity field	Schwerefeld
gyroscope	Kreisel
H	
harmonic excitation	harmonische Anregung
harmonic oscillation	harmonische Schwingung
harmonic vibration	harmonische Schwingung
herpolhode	Rastpolbahn
I	
impact	Stoß
inclined plane	schiefe Ebene
inelastic impact	plastischer Stoß
inertia force	Trägheitskraft
inertia tensor	Trägheitstensor
inertial frame of reference	Inertialsystem
inertial system	Inertialsystem
initial conditions	Anfangsbedingungen
instantaneous	momentan
instantaneous center of rotation	Momentanpol

K	
kinematics	Kinematik
kinetic energy	kinetische Energie
kinetic energy of rotation	Rotationsenergie
kinetic energy of translation	Translationsenergie
kinetics	Kinetik
L	
Lagrange's equations	Lagrangesche Gleichungen
Lagrangian function	Lagrangesche Funktion
linear momentum	Impuls, Bewegungsgröße
logarithmic decrement	logarithmisches Dekrement
M	
magnification factor	Vergrößerungsfunktion
mass density	Massendichte
mass moment of inertia	Massenträgheitsmoment
moment of deviation	Deviationsmoment, Zentrifugalmoment
moment of momentum	Drall, Drehimpuls
motion	Bewegung
motion in a central force field	Zentralbewegung
N	
natural coordinates	natürliche Koordinaten
natural frequency	Eigenfrequenz
natural mode	Eigenform
natural vibration	Eigenschwingung
Newton's laws of motion	Newtonsche Gesetze
normal acceleration	Normalbeschleunigung
O	
oblique impact	schiefer Stoß
oscillation	Schwingung
P	
parallel axes theorem	Satz von Steiner
particle	Massenpunkt

path	Weg
path acceleration	Bahnbeschleunigung
path independent	wegunabhängig
pendulum	Pendel
period	Periode, Schwingungsdauer
phase angle	Phasenverschiebung, Phasenwinkel
phase diagram	Phasendiagramm
phase response	Phasenfrequenzgang
plane motion	ebene Bewegung
polar coordinates	Polarkoordinaten
polehode	Gangpolbahn
position vector	Ortsvektor
potential energy	potentielle Energie
power	Leistung
principal axis	Hauptachse
principal modes of vibration	Hauptschwingungsformen
principal moment of inertia	Hauptträgheitsmoment
principle of angular momentum	Drallsatz, Drehimpulssatz, Momentensatz
principle of linear momentum	Impulssatz, Schwerpunktsatz
principle of virtual work	Prinzip der virtuellen Arbeit
principle of work and energy	Arbeitssatz
R	
radial	radial
radius of gyration	Trägheitsradius
rectilinear motion	geradlinige Bewegung
relative acceleration	Relativbeschleunigung
relative motion	Relativbewegung
relative velocity	Relativgeschwindigkeit
resisting force	Widerstandskraft
resonance	Resonanz
restoring force	Rückstellkraft

revolution	Umdrehung
rigid-body motion	Starrkörperbewegung
rotation	Rotation
S	
simple pendulum	mathematisches Pendel
space motion	räumliche Bewegung
speed	Bahngeschwindigkeit
spinning top	Kreisel
spring	Feder
spring constant	Federsteifigkeit
spring stiffness	Federsteifigkeit
springs in parallel	Parallelschaltung von Federn
springs in series	Reihenschaltung von Federn
steady state vibration	eingeschwungener Zustand
system of particles	Massenpunktsystem
T	
tangential acceleration	Bahnbeschleunigung
torsional spring	Drehfeder
torsional vibration	Drehschwingung
transverse	transversal
U	
undamped	ungedämpft
unbalance	Unwucht
unbalanced	nicht ausgewuchtet
V	
velocity	Geschwindigkeit
vibration	Schwingung
vibration period	Schwingungsdauer
virtual displacement	virtuelle Verrückung
virtual work	virtuelle Arbeit
viscous	viskos
W	
work	Arbeit

Deutsch	Englisch
A	
Absolutbeschleunigung	absolute acceleration
Absolutgeschwindigkeit	absolute velocity
Amplitude	amplitude
Amplitudenfrequenzgang	frequency response
Anfangsbedingungen	initial conditions
aperiodischer Grenzfall	critical damping
Arbeit	work
Arbeitssatz	principle of work and energy
Auswuchten	balance
axiales Massenträgheitsmoment	axial mass moment of inertia
B	
Bahnbeschleunigung	path acceleration, tangential acceleration
Bahngeschwindigkeit	speed
Beschleunigung	acceleration
Bewegung	motion
Bewegungsgleichung	equation of motion
Bewegungsgröße	linear momentum
Bezugssystem	frame of reference
Bindung	constraint
C	
Coriolisbeschleunigung	Coriolis acceleration
Corioliskraft	Coriolis force
D	
Dämpfung	damping
Dämpfungsgrad	damping factor
Dämpfungskonstante	damping coefficient
Dämpfungsmaß	damping factor
Deviationsmoment	moment of deviation
Dichte	density

Drall	angular momentum, moment of momentum
Drallsatz	principle of angular momentum
Drehachse	axis of rotation
Drehfeder	torsional spring
Drehimpuls	angular momentum, moment of momentum
Drehimpulserhaltung	conservation of angular momentum
Drehimpulssatz	principle of angular momentum
Drehschwingung	torsional vibration
Drehvektor	instantaneous axis of rotation
Drehwinkel	angle of revolution
Dynamik	dynamics
E	
ebene Bewegung	plane motion
Eigenfrequenz	natural frequency, eigenfrequency
Eigenfunktion	eigenfunction
Eigenschwingung	natural vibration
Eigenschwingungsform	natural mode, eigenform
Eigenwert	eigenvalue
eingeschwungener Zustand	steady state vibration
elastischer Stoß	elastic impact
Energie	energy
Energieerhaltung	conservation of energy
Energieverlust	energy dissipation
Erdbeschleunigung	gravitional acceleration
Erregerfrequenz	excitation frequency
erzwungene Schwingungen	forced vibrations
F	
Feder	spring
Federsteifigkeit	spring constant, spring stiffness
Flächengeschwindigkeit	areal velocity

freie Schwingungen	free vibrations
Freiheitsgrad	degree of freedom
Frequenz	frequency
Frequenzverhältnis	frequency ratio
G	
Gangpolbahn	polhode
gebundene Bewegung	constrained motion
gedämpfte Schwingungen	damped vibrations
generalisierte Koordinate	generalized coordinate
generalisierte Kraft	generalized force
geradlinige Bewegung	rectilinear motion
Geschwindigkeit	velocity
Gravitationskonstante	gravitational constant
H	
harmonische Anregung	harmonic excitation
harmonische Schwingung	harmonic vibration, harmonic oscillation
Hauptachse	principal axis
Hauptschwingungsformen	principal modes of vibration
Hauptträgheitsmoment	principal moment of inertia
I	
Impuls	linear momentum
Impulserhaltung	conservation of linear momentum
Impulssatz	principle of linear momentum
Inertialsystem	inertial system, inertial frame of reference
K	
kartesische Koordinaten	Cartesian coordinates
Kinematik	kinematics
Kinetik	kinetics
kinetische Energie	kinetic energy
konservativ	conservative

Kraft	force
Kreisbewegung	circular motion
Kreisel	gyroscope, spinning top
Kreisfrequenz	circular frequency
krummlinige Bewegung	curvilinear motion
L	
Lagrangesche Funktion	Lagrangian function
Lagrangesche Gleichungen	Lagrange's equations
Lehrsches Dämpfungsmaß	damping factor
Leistung	power
logarithmisches Dekrement	logarithmic decrement
Luftwiderstand	air resistance
M	
Massendichte	mass density
Massenmittelpunkt	center of mass
Massenpunkt	particle
Massenpunktsystem	system of particles
Massenträgheitsmoment	mass moment of inertia
mathematisches Pendel	simple pendulum
momentan	instantaneous
Momentanpol	instantaneous center of rotation
Momentensatz	principle of angular momentum
N	
natürliche Koordinaten	natural coordinates
Newtonsche Gesetze	Newton's laws of motion
Normalbeschleunigung	normal acceleration
O	
Ortsvektor	position vector
P	
Parallelschaltung von Federn	springs in parallel
Pendel	pendulum
Periode	period

Phasendiagramm	phase diagram
Phasenfrequenzgang	phase response
Phasenverschiebung	phase angle
physikalisches Pendel	compound pendulum
plastischer Stoß	inelastic impact
Polarkoordinaten	polar coordinates
potentielle Energie	potential energy
Prinzip der virtuellen Arbeit	principle of virtual work
R	
radial	radial
räumliche Bewegung	space motion
Rastpolbahn	herpolhode
Reihenschaltung von Federn	springs in series
Relativbeschleunigung	relative acceleration
Relativbewegung	relative motion
Relativgeschwindigkeit	relative velocity
Resonanz	resonance
Rotation	rotation
Rotationsenergie	kinetic energy of rotation
Rückstellkraft	restoring force
S	
Satz von Steiner	parallel axes theorem
schiefe Ebene	inclined plane
schiefer Stoß	oblique impact
Schwerefeld	gravity field
Schwerpunktsatz	principle of linear momentum
Schwingung	oscillation, vibration
Schwingungsdauer	vibration period, period
Schwingungstilger	dynamic vibration absorber
Starrkörperbewegung	rigid-body motion
Stoß	impact
Stoßzahl	coefficient of restitution

T	
Tilger	dynamic vibration absorber
Trägheitskraft	inertia force
Trägheitsradius	radius of gyration
Trägheitstensor	inertia tensor
Translationsenergie	kinetic energy of translation
transversal	transverse
U	
Umdrehung	revolution
ungedämpft	undamped
Unwucht	unbalance
V	
verallgemeinerte Koordinate	generalized coordinate
verallgemeinerte Kraft	generalized force
Vergrößerungsfunktion	magnification factor
virtuelle Arbeit	virtual work
virtuelle Verrückung	virtual displacement
viskos	viscous
W	
Weg	path
wegunabhängig	path independent
Widerstandskraft	resisting force
Winkelbeschleunigung	angular acceleration
Winkelgeschwindigkeit	angular velocity
Z	
Zentralbewegung	central force motion, motion in a central force field
Zentrifugalmoment	moment of deviation
Zentripetalbeschleunigung	centripetal acceleration
Zwangsbedingung	constraint
Zylinderkoordinaten	cylindrical coordinates

Glossar

Einführung

Kinematik Aufgabe der *Kinematik* ist es, den Ablauf einer Bewegung zu beschreiben, ohne die dabei wirkenden Kräfte einzubeziehen. Die Kinematik kann daher als die Geometrie der Bewegung aufgefasst werden, wobei nach den Ursachen der Bewegung nicht gefragt wird. Die wesentlichen Begriffe in der Kinematik sind Ort, Geschwindigkeit und Beschleunigung.

Dynamik Die *Dynamik* beschäftigt sich mit den Kräften und den mit ihnen im Zusammenhang stehenden Bewegungen. Die Dynamik unterteilt man in die *Statik* und die *Kinetik*.

Statik Die *Statik* untersucht das Gleichgewicht von Kräften an ruhenden Körpern.

Kinetik Die *Kinetik* untersucht Bewegungen unter der Wirkung von Kräften.

Kapitel 1

Geschwindigkeit Die *Geschwindigkeit* ist definiert als zeitliche Ableitung des Ortsvektors.

Bahngeschwindigkeit Die *Bahngeschwindigkeit* ist gleich dem Betrag des Geschwindigkeitsvektors.

Beschleunigung Die *Beschleunigung* ist definiert als zeitliche Ableitung des Geschwindigkeitsvektors.

Gleichförmige Bewegung Eine Bewegung mit konstanter Geschwindigkeit heißt *gleichförmige Bewegung*.

Anfangsbedingung Aussagen über Zustandsgrößen (z.B. Ort und Geschwindigkeit) zu Beginn einer Bewegung werden *Anfangsbedingungen genannt*.

Gleichmäßig beschleunigte Bewegung Eine Bewegung mit konstanter Beschleunigung heißt *gleichmäßig beschleunigte Bewegung*.

Erdbeschleunigung Überlässt man einen Körper in der Nähe der Erdoberfläche sich selbst, so bewegt er sich mit der *Erdbeschleunigung* $g = 9{,}81\,\mathrm{m/s^2}$ in Richtung auf den Erdmittelpunkt.

Harmonische Schwingung Bei einer *harmonischen Schwingung* ändert sich eine Zustandsgröße $x(t)$ kosinus- bzw. sinusförmig:

$$x(t) = A\cos\omega t \quad \text{bzw.} \quad x(t) = B\sin\omega t\,.$$

Phasenkurve Die Ebene x, v wird Phasenebene genannt. Jedem Punkt der Phasenebene entspricht ein durch die Koordinate x und die Geschwindigkeit v festgelegter Bewegungszustand. Bei der Bewegung wandert der Punkt in der Phasenebene und beschreibt dabei die *Phasenkurve*.

Radial Die *radiale* Komponente $v_r = \dot{r}$ der Geschwindigkeit zeigt in die Richtung des Vektors $\boldsymbol{r}$.

Zirkular Die *zirkulare* Komponente $v_\varphi = r\dot{\varphi}$ ist orthogonal zum Vektor $\boldsymbol{r}$. Sie ist im allgemeinen nicht tangential zur Bahnkurve.

Winkelgeschwindigkeit Die Zeitableitung $\frac{\mathrm{d}\varphi}{\mathrm{d}t} = \omega$ des Winkels φ heißt *Winkelgeschwindigkeit.*

Winkelbeschleunigung Die Zeitableitung $\dot{\omega}$ der *Winkelgeschwindigkeit* heißt *Winkelbeschleunigung.*

Kreisbewegung Bei einer *Kreisbewegung* bewegt sich ein Punkt auf einer *Kreisbahn.*

Zentripetalbeschleunigung Die *radiale* Komponente der Beschleunigung bei einer *Kreisbewegung* wird auch *Zentripetalbeschleunigung* genannt.

Zentralbewegung Bei einer *Zentralbewegung* ist der Vektor der Beschleunigung immer auf einen festen Punkt, das Zentrum, gerichtet.

Flächengeschwindigkeit Die zeitliche Änderung der Fläche, die bei einer Zentralbewegung durch den Vektor vom Zentrum zum bewegten Punkt überstrichen wird, heißt *Flächengeschwindigkeit.*

Flächensatz Der *Flächensatz* besagt, dass bei einer Zentralbewegung die *Flächengeschwindigkeit* konstant ist.

Bahngeschwindigkeit Die *Bahngeschwindigkeit* ist gleich dem Betrag des Geschwindigkeitsvektors.

Bahnbeschleunigung Die *Bahnbeschleunigung* $a_t = \dot{v}$ zeigt in Richtung der Tangente der Bahnkurve.

Normalbeschleunigung Die *Normalbeschleunigung* $a_n = v^2/\rho$ zeigt in Richtung der Hauptnormalen zum lokalen Krümmungsmittelpunkt.

Massenpunkt Unter einem *Massenpunkt* versteht man einen Körper, bei dem man annimmt, dass die gesamte Masse des Körpers in einem Punkt vereinigt ist.

1. Newton'sches Gesetz *Ein Körper verharrt im Zustand der Ruhe oder der gleichförmigen Bewegung, sofern er nicht durch einwirkende Kräfte zur Änderung seines Zustands gezwungen wird.*

Impuls (eines Massenpunkts) Der *Impuls* (die *Bewegungsgröße*) eines Massenpunkts ist definiert als das Produkt aus Masse und Geschwindigkeit.

Bewegungsgröße siehe *Impuls*

2. Newton'sches Gesetz Die zeitliche Änderung des *Impulses* ist gleich der auf den Massenpunkt wirkenden Kraft.

Inertialsystem Ruhende und gleichförmig bewegte Bezugssysteme sind *Inertialsysteme*.

Gewicht Eine Masse m hat im Erdschwerefeld das *Gewicht* $\boldsymbol{G} = m\boldsymbol{g}$.

Newton Die Einheit einer Kraft ist das *Newton*: $1\,\text{N} = 1\,\text{kg}\,\text{m/s}^2$.

3. Newton'sches Gesetz Zu jeder Kraft gibt es stets eine entgegengesetzt gerichtete, gleich große Gegenkraft: actio = reactio.

Freie Bewegung Eine Bewegung, die in keiner Richtung behindert wird, nennt man *freie Bewegung*.

Schiefer Wurf Bei einem *schiefen Wurf* ist die Anfangsgeschwindigkeit nicht ausschließlich vertikal oder horizontal gerichtet.

Wurfparabel Bei einem *schiefen Wurf* bewegt sich ein Massenpunkt entlang einer *Parabel*.

Geführte Bewegung Bei einer *geführten* (*gebundenen*) *Bewegung* wird der Massenpunkt gezwungen, sich entlang einer gegebenen Kurve oder Fläche zu bewegen.

Gebundene Bewegung siehe *Geführte Bewegung*

Führungskräfte Die *Führungskräfte* (*Zwangskräfte*) erzwingen, dass sich der Massenpunkt bei einer *gebundenen Bewegung* auf einer gegebenen Kurve oder Fläche bewegt. Sie sind Reaktionskräfte und wirken orthogonal zur Bahn.

Zwangskräfte siehe *Führungskräfte*

Widerstandskräfte Die *Widerstandskräfte* werden durch die Bewegung erzeugt. Sie sind eingeprägte Kräfte und wirken tangential zur Bahn entgegen der Geschwindigkeit.

Coulomb'sches Reibungsgesetz Experimente zeigen, dass die beim Gleiten zweier nicht geschmierter Oberflächen auftretende Reibungskraft näherungsweise proportional zur Normalkraft im Berührpunkt ist. Die Reibungskraft ist eine eingeprägte Kraft. Sie ist entgegen der (relativen) Geschwindigkeit gerichtet.

Impulssatz (für einen Massenpunkt) Der *Impulssatz* für einen Massenpunkt besagt, dass die Änderung des *Impulses* zwischen zwei Zeitpunkten gleich dem zugehörigen Zeitintegral über die Kraft ist.

Impulserhaltung (bei einem Massenpunkt) Wenn auf einen Massenpunkt keine Kraft wirkt, bleibt der *Impuls* erhalten (siehe *1. Newton'sches Gesetz*).

Stoß Bei einem *Stoß* wirkt eine sehr große Kraft während einer sehr kurzen Zeit.

Stoßkraft Die *Stoßkraft* (der *Kraftstoß*) ist die über die Stoßzeit integrierte Kraft bei einem *Stoß*.

Kraftstoß siehe Stoßkraft

Kompressionsperiode In der *Kompressionsperiode* werden gestoßene Körper zusammengedrückt.

Restitutionsperiode In der *Restitutionsperiode* bilden sich gestoßene Körper ganz oder teilweise zurück.

Ideal-elastischer Stoß Bei einem *ideal-elastischen Stoß* wird angenommen, dass die Kräfte und die Verformungen in der *Kompressionsperiode* und in der *Restitutionsperiode* spiegelbildlich verlaufen.

Ideal-plastischer Stoß Bei einem *ideal-plastischen Stoß* erfolgt keine Rückbildung der Verformung während der *Restitutionsperiode*.

Teilelastischer Stoß Bei einem *teilelastischen Stoß* erfolgt eine teilweise Rückbildung der Verformung während der *Restitutionsperiode*.

Stoßzahl Die *Stoßzahl* wird eingeführt als Verhältnis der *Stoßkräfte* in der *Restitutionsperiode* und der *Kompressionsperiode*. Sie kann auch durch das Verhältnis von relativer Trennungsgeschwindigkeit zu relativer Annäherungsgeschwindigkeit definiert werden. Die Definition der Stoßzahl in dieser Form heißt auch *Stoßbedingung*.

Impulsmoment Analog zum Momentenvektor $\boldsymbol{M}^{(0)} = \boldsymbol{r} \times \boldsymbol{F}$ wird das *Impulsmoment* durch $\boldsymbol{L}^{(0)} = \boldsymbol{r} \times \boldsymbol{p}$ definiert. Das Impulsmoment wird meist als *Drehimpuls-* oder *Drallvektor* bezeichnet.

Drehimpulsvektor Der *Drehimpuls-* oder *Drallvektor* ist durch $\boldsymbol{L}^{(0)} = \boldsymbol{r} \times \boldsymbol{p}$ definiert.

Drallvektor siehe *Drehimpulsvektor*

Momentensatz (für einen Massenpunkt) Der *Momentensatz* (*Drehimpulssatz, Drallsatz*) besagt, dass die Zeitableitung des *Drehimpulses* in Bezug auf einen beliebigen raumfesten Punkt gleich ist dem Moment der am Massenpunkt angreifenden Kraft bezüglich desselben Punktes.

Drehimpulssatz siehe *Momentensatz*

Drallsatz siehe *Momentensatz*

Drehimpulserhaltung Wenn das Moment der am Massenpunkt angreifenden Kraft bezüglich eines beliebigen raumfesten Punktes null ist, dann bleibt der *Drehimpuls* ungeändert.

Vektorielle Flächengeschwindigkeit Die *vektorielle Flächengeschwindigkeit* wird durch den Vektor

$$\frac{\mathrm{d}\boldsymbol{A}}{\mathrm{d}t} = \frac{1}{2}(\boldsymbol{r} \times \boldsymbol{v})$$

gegeben.

Massenträgheitsmoment (eines Massenpunkts) Die Größe $m\,r^2$ wird als *Massenträgheitsmoment* bezeichnet.

Mathematisches Pendel Ein Punktpendel, bestehend aus einem Massenpunkt, der an einem masselosen Faden aufgehängt ist, wird als *mathematisches Pendel* bezeichnet.

Kinetische Energie (eines Massenpunkts) Die *kinetische Energie* bei der Bewegung eines Massenpunkts ist durch

$$E_k = mv^2/2$$

gegeben.

Arbeitssatz Der *Arbeitssatz* sagt aus, dass die *Arbeit*, welche die Kräfte zwischen zwei Bahnpunkten verrichten, gleich der Änderung der *kinetischen Energie* ist.

Joule Die Einheit der Arbeit bzw. der Energie ist das *Joule*:

$$1\,\mathrm{J} = 1\,\mathrm{N\,m} = 1\,\mathrm{kg\,m^2/s^2}\,.$$

Leistung Die *Leistung* ist definiert als die Zeitableitung der Arbeit.

Watt Die Einheit der *Leistung* ist das *Watt*:

$$1\,\mathrm{W} = 1\,\mathrm{J/s} = 1\,\mathrm{N\,m/s}\,.$$

Wirkungsgrad Das Verhältnis von Nutzarbeit zu aufgewendeter Arbeit wird als *Wirkungsgrad* bezeichnet.

Konservativ Eine Kraft, die ein *Potential* besitzt, heißt *konservative Kraft*.

Potential Unter dem *Potential* (der *potentiellen Energie*) versteht man das „Arbeitsvermögen" einer Kraft. Die wichtigsten Potentiale sind die der Gewichtskraft, einer Federkraft sowie eines Drehfedermoments.

Potentielle Energie siehe *Potential*

Wirbelfreies Kraftfeld Bei einem *wirbelfreien Kraftfeld* gilt $\operatorname{rot}\boldsymbol{F} = \boldsymbol{0}$. Dann besitzt die Kraft $\boldsymbol{F}$ ein Potential: sie ist eine *konservative* Kraft.

Energiesatz Wenn alle eingeprägten Kräfte ein *Potential* besitzen, dann bleibt bei einer Bewegung die Summe aus *kinetischer* und *potentieller Energie* konstant.

Gravitationsgesetz Das *Gravitationsgesetz* sagt aus, dass die Kraft, die zwei Massen m und M aufeinander ausüben, durch

$$F = f\frac{Mm}{r^2}$$

gegeben ist. Dabei ist f die universelle Gravitationskonstante, und r ist der Abstand der Massenmittelpunkte der beiden Massen.

1. Kepler'sches Gesetz
Planetenbahnen sind Ellipsen, in deren einem Brennpunkt die Sonne steht.

2. Kepler'sches Gesetz
Der von der Sonne zu einem Planeten gezogene Fahrstrahl überstreicht in gleichen Zeiten gleich große Flächen, d. h. die *Flächengeschwindigkeit* ist konstant.

3. Kepler'sches Gesetz Das *3. Kepler'sche Gesetz* sagt aus, dass sich die Quadrate der Umlaufzeiten der Planeten verhalten wie die dritten Potenzen der großen Halbachsen ihrer Umlaufbahnen.

Kapitel 2

Massenpunktsystem Ein *Massenpunktsystem* besteht aus einer endlichen Anzahl von Massenpunkten, die untereinander in Verbindung stehen.

Kinematische Bindungen Bei *kinematischen Bindungen* bestehen geometrische Beziehungen zwischen den Koordinaten der Massenpunkte.

Bindungsgleichungen Die *Bindungsgleichungen* stellen die geometrischen Beziehungen der *kinematischen Bindungen* dar.

Starre Bindung Bei *starren Bindungen* ändern sich die Abstände zwischen den einzelnen Punkten bei einer Bewegung nicht.

Physikalische Bindung Bei einer *physikalischen Bindung* besteht ein physikalischer Zusammenhang zwischen dem Abstand der Massen und der wirkenden *inneren Kraft*.

Äußere Kräfte Die *äußeren* Kräfte wirken von außen auf das Massenpunktsystem.

Innere Kräfte Die *inneren* Kräfte wirken zwischen den einzelnen Massenpunkten.

Schwerpunktsatz Der Schwerpunkt eines Massenpunktsystems bewegt sich so, als ob die Gesamtmasse in ihm vereinigt wäre und alle *äußeren* Kräfte an ihm angriffen.

Impulssatz (für ein Massenpunktsystem) Der *Impulssatz* für ein Massenpunktsystem besagt, dass die zeitliche Änderung des Gesamtimpulses gleich der Resultierenden der *äußeren* Kräfte ist. Die Differenz der Impulse zwischen zwei Zeitpunkten ist gleich dem Zeitintegral der äußeren Kräfte.

Impulserhaltungssatz (bei einem Massenpunktsystem) Wenn die Resultierende der *äußeren* Kräfte null ist, bleibt der Impuls des Systems konstant.

Momentensatz (bei einem Massenpunktsystem) Der *Momentensatz* (*Drallsatz*, *Drehimpulssatz*) besagt, dass die zeitliche Änderung des *Drehimpulses* bezüglich eines festen Punkts gleich ist dem resultierenden Moment der äußeren Kräfte bezüglich desselben Punkts.

Drallsatz siehe *Momentensatz*

Drehimpulssatz siehe *Momentensatz*

Massenträgheitsmoment Die Größe

$$\Theta_a = \sum m_i r_i^2$$

ist das *Massenträgheitsmoment* eines Massenpunktsystems bezüglich der Achse a–a.

Konservative Kräfte Eine *konservative Kraft besitzt* ein *Potential*.

Konservatives System Bei einem *konservativen System* sind alle Kräfte *konservative Kräfte*, d.h. alle Kräfte besitzen ein *Potential*.

Stoßnormale Die zur Berührungsebene orthogonale Gerade durch den Stoßpunkt heißt *Stoßnormale*.

Gerader Stoß Bei einem *geraden* Stoß haben die Geschwindigkeiten der Berührpunkte beider Körper unmittelbar vor dem Stoß die Richtung der *Stoßnormalen*.

Schief Ein Stoß heißt *schief*, wenn die Geschwindigkeiten der Berührpunkte beider Körper unmittelbar vor dem Stoß nicht die Richtung der *Stoßnormalen* haben.

Zentrisch Ein Stoß heißt *zentrisch*, wenn die *Stoßnormale* durch beide Körperschwerpunkte geht.

Exzentrisch Bei einem *exzentrischen* Stoß geht die *Stoßnormale* nicht durch beide Körperschwerpunkte.

Stoßbedingung siehe *Stoßzahl*

Umformwirkungsgrad Der *Umformwirkungsgrad* ist definiert als das Verhältnis von Verlustenergie zu eingesetzter Energie.

Schubkraft Die *Schubkraft* ist definiert als

$$\boldsymbol{S} = -\mu \boldsymbol{w} .$$

Dabei sind μ die pro Zeiteinheit ausgestoßene Masse und $\boldsymbol{w}$ die Ausstoßgeschwindigkeit.

Kapitel 3

Starrer Körper Ein in Wirklichkeit deformierbarer Körper kann als *starr* idealisiert werden, wenn die Verformungen bei der Beschreibung eines mechanischen Vorgangs keine Rolle spielen.

Translation Bei einer *Translation* haben alle Punkte des Körpers die gleiche Geschwindigkeit und die gleiche Beschleunigung. Beachte: Translation bedeutet nicht geradlinige Bewegung.

Rotation Bei einer *Rotation* bewegen sich alle Punkte des Körpers um eine gemeinsame Drehachse.

Infinitesimaler Drehvektor Der *infinitesimale Drehvektor* $\mathrm{d}\boldsymbol{\varphi}$ zeigt in die Richtung der momentanen Drehachse. Sein Betrag ist gleich dem infinitesimalen Drehwinkel $\mathrm{d}\varphi$.

Winkelgeschwindigkeitsvektor Der *Winkelgeschwindigkeitsvektor* $\boldsymbol{\omega} = \mathrm{d}\boldsymbol{\varphi}/\mathrm{d}t$ hat die Richtung der momentanen Drehachse. Er erlaubt es, die Geschwindigkeit eines Körperpunkts P gemäß $\boldsymbol{v}_P = \boldsymbol{\omega} \times \boldsymbol{r}_{AP}$ zu berechnen.

Ebene Bewegung Bei einer *ebenen Bewegung* bewegen sich alle Punkte eines Körpers in festen parallelen Ebenen.

Geschwindigkeitsplan Der *Geschwindigkeitsplan* dient zur grafischen Ermittlung der Geschwindigkeit eines Körpers bei einer ebenen Bewegung.

Beschleunigungsplan Der *Beschleunigungsplan* dient zur grafischen Ermittlung der Beschleunigung eines Körpers bei einer ebenen Bewegung.

Räumliche Bewegung Eine allgemeine *räumliche Bewegung* eines starren Körpers setzt sich aus *Translation* und *Rotation* zusammen.

Momentanpol Eine *ebene Bewegung* eines starren Körpers kann zu jedem Zeitpunkt als eine reine *Rotation* um den *Momentanpol* (das *Momentanzentrum*) aufgefasst werden.

Momentanzentrum siehe *Momentanpol*

Rastpolbahn Die *Rastpolbahn* ist der geometrische Ort aller Punkte, die ein *Momentanpol* durchläuft.

Massenträgheitsmoment (eines Massenpunktes) Die Größe mr^2 wird als Massenträgheitsmoment bezeichnet.

Momentensatz (Rotation eines starren Körpers) Der *Momentensatz* bei der Rotation eines starren Körpers um eine feste Achse lautet $\Theta_a\dot{\omega} = M_a$.

Axiales Massenträgheitsmoment Das Massenträgheitsmoment

$$\Theta_a = \int r^2\,\mathrm{d}m$$

wird auch als *axiales Massenträgheitsmoment* bezeichnet.

Trägheitsradius Der *Trägheitsradius* i_a ist der Abstand von der Drehachse a–a, in dem man sich die Gesamtmasse konzentriert denken kann, damit sie das gleiche Trägheitsmoment hat wie der Körper.

Polares Flächenträgheitsmoment Das *polare Flächenträgheitsmoment* ist definiert durch das Integral

$$I_p = \int r^2 \,\mathrm{d}A\,.$$

Satz von Steiner Der *Satz von Steiner* verknüpft die Massenträgheitsmomente bezüglich der Schwerachsen mit den Massenträgheitsmomenten bezüglich dazu paralleler Achsen.

Schwerpunktsatz (für starren Körper) Der *Schwerpunktsatz* (*Kräftesatz*)

$$m\ddot{x}_s = F_x, \quad m\ddot{y}_s = F_y$$

beschreibt die Bewegung des Schwerpunkts bei der ebenen Bewegung eines starren Körpers.

Kräftesatz siehe *Schwerpunktsatz*

Drallsatz Der *Drallsatz* (*Momentensatz*)

$$\Theta_S\ddot{\varphi} = M_S$$

beschreibt die Drehung um den Schwerpunkt bei der ebenen Bewegung eines starren Körpers.

Momentensatz siehe *Drallsatz*

Impulssatz (für starren Körper) Die Integration des Schwerpunktsatzes über ein Zeitintervall liefert den *Impulssatz*

$$m\dot{x}_s - m\dot{x}_{s0} = \hat{F}_x, \quad m\dot{y}_s - m\dot{y}_{s0} = \hat{F}_y\,.$$

Drehimpulssatz (für starren Körper) Die Integration des Drallsatzes über ein Zeitintervall liefert den *Drehimpulssatz*

$$\Theta_S\dot{\varphi} - \Theta_S\dot{\varphi}_0 = \hat{M}_S\,.$$

Translationsenergie Die *Translationsenergie* bei der ebenen Bewegung eines starren Körpers ist durch $mv_s^2/2$ gegeben.

Rotationsenergie Die *Rotationsenergie* bei der ebenen Bewegung eines starren Körpers ist durch $\Theta_S\omega^2/2$ gegeben.

Stoßmittelpunkt Der *Stoßmittelpunkt* ist der Punkt, in dem ein Körper gelagert werden muss, damit im Lager keine Stoßkräfte auftreten.

Kräftesatz (für starren Körper) Der Schwerpunkt eines starren Körpers bewegt sich so, als ob alle Kräfte an ihm angriffen und die gesamte Masse in ihm vereinigt wäre.

Drehimpuls (für starren Körper) Der *Drehimpuls* bezüglich eines körperfesten Punkts A ist definiert durch

$$\boldsymbol{L}^{(A)} = \int \boldsymbol{r}_{AP} \times \boldsymbol{v}\, \mathrm{d}m\,.$$

Drehimpulssatz (für starren Körper) Der *Drehimpulssatz* (*Momentensatz*) bezüglich eines beliebigen körperfesten Punkts A lautet in allgemeiner Form

$$\dot{\boldsymbol{L}}^{(A)} - (\boldsymbol{\omega} \times \boldsymbol{r}_{AS}) \times \boldsymbol{v}_A m = \boldsymbol{M}^{(A)}\,.$$

Momentensatz siehe *Drehimpulssatz*

Deviationsmomente Die *Deviationsmomente* (*Zentrifugalmomente*) sind definiert durch

$$\Theta_{xy} = \Theta_{yx} = -\int xy\, \mathrm{d}m$$

usw.

Zentrifugalmomente siehe *Deviationsmomente*

Trägheitstensor Die *axialen Trägheitsmomente* und die *Deviationsmomente* sind die Komponenten des *Trägheitstensors*.

Hauptachsensystem Ein Koordinatensystem, dessen Achsen in die Richtung der Hauptachsen zeigen (alle *Deviationsmoment*e gleich null), heißt *Hauptachsensystem*.

Hauptträgheitsmomente Die zu den Hauptrichtungen gehörenden axialen Massenträgheitsmomente heißen *Hauptträgheitsmomente*. Sie sind Extremalwerte der axialen Massenträgheitsmomente.

Euler'sche Gleichungen Die *Euler'schen Gleichungen* stellen den *Momentensatz* bezüglich eines körperfesten *Hauptachsensystems* dar.

Dynamisches Auswuchten Ein starrer Körper ist *dynamisch ausgewuchtet*, wenn die *Deviationsmomente* null sind.

Statisch ausgewuchtet Ein starrer Körper ist *statisch ausgewuchtet*, wenn sein Schwerpunkt auf der Drehachse liegt.

Momentenfreier Kreisel Bei einem *momentenfreien Kreisel* ist das Moment der äußeren Kräfte bezüglich des Schwerpunkts oder eines raumfesten Punkts gleich null.

Kugelkreisel Bei einem *Kugelkreisel* sind die drei *Hauptträgheitsmomente* gleich groß.

Kapitel 4

D'Alembert'sche Trägheitskraft Die *d'Alembert'sche Trägheitskraft* $\boldsymbol{F}_T$ ist definiert durch

$$\boldsymbol{F}_T = -m\boldsymbol{a} .$$

Da zur *d'Alembert'schen Trägheitskraft* keine Gegenkraft existiert (sie verletzt das Axiom actio = reactio), wird sie als *Scheinkraft* bezeichnet.

Virtuelle Verrückungen *Virtuelle Verrückungen* sind kinematisch mögliche Verschiebungen oder Drehungen, die nur zu Rechenzwecken eingeführt werden (keine wirklichen Verrückungen).

Prinzip von d'Alembert Das *Prinzip von d'Alembert* lautet: Ein Massenpunkt bewegt sich so, dass die virtuelle Arbeit der Zwangskräfte zu jedem Zeitpunkt verschwindet.

Prinzip der virtuellen Arbeiten Das *Prinzip der virtuellen Arbeiten* lautet: Ein Massenpunkt bewegt sich so, dass bei einer *virtuellen Verrückung* die Summe der virtuellen Arbeiten der eingeprägten Kräfte und der *d'Alembert'schen Trägheitskraft* zu jedem Zeitpunkt verschwindet.

Lagrange'sche Gleichungen 2. Art Die *Lagrange'schen Gleichungen 2. Art* stellen die Bewegungsgleichungen eines Systems dar. Sie sind meist leicht aufzustellen und insbesondere dann zweckmäßig, wenn die Zwangskräfte des Systems nicht gesucht sind.

Verallgemeinerte Koordinaten Die *verallgemeinerten Koordinaten* (*generalisierten Koordinaten*) beschreiben die Lage des betrachteten Systems eindeutig. Sie sind unabhängig voneinander. Ihre Anzahl ist gleich der Zahl der Freiheitsgrade des Systems.

Generalisierte Koordinaten siehe verallgemeinerte Koordinaten

Verallgemeinerte Kräfte Die *verallgemeinerten Kräfte* Q_j sind den *verallgemeinerten Koordinaten* q_j zugeordnet über die virtuelle Arbeit

$$\delta W = \sum Q_j \delta q_j .$$

Lagrange'sche Funktion Die *Lagrange'sche Funktion* ist die Differenz von kinetischer und potentieller Energie.

Kapitel 5

Schwingungen Bei einer *Schwingung* unterliegt eine Zustandsgröße mehr oder weniger regelmäßigen Schwankungen.

Schwinger Ein mechanisches System, das Schwingungen ausführt, wird als *Schwinger* bezeichnet.

Periodische Schwingungen Eine Schwingung, bei der sich der Verlauf einer Zustandsgröße jeweils nach einer gewissen Zeit wiederholt, heißt *periodische Schwingung*.

Periode siehe *Schwingungsdauer*

Schwingungsdauer Die Zeit, nach der sich der Verlauf einer Zustandsgröße bei einer *periodischen Schwingung* jeweils wiederholt, heißt *Schwingungsdauer* oder *Periode*.

Frequenz Die *Frequenz* einer periodischen Schwingung ist durch den Kehrwert ihrer *Schwingungsdauer* gegeben.

Harmonische Schwingung Bei einer *harmonischen Schwingung* ändert sich eine Zustandsgröße $x(t)$ kosinus- bzw. sinusförmig:

$$x(t) = A\cos\omega t \quad \text{oder} \quad x(t) = B\sin\omega t\,.$$

Amplitude Die Größe A bei einer harmonischen Schwingung $x(t) = A\cos\omega t$ heißt *Amplitude* der Schwingung.

Kreisfrequenz Die Größe ω bei einer harmonischen Schwingung $x(t) = A\cos\omega t$ heißt *Kreisfrequenz*.

Anfangsbedingungen Aussagen über Zustandsgrößen zu Beginn einer Bewegung werden *Anfangsbedingungen* genannt.

Phasenverschiebung Die Größe α bei einer harmonischen Schwingung $x(t) = A\cos(\omega t - \alpha)$ heißt *Phasenverschiebung*.

Ungedämpfte Schwingungen Eine Schwingung mit konstanter *Amplitude* heißt *ungedämpfte Schwingung*.

Gedämpfte Schwingungen Bei einer *gedämpften Schwingung* nimmt die *Amplitude* mit der Zeit ab.

Angefacht Bei einer *angefachten Schwingung* wächst die *Amplitude* mit der Zeit an.

Freie Schwingungen Bei einer *freien Schwingung* wirken keine Erregerkräfte auf das schwingende System.

Eigenschwingungen siehe *freie Schwingungen*

Erzwungene Schwingungen Eine *erzwungene Schwingung wird durch äußere Erregerkräfte* verursacht.

Einfacher Schwinger Ein System mit *einem* Freiheitsgrad, das lineare Schwingungen ausführt, heißt *einfacher Schwinger.*

Eigenfrequenz Die Kreisfrequenz einer *Eigenschwingung* nennt man *Eigenfrequenz.*

Differentialgleichung der harmonischen Schwingung Die *Differentialgleichung der harmonischen Schwingung* lautet

$$\ddot{x} + \omega^2 x = 0\,.$$

Physikalisches Pendel Ein starrer Körper, der in einem Punkt drehbar gelagert ist und Schwingungen ausführt, heißt *physikalisches Pendel.*

Parallelschaltung Bei einer *Parallelschaltung* von Federn erfahren die einzelnen Federn immer die gleiche Verlängerung.

Reihenschaltung Bei einer *Reihenschaltung* von Federn ist die die gesamte Auslenkung der Masse gleich der Summe der Längenänderungen der einzelnen Federn.

Federnachgiebigkeit Der Kehrwert einer Federsteifigkeit wird als *Federnachgiebigkeit* bezeichnet.

Flüssigkeitsreibung Bei der Bewegung eines Körpers in einer Flüssigkeit treten infolge von *Reibung* Widerstandskräfte auf.

Dämpfungskonstante Bei einem linearen Zusammenhang zwischen Geschwindigkeit v und Widerstandskraft F_d gilt: $F_d = dv$. Der Faktor d heißt *Dämpfungskonstante.*

Abklingkoeffizient Der *Abklingkoeffizient* δ ist definiert durch

$$2\delta = \frac{d}{m}\,.$$

Dabei ist d die *Dämpfungskonstante.*

Dämpfungsgrad Der *Dämpfungsgrad* (das *Lehr'sche Dämpfungsmaß*) D ist definiert durch

$$D = \frac{\delta}{\omega}\,.$$

Dabei sind δ der *Abklingkoeffizient* und ω die *Eigenfrequenz* der ungedämpften Schwingung.

Lehr'sches Dämpfungsmaß siehe *Dämpfungsgrad*

Kriechbewegung Eine *Kriechbewegung* ist eine exponentiell abklingende Bewegung. Sie tritt bei starker Dämpfung ($D > 1$) auf.

Aperiodischer Grenzfall Beim *aperiodischen Grenzfall* gilt für den *Dämpfungsgrad* $D = 1$.

Logarithmisches Dekrement Das *logarithmische Dekrement* Λ ist definiert durch

$$\Lambda = 2\pi \frac{D}{\sqrt{1 - D^2}} \,.$$

Dabei ist D der *Dämpfungsgrad.*

Erregerfrequenz Die *Erregerfrequenz* ist die Frequenz, mit der eine harmonisch veränderliche Kraft einen Schwinger zu erzwungenen Schwingungen anregt.

Frequenzverhältnis Das *Frequenzverhältnis* η ist das Verhältnis von *Erregerfrequenz* Ω zu *Eigenfrequenz* ω:

$$\eta = \frac{\Omega}{\omega} \,.$$

Abstimmung siehe *Frequenzverhältnis*

Einschwingvorgang Nach hinreichend großer Zeit ist die Lösung der homogenen Differentialgleichung vernachlässigbar im Vergleich zur Partikularlösung. Die Schwingung bis zu dieser Zeit heißt *Einschwingvorgang.*

Vergrößerungsfunktion Die *Vergrößerungsfunktion* gibt das Verhältnis der Amplitude der Schwingung zur statischen Auslenkung an.

Resonanz Wenn die Erregerfrequenz mit der Eigenfrequenz des Schwingers übereinstimmt, wachsen die Ausschläge über alle Grenzen. Dieses Verhalten heißt *Resonanz.*

Phasen-Frequenzgang siehe *Phasenverschiebung*

Amplituden-Frequenzgang siehe *Vergrößerungsfunktion*

Hauptschwingungen Bei einer *Hauptschwingung* erreichen die Massen ihre Maximalauslenkungen sowie ihre Gleichgewichtslagen gleichzeitig und schwingen nur mit einer der Eigenfrequenzen.

Schwingungstilgung Bei einer bestimmten Erregerfrequenz bleibt eine Masse in Ruhe. Dieses Phänomen heißt *Schwingungstilgung.*

Kapitel 6

Absolutgeschwindigkeit Die in einem ruhenden Bezugssystem gemessene Geschwindigkeit eines Punktes heißt *Absolutgeschwindigkeit.*

Absolutbeschleunigung Die in einem ruhenden Bezugssystem gemessene Beschleunigung eines Punktes heißt *Absolutbeschleunigung.*

Führungsgeschwindigkeit Die *Führungsgeschwindigkeit* ist die Geschwindigkeit, die ein Punkt hätte, wenn er mit dem bewegten System fest verbunden wäre.

Führungsbeschleunigung Die *Führungsbeschleunigung* ist die Beschleunigung, die ein Punkt hätte, wenn er mit dem bewegten System fest verbunden wäre.

Relativgeschwindigkeit Die *Relativgeschwindigkeit* ist die Geschwindigkeit eines Punktes, die ein mit dem System mitbewegter Beobachter misst. Sie ist die Geschwindigkeit relativ zum bewegten System.

Relativbeschleunigung Die *Relativbeschleunigung* ist die Beschleunigung eines Punktes, die ein mit dem System mitbewegter Beobachter misst. Sie ist die Beschleunigung relativ zum bewegten System.

Coriolisbeschleunigung Die *Coriolisbeschleunigung* ist durch

$$a_c = 2\omega x v_r$$

gegeben.

Führungskraft Die *Führungskraft* ist durch $F_f = -ma_f$ definiert.

Corioliskraft Die *Corioliskraft* ist durch $F_c = -ma_c$ definiert.

Scheinkräfte Eine *Scheinkraft* ist keine Kraft im Newton'schen Sinn. Zu ihr existiert keine Gegenkraft: sie verletzt das Axiom actio = reactio.

Kapitel 7

Anfangswertproblem 1. Ordnung bzw. 2. Ordnung Bei *Anfangswertproblemen 1. Ordnung* bzw. *2. Ordnung* sind die Lösungen einer Differentialgleichung 1. bzw. 2. Ordnung mit bestimmten Anfangsbedingungen zu ermitteln.

Euler'sches Polygonzugverfahren Das *Euler'sche Polygonzugverfahren* ist ein einfaches Verfahren zur numerischen Lösung von Anfangswertproblemen.

Explizites Verfahren Beginnend mit einem gegebenen Anfangswert erhält man die Lösungen zu späteren Zeiten direkt aus bekannten Werten. Daher wird das Euler'sche Polygonzugverfahren als *explizites* Verfahren bezeichnet.

Runge-Kutta-Verfahren Das *Runge-Kutta-Verfahren* ist ein Verfahren zur numerischen Lösung von Anfangswertproblemen.

Mittelpunktsregel Das zweistufige Runge-Kutta-Verfahren wird auch als *Mittelpunktsregel* bezeichnet.

Stichwortverzeichnis